"十一五"国家重点图书

法兰西数学精品译丛

数学天元基金资助项目

分布系统的精确能控性、摄动和镇定

第一卷 精确能控性

□ J.-L. 利翁斯 著

□ 严金海 黄英 译

饶伯鹏 校

FENBU XITONG DE JINGQUE NENGKONGXING, SHEDONG HE ZHENDING

高等教育出版社·北京
HIGHER EDUCATION PRESS BEIJING

图字：01-2009-3088 号

J.-L. Lions
Contrôlabilité exacte, perturbations et stabilisation de systèmes distribués
Tome 1 Contrôlabilité exacte
Dunod, 1988, Paris

图书在版编目（CIP）数据

分布系统的精确能控性、摄动和镇定. 第1卷, 精确能控性 /（法）利翁斯著；严金海，黄英译. -- 北京：高等教育出版社，2012. 5
ISBN 978-7-04-033238-4

Ⅰ. ①分… Ⅱ. ①利… ②严… ③黄… Ⅲ. ①控制论 Ⅳ. ① O23

中国版本图书馆 CIP 数据核字（2012）第 037748 号

策划编辑 李 鹏　　责任编辑 李 鹏　　封面设计 张 楠
版式设计 余 杨　　责任校对 刁丽丽　　责任印制 朱学忠

出版发行 高等教育出版社
社　　址 北京市西城区德外大街 4 号
邮政编码 100120
印　　刷 涿州市京南印刷厂
开　　本 787mm × 1092mm 1/16
印　　张 23.5
字　　数 480 千字
购书热线 010 - 58581118
咨询电话 400 - 810 - 0598
网　　址 http://www.hep.edu.cn
　　　　 http://www.hep.com.cn
网上订购 http://www.landraco.com
　　　　 http://www.landraco.com.cn
版　　次 2012 年 5 月第 1 版
印　　次 2012 年 5 月第 1 次印刷
定　　价 69.00 元

物 料 号 33238 - 00

《法兰西数学精品译丛》序

随着解析几何及微积分的发明而兴起的现代数学，在其发展过程中，一批卓越的法国数学家发挥了杰出的作用，作出了奠基性的贡献. 他们像灿烂的星斗发射着耀眼的光辉，在现代数学史上占据着不可替代的地位，在大学教科书、各种专著及种种数学史著作中都频繁地出现着他们的英名. 在他们当中，包括笛卡儿、费马、帕斯卡、达朗贝尔、拉格朗日、蒙日、拉普拉斯、勒让德、傅里叶、泊松、柯西、刘维尔、伽罗华、庞加莱、嘉当、勒贝格、魏伊、勒雷、施瓦茨及利翁斯等这些耳熟能详的名字，也包括一些现今仍然健在并继续作出重要贡献的著名数学家. 由于他们的出色成就和深远影响，法国的数学不仅具有深厚的根基和领先的水平，而且具有优秀的传统和独特的风格，一直在国际数学界享有盛誉.

我国的现代数学，在 20 世纪初通过学习西方及日本才开始起步，并在艰难曲折中发展与成长，终能在 2002 年成功地在北京举办了国际数学家大会，在一个世纪的时间中基本上跟上了西方历经四个多世纪的现代数学发展的步伐，实现了跨越式的发展. 这一巨大的成功，根源于好几代数学家持续不断的艰苦奋斗，根源于我们国家综合国力不断提高所提供的有力支撑，根源于改革开放国策所带来的强大推动，也根源于很多国际数学界同仁的长期鼓励、支持与帮助. 在这当中，法兰西数学精品长期以来对我国数学界所起的积极影响，法兰西数学的深厚根基、无比活力和优秀传统对我国数学家所起的不可低估的潜移默化作用，无疑也是一个不容忽视的因素. 足以证明这一点的是：在我国的数学家中，有不少就曾经留学法国，直接受到法国数学家的栽培和法兰西数学传统和风格的熏陶与感召，而更多的人也或多或少地通过汲取法国数学精品的营养而逐步走向了自己的成熟与辉煌.

由于语言方面的障碍，用法文出版的优秀数学著作在我国的传播受到了较大的限制. 根据一些数学工作者的建议，并取得了部分法国著名数学家的热情支持，高等教育出版社决定出版《法兰西数学精品译丛》, 将法国的一些享有盛誉并有着重要作用与影响的数学经典以及颇具特色的大学与研究生数学教材及教学参考书, 有选择地从法文原文分批翻译出版. 这一工作得到了国家自然科学基金委员会数学天元基金的支持和赞助, 对帮助并推动我国读者更好地学习和了解法国的优秀数学传统和杰出数学成就, 进一步提升我国数学 (包括纯粹数学与应用数学) 的教学与研究工作的水平, 将是意义重大并影响深远的, 特为之序.

李大潜

2008 年 10 月

J.-L. 利翁斯
J.-L. Lions
(1928—2001)

J.-L. Lions 是一位杰出的法国数学家, 历任南希大学、巴黎大学、法国综合工科大学及法兰西学院教授, 于 1973 年当选为法国科学院院士. 他亦曾当选为苏联、中国、美国、英国等 20 多个国家与地区的科学院院士.

J.-L. Lions 教授在偏微分方程的理论和应用方面作出了卓越的贡献. 他的研究工作涉及偏微分方程的理论、控制、计算及应用等众多领域, 开创了法国的现代应用数学学派, 在国际上享有盛誉. 由于在数学上的杰出成就, J.-L. Lions 教授曾任国际数学联盟主席, 曾获过许多重大奖项，包括 1986 年度的约翰 · 冯 · 诺伊曼奖和 1991 年度的日本应用数学大奖等.

J.-L. Lions 教授毕生致力于数学的应用和发展, 历任法国国立信息与自动化研究所主席、法国国家空间研究中心主席、法国电力公司科学理事会主席、国家气象科学理事会主席及法国科学院院长.

J.-L. Lions 教授对中国科学技术的发展一直非常关心和支持, 热情培养我国派出的访问学者及博士生, 多次来华讲学访问, 并受聘为中国科学院及复旦大学等单位的名誉教授, 任中法应用数学研究所学术委员会的首届法方主席, 多次担任在我国召开的国际学术会议主席或学术委员会主席, 为促进中法间的学术交流与合作作出了不懈的努力和重要的贡献. 1998 年, J.-L. Lions 教授当选为中国科学院外籍院士, 是中国科学院中第一位来自法国的外籍院士.

目录

引 言

1. 作为开始, 我们给出本书中将要研究的问题的一个典型例子.

设 Ω 是 $\mathbb{R}^n$ (在应用中, $n = 1, 2, 3$) 中的一个有界开集, 其边界 Γ 是光滑的. 在 Ω 内, 对于 $t > 0$, 考察波动方程, 换句话说, 就是一个系统, 其状态 $y = y(x, t)$ 满足

$$\frac{\partial^2 y}{\partial t^2} - \Delta y = 0 \quad \text{在 } Q = \Omega \times (0, T) \text{ 内}, T > 0 \text{ 给定}. \tag{1}$$

假设在边界 $\Gamma \times (0, T)$上, 借助一个函数 (控制) $v = v(x, t)$, 我们能以如下的方式, 对系统施加作用

$$y = v \quad \text{在 } \Sigma = \Gamma \times (0, T) \text{ 上}. \tag{2}$$

此外, 设初始值为

$$y(x, 0) = y^0(x), \quad \frac{\partial y}{\partial t}(x, 0) = y^1(x) \quad \text{在 } \Omega \text{ 内}. \tag{3}$$

所研究的问题如下: 给定时刻 $T > 0$. 对于在一个合适的空间中给出的所有数对 $\{y^0, y^1\}$, 能否找到一个控制 v, 使得若 $y = y(x, t)$ 是问题 (1) (2) (3) 的解, 我们有

$$y(x, T) = \frac{\partial y}{\partial t}(x, T) = 0 \quad \text{在 } \Omega \text{ 内}. \tag{4}$$

如果这是可能的, 那么我们称系统在 T 时刻精确能控.

注 1 由于波的传播速度有限, 很明显地 (具体细节参见后面第一章), 系统 (1) (2) (3), 只有当 T 是足够大时, 才有可能是精确能控的. ■

注 2 前面对问题的表述是模糊的: 实际上, 需要明确在什么泛函空间中选取初始值 $\{y^0, y^1\}$. 这是一个本质性的问题, 它将是后面很长的讨论的目标. ■

注 3 表述中需要澄清的另一个模糊之处是, 我们在什么泛函空间中选取控制 v? ■

注 4 这种问题的应用价值是显而易见的: 我们寻找一个控制, 它从 $\{y^0, y^1\}$ 出发, 在 T 时刻将系统带到平衡状态.

自然地, 考虑到线性性质, 我们同样可以将系统在 T 时刻带到一个希望的状态

$$y(x,T) = z^0(x), \quad \frac{\partial y}{\partial t}(x,T) = z^1(x). \tag{5}$$

显然, 事先要在一个合适的泛函空间中选取 z^0, z^1 (与初始值 $\{y^0, y^1\}$ 在同一个空间, 那就完美了). ■

注 5 在应用中, 这种我们能在其整个边界上施加作用的系统是很少的.

因而, 实际上本质的问题是这样的: 设给定 Γ_0 为 Γ 的子集. 我们对系统施加作用的方式为:

$$\begin{cases} y = v & \text{在 } \Gamma_0 \times (0,T) \text{上}, \\ y = 0 & \text{在 } (\Gamma \diagdown \Gamma_0) \times (0,T) \text{上}. \end{cases} \tag{6}$$

而我们提出的要求同前面一样.

这就是对 v 加了一个约束

$$v = 0 \quad \text{在 } (\Gamma \diagdown \Gamma_0) \times (0,T) \text{上}. \tag{7}$$

■

注 6 在问题的表述中, 还有一个模糊之处是: 如果问题在 T 时刻是精确能控的(泛函空间已经明确了), 一般来说, 将有无穷个控制 v 能解答这个问题.

定义

$$\mathcal{U}_{\mathrm{ad}} = \{v \,|\, v \text{ 属于一个“合适的”泛函空间, 使得对于给定的 } \{y^0, y^1\}, (4) \text{ 成立}\}. \tag{8}$$

能否选取一个 “提升”

$$v = v(y^0, y^1) \tag{9}$$

使得在一个合适的拓扑下, 映射

$$\{y^0, y^1\} \longrightarrow v(y^0, y^1) \tag{10}$$

是连续的?

事实上, 就是这个问题引导出了我们现在所阐述这些求解方法.

2. 寻找 “提升” 的直接求解法

回到系统 (1) (2) (3), 并由 (8)定义 $\mathcal{U}_{\mathrm{ad}}$ (允许控制集).

先验地, 假设:

$$v \in L^2(\Sigma). \tag{11}$$

这里它只是一个选择. 可能有很多其他的选择. 所有这些会在第一章 (以及以后的各章) 中详细地检查. 那么, 很自然地, 要考察下面的, 也是"经典的", 最优控制问题: 记

$$J(v) = \frac{1}{2}\int_{\Sigma} v^2 \mathrm{d}\Gamma \mathrm{d}t \tag{12}$$

为代价函数. 我们求解

$$\inf J(v), \quad v \in \mathcal{U}_{\mathrm{ad}}. \tag{13}$$

当然, 只有当 $\mathcal{U}_{\mathrm{ad}}$ 是非空时, 这个问题才有意义, 也即, 假设问题是精确能控的; 但是目前承认这个条件, 我们能从 (13) 中得出什么结论, 对此我们非常感兴趣. 自然的问题应该是这样的: 问题 (13) 具有一个唯一的解 u. 我们能否用一个优化系统来刻画 u, 并且由此能否得到满足 (10)的提升? ■

在此, 优化系统 (简写为 S.O.) 是取在分布意义下的优化系统, 与 J.-L. LIONS [1] 中的一样. 为了求解优化系统, 一般的方法是利用罚函数方法. 引入:

$$J_\varepsilon(v,z) = \frac{1}{2}\int_{\Sigma} v^2 \mathrm{d}\Gamma \mathrm{d}t + \frac{1}{2\varepsilon}\|z'' - \Delta z\|^2_{L^2(\Omega)}, \tag{14}$$

其中 $z'' = \dfrac{\partial^2 z}{\partial t^2}$.

在(14)中, 假设

$$\begin{cases} v \in L^2(\Sigma),\ z'' - \Delta z \in L^2(Q), & \\ z = v & \text{在 } \Sigma \text{ 上}, \\ z(x,0) = y^0(x), \dfrac{\partial z}{\partial t}(x,0) = y^1 & \text{在 } \Omega \text{ 内}, \\ z(x,T) = \dfrac{\partial z}{\partial t}(x,T) = 0 & \text{在 } \Omega \text{ 内} \end{cases} \tag{15}$$

均成立. 在本引言中, 我们试图阐明我们的一般思路, 这个思路引导出了我们在本书中所介绍的一般方法. 因而, 考察下面的问题

$$\inf J_\varepsilon(v,z), \quad v, z \text{ 满足 } (15). \tag{16}$$

这个问题存在唯一解

$$u_\varepsilon, y_\varepsilon. \tag{17}$$

如果问题是精确能控的, 那么 $\mathcal{U}_{\mathrm{ad}}$ 非空. 假如我们选取:

$$v \in \mathcal{U}_{\mathrm{ad}}, \quad z = y(v) = (1)\ (2)\ (3) \text{ 的解}, \tag{18}$$

那么

$$J_\varepsilon(v, y(v)) = J(v), \tag{19}$$

由此

$$\inf J_\varepsilon(v, z) \leqslant \inf J(v), \quad v \in \mathcal{U}_{\rm ad}. \tag{20}$$

由 (20) 可以推出

$$\begin{aligned} &\|u_\varepsilon\|_{L^2(\Sigma)} \leqslant C, \\ &\|y_\varepsilon'' - \Delta y_\varepsilon\|_{L^2(Q)} \leqslant C\sqrt{\varepsilon}, \end{aligned} \tag{21}$$

这里 C 是一个不依赖于 ε 的常数.

于是可以抽取一个子序列, 仍记为 u_ε, 使得

$$u_\varepsilon \longrightarrow \hat{u} \text{ 在 } L^2(\Sigma) \text{ 中弱收敛, 且 } \hat{u} \in \mathcal{U}_{\rm ad}. \tag{22}$$

那么

$$J_\varepsilon(u_\varepsilon, y_\varepsilon) \geqslant J(u_\varepsilon)$$

给出

$$\liminf J_\varepsilon(u_\varepsilon, y_\varepsilon) \geqslant \liminf J(u_\varepsilon) \geqslant J(\widehat{u}). \tag{23}$$

与 (20) 比较, 我们看到 $J(\widehat{u}) \leqslant \inf J(v), v \in \mathcal{U}_{\rm ad}$. 因此 $J(\widehat{u}) = \inf J(v), v \in \mathcal{U}_{\rm ad}$, 由此

$$u_\varepsilon \longrightarrow u \text{ 在 } L^2(\Sigma) \text{ 上弱收敛 (实际上, 是强收敛), } u \text{ 是(13) 的解.} \tag{24}$$

现在我们要对 (16) 建立优化系统. 引入

$$p_\varepsilon = -\frac{1}{\varepsilon}(y_\varepsilon'' - \Delta y_\varepsilon). \tag{25}$$

我们有 (这是 Euler 方程!)

$$-\int_Q p_\varepsilon(\zeta'' - \Delta\zeta)\mathrm{d}x\mathrm{d}t + \int_\Sigma u_\varepsilon v \mathrm{d}\Gamma\mathrm{d}t = 0. \tag{26}$$

$\forall \zeta, v$ 满足

$$\begin{aligned} &\zeta'' - \Delta\zeta \in L^2(Q), \zeta(x,0) = \zeta'(x,0) = \zeta(x,T) = \zeta'(x,T) = 0 \quad \text{在 } \Omega \text{ 内}, \\ &\zeta = v \quad \text{在 } \Sigma \text{ 上}. \end{aligned} \tag{27}$$

由 (26) 及 (27) 可以推出

$$\begin{cases} p_\varepsilon'' - \Delta p_\varepsilon = 0 & \text{在 } Q = \Omega \times (0,T) \text{ 内}, \\ p_\varepsilon = 0 & \text{在 } \Sigma \text{ 上}, \\ \dfrac{\partial p_\varepsilon}{\partial \nu} = u_\varepsilon & \text{在 } \Sigma \text{ 上}. \end{cases} \tag{28}$$

我们到了一个关键点. 在 Q 上, 我们有一族波动方程的解, 使得 Cauchy 值 $p_\varepsilon, \dfrac{\partial p_\varepsilon}{\partial \nu}$ 落在 $L^2(\Sigma)\times L^2(\Sigma)$ 的一个有界集中.

一般来说, 设 ϕ 为下面问题的解

$$\begin{cases} \phi'' - \Delta\phi = 0 & \text{在 } Q \text{ 内}, \\ \phi = 0 & \text{在 } \Sigma \text{ 上}, \\ \phi(x,0) = \phi^0(x), \quad \dfrac{\partial \phi}{\partial t}(x,0) = \varphi^1(x) & \text{在 } \Omega \text{ 内}, \end{cases} \tag{29}$$

引进

$$\|\{\phi^0,\phi^1\}\|_F = \left(\int_\Sigma \left(\frac{\partial\phi}{\partial\nu}\right)^2 \mathrm{d}\Gamma \mathrm{d}t\right)^{\frac{1}{2}}. \tag{30}$$

就是这个式子, 若 T 充分大, 是关于初始值 $\{\phi^0,\phi^1\}$ 的一个范数 (这将在第一章中着重细化), 因为, 若 $\|\{\phi^0,\phi^1\}\|_F = 0$, 那么

$$\frac{\partial\phi}{\partial\nu} = 0 \quad \text{在 } \Sigma \text{ 上},$$

因而 Cauchy 值 ϕ 及 $\dfrac{\partial\phi}{\partial\nu}$ 在 Σ 上为零. 因而, 若 T 充分大, 可以得到 $\phi = 0$ (Holmgren 唯一性定理——参见后面的第一章).

因而, 我们就此在初始值空间上定义了一个(新的) Hilbert 结构.

因而, 存在一个 Hilbert 空间 F (其显式表示将在第一章中很轻易地给出), 使得对于问题 (28)

$$\{p_\varepsilon(0), p'_\varepsilon(0)\} \text{ 在 } F \text{ 中有界}. \tag{31}$$

在上述条件下, 我们可以对优化系统取极限 (在此, 我们不细化这个拓扑). 因此得到, 若 u 是 (13) 的解, 若 y 是相应的 (优化) 状态, 那么存在 p, 满足

$$\begin{cases} y'' - \Delta y = 0, \quad y(0) = y^0, \quad y'(0) = y^1, \quad y = u & \text{在 } \Sigma \text{ 上}, \\ p'' - \Delta p = 0, \quad p = 0, \quad \dfrac{\partial p}{\partial \nu} = y & \text{在 } \Sigma \text{ 上}, \\ y(T) = y'(T) = 0 \end{cases} \tag{32}$$

(在此, 记 $y(0) = y(x,0), y(T) = y(x,T)$, 等等).

由此, 我们导出了一个算法.

我们从下面的方程开始

$$\phi'' - \Delta\phi = 0, \quad \phi(0) = \phi^0, \quad \phi'(0) = \phi^1, \quad \phi = 0 \quad \text{在 } \Sigma \text{ 上}. \tag{33}$$

对于给定的 $\{\phi^0,\phi^1\}$, 这定义了 ϕ. 那么我们求解

$$\psi'' - \Delta\psi = 0, \quad \psi(T) = \psi'(T) = 0, \quad \psi = \frac{\partial\phi}{\partial\nu} \quad \text{在 } \Sigma \text{ 上}. \tag{34}$$

我们定义算子 K:

$$\{\phi^0, \phi^1\} \to \{\psi(0), \psi'(0)\}.$$

考察方程

$$K\{\phi^0, \phi^1\} = \{y^0, y^1\}. \tag{35}$$

由 (32) 可知, 存在一个解, 它恰好就是

$$\phi^0 = p(0), \quad \phi^1 = p'(0). \tag{36}$$

此外, 可以证明解的唯一性.

所有的事情都归结为算子 K 的求逆.

注 7 实际上, 由于技术上的原因, 我们引入算子 Λ, 定义为

$$\Lambda\{\phi^0, \phi^1\} = \{\psi'(0), -\psi(0)\} \tag{37}$$

并且求解

$$\Lambda\{\phi^0, \phi^1\} = \{y^1, -y^0\}. \tag{38}$$

当然, 这样又回到与 (35) 一样的地方! ■

注 8 总之, 我们所介绍并将详细研究的直接方法是基于:

a) 一个唯一性定理. 正是由于这个唯一性定理, 我们才能够引入一个由 (30) 给出的 (新的) Hilbert 结构 F;

b) 由唯一性定理引入的一个 Hilbert 空间 (F).

那么, 所有的事都归结为, 求 Λ 的逆, 我们将看到这是肯定的: 此外, 前面的罚函数方法也隐含了这一点.

这就是为什么我们建议用 HUM (Hilbert Uniqueness Method) 作为本书所研究的方法的术语. ■

3. 前面的方法将以直接的方式进行演示, 第一章将针对上面的情形——接着, 后续的各章将针对众多其他类型的情形. 显然, 实际上, 从它的原理来看, 这个方法具有很强的可塑性和很强的普遍性: 从唯一性定理出发, 我们能引入一系列的 Hilbert 结构. (例如在 (30) 中, 实际上, 可以用任何其他的 Hilbert 范数来替代 $\dfrac{\partial\phi}{\partial\nu}$ 的 $L^2(\Sigma)$ 范数. 甚至可以选取一个 Σ 上的 Banach 空间的范数!) 并且, 我们还能够考察不同的边界条件的不同的唯一性定理.

我们还获得了一个 "广泛的计划", 研究的路线图如下.

第一章研究上面探讨的情形.

第二章介绍一般的方法.

第三章总是对波动方程研究控制施加于 Dirichlet 及 Neumann 混合型边界条件, 或纯的 Neumann 型边界条件. 我们同样考察 (在第六章) 传播问题 (它对应于间断系数).

第四章研究一些振动平板模型. 在一些分散的论文中, 对这种情形的其他的模型进行了研究, 其中利用了 HUM 方法以及新的技术发展, 它们分散在 E. ZUAZUA 的一系列论文中, 以及 J. LAGNESE 和 J.-L. LIONS [1]的书中.

我们对弹性系统给出一些介绍.

第五章研究同时控制: 能否用同一个控制来精确地控制一些不同的系统?

第七章考察控制是位于 Ω 内部 (并非在其边界上)的情形.

第八章 (很快地) 重新审视所有的一切, 是从我们刚刚概括过的优化系统角度来看.

我们当然可以研究对偶问题, 这一技术将在本著作的第二卷中再做审视.

4. 本书所推荐的求解方法均是构造性的. 在我们与 R. GLOWINSKI 及其同事的一系列论文中, 这个构造性方法正是我们从数值的观点所要证明的.

这一系列论文中的第一篇即将发表: R. GLOWINSKI, C. LI, J.-L. LIONS [1].

5. 很自然地, 利用 Fourier 方法, 我们总是能够得到所有解的 "显式表达式", 这样一来, 精确能控性问题就可化归为与调和分析 (或者非调和 Fourier 分析) 相关的问题, 参见 D. L. RUSSELL [1] 以及这篇论文的参考文献. 此处所介绍的方法具有更广泛的一般性, 而调和分析方法仅在某些需要技术处理的地方出现.

另外一个非常一般性的方法是由 D. L. RUSSELL 提出的, 并引发了众多的工作; 主要可参阅 G. CHEN [1] [2], J. LAGNESE [1] 以及这两篇文章中的参考文献. 此方法需要给出一个镇定反馈算子的显式表达. 举例来说, 对问题 (1) (2) (3), 我们构造 (如果可能的话) 一个算子

$$y = S(\frac{\partial y}{\partial \nu}, \frac{\partial y}{\partial t}) \quad (S = 反馈 \cdots\cdots) \text{ 在 } \Sigma \text{ 上} \tag{39}$$

使得当 $t \to +\infty$ 时, 问题 (1) (2) (3) 的解 (在一个合适的范数下) 是指数衰减的. 同样参阅 I. LASIECKA 和 R. TRIGGIANI [1].

那么由此, 我们就可以推出精确能控性.

这里我们是倒过来做的, 我们用 HUM 方法证明在合适空间上的精确能控性, 然后由此, 我们以一个系统的方式推出镇定, 参阅此方面的第一篇论文 J.-L. LIONS [3].

对某些情形的镇定问题, V. KOMORNIK 和 E. ZUAZUA [1] 给出了一个十分一般且十分灵活的解答.

在本著作的第三卷 J.-L. LIONS [5] 中, 对所有这些将再做考察.

6. 有了 HUM 这样一个系统解决精确能控性的工具, 自然地我们要研究这一方法与摄动相关的鲁棒性.

一般的研究 "计划" 如下:

(i) 研究带有奇异摄动的系统的精确能控性. 这个方向的两篇早期论文由 J.-L. LIONS [6] [7] 完成.

(ii) 研究带有强振荡系数的系统的精确能控性. 参见 M. AVELLANEDA 和 F. H. LIN [1], 和论文预印本 J.-L. LIONS [3], 以及 D. CIORANESCU 和 P. DONATO [1] 的工作.

(iii) 最后, 研究定义在一些摄动区域上, 或者在 "薄" 区域上 (三维情形到二维情形的过渡), 系统的精确能控性, 这与 Ph. CIARLET [1] 及其同事们的工作相关联.

所有这些将在本著作第二卷 J.-L. LIONS [4] 中加以研究.

7. 从技术的观点来看, 除了非齐性偏微分方程的 "标准" 方法外 (参见 J.-L. LIONS 和 E. MAGENES [1]), 本卷中所使用的方法如下:

(i) 乘子方法, 早已被所有引用该方法的作者使用, 在 (1) (2) (3) 的情形下, 由于 L. F. HO [1] 的一个非常有意思的观察得以完善 (在 (1) (2) (3) 的特殊情形下, 可以用来刻画空间 F);

(ii) 调和分析的一些结果;

(iii) 微局部技巧, 以及一些最新结果, 在附录中加以演示, 这个附录属于 C. BARDOS, G. LEBEAU 和 J. RAUCH [1], 也是由他们修改的.

在最后, 我们还使用了对于凸函数的一般的对偶方法 (仅出现在本卷的最后一章).

8. 使用了HUM 的一些不同的变式.

首先, 我们可以引入其他的范数, 不同于本卷中所研究的范数, 方法是基于关于初始值 ϕ^0, ϕ^1 的用曲面积分表示的二阶泛函. 这些例子将在别处给出. 由此, 在 W. KRABS, G. LEUGERING 和 T. I. SEIDMAN [1]的框架下, 我们能够得到一些不同的结果, 一些推广 (以及一些未解决的问题).

再考察 (28). 利用由 (30) 引进的空间 F, 我们推出 (31). 我们也可以在 T 时刻进行同样的过程. 在本卷所研究的情形中 (那里我们可以将时间反转), 这么做完全没有任何改变. 然而, 当系统是不可反转时, 情况就变得大不相同了, 那时我们必须严格区分算子是原系统的模型还是它的对偶系统的模型. 这样我们就被引向了 RHUM, 这在本著作第二卷中加以研究.

在此观点下, 我们将研究 G. LEUGERING [1] [2] 的工作.

在这样的观点下, 我们同样能够研究部分精确能控性 (参见 J.-L. LIONS [4]) 以及 K. NARUKAWA [1] 的有意思的结果.

9. 在本书的撰写过程中, 作者从与许多学者的大量讨论中得益匪浅. 他们是 J. BALL, C. BARDOS, G. ESKIN, R. GLOWINSKI, P. GRISVARD, A. HARAUX, L. F. HO, V. KOMORNIK, J. LAGNESE, I. LASIECKA, W. LITTMAN, L. MARKUS, S. MITTER, D. L. RUSSELL, R. TRIGGIANI, E. ZUAZUA 等. 我非常感谢他们.

本书稿是由 E. ZUAZUA 根据 J.-L. LIONS [3] 在纪念 J. von Neumann 大会上演讲以及法兰西学院 1986/87 年度的课程讲义编写的. 无论在内容还是在形式上, 他均作了大量的改进. 对此, 我要特别地感谢他. 自然地, 他不对本发行版中可能出现的错误负责. 同样在正文中, 我们融合了 V. KOMORNIK [1], V. KOMORNIK 和 E. ZUAZUA [1], P. GRISVARD [1] [2] 及 E. ZUAZUA [1] [2] [4] 的一部分结果.

10. 引进一些最终是新型的泛函空间,以使之适用于这种或那种优化控制情形,这个想法已经被作者引进用来研究抛物系统的点控制 (参见 J.-L. LIONS [8] [9]), 以及不适定 (或奇异) 系统的控制 (参见 J.-L. LIONS [9] [10]). 此外, 我们还能够建立精确能控性与椭圆方程组的 Cauchy 问题求解之间的一个精确的相似性(参见 J.-L. LIONS [15]).

11. 除去那些可能有的重复或冗长, 我们试图尽可能完整地介绍所有的内容, 并且提供逐章 "局部" 阅读的可能性. 在阅读完第一章后, 读者可以直接进入后面的任何一章.

12. 有非常多的问题, 我们觉得很有意义, 但尚未得到解决. 每一章都以一张未解决的问题表结束.

有一个系统的问题, 可能在某方面会有些意义, 将所有与 HUM 独立的结果, 与在同样情形下 HUM 方法可能会给出的结果进行比较. 特别有意思的一个例子是用其他方法研究的, 由 W. LITTMAN 和 L. MARKUS [1] 给出. 当然, 还有其他一些例子. 一些不同作者的几篇论文将会关注这一问题.

最后, 我要感谢 D. BIDOIS 小姐和 A. RENAULT 太太, 在有时比较困难的条件下, 她们确保完成了本书的电脑打印工作.

第一章　一个典型问题: 波动方程的精确能控性. Dirichlet 控制

1　引言. 精确能控性问题的框架

在第一章里, 我们准备以具有 Dirichlet 型边界作用的波动方程为典型例子, 介绍精确能控性问题的主要思想和求解的一般方法.

设 Ω 为 $\mathbb{R}^n$ 中的有界区域 (开的, 连通的且非空), $n \geqslant 1$. 设$T > 0$.

除非有明确的不同说法，我们假设 Ω 的边界 $\Gamma = \partial\Omega$ 具有 C^2 阶的正则性.

我们考察波动方程:

$$y'' - \Delta y = 0 \quad 在\ Q = \Omega \times (0,T)\ 内, \tag{1.1}$$

具有初始条件:

$$y(0) = y^0, y'(0) = y^1 \quad 在\ \Omega\ 内 \tag{1.2}$$

以及 Dirichlet 型的非齐次边界条件:

$$y = v \quad 在\ \Sigma = \Gamma \times (0,T)\ 上. \tag{1.3}$$

■

在方程组 (1.1) 和 (1.2) 中, 我们使用下面的记号:

(a) 对函数 $y = y(x,t) : \Omega \times (0,T) \to \mathbb{R}$, 我们记

$$\Delta y(x,t) = \sum_{i=1}^{n} \frac{\partial^2}{\partial x_i^2} y(x,t),$$

也就是说, $\Delta = \sum\limits_{i=1}^{n} \dfrac{\partial^2}{\partial x_i^2}$ 表示与空间变量$x = (x_1, \cdots, x_n)$ 相应的 Laplace 算子,

(b) $y'(x,t) = \dfrac{\partial}{\partial t} y(x,t)$,

此处 t 是时间变量,

(c) $y(0) =$ "$x \to y(x,0)$", 因而 (1.2) 式应该理解为:

$$y(x,0) = y^0(x), \frac{\partial y}{\partial t}(x,0) = y^1(x) \quad 在\ \Omega\ 内. \qquad \blacksquare$$

发展系统 (1.1) (1.2) (1.3) 描述了, 譬如, n 维物体 Ω 在外力作用下的振动, 外力 v 作用在(它的)边界 Γ 上, 而出发时的初始状态由 $\{y^0, y^1\}$ 描述. ■

为了明确地指出, 问题 (1.1) (1.2) (1.3) 的解 $y = y(x,t)$ 与控制 v 的依赖关系, 我们将采用记号:

$$y = y(x,t;v) = y(v). \tag{1.4}$$

■

系统 (1.1) (1.2) (1.3) 的精确能控性问题的框架如下:

"给定 '合适的' 时间 $T > 0$ 和初始值 $\{y^0, y^1\}$, 是否存在控制 v, 使得系统 (1.1) (1.2) (1.3) 的解 $y = y(v)$, 满足条件:

$$y(T;v) = y'(T;v) = 0 \quad 在\ \Omega\ 内?" \tag{1.5}$$

换句话说, 需要研究控制 v 的存在性, 在 $T > 0$ 时刻, 它将系统带到平衡状态 $\{0,0\}$. ■

注 1.1 我们说 $\{0,0\}$ 是系统的平衡状态, 因为一旦解 $y = y(v)$ 到达这个状态, 只要我们在系统的边界上, 不再引进任何其他的作用, 它将保持这个状态. 事实上, 若 (1.5) 已获验证, 我们定义延拓:

$$\bar{v} = \begin{cases} v & 在\ \Gamma \times (0,T)\ 上, \\ 0 & 在\ \Gamma \times (T,+\infty)\ 上 \end{cases} \tag{1.6}$$

以及

$$y(\bar{v}) = \begin{cases} y(v) & 在\ \Omega \times (0,T)\ 内, \\ 0 & 在\ \Omega \times (T,+\infty)\ 内, \end{cases} \tag{1.7}$$

那么, 函数 $\bar{y} = y(\bar{v})$ 就是如下问题的解:

$$\begin{cases} \bar{y}'' - \Delta\bar{y} = 0 & 在\ \Omega \times (0,+\infty)\ 内, \\ \bar{y}(0) = y^0, \bar{y}'(0) = y^1 & 在\ \Omega\ 内, \\ \bar{y} = \bar{v} & 在\ \Gamma \times (0,+\infty)\ 上. \end{cases} \tag{1.8}$$

■

我们刚刚提出的, 精确能控性问题还是模糊不清的, 因为我们没有把问题的已知数值刻画清楚, 特别地:

(a) 想控制系统的到达时间点 $T>0$;

(b) 要控制的初始值 $\{y^0, y^1\}$ 所在的空间;

(c) 为了控制系统, 我们能采用的控制 v 所在的空间. ■

在与这二个问题相关的方面, 我们应该着重关心下面的注意事项.

注 1.2 发展系统 (1.1) (1.2) (1.3) 是双曲型的. 由此波的传播速度 (在此例中 $=1$) 是有限的, 系统的精确能控性要求时间 $T>0$ 足够大. 换句话说, 假如 T "太小", 由于波的传播速度有限的原因, 在 "远离 Γ 的 Ω 内的点" 处, 感觉不到任何位于系统侧面边界 Σ 的作用.

我们将用一个明确的例子, 来考察这个情况, 我们先复习一下依赖区域的概念.

设 $z=z(x,t)$ 是波动方程的解

$$\begin{cases} z''-\Delta z=0 & \text{在 } \mathbb{R}^n\times\mathbb{R}^+ \text{ 内},\\ z(0)=z^0, z'(0)=z^1 & \text{在 } \mathbb{R}^n \text{ 内}. \end{cases}$$

我们知道, z 在点 $(x_0,t_0)\in\mathbb{R}^n\times\mathbb{R}^+$ 处的值唯一地依赖于初始值 $\{z^0,z^1\}$ 在球 $B(x_0,t_0)$ ($\mathbb{R}^n$ 中以 x_0 为心 t 为半径的球) 内的限制.

作为例子, 现在考察区域 $\Omega=B(0,R)\subset\mathbb{R}^2$. 设 $T<R$, 因而对适当的 $\varepsilon>0$, 有 $T<R-\varepsilon$. 设 $y=y(v)$ 是系统 (1.1) (1.2) (1.3) 的一个解. 显然, 根据我们刚才所讲的, y 在下面范围内的值

$$K=\{(x,t)\in Q=\Omega\times(0,T)\,|\,|x|<(T-t)+\varepsilon\}$$

唯一地依赖于初始值 $\{y^0,y^1\}$ 在球 $B(0,T+\varepsilon)\subset B(0,R)$ 内的值, 因而特别地, 它不依赖于边界条件 v. 换句话说, $y(v)|_K$ 与 v 独立. 由此, 系统的精确能控性要求 $T>R$.

在第 7.2 节中, 我们将证明, 若 $T>R$, 则系统的精确能控性可实现; 在第 6 节中将证明, 若 $T>2R$, 则可控的初始值空间不依赖于 T.

在下面的图 1.1 中, 阴影部分相应于范围 K, 那里感觉不到作用于系统边界 Σ 的控制 v. ■

注 1.3 可控初始值的性质, 和为控制它们所使用的控制的性质, 特别是它们的正则性, 是相互联系在一起的.

在第 6 节中我们将证明, 初始条件越正则, 我们就能够在越正则的函数空间中选取控制. ■

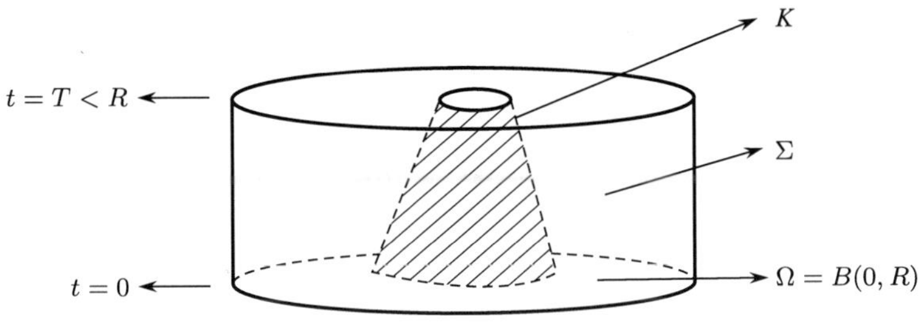

图 1.1

在本章的全部, 同样地在后面章节对其他发展模型的研究中, 我们将注重在边界具有最小作用的系统精确能控性. 更加明确地, 我们希望, 在尽可能小的时间 $T > 0$ 里, 控制系统以及所使用的控制的支撑集是落在 Σ 的一个子集 Σ_0 内的, 我们现在来考察这一情况. ■

到目前为止, 我们所形成的精确能控性问题, 都属于控制 v 作用于全部边界 Σ 的情形.

一个重要的问题是控制的作用仅仅位于部分边界的系统的精确能控性.

这种情形下, 问题的框架如下.

考察 Σ 的一个非空开子集 Σ_0. 我们通过下面的边界条件, 对系统施加作用

$$y = \begin{cases} v & \text{在 } \Sigma_0 \text{ 上}, \\ 0 & \text{在 } \Sigma \backslash \Sigma_0 \text{ 上}. \end{cases} \tag{1.9}$$

我们重新记 $y = y(v)$ 为系统 (1.1) (1.2) (1.9) 的解.

现在, 问题如下:

"设给定 $T > 0$, 对取自于一个合适空间中的 $\{y^0, y^1\}$, 我们能否找到定义在 Σ_0 上的控制 v, 使得 (1.1) (1.2) (1.9) 的解满足 (1.5)?" ■

注 1.4 边界条件 (1.9) 应该看成是加在控制 v 上的限制. ■

注 1.5 我们关注的重要情形是, Σ_0 具有形式 $\Sigma_0 = \Gamma_0 \times (0, T)$, 此处 Γ_0 是 Γ 的非空开子集. ■

注 1.6 在第 6 节中, 我们将证明, 把想控制的初始值所在的空间保持固定, 子集 Γ_0 "越小", 则相应的控制的时间 T "越大", 这是与常理相符的. ■

注 1.7 在解决波动方程精确能控性所用的想法中, 有一个是来自于 D. L. RUSSELL [1]. 它至少可应用在空间维数 n 为奇数, 以及作用是位于全部边界 Γ 的情形.

我们定义, 初始值 $\{y^0, y^1\}$ 的延拓 $\{\tilde{y}^0, \tilde{y}^1\}$,

$$\tilde{y}^i = \begin{cases} y^i & \text{在 } \Omega \text{ 内}, \\ 0 & \text{在 } \mathbb{R}^n \backslash \Omega \text{ 内}, \end{cases} \quad i = 0, 1, \tag{1.10}$$

然后解 Cauchy 问题

$$\begin{cases} \tilde{y}'' - \Delta \tilde{y} = 0 & \text{在 } \mathbb{R}^n \times \mathbb{R}^+ \text{内}, \\ \tilde{y}(0) = \tilde{y}^0, \tilde{y}'(0) = \tilde{y}^1 & \text{在 } \mathbb{R}^n \text{ 内}. \end{cases} \tag{1.11}$$

根据 Huygens 原理, 我们知道

$$\exists T > 0 \text{ 只依赖于 } \Omega, \text{ 使得 } \tilde{y} \equiv 0 \text{ 在 } \Omega \times [T, +\infty) \text{内}, \tag{1.12}$$

因而控制

$$v = \tilde{y}|_{\Gamma \times (0,T)} \tag{1.13}$$

在 T 时刻, 将解 $y = y(v)$ 带到平衡状态 $\{0, 0\}$.

W. LITTMAN [1] 将这种方法做了多种推广. ■

为研究精确能控性, 我们提出了一个方法, 在下一节, 我们将引进这个方法的主要思想. 这个方法可以运用到非常一般的框架中, 这将在第二章中演示.

2 解答方法的描述: Hilbert 唯一性方法. 抽象空间中的精确能控性

本卷中, 我们将全部按照本节中所演示我们方法的一般要点来解答精确能控性问题, 并采用了适合于上面所述系统 (1.1) (1.2) (1.9) 的讲法.

此方法的要点是:

(a) 导出相应的齐次系统唯一性判据;

(b) 构造——采用完备化的手段——适合于系统结构的 Hilbert 空间.

我们称此方法为 HUM, 它是 “Hilbert 唯一性方法 (Hilbert Uniqueness Method)” 的英文缩写. ■

下面的程序说明了, 用 HUM 方法解答系统 (1.1) (1.2) (1.9) 的精确能控性问题的基本步骤.

步骤 1 首先, 取初始条件 $\{\Phi^0, \Phi^1\} \in \mathcal{D}(\Omega) \times \mathcal{D}(\Omega)$ ($\mathcal{D}(\Omega)$ 表示 C^∞ 阶且支撑集落在 Ω 内的函数空间), 并考察齐次波动方程:

$$\begin{cases} \Phi'' - \Delta \Phi = 0 & \text{在 } Q \text{ 内}, \\ \Phi(0) = \Phi^0, \Phi'(0) = \Phi^1 & \text{在 } \Omega \text{ 内}, \\ \Phi = 0 & \text{在 } \Sigma \text{ 上}. \end{cases} \tag{2.1}$$

我们知道, 问题 (2.1) 有唯一解 (参见第 3.2 节). ■

步骤 2 我们接着解一个 "反向" 问题

$$\begin{cases} \psi'' - \Delta\psi = 0 & \text{在 } Q \text{ 内}, \\ \psi(T) = \psi'(T) = 0 & \text{在 } \Omega \text{ 内}, \\ \psi = \begin{cases} \dfrac{\partial\Phi}{\partial\nu} \\ 0 \end{cases} & \begin{matrix} \text{在 } \Sigma_0 \text{ 上}, \\ \text{在 } \Sigma\backslash\Sigma_0 \text{ 上}, \end{matrix} \end{cases} \tag{2.2}$$

此处 ν 是 Ω 的单位外法向, 而 "$\dfrac{\partial}{\partial\nu}$" 是这个方向的导数, 即 $\dfrac{\partial\Phi}{\partial\nu} = \nabla\Phi\cdot\nu = \sum_{k=1}^{n}\dfrac{\partial\Phi}{\partial x_k}\nu_k$, 或者, 利用重复下标求和约定

$$\frac{\partial\Phi}{\partial\nu} = \frac{\partial\Phi}{\partial x_k}\nu_k.$$

系统 (2.2) 是具有反向特性的非齐次边值问题. 这并不影响系统的"适定性", 因而系统具有唯一解 ψ.

那么, 我们可定义一个线性算子 Λ, 它将向量 $\{\Phi^0, \Phi^1\}$ 对应到:

$$\Lambda\{\Phi^0, \Phi^1\} = \{\psi'(0), -\psi(0)\}. \tag{2.3}$$

算子 Λ 的定义是恰当的, 因为 ψ 是充分正则的(参看第 4.2 节). ■

步骤 3 现在我们考察初始值 $\{\zeta^0, \zeta^1\} \in \mathcal{D}(\Omega)\times\mathcal{D}(\Omega)$, 及相应的问题 (2.1) 的解 $\zeta = \zeta(x,t)$.

我们用 $\zeta = \zeta(x,t)$ 乘以方程 (2.2), 并在 Q 上积分, 由分部积分容易得到,

$$< \Lambda\{\Phi^0, \Phi^1\}, \{\zeta^0, \zeta^1\} >= \int_\Omega (\psi'(0)\zeta^0 - \psi(0)\zeta^1)\mathrm{d}x = \int_{\Sigma_0}\frac{\partial\Phi}{\partial\nu}\frac{\partial\zeta}{\partial\nu}\mathrm{d}\Sigma. \tag{2.4}$$

特别地

$$< \Lambda\{\Phi^0, \Phi^1\}, \{\Phi^0, \Phi^1\} >= \int_{\Sigma_0} |\frac{\partial\Phi}{\partial\nu}|^2\mathrm{d}\Sigma, \tag{2.5}$$

其中, $\mathrm{d}\Sigma = \mathrm{d}\Gamma\mathrm{d}t$ 是与集合 Σ 相应的测度, $\mathrm{d}\Gamma$ 则是与 Γ 相应的测度.

那么, 我们引进半范数

$$\|\{\Phi^0, \Phi^1\}\|_F := (\int_{\Sigma_0} |\frac{\partial\Phi}{\partial\nu}|^2\mathrm{d}\Sigma)^{\frac{1}{2}} = \|\frac{\partial\Phi}{\partial\nu}\|_{L^2(\Sigma_0)}, \quad \forall\{\Phi^0, \Phi^1\} \in \mathcal{D}(\Omega)\times\mathcal{D}(\Omega), \tag{2.6}$$

并且我们假设, 实际上, $\|\cdot\|_F$ 在空间 $\mathcal{D}(\Omega)\times\mathcal{D}(\Omega)$ 中定义了一个范数.

显然, $\|\cdot\|_F$ 能够定义一个范数, 这等价于下面的唯一性定理成立.

定理 2.1 (唯一性定理) 对 $\{\Phi^0, \Phi^1\} \in \mathcal{D}(\Omega)\times\mathcal{D}(\Omega)$, 若 $\Phi = \Phi(x,t)$ 满足 (2.1), 并且满足条件

$$\frac{\partial\Phi}{\partial\nu} = 0 \quad \text{在 } \Sigma_0 \text{ 上}, \tag{2.7}$$

那么, $\Phi \equiv 0$ 在 Q 上. ■

注 2.1　对 HUM 方法的应用来说首要之点是要获得这类唯一性定理. ■

假设定理 2.1 成立. 我们把 Hilbert 空间 F 定义为 $\mathcal{D}(\Omega)\times\mathcal{D}(\Omega)$ 关于范数 (2.6) 的完备化.

按照 (2.4) 和 (2.6), 我们有

$$\begin{aligned}&< \Lambda\{\Phi^0,\Phi^1\},\{\zeta^0,\zeta^1\} >= (\{\Phi^0,\Phi^1\},\{\zeta^0,\zeta^1\})_F,\\&\forall\{\Phi^0,\Phi^1\},\{\zeta^0,\zeta^1\}\in\mathcal{D}(\Omega)\times\mathcal{D}(\Omega).\end{aligned}\tag{2.8}$$

此处, $(\cdot,\cdot)_F$ 表示与范数 $\|\cdot\|_F$ 相应的数量积, 由此

$$\begin{aligned}&| < \Lambda\{\Phi^0,\Phi^1\},\{\zeta^0,\zeta^1\} > | \leqslant \|\{\Phi^0,\Phi^1\}\|_F\|\{\zeta^0,\zeta^1\}\|_F,\\&\forall\{\Phi^0,\Phi^1\},\{\zeta^0,\zeta^1\}\in\mathcal{D}(\Omega)\times\mathcal{D}(\Omega).\end{aligned}\tag{2.9}$$

不等式 (2.9) 使我们能够在 F' 中, 将 Λ (以唯一的方式)延拓成 F 上的线性连续算子 (F' 也是一个 Hilbert 空间且异于 F).

$$\Lambda:\ F\to F'.\tag{2.10}$$

从 (2.8) 可推出

$$< \Lambda\{\Phi^0,\Phi^1\},\{\zeta^0,\zeta^1\} >= (\{\Phi^0,\Phi^1\},\{\zeta^0,\zeta^1\})_F,\quad \forall\{\Phi^0,\Phi^1\},\{\zeta^0,\zeta^1\}\in F,\tag{2.11}$$

这表明

$$\Lambda=\Lambda^*,\tag{2.12}$$

此处 Λ^* 为 Λ 的共轭算子.

从这些事实可得出结论, Λ 是从 F 到 F' 的同构. ■

注 2.2　实际上, 我们已经构造了空间 F 和算子 Λ, 并且 Λ 是从 F 到 F' 的同构! 提醒一下, 这个构造的出发点是唯一性定理 2.1. ■

步骤 4 (结论)　既然 Λ 是从 F 到 F' 的同构, 方程

$$\Lambda\{\Phi^0,\Phi^1\}=\{y^1,-y^0\}\tag{2.13}$$

就具有唯一解 $\{\Phi^0,\Phi^1\}\in F$, 只要初始值 $\{y^0,y^1\}$ 满足

$$\{y^1,-y^0\}\in F'.\tag{2.14}$$

注 2.3　(2.13) 的解等价于寻求

$$\inf_{\{\Phi^0,\Phi^1\}\in F}\Big\{\frac{1}{2} < \Lambda\{\Phi^0,\Phi^1\},\{\Phi^0,\Phi^1\} > -(y^1,\Phi^0)+(y^0,\Phi^1)\Big\}.$$

这个框架是 R. GLOWINSKI, C. LI, J.-L. LIONS [1] 中, 所研究的数值逼近的基础. ■

我们对控制 v 的选取方式是

$$v = \frac{\partial \Phi}{\partial \nu} \qquad 在\ \Sigma_0\ 上, \tag{2.15}$$

其中, Φ 是 (2.1) 的解, 它与满足 (2.13) 的 $\{\Phi^0, \Phi^1\}$ 相应.

那么, 根据问题 (1.1) (1.2) (1.9) 解的唯一性, 我们有

$$y(v) = \psi, \tag{2.16}$$

其中 ψ 是(2.2)与 Φ 相应的解.

最后, 由 ψ 的定义, 可知 $y = y(v)$ 满足(1.5), 因而控制 v 回答了我们的问题. ■

将我们刚才证明的结果, 总结成下面的叙述.

定理 2.2 (精确能控性定理) 设 $T > 0$ 能使唯一性定理 2.1 成立. 因而, 我们能够定义空间 F, 它是 $\mathcal{D}(\Omega) \times \mathcal{D}(\Omega)$ 用由 (2.6) 引进的范数 $\|\cdot\|_F$ 完备化而得到的.

那么, 对所有的初始值 $\{y^0, y^1\}$, 只要满足

$$\{y^1, -y^0\} \in F',$$

就存在控制

$$v \in L^2(\Sigma_0)$$

使得系统 (1.1) (1.2) (1.9) 的解 $y = y(v)$, 满足 (1.5). ■

注 2.4 空间 F 的定义, 即 $\mathcal{D}(\Omega) \times \mathcal{D}(\Omega)$ 用范数 $\|\cdot\|_F$ 完备化, 包含了空间 F 与空间 $L^2(\Sigma_0)$ 的如下的一个对应

$$\{\Phi^0, \Phi^1\} \in F \Leftrightarrow \frac{\partial \Phi}{\partial \nu} \in L^2(\Sigma_0),$$

其中, Φ 是(2.1)相应于初始条件 $\{\Phi^0, \Phi^1\}$ 的解.

由 (2.15) 定义的控制 v 的 $L^2(\Sigma_0)$ 正则性是空间 F 和算子 Λ 的构造的直接的结果. ■

注 2.5 当定理 2.2 成立时, 我们称系统(1.1) (1.2) (1.9) 在时刻 T 时是精确能控的. ■

注 2.6 空间 F 和 F' 是利用完备化的手段定义的. 由此, 目前, 它不是用常用的泛函空间术语来刻画的. 它先验地依赖于 Σ_0 (也即依赖于 Γ_0 和 T).

鉴于空间 F' “身份未定”, 定理2.2 带有 “抽象的” 特征. 因而 HUM 的第二个重要之点在于辨别出 Hilbert 空间 F 和 F', 或至少尽可能明确地将它们描述出来. ■

注 2.7 我们将在第 8 节证明, 存在只依赖于 Ω 的几何特性的 $T_0 > 0$, 使得唯一性定理 2.1 成立, 其中 $\Sigma_0 = \Gamma_0 \times (0, T)$, 而 Γ_0 是 Γ 的非空开子集, $T > T_0$ 且其值

任意. 由此, 我们将在初始值所在的空间 F' 中得到精确能控性, 这个空间先验地依赖于 Γ_0 和 T.

我们将在第 6 节中看到, 只要 Γ_0 "足够大", 那么存在 $T(\Gamma_0) > 0$, 使得 F' 既不依赖于 Γ_0, 也不依赖于 $T > T(\Gamma_0)$. ■

在本章的后面部分, 我们将研究 HUM 应用的各个步骤. 运行图如下:

—第 3 节. 研究一些预备结果, 这是后面所必需的.

—第 4 节. 研究问题 (2.1) 和 (2.2) 的解的存在性和正则性.

—第 5 节. 证明一个唯一性定理, 并得到一个估计式, 它能用来辨别空间 F 和 F', 只要 Γ_0 "足够大", 这当中还使用了第 4 节中得到的一个估计式.

—第 6 节. 叙述精确能控性的主要结果, 以及其他一些附带的结果.

—第 7 节. 给出第 6 节中的结果的一些变化, 并从几何的角度对得到的结果加以解释.

—第 8 节. 引进 Holmgren 唯一性定理, 以及它对带有 Dirichlet 型作用的波动方程的精确能控性研究所产生的影响.

—第 9 节. 研究 "扩大的精确能控性" 问题.

—第 10 节. 给出一些未解决的问题.

3 一些预备结果

3.1 法向量场的延拓

本节的目标是证明一些技术性的引理, 这会对在本书演示的各种模型的研究起很大的帮助. 这些结果都是已知的, 为了读者的方便, 我们把它们列出来.

引理 3.1 设 Ω 是 $\mathbb{R}^n$ 中的有界区域, 其边界 Γ 是 C^2 阶的. 那么存在向量场 $h = (h_k) \in (C^1(\bar{\Omega}))^n$, 满足

$$h(x) = \nu(x) \qquad \text{在 } \Gamma \text{ 上}. \tag{3.1}$$

■

证明 由边界 Γ 的 C^2 正则性, 对所有的 $x \in \Gamma$, 存在 x 在 $\mathbb{R}^n$ 中的邻域 V_x, 以及函数 $\sigma_x \in C^2(V_x, \mathbb{R})$, 使得:

$$\nabla\sigma_x(z) \neq 0, \qquad \forall z \in V_x, \tag{3.2}$$

$$\sigma_x(z) = 0 \Leftrightarrow z \in V_x \cap \Gamma, \tag{3.3}$$

$$\nu(z) = \frac{\nabla\sigma_x(z)}{|\nabla\sigma_x(z)|}, \qquad \forall z \in V_x \cap \Gamma. \tag{3.4}$$

进一步, 边界 Γ 的紧性说明:

$$\exists\{x_j\}_{1\leqslant j\leqslant \ell}\subset\Gamma \text{ 使得 } \Gamma\subset\bigcup_{j=1}^{\ell}V_j, \tag{3.5}$$

其中

$$V_j=V_{x_j},\qquad \forall j\in\{1,2,\cdots,\ell\}.$$

我们进一步定义一个开集 $V_0\subset\Omega$, 满足:

$$\bar{V}_0\subset\Omega,\quad \Omega\subset\bigcup_{j=0}^{\ell}V_j \tag{3.6}$$

并考察, 从属于覆盖 $\{V_j\}_{0\leqslant j\leqslant\ell}$ 的单位分解 $\{e_j\}_{0\leqslant j\leqslant\ell}$; 也就是说, 一族函数 $\{e_j\}_{0\leqslant j\leqslant\ell}$ 满足条件:

$$e_j\in\mathcal{D}(V_j),\quad 0\leqslant e_j\leqslant 1 \quad \text{在 } V_j \text{ 中},\quad \forall j\in\{0,\cdots,\ell\}, \tag{3.7}$$

$$\sum_{j=0}^{\ell}e_j=1 \quad \text{在 } \bar{\Omega} \text{ 中}. \tag{3.8}$$

特别地

$$\sum_{j=0}^{\ell}e_j=1 \quad \text{在 } \Gamma \text{ 上}. \tag{3.9}$$

由 (3.4) (3.7) 和 (3.9) 可知, 向量场

$$h(x)=\sum_{j=0}^{\ell}e_j(x)|\nabla\sigma_j(x)|^{-1}\nabla\sigma_j(x),\qquad \forall x\in\bar{\Omega} \tag{3.10}$$

满足所要求的性质, 其中 $\sigma_j=\sigma_{x_j}, \forall j\in\{0,\cdots,\ell\}$. ■

注 3.1 由 (3.1) 可得:

$$h(x)\cdot\nu(x)=h_k(x)\nu_k(x)=1,\qquad \forall x\in\Gamma. \tag{3.11}$$

■

注 3.2 由 h 的构造, 有:

$$\operatorname{supp}h\subset\bigcup_{j=1}^{\ell}V_j, \tag{3.12}$$

其中 $\operatorname{supp}h$ 为函数 h 的支撑集.

实际上, 我们可证明, 对所有的 $\varepsilon>0$, 存在向量场 $h_\varepsilon\in(C^1(\bar{\Omega}))^n$, 满足 (3.1), 并且:

$$\operatorname{supp}h_\varepsilon\subset\Gamma_\varepsilon=\{x\in\mathbb{R}^n\,|\,\mathrm{d}\,(x,\Gamma)\leqslant\varepsilon\}, \tag{3.13}$$

其中 $\mathrm{d}(x,\Gamma)$ 为 "点 x 到集合 Γ 的距离":

$$\mathrm{d}(x,\Gamma) := \inf_{y\in\Gamma}|x-y|. \tag{3.14}$$

在图 1.2 中, 阴影部分 $\Gamma_\varepsilon^{\text{int}}$ 为集合 $\Gamma_\varepsilon^{\text{int}} = \Gamma_\varepsilon \cap \overline{\Omega}$.

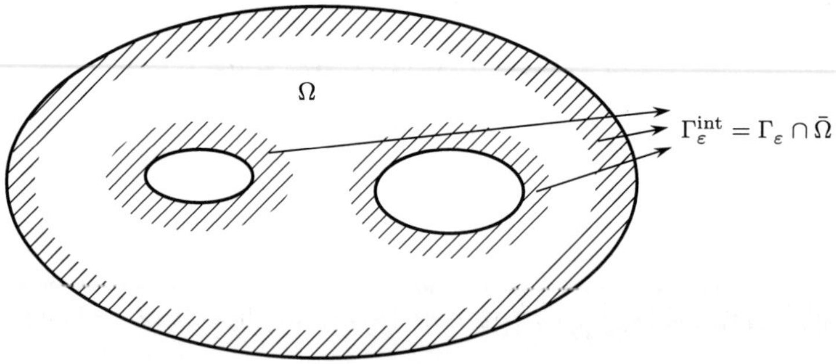

图 1.2

必须注意, 证明中所用的方法是局部的, 因此下面的结果也同样可以得出:

$$\begin{aligned}&\text{“}\forall\gamma\subset\Gamma,\quad \forall\varepsilon>0,\quad \exists h_{\gamma,\varepsilon}\in(C^1(\bar{\Omega}))^n\quad \text{使得}\\ &h_{\gamma,\varepsilon}(x)=\nu(x),\quad \forall x\in\gamma,\\ &\operatorname{supp} h_{\gamma,\varepsilon}\subset\gamma_\varepsilon=\{x\in\mathbb{R}^n\,|\,\mathrm{d}(x,\gamma)\leqslant\varepsilon\}.\text{”}\end{aligned} \tag{3.15}$$

■

下面的引理将引理 3.1 (更明确一点将等式 (3.11)), 以某种方式, 推广到边界为 Lipschitz 的开集 Ω.

引理 3.2 设 Ω 是 $\mathbb{R}^n$ 中的有界区域, 其边界 Γ 是 Lipschitz 的. 那么, 存在 $\delta>0$, 以及向量场 $h\in(C^\infty(\mathbb{R}^n))^n$, 满足

$$h(x)\cdot\nu(x)\geqslant\delta \qquad \text{在 } \Gamma \text{ 上几乎处处成立}. \tag{3.16}$$

■

注 3.3 一般情况下, 对边界为 Lipschitz 的开集 Ω 来说, 外法向量 $\nu(x)$ 只是在 Γ 上几乎处处有定义.

显然, 向量场 $\nu(x)$ 在边界 Γ 可能有的角点附近会出现间断. 这说明, 等式 (3.1) 不可能对一个向量场 $h\in(C(\bar{\Omega}))^n$ 成立.

在第 4 节中, 在证明 "正向不等式" 时, 将用到引理 3.1 和 3.2. 证明的取得, 其实并不需要存在满足 (3.1) 的向量场, 这使我们能将 "正向不等式" 推广到凸开集的情形, 并且对 Γ, 除了凸性外, 不需要正则性假设.

由引理 3.2, 在第 7 节中将证明, "正向不等式" 对 $\mathbb{R}^n$ 中的多面体 Ω 同样能够成立, 其中 $n \leqslant 3$. ■

引理 3.2 的证明, 与引理 3.1 的证明类似. 我们先局部地定义向量场 h, 接着用单位分解来覆盖 Γ.

结果仍然具有局部的特性, 注 3.2 在这种情形下仍然有效. ■

3.2 波动方程解的存在唯一性的回顾

在下面的引理中, 我们总结有关问题 (2.1) 解的存在性、唯一性和正则性的结果, 本章的后续部分需要这些结果.

引理 3.3 (a) 设 Ω 是 $\mathbb{R}^n$ 中的有界区域, 其边界 Γ 是Lipschitz 的. 那么, 对所有的 $\{\Phi^0, \Phi^1\} \in H_0^1(\Omega) \times L^2(\Omega)$, (2.1) 存在唯一的解 $\Phi = \Phi(x,t)$, 且

$$\Phi \in C(0,T;H_0^1(\Omega)) \cap C^1(0,T;L^2(\Omega)) \cap C^2(0,T;H^{-1}(\Omega)). \tag{3.17}$$

(b) 现设 Γ 是 C^2 阶的. 若 $\{\Phi^0, \Phi^1\} \in H^2(\Omega) \times H_0^1(\Omega)$, 那么, 解 $\Phi = \Phi(x,t)$ 满足

$$\Phi \in C(0,T;H^2 \cap H_0^1(\Omega)) \cap C^1(0,T;H_0^1(\Omega)) \cap C^2(0,T;L^2(\Omega)). \tag{3.18}$$

■

若 $\{\Phi^0, \Phi^1\} \in H_0^1(\Omega) \times L^2(\Omega)$, (2.1) 的解 Φ (它属于 (3.17) 类) 称为方程的弱解. 此时, Φ 以下面的弱意义满足 (2.1):

$$\begin{aligned} &< \Phi''(t), \phi > + \int_\Omega \nabla\Phi(t) \cdot \nabla\phi \mathrm{d}x = 0, \quad \forall t \in [0,T],\ \forall \phi \in H_0^1(\Omega), \\ &\Phi(0) = \Phi^0,\ \Phi'(0) = \Phi^1, \end{aligned} \tag{3.19}$$

其中 $< \cdot, \cdot >$ 表示 $H^{-1}(\Omega)$ 与 $H_0^1(\Omega)$ 间的对偶. ■

属于 (3.18) 类的解 Φ, 称为方程的强解或正则解. 此时, 方程在 $L^2(\Omega)$ 的意义下得到满足. ■

引理 3.3 的证明 我们所述的结论是经典的. 证明可用很多方法得到. 在此我们回顾其中的三个:

1. Fourier 方法

我们选取空间 $L^2(\Omega)$ 的一组 Hilbert 基 $\{w_i\}_{i \geqslant 1}$, 它们由带有齐次 Dirichlet 条件的 $-\Delta$ 的特征函数组成, 也就是说

$$\begin{cases} -\Delta w_i = \lambda_i w_i & \text{在 } \Omega \text{ 内}, \\ w_i = 0 & \text{在 } \Gamma \text{ 上}. \end{cases} \tag{3.20}$$

我们寻求 (2.1) 的以下形式的解 Φ:

$$\Phi(x,t) = \sum_{i=1}^{+\infty} a_i(t) w_i(x). \tag{3.21}$$

方程 (2.6) 两边乘以 w_i, 再在 Ω 上积分, 可得

$$a_i''(t) + \lambda_i a_i(t) = 0, \qquad \forall i = 1, \cdots. \tag{3.22}$$

利用初始条件 $\Phi(0) = \Phi^0$, $\Phi'(0) = \Phi^1$, 有

$$a_i(0) = a_i^0,\ a_i'(0) = a_i^1, \qquad \forall i = 1, \cdots, \tag{3.23}$$

其中, $(a_i^0)_{i\geqslant 1}$ 和 $(a_i^1)_{i\geqslant 1}$ 分别记为初始条件 Φ^0 和 Φ^1 的 Fourier 系数, 也就是说,

$$\Phi^0(x) = \sum_{i\geqslant 1} a_i^0 w_i(x),\ \Phi^1(x) = \sum_{i\geqslant 1} a_i^1 w_i(x). \tag{3.24}$$

求解方程 (3.22) (3.23), 可得

$$\Phi(x,t) = \sum_{i\geqslant 1}(a_i^0 \cos(t\sqrt{\lambda_i}) + \frac{a_i^1}{\sqrt{\lambda_i}} \sin(t\sqrt{\lambda_i}))w_i(x). \tag{3.25}$$

我们回顾一下

$$\Phi^0 \in H_0^1(\Omega) \Leftrightarrow \sum_{i=1}^{+\infty} \lambda_i |a_i^0|^2 < +\infty,$$

以及

$$\Phi^1 \in L^2(\Omega) \Leftrightarrow \sum_{i=1}^{+\infty} |a_i^1|^2 < +\infty.$$

现在, 结论 (a) 是表达式 (3.25) 的直接推论.

至于结论 (b), 我们回顾一下, 如果 Ω 的边界是 C^2 阶的 (事实上 $C^{1,1}$ 阶就够了), 算子

$$-\Delta:\ H^2 \cap H_0^1(\Omega) \to L^2(\Omega)$$

是一个同构, 由此

$$\Phi^0 \in H^2 \cap H_0^1(\Omega) \Leftrightarrow \sum_{i=1}^{+\infty} \lambda_i^2 |a_i^0| < +\infty.$$

结论 (b) 又是式 (3.25) 的推论.

2. Hille–Yosida 理论

我们将波动方程

$$\Phi'' - \Delta\Phi = 0$$

用一阶方程组的形式表示

$$U' + AU = 0, \tag{3.26}$$

其中 $U=\begin{pmatrix}\Phi\\ \xi\end{pmatrix}$, 而

$$AU=\begin{pmatrix}0 & -1\\ -\Delta & 0\end{pmatrix}U=\begin{pmatrix}0 & -1\\ -\Delta & 0\end{pmatrix}\begin{pmatrix}\Phi\\ \xi\end{pmatrix}=\begin{pmatrix}-\xi\\ -\Delta\Phi\end{pmatrix}. \tag{3.27}$$

我们考察空间 $H=H_0^1(\Omega)\times L^2(\Omega)$, 赋予数量积

$$(U_1,U_2)=\int_\Omega \nabla\Phi_1\cdot\nabla\Phi_2\mathrm{d}x+\int_\Omega \xi_1\xi_2\mathrm{d}x, \tag{3.28}$$

其中

$$U_1=\begin{pmatrix}\Phi_1\\ \xi_1\end{pmatrix},\ U_2=\begin{pmatrix}\Phi_2\\ \xi_2\end{pmatrix}.$$

线性算子 $(A,D(A))$ 的定义域为

$$D(A)=(H^2\cap H_0^1(\Omega))\times H_0^1(\Omega),$$

由于 Γ 的 C^2 正则性, 它在 H 中是极大单调的 (在通常情形下, 也即, Γ 是 Lipschitz 的, A 的定义域为 $D(A)=\{\Phi^0\in H_0^1(\Omega)|\Delta\Phi^0\in L^2(\Omega)\}\times H_0^1(\Omega)$).

利用这种方式, 我们将波动方程嵌入了 Hille–Yosida 理论的泛函框架内, 引理 3.3 就是这个理论的一个结论 (参见K. YOSIDA [1]). 我们可在 H. BREZIS [1] (第七、十章) 中, 找到这个理论的一个非常合适于应用的演示. 同样可以参考 R. DAUTRAY 和J.-L. LIONS [1, 第 3 卷] 和 A. PAZY [1] 中的非线性半群理论.

3. 引理 3.3 同样可以嵌入 J.-L. LIONS 和 E. MAGENES [1] 中引进的抽象框架. 特别地, 我们有如下的结果 (参见 J.-L. LIONS [11]).

引理 3.4 设 V 和 H 为两个Hilbert 空间, 且 $V\subset H\subset V'$, 其中的嵌入是连续和稠密的. 对每个 $t\in[0,T]$, 给定一个连续和对称的双线性形式 $a(t;\cdot,\cdot):V\times V\to\mathbb{R}$, 使得:

(i) 函数 $t\to a(t;\Phi,\xi)$ 是 C^1 阶的, $\forall\Phi,\xi\in V$,

(ii) $\exists\alpha>0\ |a(t;\Phi,\Phi)|\geqslant\alpha\|\Phi\|^2,\ \forall\Phi\in V$,

其中 $\|\cdot\|$ 为空间 V 的范数.

那么, 给定 $f\in L^2(0,T;H)$, $\Phi^0\in V$, $\Phi^1\in H$, 存在唯一的函数 Φ, 使得:

$$\begin{aligned}&\Phi\in C(0,T;V)\cap C^1(0,T;H)\cap H^2(0,T;V'),\\ &<\Phi''(t),v>+a(t;\Phi(t),v)=<f(t),v>,\ \text{几乎处处在}t\in[0,T]\text{上},\ \forall v\in V,\\ &\Phi(0)=\Phi^0;\ \Phi'(0)=\Phi^1,\end{aligned} \tag{3.29}$$

其中, $<\cdot,\cdot>$ 是空间 V' 和 V 之间的对偶积. ■

注 3.4 在开集 Ω 的边界是 Lipschitz 的一般情形下, 我们知道, 若 $\Phi^0\in H_0^1(\Omega)$, $\Delta\Phi^0\in L^2(\Omega)$, 而 $\Phi^1\in H_0^1(\Omega)$, 那么 $\Phi\in C^1(0,T;H_0^1(\Omega))$, 且 $\Delta\Phi\in C(0,T;L^2(\Omega))$.

若我们进一步假设 Ω 是凸集, 我们有(参见 P. GRISVARD [1])

$$H^2 \cap H_0^1(\Omega) = \{u \in H_0^1(\Omega) | \Delta u \in L^2(\Omega)\},$$

因而, 引理 3.3 的结论 (b) 仍然有效.

本注解, 对凸集中的波动方程的精确能控性的研究, 将起重要的作用. ■

现在, 我们来考察, 与波动方程相关的自然“能量”

$$E(t) = \frac{1}{2}(|\Phi'(t)|^2 + |\nabla\Phi(t)|^2), \quad \forall t \in [0,T], \tag{3.30}$$

其中记号

$$|\Phi'(t)|^2 = \|\Phi'(t)\|_{L^2(\Omega)}^2 = \int_\Omega |\Phi'(x,t)|^2 \mathrm{d}x$$

以及

$$|\nabla\Phi(t)|^2 = \|\nabla\Phi(t)\|_{(L^2(\Omega))^n}^2 = \sum_{k=1}^n \int_\Omega |\frac{\partial\Phi(x,t)}{\partial x_k}|^2 \mathrm{d}x.$$

下面的引理建立起了能量守恒定律, 它说明能量沿着轨道是不变的. 在区域 Ω 的边界是Lipschitz 的一般情形下, 这个定律仍然有效.

引理 3.5 设 Ω 是 $\mathbb{R}^n$ 中的有界区域, 边界 Γ 是Lipschitz 的. 设 $\Phi = \Phi(x,t)$ 是 (2.1) 的弱解. 那么我们有

$$E(t) = E_0 = \frac{1}{2}(|\Phi^1|^2 + |\nabla\Phi^0|^2), \quad \forall t \in [0,T]. \tag{3.31}$$

■

证明 我们首先考察正则解 Φ, 相应的值 $\{\Phi^0, \Phi^1\} \in (H^2 \cap H_0^1(\Omega)) \times H_0^1(\Omega)$.

方程 (2.1) 乘以 $\Phi'(x,t)$, 并在 Ω 上积分, 可得 (计算是合法的, 因为有 $\Phi \in C^1(0,T;H_0^1(\Omega))$, $\Delta\Phi \in C(0,T;L^2(\Omega))$)

$$\frac{\mathrm{d}E}{\mathrm{d}t}(t) = 0 \quad 在\ [0,T]\ 内 \tag{3.32}$$

因而有(3.31).

对于一般的情形 $\{\Phi^0, \Phi^1\} \in H_0^1(\Omega) \times L^2(\Omega)$, 我们用稠密性方法推理. 设函数序列 $\{\Phi_i^0, \Phi_i^1\} \in (H^2 \cap H_0^1(\Omega)) \times H_0^1(\Omega)$ 满足

$$\{\Phi_i^0, \Phi_i^1\} \to \{\Phi^0, \Phi^1\} \quad 在 H_0^1(\Omega) \times L^2(\Omega)\ 内, \quad 当\ i \to +\infty. \tag{3.33}$$

根据波动方程解对初始值的连续依赖性, 可得

$$\Phi_i \to \Phi \quad 在 C(0,T;H_0^1(\Omega)) \cap C^1(0,T;L^2(\Omega))\ 内, \quad 当\ i \to +\infty, \tag{3.34}$$

其中 $\Phi_i=\Phi_i(x,t)$ 是(2.1) 与初始值 $\{\Phi_i^0,\Phi_i^1\}$ 相关的解. 因此

$$E_i(t)\to E(t)\quad \text{在}C(0,T)\text{内},\quad \text{当 } i\to+\infty, \tag{3.35}$$

其中 $E_i(t)$ 是解 Φ_i, $i=1,\cdots$ 的能量.

通过取极限, 当 $i\to+\infty$ 时, 可得, 等式 (3.31) 对弱解 Φ 成立. ■

我们现在考察非齐次波动方程

$$\begin{cases}\theta''-\Delta\theta=f & \text{在 } Q \text{ 内},\\ \theta(0)=\theta^0;\theta'(0)=\theta^1 & \text{在 } \Omega \text{ 内},\\ \theta=0 & \text{在 } \Sigma \text{ 上}.\end{cases} \tag{3.36}$$

我们有如下的结果.

引理 3.6 (a) 设 Ω 是 $\mathbb{R}^n$ 中的有界区域, 其边界 Γ 是 Lipschitz 的. 对所有的 $f\in L^1(0,T;L^2(\Omega))$, $\theta^0\in H_0^1(\Omega)$ 及 $\theta^1\in L^2(\Omega)$, (3.36)存在唯一的解 θ, 且

$$\theta\in C(0,T;H_0^1(\Omega))\cap C^1(0,T;L^2(\Omega)). \tag{3.37}$$

进一步, 存在常数 $C>0$, 使得

$$\|\theta\|_{L^\infty(0,T;H_0^1(\Omega))}+\|\theta'\|_{L^\infty(0,T;L^2(\Omega))}\leqslant C(|\nabla\theta^0|+|\theta^1|+\|f\|_{L^1(0,T;L^2(\Omega))}). \tag{3.38}$$

(b) 现设 Ω 是 C^2 阶的. 那么对所有的 $f\in L^1(0,T;H_0^1(\Omega))$, $\theta^0\in H^2\cap H_0^1(\Omega)$ 及 $\theta^1\in H_0^1(\Omega)$, 存在唯一的解 θ, 且

$$\theta\in C(0,T;H^2\cap H_0^1(\Omega))\cap C^1(0,T;H_0^1(\Omega)) \tag{3.39}$$

且有估计式

$$\begin{aligned}&\|\theta\|_{L^\infty(0,T;H^2\cap H_0^1(\Omega))}+\|\theta'\|_{L^\infty(0,T;H_0^1(\Omega))}\\ \leqslant\ & C(\|\theta^0\|_{H^2\cap H_0^1(\Omega)}+\|\theta^1\|_{H_0^1(\Omega)}+\|f\|_{L^1(0,T;H_0^1(\Omega))}).\end{aligned} \tag{3.40}$$

■

注 3.5 按照注 3.4, 结论 (b) 在 Ω 是凸集时仍然是有效的. ■

引理 3.6 可用业已叙述过的三种方法得到.

若我们采用 Fourier 方法, 得到表达式

$$\theta(x,t)=\sum_{i\geqslant1}(a_i^0\cos(t\sqrt{\lambda_i})+\frac{a_i^1}{\sqrt{\lambda_i}}\sin(t\sqrt{\lambda_i})+\frac{1}{\sqrt{\lambda_i}}\int_0^t\sin((t-s)\sqrt{\lambda_i})f_i(s)\mathrm{d}s)w_i(x),$$

其中

$$\theta^0(x)=\sum_{i\geqslant1}a_i^0w_i(x);\ \theta^1(x)=\sum_{i\geqslant1}a_i^1w_i(x),\ f(t,x)=\sum_{i\geqslant1}f_i(t)w_i(x).$$

由 (3.40), 我们仍然可以容易地证明引理 3.6. ■

3.3 一个恒等式

本节中, 我们将建立一个恒等式, 它使我们以后可以得到应用 HUM 时所必需的先验估计.

引理 3.7 设 Ω 是 $\mathbb{R}^n$ 中的有界区域, 其边界 Γ 是 C^2 阶的. 设 $q=(q_k)$ 是 $(C^1(\bar{\Omega}))^n$ 阶的向量场. 那么对方程 (3.36) 的所有弱解 $\theta=\theta(x,t)$ (也即 $\forall\{\theta^0,\theta^1\}\in H_0^1(\Omega)\times L^2(\Omega)$, $f\in L^1(0,T;L^2(\Omega))$) 下面的恒等式成立:

$$\begin{aligned}\frac{1}{2}\int_\Sigma q_k\nu_k|\frac{\partial\theta}{\partial\nu}|^2\mathrm{d}\Sigma=(\theta'(t),q_k\frac{\partial\theta}{\partial x_k}(t))|_0^T\\+\frac{1}{2}\int_Q\frac{\partial q_k}{\partial x_k}(|\theta'|^2-|\nabla\theta|^2)\mathrm{d}x\mathrm{d}t\\+\int_Q\frac{\partial q_k}{\partial x_j}\frac{\partial\theta}{\partial x_k}\frac{\partial\theta}{\partial x_j}\mathrm{d}x\mathrm{d}t-\int_Q fq_k\frac{\partial\theta}{\partial x_k}\mathrm{d}x\mathrm{d}t.\end{aligned}\tag{3.41}$$

■

上面使用的记号意义如下

$$(u,v)=\int_\Omega u(x)v(x)\mathrm{d}x,\qquad \forall u,v\in L^2(\Omega),$$
$$(u(t),v(t))|_0^T=(u(T),v(T))-(u(0),v(0)),\ \forall u,v\in C(0,T;L^2(\Omega)).$$

此外, 我们应用了重复指标约定, 举例来说, 这个约定犹如

$$q_k\nu_k=\sum_{k=1}^n q_k\nu_k.$$

■

引理 3.7 的证明 我们首先对强解 θ 的情形建立这个恒等式, 也即, 相应的值 $\{\theta^0,\theta^1\}\in(H^2\cap H_0^1(\Omega))\times H_0^1(\Omega)$, $f\in L^1(0,T;H_0^1(\Omega))$.

我们用函数 $q_k\dfrac{\partial\theta}{\partial x_k}$ 乘以方程, 并在 Q 上积分, 由此可得

$$\int_Q(\theta''-\Delta\theta)q_k\frac{\partial\theta}{\partial x_k}\mathrm{d}x\mathrm{d}t=\int_Q fq_k\frac{\partial\theta}{\partial x_k}\mathrm{d}x\mathrm{d}t.\tag{3.42}$$

由分部积分公式有

$$\int_Q\theta''q_k\frac{\partial\theta}{\partial x_k}\mathrm{d}x\mathrm{d}t=(\theta'(t),q_k\frac{\partial\theta}{\partial x_k}(t))|_0^T-\int_Q\theta'q_k\frac{\partial\theta'}{\partial x_k}\mathrm{d}x\mathrm{d}t.\tag{3.43}$$

我们注意到

$$\int_Q\theta'q_k\frac{\partial\theta'}{\partial x_k}\mathrm{d}x\mathrm{d}t=\frac{1}{2}\int_Q q_k\frac{\partial}{\partial x_k}(|\theta'|^2)\mathrm{d}x\mathrm{d}t=-\frac{1}{2}\int_Q\frac{\partial q_k}{\partial x_k}|\theta'|^2\mathrm{d}x\mathrm{d}t,\tag{3.44}$$

这里用到了 Green 公式和 $\theta'=0$ 在 Σ 上的事实.

由 (3.43) (3.44) 得到

$$\int_Q\theta''q_k\frac{\partial\theta}{\partial x_k}\mathrm{d}x\mathrm{d}t=(\theta'(t),q_k\frac{\partial\theta(t)}{\partial x_k})|_0^T+\frac{1}{2}\int_Q\frac{\partial q_k}{\partial x_k}|\theta'|^2\mathrm{d}x\mathrm{d}t.\tag{3.45}$$

此外

$$\int_Q \Delta\theta q_k \frac{\partial\theta}{\partial x_k}\mathrm{d}x\mathrm{d}t = -\int_Q \frac{\partial\theta}{\partial x_j}\frac{\partial}{\partial x_j}(q_k\frac{\partial\theta}{\partial x_k})\mathrm{d}x\mathrm{d}t + \int_\Sigma \frac{\partial\theta}{\partial\nu}q_k\frac{\partial\theta}{\partial x_k}\mathrm{d}\Sigma$$
$$= -\int_Q \frac{\partial\theta}{\partial x_j}(\frac{\partial q_k}{\partial x_j}\frac{\partial\theta}{\partial x_k} + q_k\frac{\partial^2\theta}{\partial x_k\partial x_j})\mathrm{d}x\mathrm{d}t + \int_\Sigma \frac{\partial\theta}{\partial\nu}q_k\frac{\partial\theta}{\partial x_k}\mathrm{d}\Sigma \tag{3.46}$$

以及

$$\int_Q \frac{\partial\theta}{\partial x_j}q_k\frac{\partial^2\theta}{\partial x_k\partial x_j}\mathrm{d}x\mathrm{d}t = \frac{1}{2}\int_Q q_k\frac{\partial}{\partial x_k}(|\nabla\theta|^2)\mathrm{d}x\mathrm{d}t$$
$$= -\frac{1}{2}\int_Q \frac{\partial q_k}{\partial x_k}|\nabla\theta|^2\mathrm{d}x\mathrm{d}t + \frac{1}{2}\int_\Sigma q_k\nu_k|\nabla\theta|^2\mathrm{d}\Sigma. \tag{3.47}$$

鉴于 $\theta = 0$ 在 Σ 上, 我们有

$$\frac{\partial\theta}{\partial x_k} = \nu_k\frac{\partial\theta}{\partial\nu}, \quad \forall k = 1,\cdots,n; \quad |\nabla\theta|^2 = |\frac{\partial\theta}{\partial\nu}|^2 \text{在 } \Sigma \text{ 上}. \tag{3.48}$$

结合 (3.46) (3.47) (3.48), 可得

$$\int_Q \Delta\theta q_k\frac{\partial\theta}{\partial x_k}\mathrm{d}x\mathrm{d}t = -\int_Q \frac{\partial q_k}{\partial x_j}\frac{\partial\theta}{\partial x_j}\frac{\partial\theta}{\partial x_k}\mathrm{d}x\mathrm{d}t \tag{3.49}$$
$$+\frac{1}{2}\int_Q \frac{\partial q_k}{\partial x_k}|\nabla\theta|^2\mathrm{d}x\mathrm{d}t + \frac{1}{2}\int_\Sigma q_k\nu_k|\frac{\partial\theta}{\partial\nu}|^2\mathrm{d}\Sigma.$$

从 (3.42) (3.45) 和 (3.49), 我们可推出恒等式 (3.41).

现在考察 θ 是弱解的一般情形, 也就是说, 相应的数值$\{\theta^0,\theta^1\} \in H_0^1(\Omega)\times L^2(\Omega)$, $f \in L^1(0,T;L^2(\Omega))$.

我们用更正则的数值来逼近这些数值 $\{\theta_n^0,\theta_n^1\} \in (H^2\cap H_0^1(\Omega))\times H_0^1(\Omega)$, $f_n \in L^1(0,T;H_0^1(\Omega))$, 使得

$$\begin{cases} \{\theta_n^0,\theta_n^1\} \to \{\theta^0,\theta^1\} & \text{在}H_0^1(\Omega)\times L^2(\Omega)\text{中}, \\ f_n \to f & \text{在}L^1(0,T;L^2(\Omega))\text{中}, \end{cases} \text{当}n\to+\infty\text{时}. \tag{3.50}$$

因而, 恒等式 (3.41) 对相应于值 $\{\theta_n^0,\theta_n^1,f_n\}$ 的强解 θ_n 成立, 根据估计式 (3.38) 和性质 (3.50), 我们可以看到

$$\begin{cases} \theta_n \to \theta & \text{在}C(0,T;H_0^1(\Omega))\text{中}, \\ \theta_n' \to \theta' & \text{在}C(0,T;L^2(\Omega))\text{中}, \end{cases} \text{当}n\to+\infty\text{时}.$$

这使我们能够对恒等式 (3.41) 的右端项取极限, 令 $n\to+\infty$, 可以推得 $q_k\nu_k|\frac{\partial\theta}{\partial\nu}|^2 \in L^1(\Omega)$, 并且在这种情形下, (3.14) 仍然成立. ■

推论 3.1 设 Ω 是 $\mathbb{R}^n$ 中的有界集, 其边界 Γ 是 C^2 阶的. 设 $q=(q_k)\in(C^1(\bar{\Omega}))^n$. 那么对方程(2.1)的所有弱解 Φ, 我们有恒等式:

$$\begin{aligned}\frac{1}{2}\int_\Sigma q_k\nu_k|\frac{\partial\Phi}{\partial\nu}|^2\mathrm{d}\Sigma =&(\Phi'(t),q_k\frac{\partial\Phi(t)}{\partial x_k})|_0^T+\frac{1}{2}\int_Q\frac{\partial q_k}{\partial x_k}(|\Phi'|^2-|\nabla\Phi|^2)\mathrm{d}x\mathrm{d}t \\ &+\int_Q\frac{\partial q_k}{\partial x_j}\frac{\partial\Phi}{\partial x_k}\frac{\partial\Phi}{\partial x_j}\mathrm{d}x\mathrm{d}t.\end{aligned}\tag{3.51}$$

■

证明 这是 (3.41) 的直接结果, 只要取 $f\equiv 0$. ■

注 3.6 当 Ω 是有界凸集时, 恒等式 (3.41) 和 (3.51) 仍然成立, 因为在这种情况下, $-\Delta$ 是从 $H^2\cap H_0^1(\Omega)$ 到 $L^2(\Omega)$ 的同构.

在一般情形下, 当 Ω 是有界集, 其边界是 Lipschitz 的, 用前面的方法, 我们不能确定证明所用的分部积分是否仍然合法, 这是因为, 强解的正则性不足以使 $\theta\in C^1(0,T;H_0^1(\Omega))$, $\Delta\theta\in C(0,T;L^2(\Omega))$.

P. GRISVARD 在 [2] 和 [3] 中, 将恒等式推广到多边形 $\Omega\in\mathbb{R}^2$ 或多面体 $\Omega\in\mathbb{R}^3$ 的情形. ■

4 弱解的正则性

4.1 齐次问题

这一节我们将证明一个正则性结果, 在 J.-L. LIONS [12] 中, 在变系数双曲方程的框架下, 已经引进了这个结果.

定理 4.1 设 Ω 是 $\mathbb{R}^n$ 中的有界区域, 其边界 Γ 是 C^2 阶的. 那么存在常数 $C>0$, 使得

$$\begin{aligned}&\int_\Sigma|\frac{\partial\theta}{\partial\nu}|^2\mathrm{d}\Sigma\leqslant C(T+1)(|\nabla\theta^0|^2+|\theta^1|^2+\|f\|^2_{L^1(0,T;L^2(\Omega))}),\\ &\forall\{\theta^0,\theta^1,f\}\in H_0^1(\Omega)\times L^2(\Omega)\times L^1(0,T;L^2(\Omega)),\end{aligned}\tag{4.1}$$

其中 $\theta=\theta(x,t)$ 记为方程(3.36)的弱解. ■

在证明这个定理之前, 我们先指出, 利用特别的取值 ($f\equiv 0$), 可以得到

推论 4.1 (正向不等式) 设 Ω 是 $\mathbb{R}^n$ 中的有界集, 其边界 Γ 是 C^2 阶的. 那么存在常数 $C>0$, 使得

$$\int_\Sigma|\frac{\partial\Phi}{\partial\nu}|^2\mathrm{d}\Sigma\leqslant C(T+1)E_0,\quad\forall\Phi\text{为(2.1)的弱解}.\tag{4.2}$$

■

注 4.1 由 (4.1) 可知, $\frac{\partial\theta}{\partial\nu}\in L^2(\Omega)$. 这是波动方程弱解的一个正则性质. ■

注 4.2 在这个证明过程中, 我们将得到, 估计式 (4.1) 中的常数C 唯一地依赖于区域 Ω 的几何性质. 事实上 C 唯一地依赖于 $\|h\|_{W^{1,\infty}(\Omega)}$, 其中$h$ 是引理3.1中引进的向量场. ■

定理 4.1 的证明 在恒等式 (3.41) 中, 取 $q=h$, 其中 h 为引理3.1中引进的向量场.

由事实, 在 Γ 上 $h\cdot\nu\equiv 1$, 我们可容易地得到

$$\begin{aligned}\int_\Sigma\left|\frac{\partial\theta}{\partial\nu}\right|^2\mathrm{d}\Sigma\leqslant &C(T+1)(\|\theta\|^2_{L^\infty(0,T;H_0^1(\Omega))}+\|\theta'\|^2_{L^\infty(0,T;L^2(\Omega))})\\&+C\|f\|_{L^1(0,T;L^2(\Omega))}\|\theta\|_{L^\infty(0,T;H_0^1(\Omega))},\end{aligned}$$

再由 (3.38), 可得

$$\begin{aligned}\int_\Sigma\left|\frac{\partial\theta}{\partial\nu}\right|^2\mathrm{d}\Sigma\leqslant &C(T+1)(|\nabla\theta^0|^2+|\theta^1|^2+\|f\|^2_{L^1(0,T;L^2(\Omega))})\\&+C\|f\|_{L^1(0,T;L^2(\Omega))}(|\nabla\theta^0|+|\theta^1|+\|f\|_{L^1(0,T;L^2(\Omega))})\\\leqslant &C(T+1)(|\nabla\theta^0|^2+|\theta^1|^2+\|f\|^2_{L^1(0,T;L^2(\Omega))}).\end{aligned}\tag{4.3}$$

■

注 4.3 在 Ω 是有界凸集时, 定理 4.1 的结论仍然有效. 我们已经在注 3.6 中, 说明了恒等式 (3.41) 的合法性. 因而只需在恒等式中取 $q=h$, 其中 h 为引理 3.2 中引进的向量场, 它满足 $h(x)\cdot\nu(x)\geqslant\delta>0$ 几乎处处在Γ上成立. ■

注 4.4 在引理 3.7 (更不用说定理 4.1) 的证明中使用的技术——用 “$q_k\frac{\partial\theta}{\partial x_k}$” 乘方程是椭圆方程中的经典技术. 它是由 F. RELLICH 引进的. ■

4.2 非齐次问题

这一节的目的是研究非齐次问题 (2.2) 解的存在性和正则性.

为了简化记号, 并在一个包含了系统 (2.2) 和系统 (1.1) (1.2) (1.9) 的框架内, 证明我们的结论, 这里, 我们准备处理下面的问题:

$$\begin{cases}z''-\Delta z=0 & \text{在 } Q \text{ 内},\\ z(0)=z^0, z'(0)=z^1 & \text{在 } \Omega \text{ 内},\\ z=v & \text{在 } \Sigma \text{ 上}.\end{cases}\tag{4.4}$$

这一节的主要结果如下.

定理 4.2 设 Ω 是 $\mathbb{R}^n$ 中的有界区域, 其边界 Γ 是 C^2 阶的. 那么对所有的数集

$$\{z^0, z^1, v\} \in L^2(\Omega) \times H^{-1}(\Omega) \times L^2(\Sigma) \tag{4.5}$$

(4.4) 存在唯一的解 z, 且

$$z \in C(0,T; L^2(\Omega)) \cap C^1(0,T; H^{-1}(\Omega)). \tag{4.6}$$

此外, 我们有估计式

$$\exists\, C > 0 \text{使得} \|z\|_{L^\infty(0,T;L^2(\Omega))} + \|z'\|_{L^\infty(0,T;H^{-1}(\Omega))} \leqslant C(|z^0| + \|z^1\|_{H^{-1}(\Omega)} + \|v\|_{L^2(\Sigma)}),$$
$$\forall \{z^0, z^1, v\} \in L^2(\Omega) \times H^{-1}(\Omega) \times L^2(\Sigma). \tag{4.7}$$

■

注 4.5 如果将初始条件 $z(0) = z^0, z'(0) = z^1$ 改成终值条件 $z(T) = z^0, z'(T) = z^1$, 我们有同样的结果, 特别是在非齐次方程 (2.2) 的情况下. 这是方程 $z'' - \Delta z = 0$ 关于时间 t 可反向的结果. ■

在证明这个结果之前, 我们来明确一下, 解 z 满足方程的意义.

解 z 是用共轭的方法定义的(参见 J.-L. LIONS 和 E. MAGENES [1]). 更明确地, 我们称 z 是 (4.4) 的解, 若

$$\int_Q z f \mathrm{d}x\mathrm{d}t = -(z^0, \theta'(0)) + < z^1, \theta(0) > - \int_\Sigma v \frac{\partial \theta}{\partial \nu} \mathrm{d}\Sigma, \quad \forall f \in \mathcal{D}(Q), \tag{4.8}$$

其中 $\theta = \theta(x,t)$ 为下面问题的解:

$$\begin{cases} \theta'' - \Delta\theta = f & \text{在 } Q \text{ 内}, \\ \theta(T) = \theta'(T) = 0 & \text{在 } \Omega \text{ 内}, \\ \theta = 0 & \text{在 } \Sigma \text{ 上}, \end{cases} \tag{4.9}$$

$< \cdot, \cdot >$ 为 $H^{-1}(\Omega)$ 和 $H_0^1(\Omega)$ 间的对偶积.

这是问题 (4.4) 的弱形式. 容易验证, (4.4) 的所有正则解 z (相应于正则的数值 $\{z^0, z^1, v\}$) 满足 (4.8). 只要用 z 乘以 (4.9), 并在 Q 上积分. ■

定理 4.2 的证明 我们从共轭问题 (4.9) 的一个估计式开始.

由引理 3.6 和定理 4.1, 可以看出, 存在 $C > 0$, 使得

$$|\nabla\theta(0)| + |\theta'(0)| + \|\frac{\partial \theta}{\partial \nu}\|_{L^2(\Sigma)} \leqslant C\|f\|_{L^1(0,T;L^2(\Omega))}, \quad \forall f \in \mathcal{D}(Q). \tag{4.10}$$

从 (4.10), 我们容易得到

$$\exists z \in L^\infty(0,T; L^2(\Omega)) \text{满足} (4.8) \tag{4.11}$$

并且

$$\begin{aligned}&\|z\|_{L^\infty(0,T;L^2(\Omega))} \leqslant C(|z^0| + \|z^1\|_{H^{-1}(\Omega)} + \|v\|_{L^2(\Sigma)}),\\&\forall\{z^0, z^1, v\} \in L^2(\Omega) \times H^{-1}(\Omega) \times L^2(\Sigma).\end{aligned} \tag{4.12}$$

现在, 从估计式 (4.12), 以及当 $\{z^0, z^1, v\}$ 正则时 z 也是正则的这个事实, 可推出解 z 的 $C(0,T;L^2(\Omega))$ 正则性. 更加明确地, 我们考察一族初始值和边界值

$$\{z_n^0, z_n^1, v_n\}_{n\in\mathbb{N}} \in H_0^1(\Omega) \times L^2(\Omega) \times H_0^2(0,T;H^{\frac{3}{2}}(\Gamma))$$

使得

$$\{z_n^0, z_n^1, v_n\} \overset{n\to+\infty}{\longrightarrow} \{z^0, z^1, v\} \quad 在L^2(\Omega) \times H^{-1}(\Omega) \times L^2(\Sigma)内.$$

由 (4.12), 若 (z_n) 是 (4.4) 相应于数集 $\{z_n^0, z_n^1, v_n\}$ 的一系列解, 那么当 $n \to +\infty$ 时 $z_n \to z$ 在 $L^\infty(0,T;L^2(\Omega))$ 中.

因而只需证明

$$z_n \in C(0,T;L^2(\Omega)), \quad \forall n \in \mathbb{N}.$$

为此, 我们现在考察提升

$$取\hat{v}_n \in H_0^2(0,T;H^2(\Omega)), \text{ 使得 } \hat{v}_n|_\Sigma = v_n.$$

我们可以看出, $u_n = z_n - \hat{v}_n$ 满足

$$\begin{cases}u_n'' - \Delta u_n = -(\hat{v}_n'' - \Delta \hat{v}_n) \in L^2(Q),\\ u_n(0) = z_n^0 - \hat{v}_n(0) \in H_0^1(\Omega),\\ u_n'(0) = z_n^1 - \hat{v}_n'(0) \in L^2(\Omega),\\ u_n = 0 \text{ 在 } \Sigma \text{ 上}.\end{cases}$$

由引理3.6

$$u_n \in C(0,T;H_0^1(\Omega)) \cap C^1(0,T;L^2(\Omega)),$$

由此

$$z_n = u_n + \hat{v}_n \in C(0,T;H_0^1(\Omega)) \cap C^1(0,T;L^2(\Omega)).$$

因此我们有

$$z \in C(0,T;L^2(\Omega)) \tag{4.13}$$

并且

$$z'' - \Delta z = 0 \quad \text{在 } Q \text{ 中},$$

因而

$$z'' = \Delta z \in C(0,T;H^{-2}(\Omega)). \tag{4.14}$$

此外

$$\|z''\|_{L^\infty(0,T;H^{-2}(\Omega))} \leqslant C\|z\|_{L^\infty(0,T;L^2(\Omega))}. \tag{4.15}$$

还要证明 $z' \in L^\infty(0,T;H^{-1}(\Omega))$, 更加明确地

$$\begin{array}{l}\text{线性映射 } \{z^0, z^1, v\} \to z' \text{ 是连续映射, 从} \\ L^2(\Omega) \times H^{-1}(\Omega) \times L^2(\Sigma) \to L^\infty(0,T;H^{-1}(\Omega)).\end{array} \tag{4.16}$$

由此可进一步得到(用前面同样的取极限的过程)

$$z' \in C(0,T;H^{-1}(\Omega)). \tag{4.17}$$

$z \in L^\infty(0,T;L^2(\Omega))$, $z'' \in L^\infty(0,T;H^{-2}(\Omega))$, 意味着 $z' \in L^\infty(0,T;H^{-1}(\Omega))$, 这个结论并不是完全显然的(甚至不一定对, 有时候这与某些暗示是相反的——但是从没有用到非它不可的地步).[①] ■

注 4.6 由插值理论可知, 对任意有限的 p, z' 属于 $L^p(0,T;H^{-1}(\Omega))$, 并且z' 属于 $L^\infty(0,T;H^{-1-\varepsilon}(\Omega))$, $\forall\varepsilon > 0$. 那个一般的 "结论" 并不是对的, 但是它几乎是对的……! ■

不管怎样, 最简单的方式是, 直接从 (4.8) 弱解 z 的定义来证明 (4.16).

用 $L(f)$ 记 (4.8) 的第二项:

$$L(f) = -(z^0, \theta'(0)) + < z^1, \theta(0) > - \int_\Sigma v\frac{\partial\theta}{\partial\nu}\mathrm{d}\Sigma,$$

其中 θ 是 (4.9) 的解. 我们已经证明, $f \to L(f)$ 是 $L^1(0,T;L^2(\Omega))$ 上的连续线性形式. 若考察

$$f = \frac{\mathrm{d}f_1}{\mathrm{d}t},\ f_1 \in L^1(0,T;H_0^1(\Omega))$$

也即

$$f \in W^{-1,1}(0,T;H_0^1(\Omega))$$

(使用通常的 Sobolev 空间和它们对偶的记号), 我们将得到 (4.16), 如果我们能证明

$$|L(f)| \leqslant C\|f_1\|_{L^1(0,T;H_0^1(\Omega))}. \tag{4.18}$$

实际上, 那样的话, 我们就有

$$z \in (W^{-1,1}(0,T;H_0^1(\Omega)))' = W^{1,\infty}(0,T;H^{-1}(\Omega)),$$

[①] L. RODRIGUEZ–PIZZA 构造了一个巧妙的反例.

也即 $z' \in L^\infty(0,T;H^{-1}(\Omega))$, 且还有, z' 在 $L^2(\Omega)\times H^{-1}(\Omega)\times L^2(\Sigma)$ 内连续地依赖 $\{z^0, z^1, v\}$, 也即 (4.16).

因而, 这回过来要解 (4.9), 其中取 $f = \dfrac{\mathrm{d}f_1}{\mathrm{d}t}$, 并证明我们有:

$$\|\theta(0)\|_{H_0^1(\Omega)} + \|\theta'(0)\|_{L^2(\Omega)} + \|\frac{\partial\theta}{\partial\nu}\|_{L^2(\Sigma)} \leqslant C\|f_1\|_{L^1(0,T;H_0^1(\Omega))}. \tag{4.19}$$

为了表达方便起见, 我们反转时间. 因而我们有 θ 是下面方程组的解

$$\begin{cases}\theta'' - \Delta\theta = \dfrac{\mathrm{d}f_1}{\mathrm{d}t} & 在\ Q\ 内,\\ \theta(0) = \theta'(0) = 0 & 在\ \Omega\ 内,\\ \theta = 0 & 在\ \Sigma\ 上.\end{cases} \tag{4.20}$$

我们想证明

$$\|\theta(T)\|_{H_0^1(\Omega)} + |\theta'(T)| + \|\frac{\partial\theta}{\partial\nu}\|_{L^2(\Sigma)} \leqslant C\|f_1\|_{L^1(0,T;H_0^1(\Omega))}. \tag{4.21}$$

利用稠密性和取极限证明 (4.21), 只需考虑 f_1 是正则的, 紧支撑集在 $(0,T)$内的, 取值落在 $H_0^1(\Omega)$ 内的.

因而我们有

$$\theta = w', \tag{4.22}$$

其中, w 的定义为

$$\begin{cases}w'' - \Delta w = f_1 & 在\ Q\ 内,\\ w = 0 & 在\ \Sigma\ 上,\\ w(0) = w'(0) = 0 & 在\ \Omega\ 内\end{cases} \tag{4.23}$$

(实际上由于 f_1 在 $t=0$ 附近为零, 所以 $\theta'(0) = w''(0) = \Delta w(0) = 0$).

(4.23) 的第一个先验估计式是很标准的. 我们用 $-\Delta w'$ 作数量积, 可得

$$\frac{1}{2}\frac{\mathrm{d}}{\mathrm{d}t}(|\nabla w'(t)|^2 + |\Delta w(t)|^2) = (\nabla f_1(t), \nabla w'(t)),$$

由此马上可得

$$w \in L^\infty(0,T;H^2(\Omega)\cap H_0^1(\Omega)), \quad w' \in L^\infty(0,T;H_0^1(\Omega)), \tag{4.24}$$

映射 $f_1 \to w$ 就是连续的, 从 $L^1(0,T;H_0^1(\Omega))$ 到满足(4.24)的 w 所组成的空间, 取相应的拓扑. 因而, 对于关于 t 连续的函数(将 L^∞ 换成 C), 我们有同样的结果, 因而

$$\|w(T)\|_{H^2(\Omega)\cap H_0^1(\Omega)} + \|w'(T)\|_{H_0^1(\Omega)} \leqslant C\|f_1\|_{L^1(0,T;H_0^1(\Omega))}. \tag{4.25}$$

或者 $w'(T)=\theta(T)$, 以及, 由于在 $t=T$ 附近 $f_1=0$, $w'(T)=\Delta w(T)=\theta'(T)$, 因此(4.25)等价于

$$|\Delta\theta(T)|+|\theta'(T)|\leqslant C\|f_1\|_{L^1(0,T;H_0^1(\Omega))}. \tag{4.26}$$

■

我们将得到 (4.21), 只要我们证明

$$\|\frac{\partial\theta}{\partial\nu}\|_{L^2(\Sigma)}\leqslant C\|f_1\|_{L^1(0,T;H_0^1(\Omega))}. \tag{4.27}$$

不等式 (4.27) 是先前证明的 "正向不等式" 的一个变形. 我们来给出其细节. 用 $h_k\dfrac{\partial\theta}{\partial x_k}$ 乘以 (4.20), 其中 $h_k\in C^1((\overline{\Omega}))$, $h_k=\nu_k$ 在 Σ 上 (完全与我们在定理 4.3 的证明一样地). 我们首先得到, 与 (3.41) 同样的表达式 (其中取 $q_k=h_k$)

$$(\theta'(T),h_k\frac{\partial\theta}{\partial x_k}(T))+\frac{1}{2}\int_Q\frac{\partial h_k}{\partial x_k}(|\theta'|^2-|\nabla\theta|^2)\mathrm{d}x\mathrm{d}t-\frac{1}{2}\int_\Sigma|\frac{\partial\theta}{\partial\nu}|^2\mathrm{d}\Sigma+\int_Q\frac{\partial h_k}{\partial x_j}\frac{\partial\theta}{\partial x_k}\frac{\partial\theta}{\partial x_j}\mathrm{d}x\mathrm{d}t$$

$$=-\int_Q f_1h_k\frac{\partial\theta'}{\partial x_k}\mathrm{d}x\mathrm{d}t. \tag{4.28}$$

但是, 若记

$$X=-\int_Q f_1h_k\frac{\partial\theta'}{\partial x_k}\mathrm{d}x\mathrm{d}t,$$

我们有

$$X=\int_Q\frac{\partial}{\partial x_k}(f_1h_k)\theta'\mathrm{d}x\mathrm{d}t$$

而 $\theta'=w''=\Delta w+f_1$, 因而

$$\begin{aligned}X&=\int_Q(\frac{\partial}{\partial x_k}(f_1h_k)\Delta w+\frac{\partial h_k}{\partial x_k}|f_1|^2+\frac{h_k}{2}\frac{\partial}{\partial x_k}(f_1)^2)\mathrm{d}x\mathrm{d}t\\&=\int_Q(\frac{\partial}{\partial x_k}(f_1h_k)\Delta w+\frac{1}{2}\frac{\partial h_k}{\partial x_k}|f_1|^2)\mathrm{d}x\mathrm{d}t.\end{aligned} \tag{4.29}$$

我们将 (4.29) 代入 (4.28), 并将 θ' 用 $\Delta w+f_1$ 代换, 得:

$$(\theta'(T),h_k\frac{\partial\theta}{\partial x_k}(T))+\frac{1}{2}\int_Q\frac{\partial h_k}{\partial x_k}((\Delta w)^2+2f_1\Delta w+|f_1|^2-|\nabla\theta|^2)\mathrm{d}x\mathrm{d}t$$

$$-\frac{1}{2}\int_\Sigma|\frac{\partial\theta}{\partial\nu}|^2\mathrm{d}\Sigma+\int_Q\frac{\partial h_k}{\partial x_j}\frac{\partial\theta}{\partial x_k}\frac{\partial\theta}{\partial x_j}\mathrm{d}x\mathrm{d}t$$

$$=\int_Q(\frac{\partial h_k}{\partial x_k}f_1\Delta w+h_k\frac{\partial f_1}{\partial x_k}\Delta w+\frac{1}{2}\frac{\partial h_k}{\partial x_k}|f_1|^2)\mathrm{d}x\mathrm{d}t.$$

简化这个式子, 我们发现:

$$\frac{1}{2}\int_{\Sigma}|\frac{\partial\theta}{\partial\nu}|^2\mathrm{d}\Sigma=(\theta'(T),h_k\frac{\partial\theta(T)}{\partial x_k})+\frac{1}{2}\int_Q\frac{\partial h_k}{\partial x_k}((\Delta w)^2-|\nabla\theta|^2)\mathrm{d}x\mathrm{d}t \qquad (4.30)$$
$$+\int_Q\frac{\partial h_k}{\partial x_j}\frac{\partial\theta}{\partial x_k}\frac{\partial\theta}{\partial x_j}\mathrm{d}x\mathrm{d}t-\int_Q h_k\frac{\partial f_1}{\partial x_k}\Delta w\mathrm{d}x\mathrm{d}t.$$

由 (4.24) (4.26) 可得, (4.30) 的右端项, 被 $C\|f_1\|^2_{L^1(0,T;H_0^1(\Omega))}$ 控制, 由此得 (4.27). ■

注 4.7 当 Ω 是有凸界集时, 定理 4.2 仍成立. ■

5 唯一性定理. 反向不等式

这节我们将建立一个定理 2.1 形式的唯一性结果.

我们已经在第 2 节中看到, 利用 HUM, 这样的一种唯一性结果孕育了系统 (1.1) (1.2) (1.9) 的精确能控性.

这个唯一性结果的证明的基本部分是恒等式 (3.41).

实际上我们将证明: 当 Σ_0 (或 Γ_0) 足够 "大" 时, 将第二个结果 (反向不等式) 与推论 1.1 的正向不等式合起来, 我们就能识别出空间 F, 它将详细刻画出精确能控性所在空间的泛函框架. ■

我们首先引进一些记号.

设 $x^0\in\mathbb{R}^n$. 我们定义函数

$$m(x)=x-x^0=(x_k-x_k^0)$$

以及边界 Σ 的下述的一个分割

$$\Gamma(x^0)=\{x\in\Gamma\,|\,m(x)\cdot\nu(x)=m_k(x)\nu_k(x)>0\},$$
$$\Gamma_*(x^0)=\Gamma\backslash\Gamma(x^0)=\{x\in\Gamma\,|\,m(x)\cdot\nu(x)\leqslant 0\}$$

以及

$$\Sigma(x^0)=\Gamma(x^0)\times(0,T),$$
$$\Sigma_*(x^0)=\Gamma_*(x^0)\times(0,T).$$

我们再引进

$$R(x^0)=\max_{x\in\bar{\Omega}}|m(x)|=\max_{x\in\bar{\Omega}}|\sum_{k=1}^n(x_k-x_k^0)^2|^{\frac{1}{2}},\quad T(x^0)=2R(x^0).$$

注 5.1 上面定义的常数 $R(x^0)$, 实际上是 $\mathbb{R}^n$中以 x^0 为球心包含 Ω 的球的最小半径. ■

这节最主要的结果如下.

定理 5.1 (反向不等式) 设 Ω 是 $\mathbb{R}^n$ 中的有界区域, 其边界 Γ 是 C^2 阶的, 那么对所有的 $T > T(x^0)$, 以及所有(2.1)的弱解 Φ, 下面的不等式成立

$$(T - T(x^0))E_0 \leqslant \frac{R(x^0)}{2}\int_{\Sigma(x^0)} |\frac{\partial\Phi}{\partial\nu}|^2 \mathrm{d}\Sigma. \tag{5.1}$$

■

特别地, 这个定理能推出下面的唯一性结果:

推论 5.1 (唯一性定理) 在前面定理的条件下, 若 Φ 是 (2.1) 的弱解, 且满足

$$\frac{\partial\Phi}{\partial\nu} = 0 \quad 在\Sigma(x^0)上,$$

那么 $\Phi \equiv 0$. ■

注 5.2 由第 2 节得到的结论, 推论 5.1 意味着系统 (1.1) (1.2) (1.9) 在时刻 $T > T(x^0)$ 的精确能控性. ■

定理 5.1 的证明 我们应用恒等式 (3.51), 这次取 $q = m$.

因而我们有

$$X + \frac{n}{2}\int_Q (|\Phi'|^2 - |\nabla\Phi|^2)\mathrm{d}x\mathrm{d}t + \int_Q |\nabla\Phi|^2 \mathrm{d}x\mathrm{d}t = \frac{1}{2}\int_\Sigma m_k\nu_k |\frac{\partial\Phi}{\partial\nu}|^2 \mathrm{d}\Sigma, \tag{5.2}$$

其中

$$X = (\Phi'(t), m_k\frac{\partial\Phi(t)}{\partial x_k})|_0^T. \tag{5.3}$$

我们注意到

$$\int_\Sigma m_k\nu_k|\frac{\partial\Phi}{\partial\nu}|^2\mathrm{d}\Sigma \leqslant \int_{\Sigma(x^0)} m_k\nu_k|\frac{\partial\Phi}{\partial\nu}|^2\mathrm{d}\Sigma \leqslant R(x^0)\int_{\Sigma(x^0)} |\frac{\partial\Phi}{\partial\nu}|^2\mathrm{d}\Sigma, \tag{5.4}$$

因为在 $\Sigma_*(x^0)$ 上 $m\cdot\nu \leqslant 0$, 且在 $\Sigma(x^0)$ 上 $|m\cdot\nu| \leqslant R(x^0)$.

因而由 (5.2) 和 (5.4), 可得

$$X + \frac{n}{2}\int_Q (|\Phi'|^2 - |\nabla\Phi|^2)\mathrm{d}x\mathrm{d}t + \int_Q |\nabla\Phi|^2 \mathrm{d}x\mathrm{d}t \leqslant \frac{R(x^0)}{2}\int_{\Sigma(x^0)} |\frac{\partial\Phi}{\partial\nu}|^2 \mathrm{d}\Sigma. \tag{5.5}$$

我们记

$$Y = \int_Q (|\Phi'|^2 - |\nabla\Phi|^2)\mathrm{d}x\mathrm{d}t, \tag{5.6}$$

我们如下估计 Y:

引理 5.1 对所有的 (2.1) 的弱解 Φ, 有

$$Y = (\Phi'(t), \Phi(t))|_0^T. \tag{5.7}$$

■

证明 证明非常简单. 我们可以直接对弱解建立恒等式 (5.7).

我们用 Φ 乘以(2.1), 并在 Q 上积分, 得

$$\int_Q (\Phi'' - \Delta\Phi)\Phi \mathrm{d}x\mathrm{d}t = -\int_Q |\Phi'|^2 \mathrm{d}x\mathrm{d}t + (\Phi'(t), \Phi(t))|_0^T + \int_Q |\nabla\Phi|^2 \mathrm{d}x\mathrm{d}t = 0,$$

由此可得 (5.7). ■

回到定理 5.1 的证明.

我们将不等式 (5.5) 写成如下形式

$$X + \frac{n-1}{2}Y + \frac{1}{2}\int_Q (|\Phi'|^2 + |\nabla\Phi|^2)\mathrm{d}x\mathrm{d}t \leqslant \frac{R(x^0)}{2}\int_{\Sigma(x^0)} |\frac{\partial\Phi}{\partial\nu}|^2 \mathrm{d}\Sigma. \tag{5.8}$$

利用能量守恒定律, 有

$$\frac{1}{2}\int_Q (|\Phi'|^2 + |\nabla\Phi|^2)\mathrm{d}x\mathrm{d}t = TE_0, \tag{5.9}$$

$$X + \frac{n-1}{2}Y + TE_0 \leqslant \frac{R(x^0)}{2}\int_{\Sigma(x^0)} |\frac{\partial\Phi}{\partial\nu}|^2 \mathrm{d}\Sigma. \tag{5.10}$$

现在只要估计下面的项

$$Z = |X + \frac{n-1}{2}Y| = |(\Phi'(t), m_k\frac{\partial\Phi(t)}{\partial x_k} + \frac{n-1}{2}\Phi(t))|_0^T|.$$

显然

$$|Z| \leqslant 2\|(\Phi'(t), m_k\frac{\partial\Phi(t)}{\partial x_k} + \frac{n-1}{2}\Phi(t))\|_{L^\infty(0,T)}. \tag{5.11}$$

由 Cauchy–Schwartz 不等式, 有

$$\begin{aligned}
&|(\Phi'(t), m_k\frac{\partial\Phi(t)}{\partial x_k} + \frac{n-1}{2}\Phi(t))| \\
\leqslant\ & \frac{R(x^0)}{2}|\Phi'(t)|^2 + \frac{1}{2R(x^0)}|m_k\frac{\partial\Phi(t)}{\partial x_k} + \frac{n-1}{2}\Phi(t)|^2,
\end{aligned} \tag{5.12}$$

此外

$$\begin{aligned}
&|m_k\frac{\partial\Phi(t)}{\partial x_k} + \frac{n-1}{2}\Phi(t)|^2 \\
=\ & |m_k\frac{\partial\Phi(t)}{\partial x_k}|^2 + \frac{(n-1)^2}{4}|\Phi(t)|^2 + (n-1)(m_k\frac{\partial\Phi(t)}{\partial x_k}, \Phi(t)), \quad \forall t \in [0,T]
\end{aligned} \tag{5.13}$$

以及

$$
\begin{aligned}
(m_k\frac{\partial\Phi(t)}{\partial x_k},\Phi(t)) &= \int_\Omega m_k\frac{\partial\Phi(t)}{\partial x_k}\Phi(t)\mathrm{d}x \\
&= \frac{1}{2}\int_\Omega m_k\frac{\partial}{\partial x_k}(\Phi(t))^2\mathrm{d}x = -\frac{n}{2}|\Phi(t)|^2, \quad \forall t\in[0,T]. \quad (5.14)
\end{aligned}
$$

结合(5.13) (5.14), 可得

$$
\begin{aligned}
|m_k\frac{\partial\Phi(t)}{\partial x_k}+\frac{n-1}{2}\Phi(t)|^2 &= |m_k\frac{\partial\Phi(t)}{\partial x_k}|^2+(\frac{(n-1)^2}{4}-\frac{n(n-1)}{2})|\Phi(t)|^2 \\
&\leqslant |m_k\frac{\partial\Phi(t)}{\partial x_k}|^2\leqslant R^2(x^0)|\nabla\Phi(t)|^2, \quad \forall t\in[0,T]. \quad (5.15)
\end{aligned}
$$

从 (5.11) (5.12) 和 (5.15) 可得

$$
|Z|\leqslant R(x^0)\||\Phi'(t)|^2+|\nabla\Phi(t)|^2\|_{L^\infty(0,T)}=T(x^0)E_0. \tag{5.16}
$$

由 (5.10) 和 (5.16) 就可得出不等式(5.1). ■

注 5.3 第一个这种形式的结果由 L. F. HO [1] 对所有的 $T>\hat{T}(x^0)$ 建立, 其中

$$
\hat{T}(x^0)=T(x^0)+\frac{n-1}{\lambda_0},
$$

而 λ_0^2 为 $-\Delta$ 在 Ω 中带有 Dirichlet 齐次边界条件的第一个特征值.

定理 5.1 在 J.-L. LIONS [3] 中证明过, 其中使用了 P. L. LIONS 的一个注解. 这个结论最终以这个形式在 V. KOMORNIK [1] 中证明过, 他注意到了 (5.15). ■

注 5.4 定理 5.1 在 Ω 是有界凸集时同样成立, 因为证明的基础是 (3.51) 式, 它在这种情况下还是成立的. ■

6 在经典泛函空间中的一些精确能控性结果

6.1 主要的结果

这节的目的是叙述这一章主要的精确能控性结果.

定理 6.1 (精确能控性定理) 设 Ω 是 $\mathbb{R}^n$ 中的有界区域, 其边界 Γ 是 C^2 阶的. 设 $x^0\in\mathbb{R}^n$, $T>T(x^0)$.

那么对所有的初始数对

$$
\{y^0,y^1\}\in L^2(\Omega)\times H^{-1}(\Omega) \tag{6.1}
$$

存在控制

$$
v\in L^2(\Sigma(x^0)) \tag{6.2}
$$

使得系统 (1.1) (1.2) (1.9) 的解 $y = y(v)$ 满足 (1.5).

换句话说, 我们能够精确控制 $L^2(\Omega)\times H^{-1}(\Omega)$ 中的初始值, 而控制取自 $L^2(\Sigma(x^0))$. ■

证明 现在说来, 这个证明很简单.

由推论 5.1 的唯一性定理和第 2 节中用 HUM 证明的精确能控性定理, 我们能够精确控制的初始值 $\{y^0, y^1\}$ 是

$$\{y^1, -y^0\} \in F', \tag{6.3}$$

其中 F' 是 F 的对偶, F 是 $\mathcal{D}(\Omega)\times\mathcal{D}(\Omega)$ 按下面的范数的完备化

$$\|\{\Phi^0, \Phi^1\}\|_F = \|\frac{\partial\Phi}{\partial\nu}\|_{L^2(\Sigma(x^0))}. \tag{6.4}$$

联合正向不等式 (推论 4.1) 和反向不等式 (定理 5.1), 可得

$$\exists C_1, C_2 > 0 \text{ 使得 } C_1E_0 \leqslant \|\{\Phi^0, \Phi^1\}\|_F^2 \leqslant C_2E_0, \tag{6.5}$$

由此

$$F = H_0^1(\Omega)\times L^2(\Omega). \tag{6.6}$$

因而

$$F' = H^{-1}(\Omega)\times L^2(\Omega), \tag{6.7}$$

而条件

$$\{y^1, -y^0\} \in F' \tag{6.8}$$

与 (6.1) 等价.

此外, 控制 v 的定义为

$$v = \frac{\partial\Phi}{\partial\nu} \quad \text{在 } \Sigma(x^0) \text{ 上}, \tag{6.9}$$

其中 Φ 是 (2.1) 与 $\{\Phi^0, \Phi^1\}\in F$ 相应的解, 而由正向不等式有 (6.2). ■

注 6.1 由定理 4.2, 解 $y = y(v)$ 满足

$$y \in C(0, T; L^2(\Omega)) \cap C^1(0, T; H^{-1}(\Omega)). \tag{6.10}$$

■

注 6.2 精确能控性定理 6.1 在 Ω 是有界凸集时仍然成立, 除了凸性所隐含的性质外, 不需其他的正则性. ■

注 6.3 对所有的 $T > T(x^0)$, 存在无穷多个控制 v, 它在 T 时刻将解 y 带到平衡状态. 也就是说, 集合

$$\mathcal{U}_{\rm ad} = \{v \in L^2(\Sigma(x^0)) \,|\, y(T;v) = y'(T;v) = 0, \text{在}\Omega\text{中}\} \tag{6.11}$$

有无穷多个元素.

实际上, 任取一个 $\varepsilon > 0$, 使得

$$T - \varepsilon > T(x^0). \tag{6.12}$$

在 $t \in (0,\varepsilon)$ 时, 取

$$v_\varepsilon = L^2(0,\varepsilon; L^2(\Gamma(x^0)))\text{中的任意函数}. \tag{6.13}$$

解下面的问题

$$\begin{cases} y'' - \Delta y = 0 & \text{在 } \Omega \times (0,\varepsilon) \text{ 内}, \\ y(0) = y^0, y'(0) = y^1 & \text{在 } \Omega \text{ 内}, \\ y = \begin{cases} v_\varepsilon \\ 0 \end{cases} & \begin{array}{l} \text{在 } \Gamma(x^0) \times (0,\varepsilon) \text{ 上}, \\ \text{在 } \Gamma_*(x^0) \times (0,\varepsilon) \text{ 上}, \end{array} \end{cases} \tag{6.14}$$

其中 $\{y^0, y^1\} \in L^2(\Omega) \times H^{-1}(\Omega)$. 因为 $y \in C(0,\varepsilon; L^2(\Omega)) \cap C^1(0,\varepsilon; H^{-1}(\Omega))$, 所以

$$\{y(\varepsilon) = z^0, y'(\varepsilon) = z^1\} \in L^2(\Omega) \times H^{-1}(\Omega), \tag{6.15}$$

那么我们取 u 是由 HUM 给出的控制, 它使得下面的解 $y = y(u)$

$$\begin{cases} y'' - \Delta y = 0 & \text{在 } \Omega \times (\varepsilon,T) \text{ 内}, \\ y(\varepsilon) = z^0, y'(\varepsilon) = z^1 & \text{在 } \Omega \text{ 内}, \\ y = \begin{cases} u \\ 0 \end{cases} & \begin{array}{l} \text{在 } \Gamma(x^0) \times (\varepsilon,T) \text{ 上}, \\ \text{在 } \Gamma_*(x^0) \times (\varepsilon,T) \text{ 上} \end{array} \end{cases} \tag{6.16}$$

满足在 Ω 内 $y(T) = y'(T) = 0$. 显然这样的 u 是存在的, 因为 $T - \varepsilon > T(x^0)$.

那么控制

$$v = \begin{cases} v_\varepsilon & \text{在 } (0,\varepsilon) \text{ 内}, \\ u & \text{在 } (\varepsilon,T) \text{ 内} \end{cases} \tag{6.17}$$

就符合我们的要求, 也就是说 $v \in \mathcal{U}_{\rm ad}$.

因而 $\mathcal{U}_{\rm ad}$ 肯定有无穷多个元素.

我们可以对 $\mathcal{U}_{\rm ad}$ 做更加深入的研究, 这会有各种各样的应用, 这将是另外的论文的目标.

在第八章中, 我们将证明, 由 HUM 给出的控制 v 将使下面泛函

$$J(v)=\frac{1}{2}\int_{\Sigma(x^0)}|v|^2\mathrm{d}\Sigma \tag{6.18}$$

在集合 $\mathcal{U}_{\mathrm{ad}}$内极小化. ■

6.2 关于改变范数的一些注解

设 G 是任意一个定义在 $\Sigma(x^0)$ 上的 Hilbert 空间.

由推论 5.1,

$$\|\{\Phi^0,\Phi^1\}\|_{F_G}:=\|\frac{\partial\Phi}{\partial\nu}\|_G \tag{6.19}$$

定义了 $\mathcal{D}(\Omega)\times\mathcal{D}(\Omega)$ 上的一个范数.

那么我们定义 F_G 为 $\mathcal{D}(\Omega)\times\mathcal{D}(\Omega)$ 按此范数的完备化.

为了书写方便, 记

$$F_G=F. \tag{6.20}$$

那么, 至少形式上地, 我们考察方程 (2.1) 系统和 "反向" 系统

$$\begin{cases}\psi''-\Delta\psi=0 & 在\ Q\ 内,\\ \psi(T)=\psi'(T)=0 & 在\ \Omega\ 内,\\ \psi=\begin{cases}I_G\dfrac{\partial\Phi}{\partial\nu} \\ 0\end{cases} & \begin{array}{l}在\ \Sigma_0\ 上,\\ 在\ \Sigma_*=\Sigma\backslash\Sigma_0\ 上,\end{array}\end{cases} \tag{6.21}$$

其中 I_G 为 G 到 G' 的典范同构.

我们接着定义算子

$$\Lambda\{\Phi^0,\Phi^1\}=\{\psi'(0),-\psi(0)\}, \tag{6.22}$$

我们可验证, Λ 满足

$$<\Lambda\{\Phi^0,\Phi^1\},\{\Phi^0,\Phi^1\}>=\|\frac{\partial\Phi}{\partial\nu}\|_G^2. \tag{6.23}$$

因此, Λ 是从 F 到 F' 的同构.

我们以这种方式证明了

$$\forall\{y^1,-y^0\}\in F',\quad \exists\, v\in G'\ 使得\ y=y(v)\ 满足\ (1.5). \tag{6.24}$$

我们所做的演示都是形式的, 但都可以将它们合法化, 只要用对偶的方法, 将问题(6.21)的解的定义明确化. ■

这样证明的定理仍然是"抽象的", 因为空间 F (相应的 F') 的定义不是用经典的术语. ■

在前一节中, 我们已经看到, 如果取

$$T>T(x^0),\ \Sigma(x^0)=\Gamma(x^0)\times(0,T)\ 及 G=L^2(\Sigma(x^0))$$

我们有

$$F = H_0^1(\Omega) \times L^2(\Omega). \quad \blacksquare$$

在研究其他的例子之前, 我们给出两个有用的一般的注解.

注 6.4 若考察

$$G_1 \subset G_2$$

那么

$$F_{G_1} \subset F_{G_2},$$

因此

$$(F_{G_2})' \subset (F_{G_1})'. \quad \blacksquare$$

注 6.5 设 L 是定义在 $\Sigma(x^0)$ 上的函数的线性算子 (我们将在例子中将这一点明确化). 那么, 假如我们有如下形式的唯一性定理:

$$\begin{cases} \Phi'' - \Delta\Phi = 0 & \text{在 } Q \text{ 内}, \\ \Phi = 0 & \text{在 } \Sigma \text{ 上}, \\ L\dfrac{\partial \Phi}{\partial \nu} = 0 & \text{在 } \Sigma(x^0) \text{ 上}, \end{cases} \tag{6.25}$$
$$\text{意味着 } \Phi \equiv 0 \quad \text{在 } Q \text{ 内},$$

我们定义范数

$$\|\{\Phi^0, \Phi^1\}\|_F = \|L\frac{\partial \Phi}{\partial \nu}\|_G, \tag{6.26}$$

我们就有了 F' 上的精确能控性, 其中 F' 是 F 的对偶, F 是 $\mathcal{D}(\Omega) \times \mathcal{D}(\Omega)$ 按范数 $\|\cdot\|_F$ 的完备化. ■

注 6.6 我们也可以用与 $\mathcal{D}(\Omega) \times \mathcal{D}(\Omega)$ 不同的正则函数空间的完备化来构造空间 F.

举一个这种情形的例子.

例 6.1 取 $L = \dfrac{\partial}{\partial t}$, 也就是说

$$\|\{\Phi^0, \Phi^1\}\|_F = \|\frac{\partial \Phi'}{\partial \nu}\|_{L^2(\Sigma(x^0))}. \tag{6.27}$$

在这种情形下, 我们有

定理 6.2 (精确能控性定理) 设 Ω 是 $\mathbb{R}^n$ 中的有界区域, 其边界 Γ 是 C^2 阶的. 设 $x^0 \in \mathbb{R}^n$, $T > T(x^0)$.

那么对所有的初始值

$$\{y^0, y^1\} \in H^{-1}(\Omega) \times (H^2 \cap H_0^1(\Omega))' \tag{6.28}$$

存在控制

$$v \in (H^1(0,T;L^2(\Gamma(x^0))))' \tag{6.29}$$

使得系统 (1.1) (1.2) (1.9) 的解 $y = y(v)$, 满足(1.5). ■

证明的思路 设

$$\Phi \in C(0,T;H^2 \cap H_0^1(\Omega)) \cap C^1(0,T;H_0^1(\Omega)) \cap C^2(0,T;L^2(\Omega)) \tag{6.30}$$

是(2.1)的强解.

容易验证, $\xi(x,t) = \Phi'(x,t)$ 是下面问题的弱解

$$\begin{cases} \xi'' - \Delta\xi = 0 & \text{在 } Q \text{ 内}, \\ \xi(0) = \Phi^1, \xi'(0) = \Delta\Phi^0 & \text{在 } \Omega \text{ 内}, \\ \xi = 0 & \text{在 } \Sigma \text{ 上}, \\ \xi \in C(0,T;H_0^1(\Omega)) \cap C^1(0,T;L^2(\Omega)). \end{cases} \tag{6.31}$$

由 "正向不等式" 和 "反向不等式" 我们可以看出, (6.27) 引进的范数 $\|\cdot\|_F$ 与下面的范数等价

$$(|\Delta\Phi^0|^2 + |\nabla\Phi^1|^2)^{\frac{1}{2}}. \tag{6.32}$$

设 F 是 $(C^\infty(\bar{\Omega}) \cap H_0^1(\Omega)) \times (C^\infty(\bar{\Omega}) \cap H_0^1(\Omega))$[①] 按范数 $\|\cdot\|_F$ 的完备化. 我们有

$$F = (H^2 \cap H_0^1(\Omega)) \times H_0^1(\Omega), \tag{6.33}$$

因而

$$F' = (H^2 \cap H_0^1(\Omega))' \times H^{-1}(\Omega). \tag{6.34}$$

在这种情形下, 我们定义"反向"问题

$$\begin{cases} \psi'' - \Delta\psi = 0 & \text{在 } Q \text{ 内}, \\ \psi(T) = \psi'(T) = 0 & \text{在 } \Omega \text{ 内}, \\ \psi = \begin{cases} -\dfrac{\partial}{\partial t}(\dfrac{\partial\Phi'}{\partial\nu}) & \text{在 } \Sigma(x^0) \text{ 上}, \\ 0 & \text{在 } \Sigma_*(x^0) \text{ 上}. \end{cases} \end{cases} \tag{6.35}$$

这个问题的解 $\psi = \psi(x,t)$ 是用共轭的方法定义的, 也就是说, ψ 满足

$$\begin{aligned} &\int_Q \psi f \mathrm{d}x\mathrm{d}t = -<\psi(0),\theta^1> + <\psi'(0),\theta^0> - \int_{\Sigma(x^0)} \frac{\partial\Phi'}{\partial\nu}\frac{\partial\theta'}{\partial\nu}\mathrm{d}\Sigma, \\ &\forall\{\theta^0,\theta^1,f\} \in (H^2 \cap H_0^1(\Omega)) \times H_0^1(\Omega) \times L^1(0,T;H_0^1(\Omega)), \end{aligned} \tag{6.36}$$

---

① $C^\infty(\bar{\Omega})$ 为 $\bar{\Omega}$ 中的 C^∞ 函数空间.

其中 $\theta = \theta(x,t)$ 为下面问题的解

$$\begin{cases} \theta'' - \Delta\theta = f & \text{在 } Q \text{ 内}, \\ \theta = 0 & \text{在 } \Sigma \text{ 上}, \\ \theta(0) = \theta^0, \theta'(0) = \theta^1 & \text{在 } \Omega \text{ 内}. \end{cases} \tag{6.37}$$

第一对 (第二对) 尖括号$< \cdot, \cdot >$为 $H^{-1}(\Omega)$ 和 $H_0^1(\Omega)$ $((H^2 \cap H_0^1(\Omega))'$ 和 $H^2 \cap H_0^1(\Omega))$ 间的对偶积.

用与定理 4.2 类似的方法, 我们能证明

$$\begin{aligned} &\psi \in L^\infty(0,T;H^{-1}(\Omega)),\ \psi' \in L^2(0,T;(H^2 \cap H_0^1(\Omega))'), \\ &\{\psi(0), \psi'(0)\} \in H^{-1}(\Omega) \times (H^2 \cap H_0^1(\Omega))'. \end{aligned} \tag{6.38}$$

定义算子 Λ

$$\Lambda\{\Phi^0, \Phi^1\} = \{\psi'(0), -\psi(0)\} \tag{6.39}$$

满足

$$< \Lambda\{\Phi^0, \Phi^1\}, \{\Phi^0, \Phi^1\} >= \int_{\Sigma(x^0)} \left|\frac{\partial \Phi'}{\partial \nu}\right|^2 \mathrm{d}\Sigma, \tag{6.40}$$

因此, 这是一个从 F 到 F' 的同构.

现在定理是一般理论的推论. 对 $\{y^1, -y^0\} \in F'$, 我们有精确能控性, 控制 v 由下面的方程定义

$$\begin{cases} \Lambda\{\Phi^0, \Phi^1\} = \{y^1, -y^0\}, & \\ w = \dfrac{\partial \Phi'}{\partial \nu} & \text{在 } \Sigma(x^0) \text{ 上}, \\ v = -\dfrac{\partial}{\partial t} w & \text{在 } \Sigma(x^0) \text{ 上}. \end{cases} \tag{6.41}$$

我们注意到, (6.41) 第三个式子的导数 $\dfrac{\partial}{\partial t}w$ 是取在空间 $H^1(0,T;L^2(\Gamma(x^0)))$ 和 $(H^1(0,T;L^2(\Gamma(x^0))))'$ 之间的对偶意义上的, 这样的话

$$\int_{\Sigma(x^0)} \frac{\partial w}{\partial t} \phi \mathrm{d}\Sigma = -\int_{\Sigma(x^0)} w\phi' \mathrm{d}\Sigma, \quad \forall \phi \in H^1(0,T;L^2(\Gamma(x^0))). \tag{6.42}$$

由此, 我们有

$$v \in (H^1(0,T;L^2(\Gamma(x^0))))'. \tag{6.43}$$

■

注 6.7 Hilbert 空间 $(H^2 \cap H_0^1(\Omega))'$ 不是一个广义函数空间(因为 $\mathcal{D}(\Omega) \times \mathcal{D}(\Omega)$ 在 $H^2(\Omega) \cap H_0^1(\Omega)$ 中不稠密).

控制 v 是用对偶定义的, 这就是说,

$$< -\frac{\partial}{\partial t}(\frac{\partial \Phi'}{\partial \nu}), \phi >= \int_{\Sigma(x^0)} \frac{\partial \Phi'}{\partial \nu} \phi' \mathrm{d}\Sigma, \quad \forall \phi \in H^1(0,T; L^2(\Gamma(x^0))). \tag{6.44}$$

这一点是很重要的. 在分部积分时, 没有 $t=0$ 或 $t=T$ 的 $\Gamma(x^0)$ 上的积分, 因为对 t 的导数是在 (6.44) 的意义下取的.

系统的解 $y = y(v)$ 的定义, 用的是共轭的方法. 它以下面的弱形式满足方程

$$\int_Q yf \mathrm{d}x\mathrm{d}t = - < y^0, \theta'(0) >_1 + < y^1, \theta(0) >_2 - \int_{\Sigma(x^0)} w \frac{\partial \theta'}{\partial \nu} \mathrm{d}\Sigma, \forall f \in \mathcal{D}(\Omega), \tag{6.45}$$

其中

$$\begin{cases} \theta'' - \Delta \theta = f & \text{在 } Q \text{ 内}, \\ \theta(T) = \theta'(T) = 0 & \text{在 } \Omega \text{ 内}, \\ \theta = 0 & \text{在 } \Sigma \text{ 上}, \end{cases} \tag{6.46}$$

$< \cdot,\cdot >_1$ (相应地 $< \cdot,\cdot >_2$) 为空间 $H^{-1}(\Omega)$ 和 $H_0^1(\Omega)$ (相应地 $(H^2 \cap H_0^1(\Omega))'$ 和 $H^2 \cap H_0^1(\Omega)$) 间的对偶积.

由 (6.38) 有

$$y \in L^\infty(0,T; H^{-1}(\Omega)) \cap H^1(0,T; (H^2 \cap H_0^1(\Omega))'). \qquad \blacksquare$$

注 6.8 此处我们没有给出 (6.38) 详细的证明. 在第三章和第四章我们将碰到类似的情况, 那里将给出完整的证明. ■

我们可以非常自然地考察范数

$$\|\{\Phi^0, \Phi^1\}\|_F = \|\frac{\partial \Phi}{\partial \nu}\|_{L^2(0,T;H^1(\Gamma(x^0)))}, \tag{6.47}$$

$$\|\{\Phi^0, \Phi^1\}\|_F = \|\frac{\partial \Phi}{\partial \nu}\|_{H^1(\Sigma(x^0))}. \tag{6.48}$$

在此情况下, 识别空间 F 的问题, 似乎仍是个未解决的问题. 尽管如此, 在一些特殊情形下, 我们还是能刻画它们的特征. 此处我们举出一个例子 (此外这也给出了, 一般情形下, 上面定义的空间 F 的一些可能的结构的思路).

例 6.2 设 $\Omega = \{x = (x_1, x_2) \in \mathbb{R}^2 \mid x_1^2 + x_2^2 < 1\} = B(0,1) \subset \mathbb{R}^2$.
我们记 (r, ϕ) 为平面 $\mathbb{R}^2$ 的极坐标.
在这个情形下, 我们有

$$\frac{\partial \Phi}{\partial \nu}|_\Sigma = \frac{\partial \Phi}{\partial r}|_\Sigma. \tag{6.49}$$

我们已经证明了, 若 $T > T(x^0)$, 那么
(a) 对于 $\|\{\Phi^0, \Phi^1\}\|_F = \|\frac{\partial \Phi}{\partial r}\|_{L^2(\Sigma(x^0))}$ 我们有 $F = H_0^1(\Omega) \times L^2(\Omega)$.

(b) 对于 $\|\{\Phi^0,\Phi^1\}\|_F = \|\frac{\partial\Phi'}{\partial r}\|_{L^2(\Sigma(x^0))}$ 我们有 $F=(H^2\cap H_0^1(\Omega))\times H_0^1(\Omega)$.

我们将证明

(c) 对于 $\|\{\Phi^0,\Phi^1\}\|_F=\|\frac{\partial\Phi}{\partial r}\|_{L^2(0,T;H^1(\Gamma(x^0)))}=(\|\frac{\partial\Phi}{\partial r}\|^2_{L^2(\Sigma(x^0))}+\|\frac{\partial^2\Phi}{\partial r\partial\phi}\|^2_{L^2(\Sigma(x^0))})^{\frac{1}{2}}$
我们有

$$F=\{\Phi^0\in H_0^1(\Omega)\,|\,\frac{\partial\nabla\Phi^0}{\partial\phi}\in(L^2(\Omega))^n\}\times\{\Phi^1\in L^2(\Omega)\,|\,\frac{\partial\Phi^1}{\partial\phi}\in L^2(\Omega)\}. \tag{6.50}$$

(d) 对于 $\|\{\Phi^0,\Phi^1\}\|_F=(\|\frac{\partial\Phi'}{\partial r}\|^2_{L^2(\Sigma(x^0))}+\|\frac{\partial^2\Phi'}{\partial r\partial\phi}\|^2_{L^2(\Sigma(x^0))})^{\frac{1}{2}}$ 我们有

$$F=\{\Phi^0\in H^2\cap H_0^1(\Omega)\,|\,\frac{\partial\Delta\Phi^0}{\partial\phi}\in L^2(\Omega)\}\times\{\Phi^1\in H_0^1(\Omega)\,|\,\frac{\partial\nabla\Phi^1}{\partial\phi}\in(L^2(\Omega))^n\}. \tag{6.51}$$

在这种情形下, 证明非常简单. 只要注意, 若 Φ 是 (2.1) 的解, 那么 $\zeta=\frac{\partial\Phi}{\partial\phi}$ 是下面问题的解

$$\begin{cases}\zeta''-\Delta\zeta=0 & \text{在 } Q \text{ 内},\\ \zeta(0)=\dfrac{\partial\Phi^0}{\partial\phi},\zeta'(0)=\dfrac{\partial\Phi^1}{\partial\phi} & \text{在 } \Omega \text{ 内},\\ \zeta=0 & \text{在 } \Sigma \text{ 上}.\end{cases} \tag{6.52}$$

由此及 "正向" 和 "反向" 不等式,

$$\|\frac{\partial^2\Phi}{\partial r\partial\phi}\|^2_{L^2(\Sigma(x^0))}\sim|\frac{\partial\nabla\Phi^0}{\partial\phi}|^2+|\frac{\partial\Phi^1}{\partial\phi}|^2. \tag{6.53}$$

■

我们由此得到 (6.50). 从由例 6.1 建立的等价范数出发, 等式 (6.51) 可以用类似的方法证明. ■

更加弱的范数

在前面的例子中, 我们取的范数 $\|\cdot\|_F$ 是越来越强, 因而空间 F 越来越小, 因而它们的对偶越来越大.

我们现在寻找更弱的范数.

我们以一个一般的注解开始: 我们前面是从 $\Sigma(x^0)$ 上的函数空间 G 出发, 定义 F. 我们可以反过来, 从 F 出发定义空间 G.

选取

$$F=L^2(\Omega)\times H^{-1}(\Omega), \tag{6.54}$$

那么显然

$$F'=L^2(\Omega)\times H_0^1(\Omega). \tag{6.55}$$

对 $\{\Phi^0, \Phi^1\} \in F$, 解 Φ 满足

$$\begin{aligned} &\Phi \in L^\infty(0,T;L^2(\Omega)),\\ &\Phi' \in L^\infty(0,T;H^{-1}(\Omega)), \end{aligned} \tag{6.56}$$

因而

$$\Delta\Phi = \Phi'' \in W^{-1,\infty}(0,T;H^{-1}(\Omega)). \tag{6.57}$$

鉴于 Δ 是从 $H_0^1(\Omega)$ 到 $H^{-1}(\Omega)$ 的同构, 而Φ 在边界的值是 (弱意义下) 零, 由此可得

$$\Phi \in W^{-1,\infty}(0,T;H_0^1(\Omega)). \tag{6.58}$$

那么 $\Delta\Phi = \Phi'' \in W^{-3,\infty}(0,T;H_0^1(\Omega))$, 只要 Γ 足够光滑, 例如是 C^2 阶的. 由此可得 $\Phi \in W^{-3,\infty}(0,T;H^2 \cap H_0^1(\Omega))$.

那么

$$\frac{\partial\Phi}{\partial\nu}|_\Sigma \in W^{-3,\infty}(0,T;H^{\frac{1}{2}}(\Gamma(x^0))). \tag{6.59}$$

那么, 我们定义

$$G = \text{当 } \{\Phi^0,\Phi^1\} \text{ 跑遍 } F \text{ 时, 由} \frac{\partial\Phi}{\partial\nu}|_\Sigma \text{跑遍的空间}. \tag{6.60}$$

鉴于映射

$$\{\Phi^0,\Phi^1\} \to \frac{\partial\Phi}{\partial\nu}|_\Sigma \tag{6.61}$$

是双射 (得益于唯一性结果), 我们赋予 G 以自然的 Hilbert 结构:

$$\|\frac{\partial\Phi}{\partial\nu}|_{\Sigma(x^0)}\|_G = \|\{\Phi^0,\Phi^1\}\|_F. \tag{6.62}$$

我们有 (为此我们已做了应做的事)

定理 6.3 设边界 Γ 是 C^2 阶的, 且 $T > T(x^0) = 2R(x^0)$. 设 $\{y^0,y^1\}$ 是 $H_0^1(\Omega)\times L^2(\Omega)$ 中任意的值. 那么存在 G 中的控制 v, 使得 $y(T) = y'(T) = 0$. ■

自然地, 这个"抽象"的结果没有意义, 除非我们能够明确 G 的性质!

为此, 我们引进 χ, 它是下面的解

$$\Delta\chi = \Phi^1, \quad \chi \in H_0^1(\Omega) \tag{6.63}$$

及 w, 由下面定义

$$w(t) = \int_0^t \Phi(\sigma)\mathrm{d}\sigma + \chi. \tag{6.64}$$

那么

$$\begin{cases} w'' - \Delta w = 0 & \text{在 } Q\times(0,T) \text{ 内},\\ w(0) = \chi, w'(0) = \Phi^0 & \text{在 } \Omega \text{ 内},\\ w = 0 & \text{在 } \Sigma \text{ 上}. \end{cases} \tag{6.65}$$

当 $\{\Phi^0,\Phi^1\}$ 跑遍 $F=L^2(\Omega)\times H^{-1}(\Omega)$ 时, 那么 $\{\chi,\Phi^0\}$ 跑遍 $H_0^1(\Omega)\times L^2(\Omega)$, 因而

$$\frac{\partial w}{\partial\nu}|_{\Sigma(x^0)}\ \text{跑遍}\ L^2(\Sigma(x^0)). \tag{6.66}$$

因而

$$\frac{\partial\Phi}{\partial\nu}=\frac{\partial}{\partial t}(\frac{\partial w}{\partial\nu}) \tag{6.67}$$

跑遍 $\dfrac{\partial}{\partial t}L^2(\Sigma(x^0))=H^{-1}(0,T;L^2(\Gamma(x^0)))$.

映射

$$\{\Phi^0,\Phi^1\}\to\frac{\partial w}{\partial\nu}|_{\Sigma(x^0)}, \tag{6.68}$$

因而是 $L^2(\Omega)\times H^{-1}(\Omega)$ 到 $H^{-1}(0,T;L^2(\Gamma(x^0)))$ 的线性的、连续的满射. 另外它是双射 (唯一性定理). 因而这是一个同构, 我们有

$$G=H^{-1}(0,T;L^2(\Gamma(x^0))). \tag{6.69}$$

由此

$$G'=H_0^1(0,T;L^2(\Gamma(x^0))). \tag{6.70}$$

因而我们有

定理 6.4 *在定理 6.3 的框架下, 对 $\{y^0,y^1\}$ 是 $H_0^1(\Omega)\times L^2(\Omega)$ 中任意的值, 存在 v 使得*

$$v,\frac{\partial v}{\partial t}\in L^2(\Sigma(x^0)), v=0\quad \text{若}t=0\text{或}t=T. \tag{6.71}$$

且

$$y(T)=y'(T)=0. \tag{6.72}$$

■

注 6.9 前面的结果仍然在 Ω 是 $\mathbb{R}^n$ 的有界凸集时成立, 对边界 Γ 除了凸性所隐含的性质外, 不需其他的正则性. ■

我们同样可以引进非线性 Banach 空间.

实际上, 若定义

$$\|\{\Phi^0,\Phi^1\}\|_F=\|\frac{\partial\Phi}{\partial\nu}\|_{L^p(\Sigma(x^0))}=(\int_{\Sigma(x^0)}|\frac{\partial\Phi}{\partial\nu}|^p\mathrm{d}\Sigma)^{\frac{1}{p}},\quad 1<p<+\infty, \tag{6.73}$$

并且我们构造 Banach 空间 F 为 $\mathcal{D}(\Omega)\times\mathcal{D}(\Omega)$ 按此范数的完备化, 在对偶空间 F' 中, 我们就有精确能控性.

在 $p=2$ 的情形, 我们回到前面的结果.

为了证明这个结果, 我们考察"反向"问题

$$\begin{cases} \psi'' - \Delta\psi = 0 & \text{在 } Q \text{ 内}, \\ \psi(T) = \psi'(T) = 0 & \text{在 } \Omega \text{ 内}, \\ \psi = \begin{cases} |\dfrac{\partial\Phi}{\partial\nu}|^{p-2}\dfrac{\partial\Phi}{\partial\nu} & \text{在 } \Sigma(x^0) \text{ 上}, \\ 0 & \text{在 } \Sigma_*(x^0) \text{ 上} \end{cases} \end{cases} \tag{6.74}$$

并定义

$$\Lambda\{\Phi^0, \Phi^1\} = \{\psi'(0), -\psi(0)\}.$$

我们注意

$$< \Lambda\{\Phi^0, \Phi^1\}, \{\Phi^0, \Phi^1\} >= \|\{\Phi^0, \Phi^1\}\|_F^p. \tag{6.75}$$

此外, 我们证明, Λ 是一个从 F 到 F' 的单调算子.

实际上有

$$\begin{aligned} &< \Lambda\{\Phi^0, \Phi^1\} - \Lambda\{\widehat{\Phi}^0, \widehat{\Phi}^1\}, \{\Phi^0, \Phi^1\} - \{\widehat{\Phi}^0, \widehat{\Phi}^1\} > \\ &= \int_{\Sigma(x^0)} (|\frac{\partial\Phi}{\partial\nu}|^{p-2}\frac{\partial\Phi}{\partial\nu} - |\frac{\partial\widehat{\Phi}}{\partial\nu}|^{p-2}\frac{\partial\widehat{\Phi}}{\partial\nu})(\frac{\partial\Phi}{\partial\nu} - \frac{\partial\widehat{\Phi}}{\partial\nu})\mathrm{d}\Sigma \geqslant 0. \end{aligned} \tag{6.76}$$

因而算子 Λ: $F \to F'$ 是可逆的, 并且有

定理 6.5 (精确能控性定理) 设 Ω 是 $\mathbb{R}^n$ 中的有界区域, 其边界 Γ 足够正则. 设 $1 < p < +\infty$, 且 $T > T(x^0)$.

那么, 对所有的 $\{y^0, y^1\}$, 满足

$$\{y^1, -y^0\} \in F'$$

的空间 F 定义为 $\mathcal{D}(\Omega) \times \mathcal{D}(\Omega)$ 按范数 (6.73) 的完备化, 存在控制 $v \in L^{p'}(\Sigma(x^0))$, 它将系统在 T 时刻带到平衡状态. ■

注 6.10 当 $1 < p \leqslant 2$ 时, 边界 Γ 的 C^2 阶正则性就够了, 因为

$$\Phi \in L^2(\Sigma(x^0)) \Rightarrow v \in L^p(\Sigma(x^0)). \tag{6.77}$$

在这种情况下有

$$H_0^1(\Omega) \times L^2(\Omega) \subset F,$$

由此

$$F' \subset H^{-1}(\Omega) \times L^2(\Omega). \tag{6.78}$$

■

注 6.11 当 $p > 2$ 时, 我们必须对 Γ 假设 "更多一点的正则性", 使得范数 $\|\cdot\|_F$ 的定义是合适的. 实际上, 我们知道, 若 Φ 是 (2.1) 的弱解, 那么 $\Phi \in L^2(\Sigma(x^0))$, 但我们不能证明 $\Phi \in L^p(\Sigma(x^0))$. 相反地, 若 Γ 足够的正则 (例如 C^∞), 我们可以看见, 对所有的 $\{\Phi^0, \Phi^1\} \in \mathcal{D}(\Omega) \times \mathcal{D}(\Omega)$, 有 $\Phi \in C^\infty$, 并且, 特别地, $\dfrac{\partial \Phi}{\partial \nu} \in L^p(\Sigma(x^0))$, 这就能用来构造空间 F.

在 $p > 2$ 时, 显然有,

$$\exists C > 0, \text{使得 } \|\frac{\partial \Phi}{\partial \nu}\|_{L^2(\Sigma(x^0))} \leqslant C\|\frac{\partial \Phi}{\partial \nu}\|_{L^p(\Sigma(x^0))}, \tag{6.79}$$

因而

$$\begin{aligned} &F \subset H_0^1(\Omega) \times L^2(\Omega), \\ &H^{-1}(\Omega) \times L^2(\Omega) \subset F'. \end{aligned} \tag{6.80}$$

■

注 6.12 当 $n = 1$ 时, 对所有的 $p \in [1, +\infty)$, 我们有 $F = W_0^{1,p}(\Omega) \times L^p(\Omega)$. 对 $n \geqslant 2$ 的情形, 除了 (6.78) 和 (6.80) 外, 我们能够给出有关 F 的信息吗? ■

我们也能够引进带有权重的范数.

例如, 考察 $\Sigma(x^0)$ 上的 $q \in L^\infty(\Sigma(x^0))$, 其中 $0 < q_0 \leqslant q(x,t) \leqslant q_1$, 且范数

$$\|\{\Phi^0, \Phi^1\}\|_F = \left(\int_{\Sigma(x^0)} q|\frac{\partial \Phi}{\partial \nu}|^2 \mathrm{d}\Sigma\right)^{\frac{1}{2}}. \tag{6.81}$$

显然对 $T > T(x^0)$, 有

$$F = H_0^1(\Omega) \times L^2(\Omega). \tag{6.82}$$

这次, 控制是取这样的形式

$$v_q = \begin{cases} q\dfrac{\partial \Phi}{\partial \nu} & \text{在 } \Sigma(x^0) \text{ 上}, \\ 0 & \text{在 } \Sigma_*(x^0) \text{ 上}, \end{cases} \tag{6.83}$$

此处, $\Phi = \Phi(x,t)$ 是 (2.1) 的与初始值 $\{\Phi^0, \Phi^1\}$ 相应的解, 使得

$$\Lambda_q\{\Phi^0, \Phi^1\} = \{y^1, -y^0\}. \tag{6.84}$$

在这种情形下, 同构 Λ_q 是由下面的反向问题定义的:

$$\begin{cases} \psi'' - \Delta\psi = 0 & \text{在 } Q \text{ 内}, \\ \psi(T) = \psi'(T) = 0 & \text{在 } \Omega \text{ 内}, \\ \psi = \begin{cases} q\dfrac{\partial \Phi}{\partial \nu} \\ 0 \end{cases} & \begin{matrix} \text{在 } \Sigma(x^0) \text{ 上}, \\ \text{在 } \Sigma_*(x^0) \text{ 上}. \end{matrix} \end{cases} \tag{6.85}$$

v_q 依赖于权重 q 的方式, 似乎仍然是一个未解决的问题. ■

7 一些注解和附加结果

7.1 集合 $\Gamma(x^0)$ 的几何解释

在前面的精确能控性的结果中, 控制 v 的作用施加在了下面形式的边界上

$$\Sigma(x^0) = \Gamma(x^0) \times (0,T).$$

我们证明了, 对所有的 $x^0 \in \mathbb{R}^n$ 及 $T > T(x^0)$, 作用是位于 $\Sigma(x^0)$ 上时, 系统的精确能控性能实现.

然而, 重要的是要指出, $\Gamma(x^0)$ 形式的集合总是 Γ 的一个"足够大"的子集合. ■

例如考察 $\Omega = B(0,1) \subset \mathbb{R}^2$. 显然:

(a) 若 $x^0 \in \Omega$, $\Gamma(x^0) = \Gamma$;

(b) 若 $x^0 \notin \Omega$, $\Gamma(x^0)$ 的测度与 x^0 的模成反比. 特别有

$$\Gamma(\alpha x^0) \to 半圆周, 当\alpha \to +\infty,\ \forall x^0 \in \mathbb{R}^2 - \{0\}$$

且

$$R(x^0) \to +\infty,\ 当\Gamma(x^0) \to 半圆周.$$

在图 1.3(a) 和 (b) 中我们分别演示了 $x^0 \in \Omega$ 以及 $x^0 \in \mathbb{R}^2 \backslash \bar{\Omega}$ 的情形.

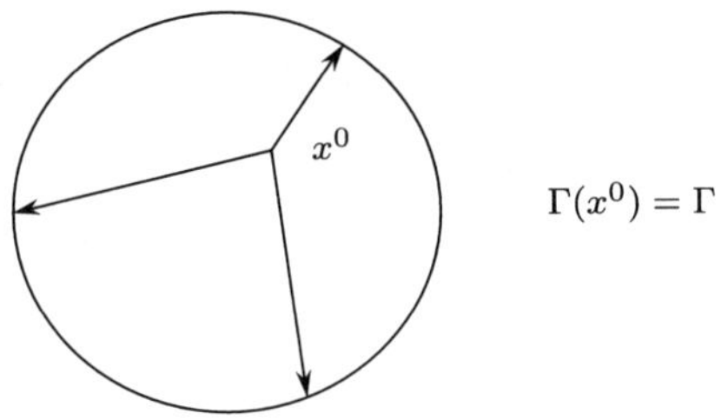

(a)

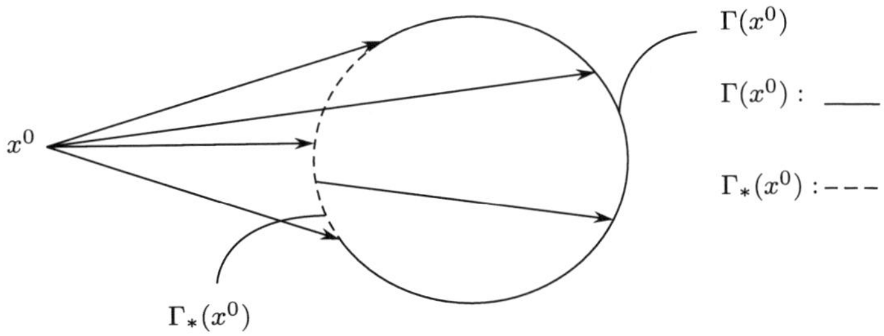

(b)

图 1.3

在这个情况下, 我们可得到如下的结果:

(c) 对所有的 $T>2$, 我们有作用是位于整个 Γ 上的精确能控性.

实际上, 我们取 $x^0=0$; 那么 $\Gamma(x^0)=\Gamma$ 且 $T(x^0)=2$. 实际上有

$$R(0)=\min_{x^0\in\mathbb{R}^n} R(x^0).$$

(d) 我们能够控制从 $y^0\in L^2(\Omega)$, $y^1\in H^{-1}(\Omega)$ 出发的系统, 而作用所处的部分 $\Gamma(x^0)$ 任意接近半圆周, 但是所花的时间 "非常的大".

这个结果的重要之点在于, 可控制的初始值空间 F' 既不依赖于 x^0 也不依赖于 $T>T(x^0)$.

在第 8 节将证明, 只要 $T\geqslant 4$, 对 Γ 的所有非空开子集 Γ_0, 系统的精确能控性能实现, 但是初始值取自一个更小的空间, 而且更难于识别.

在附录 2 中, C. BARDOS, G. LEBEAU 和 J. RAUCH 刻画了集合 $\Sigma_0=\Gamma_0\times(0,T)$ 的特征, 使得系统在空间 $L^2(\Omega)\times H^{-1}(\Omega)$ 中精确能控. 他们特别证明了:

—若 Γ_0 是连通的, 那么 Γ_0 包含半个圆周, 也就是包含一个 $\Gamma(x^0)$ 形式的集合.

—若 $T<2$, 系统在空间 $L^2(\Omega)\times H^{-1}(\Omega)$ 中不精确能控.

—存在 $T_0>0$, 使得对所有的 $T>T_0$ 及 $\Gamma(x^0)\subset\Gamma$, 精确能控性在 $L^2(\Omega)\times H^{-1}(\Omega)$ 中可实现. ■

现在, 考察正方形的情形: $\Omega=(0,1)\times(0,1)\subset\mathbb{R}^2$. 容易验证:

—若 $x^0\in\Omega$, $\Gamma(x^0)=\Gamma$ 且 $T(x^0)\geqslant\sqrt{2}$.

—$R(\frac{1}{2},\frac{1}{2})=\frac{\sqrt{2}}{2}=\min_{x^0\in\mathbb{R}^n} R(x^0)$.

—若 $x_0\in\mathbb{R}^2\backslash\bar{\Omega}$, $\Gamma(x^0)$ 是交于某个顶点的两条边的并集.

随后的图 1.4 对这些情形做了演示.

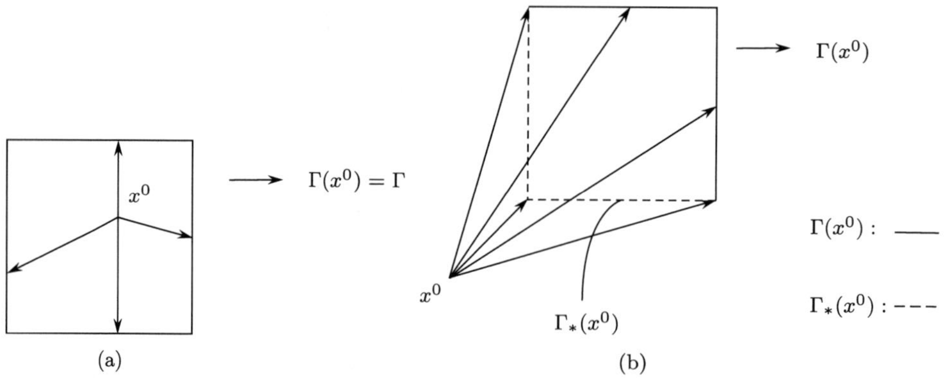

图 1.4

因而在这种情形下:

—若我们作用在整个 Γ 上, 只要 $T>\sqrt{2}$, 就能在 $L^2(\Omega)\times H^{-1}(\Omega)$ 中控制系统.

—若我们作用在相交的两条边上, 只要 $T > 2\sqrt{2}$, 就能在 $L^2(\Omega) \times H^{-1}(\Omega)$ 中控制系统.

在这后面的第 8 节中的结果可应用于此并证明, 对 $T \geqslant 2\sqrt{2}$ 及 "任意的" $\Gamma_0 \subset \Gamma$, 精确能控性将在一个 "未被识别" 的空间 F' 中实现.

由于区域 Ω 的非正则性, 附录 2 的结果不能在这个情形下应用. ■

一般地, 我们可以说, 若 Ω 是凸的, 那么当作用位于整个 Γ 上, 且 $T > \Omega$ 的直径时, 我们有在 $L^2(\Omega) \times H^{-1}(\Omega)$ 中的精确能控性. ■

7.2 作用位于非柱形的边界部分

我们证明的精确能控性的结果, 其作用都是位于 Σ 的形式为 $\Sigma(x^0) = \Gamma(x^0) \times (0, T)$ 的柱形边界上.

这节的目的是说明, 乘子法如何能运用来得到作用是位于非柱形边界部分的精确能控性.

我们首先建立

引理 7.1 设 Ω 是 $\mathbb{R}^n$ 中的有界区域, 其边界 Γ 是 C^2 阶的. 设 $q \in (C^1(\bar{\Omega} \times [0, T]))^n$. 那么对方程 (2.1) 的所有弱解 Φ, 有

$$\frac{1}{2}\int_\Sigma q_k \nu_k |\frac{\partial \Phi}{\partial \nu}|^2 \mathrm{d}\Sigma = (\Phi'(t), q_k \frac{\partial \Phi}{\partial x_k}(t))|_0^T + \frac{1}{2}\int_Q \frac{\partial q_k}{\partial x_k}(|\Phi'|^2 - |\nabla \Phi|^2)\mathrm{d}x\mathrm{d}t \tag{7.1}$$

$$+ \int_Q \frac{\partial q_k}{\partial x_j}\frac{\partial \Phi}{\partial x_k}\frac{\partial \Phi}{\partial x_j}\mathrm{d}x\mathrm{d}t - \int_Q \Phi' q_k' \frac{\partial \Phi}{\partial x_k}\mathrm{d}x\mathrm{d}t.$$

■

证明 这与引理 3.7 的证明完全类似. 只要注意那多出来的项:

$$\int_Q \Phi'' q_k \frac{\partial \Phi}{\partial x_k}\mathrm{d}x\mathrm{d}t = -\int_Q \Phi'(q_k \frac{\partial \Phi}{\partial x_k})'\mathrm{d}x\mathrm{d}t + (\Phi'(t), q_k \frac{\partial \Phi}{\partial x_k}(t))|_0^T$$

$$= -\int_Q \Phi'(q_k \frac{\partial \Phi'}{\partial x_k} + q_k' \frac{\partial \Phi}{\partial x_k})\mathrm{d}x\mathrm{d}t + (\Phi'(t), q_k \frac{\partial \Phi}{\partial x_k}(t))|_0^T$$

$$= -\int_Q (\frac{1}{2}\frac{\partial q_k}{\partial x_k}|\Phi'|^2 + \Phi' q_k' \frac{\partial \Phi}{\partial x_k})\mathrm{d}x\mathrm{d}t + (\Phi'(t), q_k \frac{\partial \Phi}{\partial x_k}(t))|_0^T. \quad ■$$

我们现在考虑形为 $m(x, t) = x - x^0(t)$ 的向量场, 其中 $x_j^0(t) \in C^1(0, T)$.

在恒等式 (6.19) 中, 取 $q = m$, 与定理 5.1 一样, 可得:

$$(T - T_0)E_0 \leqslant |\int_Q \Phi' m_k' \frac{\partial \Phi}{\partial x_k}\mathrm{d}x\mathrm{d}t| + C\int_{\Sigma_0} |\frac{\partial \Phi}{\partial \nu}|^2 \mathrm{d}\Sigma, \tag{7.2}$$

其中 $C > 0$,

$$\Sigma_0 = \{(x, t) \in \Sigma = \Gamma \times (0, T) \,|\, m(x, t) \cdot \nu > 0\} \tag{7.3}$$

且

$$T_0 = 2\max_{(x,t)\in\bar{Q}}|m(x,t)| = 2\max_{(x,t)\in\bar{Q}}|\sum_{k=1}^{n}|x_k - x_k^0(t)|^2|^{\frac{1}{2}}. \tag{7.4}$$

我们接着控制下面的项

$$|\int_Q \Phi' m_k' \frac{\partial\Phi}{\partial x_k}\mathrm{d}x\mathrm{d}t| \leqslant T\|m'\|_{L^\infty(\Omega)}E_0, \tag{7.5}$$

我们得到

$$(T(1-\|m'\|_{L^\infty(\Omega)}) - T_0)E_0 \leqslant C\int_{\Sigma_0}|\frac{\partial\Phi}{\partial\nu}|^2\mathrm{d}\Sigma. \tag{7.6}$$

由不等式 (7.6) 和 HUM, 我们可推出下面的精确能控性结果.

定理 7.1 设 Ω 是有界区域, 其边界 Γ 是 C^2 阶的, $x^0(t)\in(C^1(\mathbb{R}))^n$ 且 $T_1 = \sup|\frac{\mathrm{d}x^0}{\mathrm{d}t}(t)| < 1$. 那么对所有的

$$T > \frac{T_0}{1-T_1} \tag{7.7}$$

系统 (1.1) (1.2) (1.9) 在 $L^2(\Omega)\times H^{-1}(\Omega)$ 中是精确能控的, 其中控制 $v\in L^2(\Sigma_0)$. ■

注 7.1 当 $x^0(t)\equiv x^0$, $\forall t\in\mathbb{R}$, 我们有 $T_1 = 0$ 且 $T_0 = T(x_0)$. 因而, 我们重新得到了定理 6.1 的结果. ■

注 7.2 与第 6.2 节中一样, 从这个基础的结果出发, 我们能够得到其他的变化. ■

7.3 非正则开集中的精确能控性

我们已经指出, 得到精确能控性结果的重要之处, 在于恒等式 (3.41).

恒等式 (3.41) 的建立, 先是对正则解

$$\theta\in C(0,T;H^2\cap H_0^1(\Omega))\cap C^1(0,T;L^2(\Omega)),$$

它满足的问题为

$$\begin{cases}\theta'' - \Delta\theta = f & \text{在 } Q \text{ 内},\\ \theta(0) = \theta^0, \theta'(0) = \theta^1 & \text{在 } \Omega \text{ 内},\\ \theta = 0 & \text{在 } \Sigma \text{ 上},\end{cases}$$

然后对弱解 $\theta\in C(0,T;H_0^1(\Omega))\cap C^1(0,T;L^2(\Omega))$ 通过极限建立.

我们已经指出, 下面函数类的强解的存在性

$$\theta\in C(0,T;H^2\cap H_0^1(\Omega))\cap C^1(0,T;L^2(\Omega))$$

是由于下面的性质

$$\begin{matrix}-\Delta u\in L^2(\Omega)\\ u\in H_0^1(\Omega)\end{matrix} \Rightarrow u\in H^2\cap H_0^1(\Omega).$$

当 Ω 是 $\mathbb{R}^n$ 中的有界区域, 其边界 Γ 是 C^2 阶的或 Ω 是凸的时, 这个正则性结论成立.

P. GRISVARD 在 [2] 和 [3] 中证明了, 当 Ω 是 $\mathbb{R}^n$, $n \leqslant 3$ 中的多面体时, 前面的精确能控性结果仍然成立.

他的证明的基础是, 从下面的 Dirichlet 问题的最高的正则性结果出发, 得到恒等式 (3.41).

引理 7.2 设 Ω 是 $\mathbb{R}^2$ 中的多边形, 或是 $\mathbb{R}^3$ 中的有界多面体. 那么存在 $s \in (\frac{3}{2}, 2]$ 使得

$$\begin{matrix} -\Delta u \in L^2(\Omega) \\ u \in H_0^1(\Omega) \end{matrix} \Rightarrow u \in H^s \cap H_0^1(\Omega). \quad \blacksquare$$

引理 7.2 使我们能够证明, 波动方程的强解

$$\theta \in C^1(0,T; H_0^1(\Omega)), \quad \Delta\theta \in C(0,T; L^2(\Omega))$$

满足

$$\theta \in C(0,T; H^s(\Omega)); \quad s > \frac{3}{2}$$

并进而建立恒等式 (3.41).

由此我们有

定理 7.2 (P. GRISVARD [2], [3]) 设 Ω 是 $\mathbb{R}^2$ 中的多边形, 或是 $\mathbb{R}^3$ 中的有界多面体. 设 $x^0 \in \mathbb{R}^n$ 且 $T > T(x^0)$.

那么对所有的初始值

$$\{y^0, y^1\} \in L^2(\Omega) \times H^{-1}(\Omega)$$

存在控制

$$v \in L^2(\Sigma(x^0))$$

将解在时刻 T 带到平衡状态. ■

8 Holmgren 定理及其应用

在第 6 节中, 当作用施加在了形式为 $\Sigma(x^0) = \Gamma(x^0) \times (0,T)$ 的边界上时, 我们已经得到了精确能控性的结果.

我们已经指出, 集合 $\Gamma(x^0)$ 一般都 “足够大”.

这节的目的是, 给出唯一性结果, 更不必说精确能控性结果, 其中 $\Gamma_0 \subset \Gamma$ 是 Γ 的任意小的一部分. ■

我们从 L. HÖRMANDER [1] (定理 5.3.3) 的定理开始, 它在系数为常数的一般的偏微分方程算子的框架下都成立. 它实际上与经典的 Holmgren 唯一性定理的推论有关.

定理 8.1 (L. HÖRMANDER [1]) 设 $\mathcal{O}_1$ 和 $\mathcal{O}_2$ 是 $\mathbb{R}^k$ 中的两个凸开集, $\mathcal{O}_1 \subset \mathcal{O}_2$, 并设 $P(D)$ 是系数为常数的微分算子, 满足: 对所有的 $P(D)$ 的特征平面 Π, 若 $\Pi \cap \mathcal{O}_1 \neq \varnothing$, 则 $\Pi \cap \mathcal{O}_2 \neq \varnothing$. 那么, 方程 $P(D)u = 0$ 所有的解 $u \in \mathcal{D}'(\mathcal{O}_2)$, 若 $u = 0$ 在 $\mathcal{O}_1$ 里成立, 则 $u = 0$ 在 $\mathcal{O}_2$ 里也成立. ■

注 8.1 条件

$$u = 0 \quad 在\ \mathcal{O}_i\ 里, i = 1, 2$$

应该理解为, 在广义函数意义下, 即

$$< u, \phi >= 0, \quad \forall \phi \in \mathcal{D}(\mathcal{O}_i), i = 1, 2.$$ ■

为了将我们的应用置于这个定理的框架下, 我们取:

$$k = n + 1, \tag{8.1}$$

$$P(D) = \frac{\partial^2}{\partial t^2} - \Delta. \tag{8.2}$$

我们接着考察一个平面 $\Pi \subset \mathbb{R}^n \times \mathbb{R}$, 其方程为

$$\Pi = \{(x, t) \in \mathbb{R}^n \times \mathbb{R} | \sum_{i=1}^n a_i x_i + bt = c\}, \tag{8.3}$$

其中 $(a_i)_{i=1}^n$, b 和 c 为任意实常数.

与算子 $P(D)$ 相应的特征多项式 $P(a_1, \cdots, a_n, b)$ 定义为

$$P(a_1, \cdots, a_n, b) = b^2 - \sum_{i=1}^n |a_i|^2, \tag{8.4}$$

由此

$$\Pi 是与\ P(D)\ 相关的特征平面 \Leftrightarrow \sum_{i=1}^n |a_i|^2 = b^2. \tag{8.5}$$

■

现在任取 $z_1, z_2 \in \mathbb{R}^n$ 以及 $\delta, \tau > 0$, $\tau > 2|z_1 - z_2|$. 构造凸集

$$\mathcal{O}_1 = B(z_1, \delta) \times (0, \tau) \tag{8.6}$$

和

$$\mathcal{O}_2 = \bigcup_{\lambda\in[0,1]} B((1-\lambda)z_1+\lambda z_2,\delta)\times(\lambda|z_1-z_2|,\tau-\lambda|z_1-z_2|). \tag{8.7}$$

显然 (参看下面的图 1.5(a), (b) 和 (c)) 由特征平面的结构知, 定理 8.1 的假设被满足.

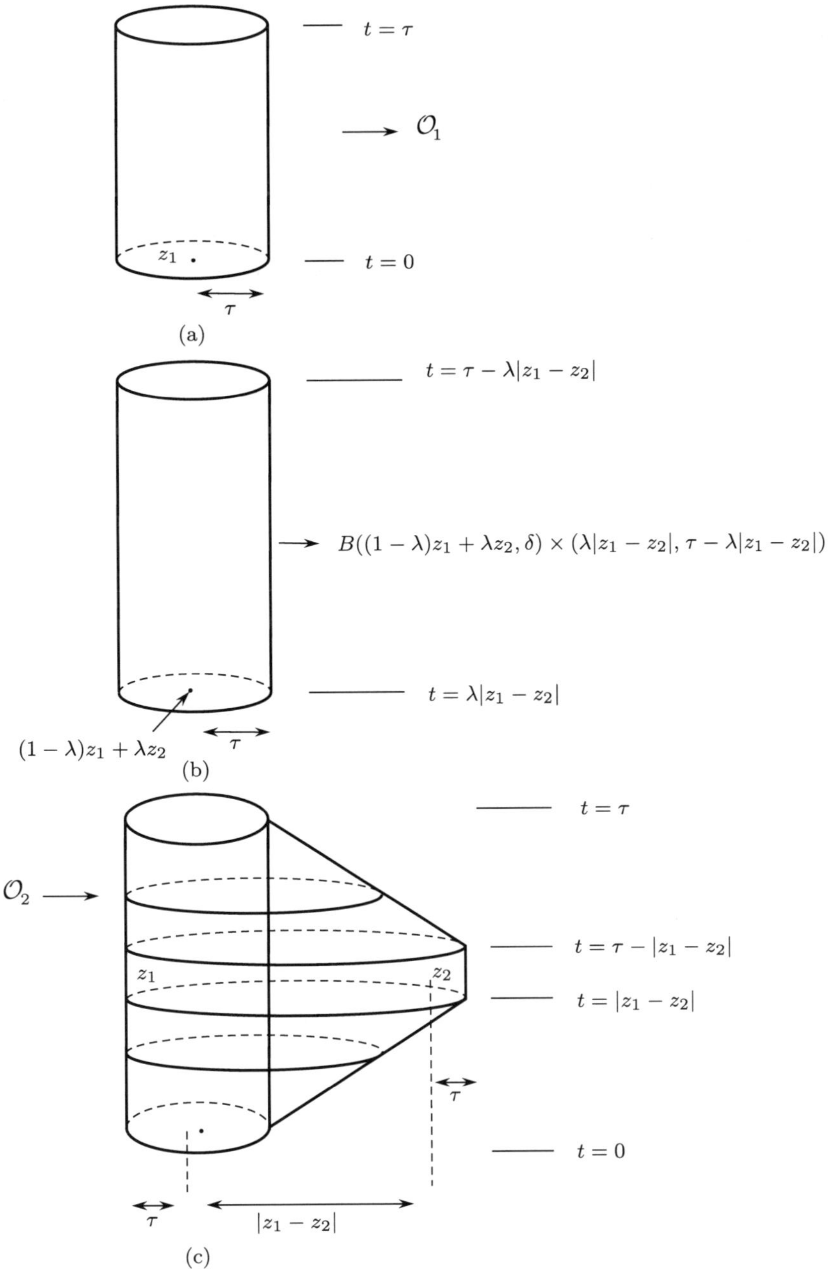

图 1.5

由定理 8.1, 我们有下面的唯一性准则.

引理 8.1　设 $\mathcal{O}_1$ 和 $\mathcal{O}_2$ 由 (8.6)(8.7) 给出. 设 $u \in \mathcal{D}'(\mathcal{O}_2)$ 为下面的解

$$\begin{cases} u'' - \Delta u = 0 \text{ 在 } \mathcal{D}'(\mathcal{O}_2) \text{ 内}, \\ u = 0 \quad\quad\quad\ \text{ 在 } \mathcal{O}_1 \text{ 内}. \end{cases} \tag{8.8}$$

那么有

$$u = 0 \quad \text{在 } \mathcal{O}_2 \text{ 内}. \tag{8.9}$$

■

现在, 我们将证明定理 2.1 形式的唯一性定理.

为了方便起见, 我们考察 $\mathbb{R}^n$ 中有界凸开集 Ω (对一般的情形参见下面的注 8.4). 我们考察一点 $z \in \Gamma$ 及 $\eta > 0$, 并定义 (参见图 1.6)

$$\Gamma_0 = \Gamma \cap B(z, \eta). \tag{8.10}$$

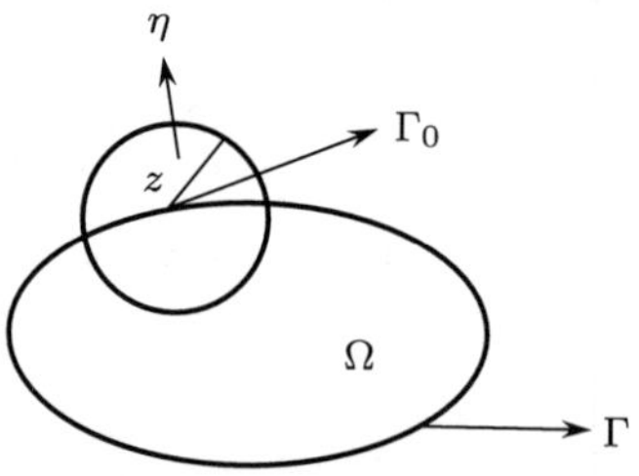

图 1.6

我们接着引进常数

$$\mathrm{d}(\Omega, \Gamma_0) = \sup_{x \in \bar{\Omega}} \mathrm{d}(x, \Gamma_0) = \sup_{x \in \bar{\Omega}} \inf_{y \in \Gamma_0} |x - y|, \tag{8.11}$$

也就是说, 该常数为点 $x \in \Omega$ 和边界 Γ_0 间的最大距离.

我们有下面的唯一性定理

定理 8.2　设 $T > 2\mathrm{d}(\Omega, \Gamma_0)$. 那么对下面问题的所有弱解 Φ

$$\begin{cases} \Phi'' - \Delta \Phi = 0 \quad \text{在 } Q = \Omega \times (0, T) \text{ 内}, \\ \Phi = 0 \quad\quad\quad\quad \text{在 } \Sigma = \Gamma \times (0, T) \text{ 上}. \end{cases} \tag{8.12}$$

若

$$\frac{\partial \Phi}{\partial \nu} = 0 \quad \text{在 } \Sigma_0 = \Gamma_0 \times (0, T) \text{ 上} \tag{8.13}$$

则成立 $\Phi \equiv 0$.

■

注 8.2 当 Ω 是一个边界为 Lipschitz 的开集时, 这个弱解 $\Phi \in C(0,T;H_0^1(\Omega))\cap C^1(0,T;L^2(\Omega))$, 它的迹 $\dfrac{\partial\Phi}{\partial\nu}|_\Sigma$ 在空间 $W^{-1,\infty}(0,T;H^{-\frac{1}{2}}(\Gamma))$ 中有定义. 这使 (8.13) 有意义.

此外, 我们知道, 当 Ω 的边界为 C^2 阶 (或 Ω 为凸集) 时, $\dfrac{\partial\Phi}{\partial\nu}\in L^2(\Sigma)$. 在这种情况下 (8.13) 应该理解为在 $L^2(\Sigma_0)$ 意义下. ■

定理 8.2 的证明 我们按下面的方式, 将弱解 Φ 延拓成 $\hat\Phi$

$$\hat\Phi=\begin{cases}\Phi & 在\ Q\ 内,\\ 0 & 在\ \hat Q\backslash Q\ 内,\end{cases}\tag{8.14}$$

其中 $\hat Q=\hat\Omega\times(0,T)$, $\hat\Omega=\Omega\cup B(z,\eta)$.

函数 $\hat\Phi$ 满足

$$\begin{cases}\hat\Phi\in C(0,T;H_0^1(\hat\Omega))\cap C^1(0,T;L^2(\hat\Omega)),\\ \hat\Phi''-\Delta\hat\Phi=0 & 在\ \hat Q\ 内,\\ \hat\Phi=0 & 在\ \hat\Sigma=\hat\Gamma\times(0,T)\ 上,\end{cases}\tag{8.15}$$

其中 $\hat\Gamma=\partial\hat\Omega$.

另外, 由 $\hat\Phi$ 的构造

$$\hat\Phi=0\quad 在\ \hat Q\backslash\bar Q=(\hat\Omega\backslash\bar\Omega)\times(0,T)\ 内.\tag{8.16}$$

我们注意到, 对所有的 $x\in\Omega$ 存在 $z_1\in\hat\Omega\backslash\bar\Omega$ 及 $\delta>0$ 使得

$$T>2|z_1-x|,\tag{8.17}$$

$$\bigcup_{\lambda\in(0,1)}B((1-\lambda)z_1+\lambda x,\delta)\subset\hat\Omega,\quad B(z_1,\delta)\subset\hat\Omega\backslash\bar\Omega.\tag{8.18}$$

与在 (8.6) (8.7) 里一样, 我们构造集合 $\mathcal{O}_1$ 和 $\mathcal{O}_2$, 取 $z_2=x$ 及 $\tau=T$. 从 (8.16) 和 (8.18) 可推出

$$\hat\Phi\equiv0\quad 在\ \mathcal{O}_1=B(z_1,\delta)\times(0,T)\ 内.$$

由引理 8.1, 我们因而有

$$\hat\Phi=0\quad 在\ B(x,\delta)\times(|z_1-x|,T-|z_1-x|)\ 内.$$

但是, 因为 $T>2|z_1-x|$ 及 $x\in\Omega$ 是任意的, 我们实际上有

$$\Phi(\frac{T}{2})=\Phi'(\frac{T}{2})=0\quad 在\ \Omega\ 内,$$

这与 (8.12), 意味着在 Q 里 $\Phi\equiv0$. ■

注 8.3 我们有

$$\mathrm{d}(\Omega,\Gamma_0) < \Omega\text{的直径}, \quad \forall\,\Gamma_0 \subset \Gamma.$$

因而, 特别地, 对任意的 $\Gamma_0 \subset \Gamma$ 及 $T > 2\Omega$ 的直径, 有唯一性结果. ■

注 8.4 当 Ω 不是凸的时候, 我们能够证明一个类似的结果. 只要定义

$$\mathrm{d_c}(\Omega,\Gamma_0) = \sup_{x\in\Omega} \mathrm{d_c}(x,\Gamma_0) = \sup_{x\in\Omega}\inf_{y\in\Gamma_0} \mathrm{d_c}(x,y),$$

其中

$$\mathrm{d_c}(x,y) = \text{下述曲线中最短的长度}: \gamma \in C([0,1];\bar{\Omega}) \mid \gamma(0)=x, \gamma(1)=y.$$

如此, 对 Γ 的任意的非空子集 Γ_0, 当 $T > 2\mathrm{d_c}(\Omega,\Gamma_0)$ 时, 我们将有唯一性结果. 当 Ω 具有 Lipschitz 边界时, 存在 $T_0(\Omega) > 0$, 使得 $T_0(\Omega) > 2\mathrm{d_c}(\Omega,\Gamma_0)$, $\forall\Gamma_0 \subset \Gamma$. 因而, 我们有相对于 Γ_0 一致的唯一性时间 $T_0(\Omega)$. ■

我们因而证明了, 若 Ω 是 C^2 阶的, 则

$$\|\{\Phi^0,\Phi^1\}\|_F = \|\frac{\partial\Phi}{\partial\nu}\|_{L^2(\Sigma_0)} \tag{8.19}$$

是 $\mathcal{D}(\Omega)\times\mathcal{D}(\Omega)$ 上的一个范数, 其中

$$\Sigma_0 = \Gamma_0 \times (0,T),$$

而 $\Gamma_0 \subset \Gamma$ 及 $T > T_0(\Omega)$ 均任意.

由 HUM, 我们有

定理 8.3 (精确能控性定理) 设 Ω 是 $\mathbb{R}^n$ 中的有界区域, 其边界 Γ 是 C^2 阶的. 设 $T > T_0(\Omega)$ 及 $\Gamma_0 \subset \Gamma$. 那么, 对所有初始值 $\{y^0,y^1\}$ 使得 $\{y^1,-y^0\}\in F'$, 空间 F 定义为 $\mathcal{D}(\Omega)\times\mathcal{D}(\Omega)$ 按范数 $\|\cdot\|_F$ 的完备化, 存在 $v \in L^2(\Sigma_0)$ 将系统在时刻 T 带到平衡状态. ■

注 8.5 当 Ω 是凸的时候, 同样的结果成立 (无需边界的 C^2 正则性).

在 Ω 是一般带有 Lipschitz 边界时, 我们不总能按照 (8.19) 所隐含的那样, 将 $\dfrac{\partial\Phi}{\partial\nu}$ 赋予 $L^2(\Sigma)$ 的意义. 然而, $\dfrac{\partial\Phi}{\partial\nu}$ 总是定义在 $W^{-1,\infty}(0,T;H^{-\frac{1}{2}}(\Gamma_0))$ 中, 这允许我们考虑

$$\|\{\Phi^0,\Phi^1\}\|_F = \|\frac{\partial\Phi}{\partial\nu}\|_{W^{-1,\infty}(0,T;H^{-\frac{1}{2}}(\Gamma_0))}$$

并得到 F' 中的精确能控性, F 为 $\mathcal{D}(\Omega)\times\mathcal{D}(\Omega)$ 按这个范数的完备化.

以这种方式, 我们证明了精确能控性, 它是在一个边界为 Lipschitz 的开集内, 作用是位于 Γ 的任意小的子集 Γ_0 上, 只要时间 $T > T_0(\Omega)$.

重要的未解决的问题是刻画出上面引进的空间 $F(\Gamma_0)$ 的本质特性. ■

9 扩大的精确能控性

这节中, 我们将演示的概念具有一般性. 此处, 我们将在本章所研究的特殊情形中演示这个概念.

因此, 我们考察状态方程

$$y'' - \Delta y = 0 \tag{9.1}$$

具有初始值:

$$y(0) = y^0, y'(0) = y^1, \tag{9.2}$$

其中

$$y^0 \in L^2(\Omega), y^1 \in H^{-1}(\Omega). \tag{9.3}$$

我们施加以下的控制:

$$y = \begin{cases} v & \text{在 } \Sigma(x^0) = \Gamma(x^0) \times (0,T) \text{ 上}, \\ 0 & \text{在 } \Sigma \backslash \Sigma(x^0) \text{ 上}. \end{cases} \tag{9.4}$$

注 9.1 我们选取 (9.3) 的泛函框架, 并取

$$v \in L^2(\Sigma(x^0)). \tag{9.5}$$

■

现在, 我们另外给出

$$G = L^2(\Omega) \times H^{-1}(\Omega)\text{的子空间}. \tag{9.6}$$

我们称 T 时刻有扩大的精确能控性 (C.E.E.), 若对 $\{y^0, y^1\} \in L^2(\Omega) \times H^{-1}(\Omega)$, 存在 $v \in L^2(\Sigma(x^0))$, 使得

$$\{y(T;v), y'(T;v)\} \in G \tag{9.7}$$

(此处, 在 (9.7) 中, $y(t;v) = y(v)$ 记为 (9.1)(9.2)(9.4) 的解).

注 9.2 当然若 $G = \{(0,0)\}$, 我们重新回到经典的精确能控性概念. 若 $G = L^2(\Omega) \times H^{-1}(\Omega)$, 这个问题显然就没有目标了. ■

注 9.3 结构 $\Sigma(x^0) = \Gamma(x^0) \times (0,T)$ 选取成与本书研究的一般结构相同. 采用其他地方已做过的考虑, 我们当然可以做其他的选择 Γ_0 (以代替 $\Gamma(x^0)$).

对于所选取的结构 $\Sigma(x^0) = \Gamma(x^0) \times (0,T)$, 我们能够得到, 只要 G “越大”, T 最终可越小, C.E.E. 都能取得. 我们将在例子中对此加以验证. ■

注 9.4 设我们有 C.E.E., 那么引进非空集合

$$\mathcal{U}_{\mathrm{ad}}(G)=\{v\,|\,v\in L^2(\Sigma(x^0)),\{y(T;v),y'(T;v)\}\in G\}. \tag{9.8}$$

我们能寻找

$$\inf\frac{1}{2}\int_{\Sigma(x^0)}v^2\mathrm{d}\Gamma\mathrm{d}t,\quad v\in\mathcal{U}_{\mathrm{ad}}(G). \tag{9.9}$$

下面采用的 HUM 给出了 (9.9) 的解. ■

HUM 的采用

引进

$$G^0=G\text{在}L^2(\Omega)\times H_0^1(\Omega)\text{中的极集}. \tag{9.10}$$

因此

$$f=\{f^0,f^1\}\in G^0\Leftrightarrow(f^0,g^0)+(f^1,g^1)=0,\quad\forall g=\{g^0,g^1\}\in G.$$

对于 $H_0^1(\Omega)\times L^2(\Omega)$ 中的值 $\{\Phi^0,\Phi^1\}$, 我们定义

$$\Phi''-\Delta\Phi=0,\ \Phi(0)=\Phi^0,\Phi'(0)=\Phi^1,\ \Phi=0\quad\text{在}\Sigma\text{ 上}, \tag{9.11}$$

并定义

$$F_G=\{\{\Phi^0,\Phi^1\}\,|\,\Phi^0\in H_0^1(\Omega),\Phi^1\in L^2(\Omega),\text{使得}\{\Phi'(T),-\Phi(T)\}\in G^0\}. \tag{9.12}$$

■

注 9.5 若 $G=\{(0,0)\}$, 那么 $F_G=H_0^1(\Omega)\times L^2(\Omega)$. ■

我们选取 T, 使得

$$\Big(\int_{\Sigma(x^0)}\Big|\frac{\partial\Phi}{\partial\nu}\Big|^2\mathrm{d}\Gamma\mathrm{d}t\Big)^{\frac{1}{2}}\text{在 }F_G\text{ 上定义的范数与 }H_0^1(\Omega)\times L^2(\Omega)\text{ 诱导的范数等价}. \tag{9.13}$$

注 9.6 我们知道, 若 $T>2R(x^0)$, 上面的范数在 $H_0^1(\Omega)\times L^2(\Omega)$ 中, 因而更不必说在 F_G 中, 与 $H_0^1(\Omega)\times L^2(\Omega)$ 的范数等价. 但是我们将看到, 对于足够大的 $T<2R(x^0)$, 我们有 (9.13). ■

我们现在定义 ψ

$$\begin{cases}\psi''-\Delta\psi=0,\\ \psi(T)=g^0,\psi'(T)=g^1,\\ \psi=\begin{cases}\dfrac{\partial\Phi}{\partial\nu} & \text{在 }\Sigma(x^0)\text{ 上},\\ 0 & \text{在 }\Sigma\backslash\Sigma(x^0)\text{ 上},\end{cases}\end{cases} \tag{9.14}$$

此处

$$\{g^0, g^1\} \text{ 是 } G \text{ 中的任意元素}. \tag{9.15}$$

当 $g = \{g^0, g^1\}$ 取遍 G 中的元素时, 我们因而就定义了一族函数 ψ.

我们定义一类函数如下

$$\Lambda_G\{\Phi^0, \Phi^1\} = \{\psi'(0), -\psi(0)\}. \tag{9.16}$$

我们有

引理 9.1 若 $\{\Phi^0, \Phi^1\} \in F_G$, 那么 $\Lambda_G\{\Phi^0, \Phi^1\} \in (F_G)'$ 且 $\Lambda_G \in \mathcal{L}(F_G; (F_G)')$. ■

证明 空间 $(F_G)'$ 是 $H^{-1}(\Omega) \times L^2(\Omega)$ 的一个商空间. 对于 F_G 中给定的 $\{\Phi^0, \Phi^1\}$, 设 ψ (或 $\hat{\psi}$) 为相应于 G 中的 $g = \{g^0, g^1\}$ (或 $\hat{g} = \{\hat{g}^0, \hat{g}^1\}$) 的 (9.14) 的解.

我们需要证明

$$\{\psi'(0) - \hat{\psi}'(0), -(\psi(0) - \hat{\psi}(0))\} \in (F_G)^0,$$

也就是

$$(\psi'(0) - \hat{\psi}'(0), \tilde{\Phi}^0) - (\psi(0) - \hat{\psi}(0), \tilde{\Phi}^1) = 0, \quad \forall \{\tilde{\Phi}^0, \tilde{\Phi}^1\} \in F_G. \tag{9.17}$$

但是, 如果我们取 $\phi - \hat{\psi} = \theta$, 那么

$$\begin{cases} \theta'' - \Delta\theta = 0, \\ \theta(T) = h^0(= g^0 - \hat{g}^0), \theta'(T) = h^1(= g^1 - \hat{g}^1), \\ \theta = 0 \qquad\qquad \text{在 } \Sigma \text{ 上}, \end{cases} \tag{9.18}$$

此处 $\{h^0, h^1\} \in G$.

设 $\tilde{\Phi}$ 是与 $\{\tilde{\Phi}^0, \tilde{\Phi}^1\}$ 相应的 (9.11) 的解; 我们有:

$$\int_{\Omega\times(0,T)} (\theta'' - \Delta\theta)\tilde{\Phi}\mathrm{d}x\mathrm{d}t = 0 = (h^1, \tilde{\Phi}(T)) - (\theta'(0), \tilde{\Phi}^0) - (h^0, \tilde{\Phi}'(T)) + (\theta(0), \tilde{\Phi}^1). \tag{9.19}$$

因为 $\{\tilde{\Phi}^0, \tilde{\Phi}^1\} \in F_G$, 由定义可得, $\{\tilde{\Phi}'(T), -\tilde{\Phi}(T)\} \in G^0$.

因此 $(h^1, \tilde{\Phi}(T)) - (h^0, \tilde{\Phi}'(T)) = 0$, 因而 (9.19) 导出 (9.17). ■

我们显然有 (我们已经为此做好了所有该做的事)

$$< \Lambda_G\{\Phi^0, \Phi^1\}, \{\Phi^0, \Phi^1\} >= \int_{\Sigma(x^0)} (\frac{\partial\Phi}{\partial\nu})^2 \mathrm{d}\Gamma\mathrm{d}t, \tag{9.20}$$

因而

$$\Lambda_G \text{是从 } F_G \text{ 到 } (F_G)' \text{ 的一个同构}. \tag{9.21}$$

所以我们有

定理 9.1 我们设 (9.13) 成立. 那么在 T 时刻, 有 C.E.E.
更精确地: 对 $L^2(\Omega) \times H^{-1}(\Omega)$ 中给定的 $\{y^0, y^1\}$, 我们求解方程

$$\Lambda_G\{\Phi^0, \Phi^1\} = \{y^1, -y^0\} \tag{9.22}$$

或再更精确地

$$\begin{aligned}&\Lambda_G\{\Phi^0, \Phi^1\} = \{y^1 + h^1, -(y^0 + h^0)\},\\ &\text{其中 } h^0 \in L^2(\Omega),\ h^1 \in H^{-1}(\Omega) \text{ 且}\\ &< \{h^1, -h^0\}, \{\Phi^0, \Phi^1\} >= 0, \quad \forall \{\Phi^0, \Phi^1\} \in F_G.\end{aligned} \tag{9.23}$$

我们定义了 Φ, 并选取

$$v = \frac{\partial \Phi}{\partial \nu} \quad \text{在 } \Sigma(x^0) \text{ 上}. \tag{9.24}$$

那么, v 解答了我们的问题 (此外, 就如我们后面将看到, 使 $\frac{1}{2}\int_{\Sigma(x^0)} v^2 \mathrm{d}\Gamma \mathrm{d}t$ 取最小值). ■

注 9.7 在 C.E.E. 的框架下, 这等于是说, 不再将系统带到平衡状态, 而是带到空间 G 中去, 系统出发自 $\{y^0, y^1\}$ 或出发自 $\{y^0 + h^0, y^1 + h^1\}$, 其中 $\{h^0, h^1\}$ 是 $L^2(\Omega) \times H^{-1}(\Omega)$ 中的任意元素, 满足 (9.23) 中的条件, 也即, $\{h^1, -h^0\} \in (F_G)^0$. 事实上, 我们考察下面方程的解 z

$$z'' - \Delta z = 0,\ z(0) = h^0,\ z'(0) = h^1,\ z = 0 \text{ 在 } \Sigma \text{ 上}, \tag{9.25}$$

那么

$$\{z(T), z'(T)\} \in G. \tag{9.26}$$

事实上, 设 $\{\Phi^0, \Phi^1\} \in F_G$, Φ 是相应的解. 我们有

$$(z'(T), \Phi(T)) - (z(T), \Phi'(T)) - (z'(0), \Phi^0) + (z(0), \Phi^1) = 0.$$

由假设, $(z'(0), \Phi^0) - (z(0), \Phi^1) = 0$, 因此

$$(z'(T), \Phi(T)) - (z(T), \Phi'(T)) = 0. \tag{9.27}$$

但是, 由 F_G 的定义, 当 $\{\Phi^0, \Phi^1\}$ 跑遍 F_G 时, $\{\Phi'(T) - \Phi(T)\} \in G^0$, 跑遍 G^0(因为我们能够反转时间方向). 那么, (9.27) 证明我们有 (9.26). ■

例 9.1 设 ω_0, ω_1 是包含于 Ω 中的两个开集, 使得

$$\Omega = \omega_0 \cup \omega_1. \tag{9.28}$$

设

$$G = \{(g^0, g^1) \mid g^0 = 0 \quad \text{在 } \omega_0 \text{ 上}, g^1 = 0 \quad \text{在 } \omega_1 \text{ 上}\}. \tag{9.29}$$

那么

$$G^0=\{h\,|\,h=(h^0,h^1),\ h^0=0 \quad \text{在 } \omega_1 \text{ 上},\ h^1=0 \quad \text{在 } \omega_0 \text{ 上}\}. \tag{9.30}$$

因而

$$\left(\Phi'(T), m_k\frac{\partial \Phi(T)}{\partial x_k}+\frac{n-1}{2}\Phi(T)\right)=0, \tag{9.31}$$

只要 $\{\Phi^0,\Phi^1\}\in F_G$.

前面几节里的通常的计算显示, 当 $T>R(x^0)$ 时, 我们有 (9.13). 因而我们有 C.E.E. (相应于 (9.29) 定义的 G), 只要 $T>R(x^0)$ (而不是 $G=(0,0)$ 时的 $T>2R(x^0)$). ■

注 9.8 前面的例子, 包含了下面两个特殊的情形:

$$G=\{g|g^0=0,\ g^1\text{在 } H^{-1}(\Omega) \text{ 中任取}\}, \tag{9.32}$$

$$G=\{g|g^0\text{在 } L^2(\Omega) \text{ 中任取},\ g^1=0\}. \tag{9.33}$$

这不是要将系统带到平衡状态, 而是带到一个状态, 要么是"位置", 要么是"速度", 在 T 时刻为零. 我们能实现这个目标, 并且"速度是 2 倍地快于"要让系统到达平衡状态的速度. ■

例 9.2 设 ω 是 Ω 中的开集, 且

$$G=\{g\,|\,g=(g^0,g^1),\ g^0=g^1=0 \quad \text{在 } \omega \text{ 上}\}. \tag{9.34}$$

我们是想, 将系统带到这样一种状态, 它在 T 时刻, 在 Ω 的一个子集上, 处于"平衡状态".

那么

$$G^0=\{h|h=(h^0,h^1),\ h^0=h^1=0 \quad \text{在 } \Omega\backslash\bar{\omega} \text{ 上}\}. \tag{9.35}$$

因而, 引进

$$R_*(x^0)=\sup|x-x^0|, \quad x\in\Omega\backslash\bar{\omega}. \tag{9.36}$$

通常的计算可证得 (9.13), 只要

$$T>R(x^0)+R_*(x^0) \tag{9.37}$$

(这改善了 $T>2R(x^0)$, 因为 $R_*(x^0)\leqslant R(x^0)$). ■

10 未解决的问题

10.1 几何结构的影响

考察开集 Ω, 它里面有洞 $\mathcal{O}_1$, 洞的边界 Γ_1. 为了简单起见假设 Γ_0, Γ_1 均为凸开集的边界.

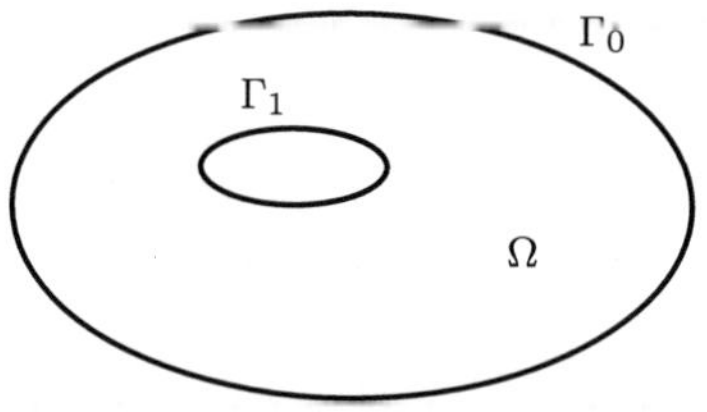

图 1.7

那么, $\Gamma = \Gamma_0 \cup \Gamma_1$, 若在 $\mathcal{O}_1$ 中取 x^0, 我们可看到 $\Gamma(x^0) = \Gamma_0$.

因而, 我们能够精确控制波动方程, 其初始值属于 $L^2(\Omega) \times H^{-1}(\Omega)$, 且控制只要作用在外边界 Γ_0 上.

设我们现在有两个洞 $\mathcal{O}_1, \mathcal{O}_2$, 洞的边界为 Γ_1, Γ_2, $\mathcal{O}_1$ 和 $\mathcal{O}_2$ 假设为 (总是为简单起见) 凸集, 前面的注解不再有效.

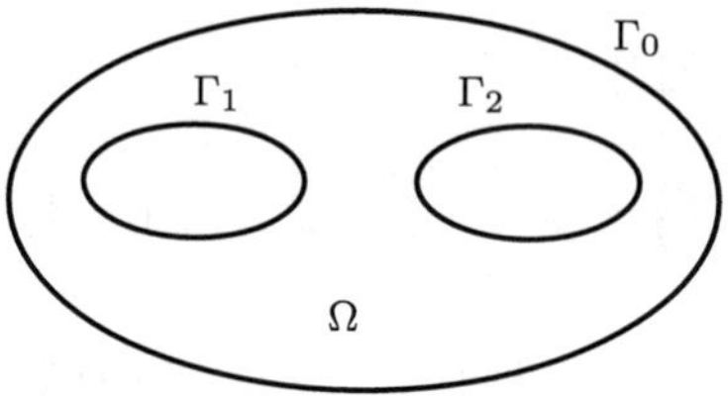

图 1.8

这与 C. BARDOS, G. LEBEAU 和 J. RAUCH (附录 2) 的结果相符: 可能会有奇性, 沿着某一条 "无限次反射的射线" 传播就像 (图 1.9 中的) AB, 它无关于任意作用, 不管它们如何施加在别处的边界上.

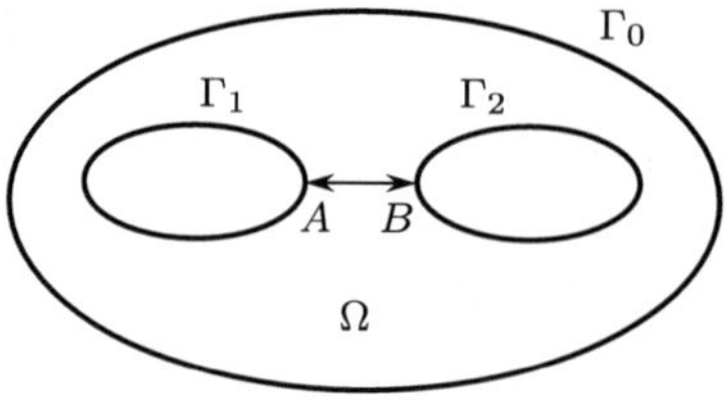

图 1.9

但是我们总能够考察下面的范数

$$\Big(\int_{\Gamma_0\times(0,T)}\Big(\frac{\partial\Phi}{\partial\nu}\Big)^2\mathrm{d}\Gamma\mathrm{d}t\Big)^{1/2} \tag{10.1}$$

取 T 足够大. 相应的 F 是什么空间? (这个空间是足够 "大" 的, 以便它的对偶不包含沿着 "无限次反射的射线" 带有奇性的元素, 但这需要细致的研究.)

10.2 设 Γ_0 是 Γ 的一个任意小的小块. 那么, T 足够大时, (10.1) 才是一个范数. 相应的 F 是什么空间? (我们已经在上面问题 10.1 的最后, 对这个一般的问题指出了一个特殊的情形.)

10.3 对变系数的双曲算子情况是如何的, 更特别地对非正则变系数:

$$\begin{aligned}&\Phi''-\frac{\partial}{\partial x_j}\Big(a_{ij}(x)\frac{\partial\Phi}{\partial x_j}\Big)=0,\\&a_{ij}=a_{ji}\in L^\infty(\Omega),\ a_{ij}(x)\zeta_i\zeta_j\geqslant\alpha\zeta_i^2,\ \alpha>0,\ \text{在 }\Omega\text{ 上几乎处处成立.}\end{aligned} \tag{10.2}$$

到目前为止, 好像仅有一些特殊的情形得以解决, 参见 L. F. HO, V. KOMORNIK, C. BARDOS, G. LEBEAU, J. RAUCH, (或假设系数是正则的) E. ZUAZUA.

在第六章第 2 节中, 我们将重新回到一个例子, 其中 a_{ij} 在 Ω 的两个部分里是不同的常数 (传输问题).

对精确能控性与齐次化问题来说, 这个问题非常重要. 参见 J.-L. LIONS [3] 及本书的第二卷.

10.4 系数依赖于 t 的情形

考察方程

$$\Phi''-a(t)\Delta\Phi=0 \tag{10.3}$$

以及

$$\Phi(0)=\Phi^0,\ \Phi'(0)=\Phi^1,\ \Phi=0\quad\text{在 }\Sigma\text{ 上}.$$

设

$$a(t),a'(t)\in L^\infty(0,\infty),\ a(t)\geqslant a_0>0. \tag{10.4}$$

若记

$$E(t)=\frac{1}{2}(a(t)|\nabla\Phi(t)|^2+|\Phi'(t)|^2) \tag{10.5}$$

我们有

$$E(t)=E_0+\frac{1}{2}\int_0^t a'(\sigma)|\nabla\Phi(\sigma)|^2\mathrm{d}\sigma. \tag{10.6}$$

如果我们做一个额外的很强的假设

$$a'(t)\geqslant 0, \tag{10.7}$$

那么, 我们可得 $E(t) \geqslant E_0$ 并且, 若 $\|a\|_\infty = \sup a(t)$, $0 \leqslant t \leqslant T$, 利用通常的记号, 我们可得到

$$(T - \frac{2R(x^0)}{\sqrt{\|a\|_\infty}})E_0 \leqslant \frac{R(x^0)\|a\|_\infty}{2} \int_{\Sigma(x^0)} (\frac{\partial \Phi}{\partial \nu})^2 \mathrm{d}\Gamma \mathrm{d}t. \tag{10.8}$$

此时的理论与前面一样地发展, 如果没有假设 (10.7) 它又会是如何? 这个问题的难度比前面的问题要小. 但是系统的研究使加在 a 上的条件是最一般化的, 这还是很有意义的.

10.5 非 Hilbert 型的情形

(除去 1 维的情形) 针对空间 F, 当 F 是由正则的数值用范数

$$(\int_{\Gamma \times (0,T)} |\frac{\partial \Phi}{\partial \nu}|^p \mathrm{d}\Gamma \mathrm{d}t)^{1/p}, \quad \text{如果 } p \neq 2.$$

完备化时, 我们能说些什么呢?

10.6 非线性问题

在非线性问题里, 首先要注意这样的事实, 我们仅能取足够正则的控制, 至少一般情况下是这样的.

如此我们考察

$$\begin{cases} y'' - \Delta y + y^3 = 0 \quad \text{在 } \Omega \times (0,T) \text{ 内}, & (10.9) \\ y(0) = y^0,\ y'(0) = y^1, & (10.10) \\ y = v \quad \text{在 } \Sigma \text{ 上 (或 } \Sigma \text{ 的部分}, y = 0 \text{ 在 } \Sigma \text{ 的其他部分}). & (10.11) \end{cases}$$

此问题没有 "合理的" 意义, 如果 $v \in L^2(\Sigma)$ 的话. 实际上, 我们可以考察下面方程的解 w:

$$\begin{cases} w'' - \Delta w = 0, \\ w(0) = w'(0) = 0, \quad w = v \quad \text{在 } \Sigma \text{ 上}. \end{cases}$$

那么, $w \in L^\infty(0,T;L^2(\Omega))$, 且若引进

$$z = y - w,$$

那么

$$z'' - \Delta z + (z^3 + 3z^2 w + 3zw^2 + w^3) = 0,$$

而 w^3 这一项没有意义, 至少要假设 v——因而也要 w——更加正则.

在这个限制条件下, 当 v 跑遍了 "正则" 函数空间时, 对 $\{y(T), y'(T)\}$ 所跑遍的空间, 我们能说些什么呢?

第二章 精确能控性问题的一般框架. HUM: Hilbert 唯一性方法

1 引言

在本章中, 我们将介绍发展系统的精确能控性问题的一般框架以及解决此问题的一般方法.

在第一章中研究的带有 Dirichlet 型作用的波动方程模型例子, 以及将在后面各章中讨论的不同模型均属于一般框架下的特殊情形.

将要介绍的方法称为 "Hilbert Uniqueness Method" (简称 HUM 方法). 在第一章的特殊情形下, 我们已经使用过这一方法.

如同第一章中一样, 我们将会看到在引入一个适当的算子 Λ 后, 解决精确能控性问题将归结为下面两点:

(a) 取得唯一性定理;

(b) 研究由唯一性定理诱导出的一些 Hilbert 空间 (尽可能地刻画或用已知的空间来予以定位). ■

在本章, 我们将介绍 HUM 方法对于求解边界控制问题的应用. 然而, 这一方法也是可以用来解决点控制及区域内部控制问题 (参见第七章). ■

我们的目的在于揭示 HUM 方法基本思想而不去过多地涉及一些技术处理方面的细节. 这样有助于读者能很快地掌握方法的要领. 我们将会经常地使用 J.-L. LIONS 和E. MAGENES [1] (第一卷的第 2 章及第二卷的第 5 章) 的结果, 尤其是关于问题的变分公式及弱解的存在性. 在本书中, 我们将会在各种特殊情形下细致地

讨论和处理这些问题. ■

2 精确能控性问题的一般框架

设 Ω 是 $\mathbb{R}^n$ 中的一个区域 (连通开集), 其边界 $\Gamma = \partial\Omega$ 是充分光滑的. 又设 $T > 0$.

考虑发展系统:

$$\begin{cases} \dfrac{\partial^2 y}{\partial^2 t} + Ay = 0 & \text{在 } Q = \Omega \times (0,T) \text{ 内}, & (2.1) \\ y(x,0) = y^0(x), \quad \dfrac{\partial y}{\partial t}(x,0) = y^1(x) & \text{在 } \Omega \text{ 内}, & (2.2) \\ B_j y = v_j & \text{在 } \Sigma = \Gamma \times (0,T) \text{ 上}, \ \forall j \in \{1,\cdots,m\}, & (2.3) \end{cases}$$

这里 A 是一个 $2m(m = 1,2,\cdots)$ 阶的对称椭圆算子, 具有与时间 t 无关的光滑系数. $\{B_j\}_{1\leqslant j\leqslant m}$ 是边界算子集, 它使得系统 (2.1) (2.2) (2.3) 在一些适当的 Hilbert 空间上是适定的 (参见 J.-L. LIONS 和 E. MAGENES [1] 中给出的一些充分必要条件). 换言之, 我们作了如下假设: 若初始值 $\{y^0, y^1\}$ 及边界条件 $\{v_j\}_{1\leqslant j\leqslant m}$ 取值于一些合适的 Hilbert 空间并满足相容性条件, 那么系统 (2.1) (2.2) (2.3) 允许有一个唯一解. ■

方程 (2.1) 描述了一些随时间变化的物理现象.

方程 (2.2) 给出初始值条件, 也称为 Cauchy 条件.

向量函数 $\{v_j\}_{1\leqslant j\leqslant m}$ 通过算子 $\{B_j\}_{1\leqslant j\leqslant m}$ 来对系统的边界进行作用. ■

使用下面记号:

$$y'(x,t) = \frac{\partial y}{\partial t}(x,t), \quad y(0) := \text{“}x \to y(x,0)\text{”}. \tag{2.4}$$

我们可以将 (2.1) (2.2) 改写成如下简单的形式:

$$\begin{cases} y'' + Ay = 0 & \text{在 } Q \text{ 内}, & (2.5) \\ y(0) = y^0, \quad y'(0) = y^1 & \text{在 } \Omega \text{ 内}. & (2.6) \end{cases}$$

系统 (2.1) (2.2) (2.3) 的精确能控性问题可以表述如下:

“给定一个时间 $T > 0$, 对于任意的取值于一个适当 Hilbert 空间的初始值 $\{y^0, y^1\}$, 能否找到定义在 Σ 上的控制向量 $\{v_j\}_{1\leqslant j\leqslant m}$ 使得相应的系统 (2.1) (2.2) (2.3) 的解 y 满足

$$y(T;v) = y'(T;v) = 0 \quad \text{在 } \Omega \text{ 内?”} \tag{2.7}$$

如果答案是肯定的, 那么称系统在 T 时刻是精确能控的. ■

注 2.1 在 (2.7) 中的状态 $\{0,0\}$ 是系统的平衡状态. 因为一旦在 $T>0$ 达到 $\{0,0\}$ 状态, 那么对任何的 $t>T$ 在没有任何外力作用于边界的情况下, 解 $y=y(v)$ 永远停留在 $\{0,0\}$ 状态上. 定义

$$\overline{y}=\begin{cases} y & 在\ Q\ 内, \\ 0 & 在\ \Omega\times(T,+\infty)\ 内, \end{cases} \tag{2.8}$$

$$\overline{v_j}=\begin{cases} v_j & 在\ \Sigma\ 上, \\ 0 & 在\ \Gamma\times(T,+\infty)\ 上, \end{cases} \quad \forall_j\in\{1,\cdots,m\}. \tag{2.9}$$

如果 y 满足方程 (2.5), 那么 $\overline{y}=\overline{y}(x,t)$ 就是下面问题的解:

$$\begin{cases} \overline{y}''+A\overline{y}=0 & 在\ \Omega\times(0,+\infty)\ 内, & (2.10)\\ \overline{y}(0)=y^0,\quad \overline{y}'(0)=y^1 & 在\ \Omega\ 内, & (2.11)\\ B_j\overline{y}=\overline{v}_j & 在\ \Gamma\times(0,+\infty)\ 上,\ \forall j\in\{1,\cdots,m\}. & (2.12)\end{cases}$$

■

对系统 (2.1) (2.2) (2.3) 的精确控制就在于要寻找合适的边界条件 $\{v_j\}_{1\leqslant j\leqslant m}$, 把系统的解带到平衡状态. ■

上面给出的系统精确能控性定义并不十分完整, 因为我们没有明确

(a) 系统的可控时间 $T>0$;

(b) 可被控制的初始值空间;

(c) 可允许的控制向量空间.

对上述问题, 我们有必要作一些注解.

注 2.2 如果 A 是二阶的椭圆算子, 那么所考虑的系统是双曲的. 一个最简单的情形是 $A=-\Delta(\Delta:=$Laplace 算子). 在此情形下, 我们回到第一章中讨论过的带有 Dirichlet 型边界作用的波动方程. ■

注 2.3 对双曲型的系统, 精确能控性只可能在时间 $T>0$ 充分大时才会发生. 这点已经在第一章的注 1.2 介绍过了.

如果 A 是高于二阶的椭圆算子, 系统就不是双曲的. 因此对 T 的限制也就不必要了. 例如在 $A=\Delta^2$ ($\Delta^2:=$ 重 Laplace 算子) 下, 我们可以得到一些在 $T>0$ 任意小时的精确能控性 (参见第四章及附录 1). ■

注 2.4 在实际应用中, 我们希望在控制系统的同时能够从某种意义上尽可能地 "缩小" 在边界上的作用. 我们通常会遇到下面几种对控制向量的约束:

(a) 在 $\Sigma\setminus\Sigma_0$ 上 $v_j=0, \forall j\in J\subset\{1,\cdots,m\}$. 这里 Σ_0 是 Σ 的一个非空部分, J 是指标集. 这样的约束表示控制向量 $\{v_j\}_{j\in J}$ 只作用在系统边界 Σ 的一个局部 Σ_0 上.

(b) $v_j = 0$ 在 Σ 上, $\forall j \in J \subset \{1, \cdots, m\}$, $J \neq \{1, \cdots, m\}$. 在此情形下, 我们只能够通过一部分边界算子 $\{B_j\}_{j \notin J}$ 来对系统产生作用.

在第 3 节中, 我们将详细地介绍如何应用求解精确能控性的 HUM 方法来处理上述约束. ■

注 2.5 一般来说, 初始值的正则性决定了作用系统上的控制向量的正则程度. 我们在第一章中已经证明了当 Σ_0 是 Σ 的一部分以及适当地选择定义在其上的控制作用, 那么初始值越光滑 (或不光滑), 控制向量也就越光滑 (或不光滑). ■

3 HUM: Hilbert 唯一性方法

在上一节中, 我们引入了精确能控性问题的一般方法. 本节将集中介绍求解这一问题的 HUM 方法的基本思想. 我们将给出应用 HUM 方法来求解发展系统 (2.1) (2.2) (2.3) 的主要步骤. 具体细节证明将会在以后各章中加以介绍. ■

记一组边界算子 $\{C_j\}_{1 \leqslant j \leqslant m}$, 其中 $\{C_j\}$ 表示 $\{B_j\}$ 的余算子 $(j = 1, \cdots, m)$ (余算子的定义参见 J.-L. LIONS 和 E. MAGENES [1]). 算子 $\{A, B_j, C_j\}$ 满足下面的 Green 公式:

$$\int_\Omega ((A\Phi)\psi - \Phi(A\psi))\mathrm{d}x = \sum_{j=1}^m \int_\Gamma (C_j\Phi B_j\psi - B_j\Phi C_j\psi)\mathrm{d}\Gamma, \quad \forall \Phi,\ \psi \in C^\infty(\overline{\Omega}), \tag{3.1}$$

这里 $C^\infty(\overline{\Omega})$ 表示在 $\overline{\Omega}$ 上 C^∞ 阶的函数空间.

应用 HUM 方法的基本步骤如下:

步骤 1 考虑齐性系统:

$$\begin{cases} \Phi'' + A\Phi = 0 & \text{在 } Q \text{ 内}, \\ \Phi(0) = \Phi^0,\ \Phi'(0) = \Phi^1 & \text{在 } \Omega \text{ 内}, \\ B_j\Phi = 0 & \text{在 } \Sigma \text{ 上}, \forall j \in \{1, \cdots, m\}, \end{cases} \tag{3.2}$$

带有初始值 $\Phi^0, \Phi^1 \in C^\infty(\overline{\Omega})$ 并满足相容性条件:

$$B_j\Phi^0 = 0, \quad \forall j, \quad \text{当 } B_j \text{ 的阶数小于 } m. \tag{3.3}$$

这样的齐性系统是有定义的 (参见 J.-L. LIONS 和 E. MAGENES [1]). 因此系统 (3.2) 存在一个唯一的弱解 $\Phi = \Phi(x, t)$. ■

步骤 2 接着考虑一个 (3.2) 的相关系统:

$$\begin{cases} \psi'' + A\psi = 0 & \text{在 } Q \text{ 内}, \\ \psi(T) = \psi'(T) = 0 & \text{在 } \Omega \text{ 内}, \\ B_j\psi = -C_j\Phi & \text{在 } \Sigma \text{ 上}, \forall j \in \{1, \cdots, m\}, \end{cases} \tag{3.4}$$

其中 $\Phi=\Phi(x,t)$ 是 (3.2) 的解.

如果我们对最初的系统 (2.1) (2.2) (2.3) 设置约束条件: 在 $\Sigma\setminus\Sigma_0$ 上 $v_j=0$ (或在 Σ 上 $v_j=0$), 那么系统 (3.4) 中的边界条件就要改写成:

$$B_j\psi=\begin{cases}-C_j\Phi & \text{在 } \Sigma_0 \text{ 上},\\ 0 & \text{在 } \Sigma\setminus\Sigma_0 \text{ 上},\end{cases}\qquad (\text{或 } =0 \text{ 在 } \Sigma \text{ 上}).$$

称 (3.4) 为非齐性逆问题. 这是因为我们已知终值条件 $\psi(T)=\psi'(T)=0$ 并且边界条件是非齐性的.

系统 (3.4) 的解能够通过转置方法来得到 (参见 J.-L. LIONS 和 E. MAGENES [1]). 得到的可能是一些弱解, 但是它们有足够的正则性以便可以定义 ψ 及 ψ' 在 $t=0$ 时刻的值.

于是, 我们可以定义一个关于初始值 $\{\Phi^0,\Phi^1\}$ 的连续算子 Λ:

$$\Lambda\{\Phi^0,\Phi^1\}=\{\psi'(0),-\psi(0)\}.\tag{3.5}$$

■

步骤 3 设初始值 $\xi^0,\xi^1\in C^\infty(\overline{\Omega})$, 它们满足相容性条件 (3.3). 记 $\xi=\xi(x,t)$ 是所对应的问题 (3.2) 的解.

用 ξ 乘以方程 (3.4) 并在 Q 上积分, 使用 Green 公式可以得到:

$$\begin{aligned}\langle\Lambda\{\Phi^0,\Phi^1\},\{\xi^0,\xi^1\}\rangle&=\int_\Omega(\psi'(0)\xi^0-\psi(0)\xi^1)\mathrm{d}x\\&=-\sum_{j=1}^m\int_\Sigma B_j\psi C_j\xi\mathrm{d}\Sigma=\sum_{j=1}^m\int_\Sigma C_j\Phi C_j\xi\mathrm{d}\Sigma.\end{aligned}\tag{3.6}$$

值得一提的是系统 (3.4) 中的边界条件的选取是为了保证等式 (3.6) 成立.

特别地, 当 $\{\xi^0,\xi^1\}=\{\Phi^0,\Phi^1\}$ 时, 我们有

$$\begin{aligned}\langle\Lambda\{\Phi^0,\Phi^1\},\{\Phi^0,\Phi^1\}\rangle&=\int_\Omega(\Phi^0\psi'(0)-\Phi^1\psi(0))\mathrm{d}x\\&=\sum_{j=1}^m\int_\Sigma|C_j\Phi|^2\mathrm{d}\Sigma=\sum_{j=1}^m\|C_j\Phi\|^2_{L^2(\Sigma)},\end{aligned}\tag{3.7}$$

$$\forall\{\Phi^0,\Phi^1\}\in C^\infty(\overline{\Omega})\times C^\infty(\overline{\Omega}) \text{ 并满足条件 (3.3)}.$$

于是, 我们可以定义一个半范数

$$\begin{aligned}&\|\{\Phi^0,\Phi^1\}\|_F:=\Big(\sum_{j=1}^m\|C_j\Phi\|^2_{L^2(\Sigma)}\Big)^{\frac12},\\&\forall\{\Phi^0,\Phi^1\}\in C^\infty(\overline{\Omega})\times C^\infty(\overline{\Omega}) \text{ 满足 (3.3)}.\end{aligned}\tag{3.8}$$

假设在 $C^\infty(\overline{\Omega})\times C^\infty(\overline{\Omega})$ 的满足相容性条件 (3.3) 的函数子空间中, $\|\cdot\|_F$ 定义了一个范数. 当然, $\|\cdot\|_F$ 在这个子空间中定义了一个范数, 这个事实等价于下面的唯一性定理.

定理 3.1 (唯一性定理) 方程组 (3.2) 的所有解 $\Phi=\Phi(x,t)$, 相应的初始值 Φ^0, $\Phi^1\in C^\infty(\overline{\Omega})$ 满足 (3.3), 并且满足条件

$$C_j\Phi\equiv 0 \quad 在\ \Sigma\ 上,\quad \forall j\in\{1,\cdots,m\}, \tag{3.9}$$

满足 $\Phi\equiv 0$ 在 Q 内, 特别地, $\Phi^0=\Phi^1\equiv 0$ 在 Ω 内. ■

注 3.1 我们已经说过, 方程组 (3.4) 的边界条件应该如何调整, 而最终成为对系统控制向量的约束.

假如我们设置约束

$$v_j\equiv 0 \quad 在\ \Sigma\backslash\Sigma_0\ 上,\quad \forall j\in\{1,\cdots,m\},$$

问题 (3.4) 的边界条件将成为

$$B_j\psi=\begin{cases}-C_j\Phi & 在\ \Sigma_0\ 上,\\ 0 & 在\ \Sigma\backslash\Sigma_0\ 上,\end{cases}$$

并且我们将有恒等式

$$<\Lambda\{\Phi^0,\Phi^1\},\{\Phi^0,\Phi^1\}>=\sum_{j=1}^m\|C_j\Phi\|^2_{L^2(\Sigma_0)}.$$

在这个情形下, 我们定义半范数

$$\|\{\Phi^0,\Phi^1\}\|_F=(\sum_{j=1}^m\|C_j\Phi\|^2_{L^2(\Sigma_0)})^{\frac{1}{2}},$$

我们可以看出, $\|\cdot\|_F$ 将定义一个范数, 如果我们有下面的唯一性准则:

$$\begin{cases}\Phi\ 为\ (3.2)\ 的解,\\ C_j\Phi\equiv 0\quad 在\ \Sigma\ 上, \forall j\in\{1,\cdots,m\}\end{cases}\Rightarrow \Phi\equiv 0\ 在\ Q\ 内.$$

同样地, 在下面的约束下

$$v_j\equiv 0 \quad 在\ \Sigma\ 上, \forall j\in J\subset\{1,\cdots,m\}$$

要考察的边界条件将成为

$$B_j\psi=-C_j\Phi,\ 若\ j\notin J;\quad B_j\psi=0,\ 若 j\in J,$$

并且我们将得到

$$< \Lambda\{\Phi^0, \Phi^1\}, \{\Phi^0, \Phi^1\} >= \sum_{j \notin J} \|C_j \Phi\|^2_{L^2(\Sigma)}.$$

在这个情形下, 半范数

$$\|\{\Phi^0, \Phi^1\}\|_{F(J)} = (\sum_{j \notin J} \|C_j \Phi\|^2_{L^2(\Sigma_0)})^{\frac{1}{2}}$$

是一个范数, 如果我们有唯一性准则:

$$\begin{cases} \Phi \text{ 为 } (3.2) \text{ 的解}, \\ C_j\Phi \equiv 0 \quad \text{在 } \Sigma \text{ 上}, \forall j \notin J \end{cases} \Rightarrow \Phi \equiv 0 \quad \text{在 } Q \text{ 内}.$$

值得一提的是问题 (3.4) 的边界条件的设置必须符合对控制的约束条件. 这样的话, 就可以列出一些半范数. 如果还有适当的唯一性判别, 那么半范数就变为范数.

在通常情况下, 半范数取下面形式:

$$(\sum \|C_j \Phi\|^2_{G_j(\Sigma)})^{\frac{1}{2}},$$

其中 $G_j(\Sigma)$ (或 $G_j(\Sigma_0)$) 是 Σ (或 Σ_0) 上的一些 Hilbert 空间. 我们因此有很大的选择自由度. ■

注 3.2 由上面讨论可知, 获得一个合适的唯一性定理是应用 HUM 方法的第一要素. 我们已经了解的证明唯一性结果的基本方法大致如下:

(a) 使用乘子方法来建立一些先验估计. 这一技巧已经在第一章中介绍了.

(b) 唯一延拓的判断条件, 比如 Holmgren 定理对解析系数方程情形下的结果. 在第一章中我们已经遇见过几个这样的例子. 我们还会在下面的章节中见到另外一些应用例子.

(c) 调和分析方法

我们将在第四章中介绍 J. BALL 的一个应用例子.

(d) 微局部技巧

在由 C. BARDOS, G. LEBEAU 和 J. RAUCH 编写的附录 2 中, 将会给出微局部技巧的基本思想以及对解波动方程精确能控性问题的一些应用. ■

注 3.3 在注 2.2 中, 我们提到对于双曲系统 (即 A 是二阶椭圆算子时), 系统的精确能控性只能当时间 $T > 0$ 充分大时才会发生.

更准确地说, 在此情况下, 唯一性定理只有当时间 $T > 0$ 充分大时才成立. ■

假设定理 3.1 成立. 我们可以定义一个 Hilbert 空间 F, 它是由所有满足相容条件 (3.3) 的函数 $\{\Phi^0, \Phi^1\} \in C^\infty(\overline{\Omega}) \times C^\infty(\overline{\Omega})$ 在范数 $\|\cdot\|_F$ 下的一个完备空间. 记 F' 为 F 的对偶空间 (通常 F' 亦为 Hilbert 空间但未必等同于 F).

由 (3.6) 及 (3.8) 可以推导出

$$\begin{aligned}&|\langle\Lambda\{\Phi^0,\Phi^1\},\{\xi^0,\xi^1\}\rangle|\leqslant\|\{\Phi^0,\Phi^1\}\|_F\|\{\xi^0,\xi^1\}\|_F,\\&\forall\{\Phi^0,\Phi^1\},\{\xi^0,\xi^1\}\in C^\infty(\overline{\Omega})\times C^\infty(\overline{\Omega})\text{ 且满足 (3.3)}.\end{aligned}\tag{3.10}$$

借助于上面估计式 (3.10), 我们可以将算子 Λ 延拓为 F 到 F' 的连续算子:

$$\Lambda\in\mathcal{L}(F;F').$$

注意到 (3.7) 可以改写成:

$$\forall\{\Phi^0,\Phi^1\}\in F,\langle\Lambda\{\Phi^0,\Phi^1\},\{\Phi^0,\Phi^1\}\rangle=\|\{\Phi^0,\Phi^1\}\|_F^2.\tag{3.11}$$

再由 (3.10) 及 (3.11) 推出:

$$\|\Lambda\|_{\mathcal{L}(F;F')}=1,\quad\Lambda^*=\Lambda\tag{3.12}$$

(这里 Λ^* 表示 Λ 的对偶) 以及 Λ 是 F 到 F' 上的同构. ■

步骤 4 (结论) 由于 Λ 是 F 到 F' 上的同构算子, 那么对于任意的初始值 $\{y^0,y^1\}$ 满足 $\{y^1,-y^0\}\in F'$, 方程

$$\Lambda\{\Phi^0,\Phi^1\}=\{y^1,-y^0\}\tag{3.13}$$

存在一个唯一的解 $\{\Phi^0,\Phi^1\}\in F$.

此外, 注意到 (3.13) 等价于这样一个事实: 对偶问题 (3.14) 的解 $\psi=\psi(x,t)$ 对应于边界条件 $\{-C_j\Phi\}_{1\leqslant j\leqslant m}$ (Φ 是带有初始值 $\{\Phi^0,\Phi^1\}$ 的 (3.2) 的解) 并且满足

$$\psi(0)=y^0,\quad\psi'(0)=y^1.\tag{3.14}$$

于是取控制向量

$$v_j=-C_j\Phi\quad\text{在 }\Sigma\text{ 上},\quad j=1,\cdots,m.\tag{3.15}$$

再根据问题 (2.1) (2.2) (2.3) 的解的唯一性, 我们得到

$$y(x,t;v)=\psi(x,t),\tag{3.16}$$

再根据 $\psi(x,t)$ 的构造, $y=y(v)$ 满足 (2.5).

注 3.4 我们已经定义了空间 F 作为某个光滑函数空间在范数 $\|\cdot\|_F$ (由 (3.8) 给出) 下的完备空间. 这一定义给出了一个 F 到 $(L^2(\Sigma))^m$ 的映射:

$$\{\Phi^0,\Phi^1\}\in F\Longleftrightarrow C_j\Phi\in L^2(\Sigma),\quad\forall j=1,\cdots,m.\tag{3.17}$$

这就证明了由 (3.15) 定义的控制属于 $(L^2(\Sigma))^m$.

下面的定理综合了对系统 (2.1) (2.2) (2.3) 应用 HUM 方法所得到的精确能控性结果. ■

定理 3.2 (精确能控性定理) 设 $T>0$ 使得定理 3.1 的唯一判别成立. 于是对于任意的初始值 $\{y^1,y^0\}\in F'$, 这里 F' 是 Hilbert 空间 F 的对偶空间 (由满足 (3.3) 的光滑函数在 (3.8) 定义的范数 $\|\cdot\|_F$ 下的完备空间), 存在一组控制向量 $\{v_j\}_{1\leqslant j\leqslant m}\in(L^2(\Sigma))^m$ 使得系统 (2.1) (2.2) (2.3) 的解 $y=y(v)$ 满足 (2.5). ■

应用 HUM 方法的基本框架在于:

证明唯一性定理 → 构造一个 Hilbert 空间 → 在对偶空间中的精确能控性.

定理 3.2 表明任何定理 3.1 形式的唯一性定理都蕴涵了一个精确能控性的结果. 然而, 这样的结论仍然是很 "抽象" 的, 如果我们无法用已知的泛函空间来描述初始值的 Hilbert 空间 F'. 这就是 HUM 方法的最大难点之一. 在以后的各章中, 我们将花很多时间来研究、刻画 F' 空间或者给其以适当的定位. ■

值得注意的是, 我们也可以用 "对偶" 的观点来看问题: 设 F 是一个简单的 Hilbert 空间, G 是对于初始值属于 F 的控制函数空间.

比方说, 我们可以选取范数

$$\|\{\Phi^0,\Phi^1\}\|_F=\|\{\Phi^0,\Phi^1\}\|_V,$$

这里 $V=\{\{\Phi^0,\Phi^1\}\in H^m(\Omega)\times L^2(\Omega)|\Phi^0,\Phi^1$ 满足相容性条件 (3.3)$\}$. 并且可以定义 G 作为对应的问题 (3.2) 的解的迹函数全体 (参见第一章).

在此情形下, 我们知道了可控的初始值空间, 然而要了解控制函数空间就会显得十分困难.

因此, 必须同时考虑这一种 "双重的选择". 事实上, 没有任何理论依据能够使得 F 和 G 均为 "简单" 的 Hilbert 空间.

在第一章研究的模型中, 我们已经成功地把 F 及 F' 空间用一些经典函数空间来表达. 在第三章中, 我们将会考虑带有 Neumann 型边界作用的波动方程. 在此情形下, 我们将会得到一些先验估计式. 借助于此, 可以证明 $F\subset F_0$ 是连续稠密嵌入, 这里 F_0 是一个 Sobolev 空间. 于是就有 $F_0'\subset F'$ 并且有对初始值 $\{y^0,y^1\}$ 满足 $\{y^1,-y^0\}\subset F_0'$ 的精确能控性. 这类结果还算得上是令人满意的, 因为至少我们知道在一个 "完全已知" 的 Hilbert 空间 F_0' 系统是精确能控的. ■

在另外一些场合下, 我们能够得到唯一性定理, 并由此导出系统在 F' 上的精确能控性. 然后, 我们却对空间 F' 知之甚少. (参见第一章第 8 节.)

注 3.5 假设唯一性定理 3.1 对一个时间 $T_0>0$ 成立, 那么这一定理对所有的时间 $T>T_0$ 成立. 由此可知, 对 $T>T_0$, 系统在 $F'(T)$ 空间上是精确能控的.

此外, 如果空间 $F'(T)$ 不依赖于 $T>T_0$ (即 $F'(T)=F'(T_0)$, $\forall T>T_0$), 那么, 存在无穷个控制 v 使得系统从初始值 $\{y^0,y^1\}(\{y^1,-y^0\}\in F'(T_0))$ 出发在 $T>T_0$ 时刻达到平衡状态 $\{0,0\}$.

为了证明上面的结果, 我们沿用在第一章注 6.3 中的讨论.

给定一个时刻 $T > T_0$. 对于任意的 $\varepsilon > 0$ 满足 $T - \varepsilon > T_0$, 我们可以选择某些向量

$$u^{\varepsilon} = (u_j^{\varepsilon})_{j=1}^{m} \in (L^2(\Sigma))^m.$$

求解问题:

$$\begin{cases} y'' + Ay = 0 & \text{在 } \Omega \times (0, \varepsilon) \text{ 内}, \\ y(0) = y^0, \ y'(0) = y^1 & \text{在 } \Omega \text{ 内}, \\ B_j y = u_j^{\varepsilon} & \text{在 } \Gamma \times (0, \varepsilon) \text{ 上}, \ \ \forall j = 1, \cdots, m, \end{cases}$$

其中 $\{y^1, -y^0\} \in F'(T) = F'(T_0)$. 这样, 我们就有

$$\{z^1, -z^0\} = \{y'(\varepsilon), -y(\varepsilon)\} \in F'(T_0).$$

由于 $T - \varepsilon > T_0$, 我们知道存在一个控制 (由 HUM 方法给出) 使得下面问题

$$\begin{cases} y'' + Ay = 0 & \text{在 } \Omega \times (\varepsilon, T) \text{ 内}, \\ y(\varepsilon) = z^0, \ y'(\varepsilon) = z^1 & \text{在 } \Omega \text{ 内}, \\ B_j y = v_j & \text{在 } \Gamma \times (\varepsilon, T) \text{ 上}, \ \forall j = 1, \cdots, m \end{cases}$$

的解满足 $y(T) = y'(T) = 0$.

定义控制

$$v^{\varepsilon} = \begin{cases} u^{\varepsilon} & \text{在 } \Gamma \times (0, \varepsilon), \\ v & \text{在 } \Gamma \times (\varepsilon, T), \end{cases}$$

能使系统对任何 $u^{\varepsilon} \in (L^2(\Sigma))^m$ 从初始状态 $\{y^1, -y^0\} \in F'(T_0)$ 出发在 T 时刻达到平衡状态 $\{0, 0\}$. 这就证明了存在无穷多个控制.

在同样的情况下, 我们还能证明在 $T > T_0$ 时刻由 HUM 方法给出的控制使得下面的泛函

$$J(v) = \frac{1}{2} \sum_{j=1}^{m} \|v_j\|_{L^2(\Omega)}^2$$

在可允许控制集

$$\mathcal{U}_{\text{ad}} = \{v \in (L^2(\Sigma))^m | y(T; v) = y'(T; v) = 0 \quad \text{在 } \Omega \text{ 内}\}$$

上达到最小值.

在第八章中, 我们将会详细介绍使得泛函 $J(\cdot)$ 在 $\mathcal{U}_{\text{ad}}$ 取到最小值的控制函数的一些性质和特征. 这些结果主要是针对带有 Dirichlet 型边界作用的波动方程问题.■

注 3.6 上面我们介绍了带有边界作用的发展系统的精确能控性问题以及 HUM 方法对解决这一问题的应用.

实际上, HUM 方法也可以用来解决作用于一部分内区域 $\omega \subset \Omega$ 上的精确能控性问题, 也就是所谓的内部控制问题. 在第八章中, 我们将会利用 HUM 来讨论一些内部控制问题模型. ■

4 关于变换范数的一些讨论

在前面求解系统 (2.1) (2.2) (2.3) 的精确能控性问题以及使用 HUM 方法的过程中, 我们已经含蓄地承认了这样一个事实:

$$\forall\{\Phi^0, \Phi^1\} \in C^\infty(\overline{\Omega}) \times C^\infty(\overline{\Omega}) \text{ 满足 } (3.3),$$

那么

$$C_j\Phi \in L^2(\Omega), \quad \forall j = 1, \cdots, m, \tag{4.1}$$

这里 Φ 是问题 (3.2) 带有初始值 $\{\Phi^0, \Phi^1\}$ 的解.

第一章研究的系统模型具有上述性质.

在一般情况下, 并不存在此类解的正则性. 然而, 使用由 J.-L. LIONS 及 E. MAGENES [1] 引入的一些技巧, 我们能够定义 $C_j\Phi|_\Sigma \in H^{-\beta}(\Sigma)$, 其中 $\beta > 0$ 可选择适当大.

这种现象尤其出现在带有不光滑的变系数系统以及所考虑的开区域 Ω 具有非光滑边界情形.

利用 J.-L. LIONS 及 E. MAGENES [1] 的结果, 我们总可以假设, 存在一列 $\{\alpha_j\}_{1\leqslant j\leqslant m} \subset \mathbb{R}$ 使得

$$C_j\Phi \in H^{\alpha_j}(\Sigma), \quad \forall\Phi = 1, \cdots, m, \tag{4.2}$$

$\forall\Phi$: 对应于初始值 $\{\Phi^0, \Phi^1\} \in C^\infty(\overline{\Omega}) \times C^\infty(\overline{\Omega})$ 且满足 (3.3) 的系统 (3.2) 的解.

当指标 $\alpha_j < 0$ 时, 由 (3.8) 给出的半范数 $\|\cdot\|_F$ 是无定义的. 因此, 我们必须重新定义半范数为

$$\|\{\Phi^0, \Phi^1\}\|_F := \Big(\sum_{j=1}^m \|C_j\Phi\|^2_{H^{\alpha_j}(\Sigma)}\Big)^{\frac{1}{2}}. \tag{4.3}$$

很显然地, 如果唯一性定理 3.1 成立, 那么 (4.3) 定义一个范数.

为了证明这一结果, 我们记算子集为 $\{M_j\}_{1\leqslant j\leqslant m}$, 其中

$$M_j : H^{\alpha_j}(\Sigma) \to (H^{\alpha_j}(\Sigma))'$$

是同构算子. 又记 ψ 是对偶问题

$$\begin{cases} \psi'' + A\psi = 0 & 在\ Q\ 内, \\ \psi(T) = \psi'(T) = 0 & 在\ \Omega\ 内, \\ B_j\psi = -M_jC_j\Phi & 在\ \Sigma\ 上,\ \forall j = 1, \cdots, m \end{cases} \tag{4.4}$$

的解

定义映射 Λ

$$\Lambda\{\Phi^0, \Phi^1\} = \{\psi'(0), -\psi(0)\}, \tag{4.5}$$

其中 ψ 是 (4.4) 的解, 其边界条件依赖于对应于初始值 $\{\Phi^0, \Phi^1\}$ 的系统 (3.3) 的解 Φ.

于是, 我们有

$$< \Lambda\{\Phi^0, \Phi^1\}, \{\Phi^0, \Phi^1\} >:= (\sum_{j=1}^m \|C_j\Phi\|^2_{H^{\alpha_j}(\Sigma)})^{\frac{1}{2}}, \tag{4.6}$$

因此, 算子 Λ 定义了一个从 F 到 F' 上的同构, 这里 F 是满足 (3.3) 的光滑函数在上述范数 $\|\cdot\|_F$ 下的完备空间.

通过类似第 2 节中步骤 4 的证明, 我们得到对于初始值 $\{y^1, -y^0\} \in F'$ 的精确能控性, 并且控制如下定义:

$$v_j = -M_jC_j\Phi \in (H^{\alpha_j}(\Sigma))', \quad \forall j = 1, \cdots, m, \tag{4.7}$$

其中 Φ 是对应于初始值 $\{\Phi^0, \Phi^1\} \in F$ 的问题 (3.2) 的解, 它还满足

$$\Lambda\{\Phi^0, \Phi^1\} = \{y^1, -y^0\}. \tag{4.8}$$

范数 $\|\cdot\|_F$ (参见 (4.3)) 的选取不是唯一的. 事实上, 若记 $\{G_j(\Sigma)\}_{1\leqslant j\leqslant m}$ 为一组定义在 Σ 上的 Hilbert 函数空间并满足

$$H^{\alpha_j}(\Sigma) \subset G_j(\Sigma), \quad \forall j = 1, \cdots, m, \tag{4.9}$$

并且记空间 $F(G)$ 为满足 (3.3) 的光滑函数在下面范数下构成的完备空间

$$\|\{\Phi^0, \Phi^1\}\|_{F(G)} := (\sum_{j=1}^m \|C_j\Phi\|^2_{G_j(\Sigma)})^{\frac{1}{2}}, \tag{4.10}$$

经过上面的处理, 并且假设唯一性定理 3.1 总是成立的, 那么我们就有对于初始值 $\{y^1, -y^0\} \in (F(G))'(F(G)$ 的对偶空间) 的精确能控性.

所求的控制向量定义如下:

$$v_j = -M_{G_j}C_j\Phi, \quad \forall j = 1, \cdots, m, \tag{4.11}$$

其中 M_{G_j} 表示 $G_j(\Sigma)$ 到 $(G_j(\Sigma))'$ 上的同构算子.

此外, 由 (4.9) 的嵌入关系可以推导出:

$$F \subset F(G), \quad (F(G))' \subset F', \tag{4.12}$$

并且

$$(G_j(\Sigma))' \subset (H^{\alpha_j}(\Sigma))', \quad \forall j = 1, \cdots, m. \tag{4.13}$$

这就表示在由 (4.10) 定义的新范数下, 我们能够得到在较小空间上的精确能控性, 相应的控制也属于一个更小的空间.

这一结果印证了我们在注 2.3 中指出的关于可控初始值空间与控制向量之间的关系. ■

HUM 方法还可以应用于边界控制的其他一些变化情形. 例如对控制向量附加一些如同注 2.4 介绍的约束条件. 在注 3.1 中, 我们已经提到应用 HUM 方法来解决这类问题的一些细节.

完整的证明请看下文.

假设我们有

定理 4.1 (唯一性定理) 如果 $\Phi = \Phi(x,t)$ 是问题 (3.2) 的解并满足边界条件

$$C_j\Phi \equiv 0 \quad 在\ \Sigma_0 \subset \Sigma\ 上, \quad \forall j \in J \subset \{1, \cdots, m\}, \tag{4.14}$$

那么 $\Phi \equiv 0$. ■

另外又假设对于任意的 $\{\Phi^0, \Phi^1\} \in C^\infty(\overline{\Omega}) \times C^\infty(\overline{\Omega})$, 满足 (3.3), 我们有

$$C_j\Phi \in H^{\alpha_j}(\Sigma_0), \quad \forall j \in J.$$

记 M_j 是 $H^{\alpha_j}(\Sigma_0)$ 到其对偶空间上的同构算子. 我们考虑如下对偶问题:

$$\begin{cases} \psi'' + A\psi = 0 & 在\ Q\ 内, \\ \psi(T) = \psi'(T) = 0 & 在\ \Omega\ 内, \\ B_j\psi = 0 & 在\ \Sigma\ 上, \forall j \notin J, \\ B_j\psi = \begin{cases} -M_jC_j\Phi & 在\ \Sigma_0\ 上, \\ 0 & 在\ \Sigma \setminus \Sigma_0\ 上, \end{cases} & \forall j \in J. \end{cases} \tag{4.15}$$

定义空间 $F(\Sigma_0)$ 是由满足 (3.3) 的光滑函数在范数

$$\|\{\Phi^0, \Phi^1\}\|_{F(\Sigma_0)} := \Big(\sum_{j\in J} \|C_j\Phi\|^2_{H^{\alpha_j}(\Sigma_0)}\Big)^{\frac{1}{2}} \tag{4.16}$$

下的完备空间.

定义算子

$$\Lambda\{\Phi^0, \Phi^1\} = \{\psi'(0), -\psi(0)\}, \tag{4.17}$$

显然 Λ 是 $F(\Sigma_0)$ 到 $(F(\Sigma_0))'$ 上的同构算子, 这是因为

$$\langle \Lambda\{\Phi^0, \Phi^1\}, \{\Phi^0, \Phi^1\}\rangle = (\sum_{j\in J} \|C_j\Phi\|^2_{H^{\alpha_j}(\Sigma_0)})^{\frac{1}{2}} \tag{4.18}$$

成立.

使用通常的讨论过程, 可以得到

定理 4.2 (精确能控性定理) 对于任意给定的初始值 $\{y^1, y^0\} \in (F(\Sigma_0))'$, 存在控制向量 $\{v_j\}_{j\in J} \in \prod_{j\in J}(H^{\alpha_j}(\Sigma_0))'$ 使得 (2.1) (2.2) (2.3) 的解 $y = y(v)$ 满足 (2.7).

由 HUM 方法, 显然我们有

$$\begin{cases} v_j \equiv 0 & \text{在 } \Sigma \text{ 上}, \quad \forall j \notin J, \\ v_j = \begin{cases} -M_jC_j\Phi & \text{在 } \Sigma_0 \text{ 上}, \\ 0 & \text{在 } \Sigma\setminus\Sigma_0 \text{ 上}, \end{cases} & \forall j \in J. \end{cases} \tag{4.19}$$

值得一提的是正是由于唯一性定理 4.1 成立, 才使得我们能够推导出带有约束条件 (4.19) 的系统的精确能控性. ■

5 未解决的问题

5.1 一阶系统

在本章的讨论中, 我们没有涉及一阶系统 (双曲型或非双曲型) 的精确能控性问题.

对此问题的系统研究将会是令人关注的.

对 Maxwell 方程的研究正在进行之中, 请参见 K. KIME 和 J. LAGNESE 的工作.

5.2 我们也没有涉及 Cauchy Kowaleska 型系统.

这里有一个例子 (似乎有点缺乏物理背景).

考虑系统

$$\begin{cases} \phi'' - \Delta\phi = -\nabla\pi, & \\ \mathrm{div}\phi = 0 & \text{在 } \Omega\times(0,T) \text{ 内}, \quad (5.1) \\ \phi = \{\phi_1, \cdots, \phi_n\}, & \\ \phi(0) = \phi^0, \quad \phi'(0) = \phi^1, & (5.2) \\ \phi = 0 & \text{在 } \Sigma \text{ 上}. \quad (5.3) \end{cases}$$

我们引入

$$\begin{aligned}&V=\{\phi|\phi\in(H_0^1(\Omega))^n,\ \mathrm{div}\phi=0\},\\&H=V\ \text{在}\ (L^2(\Omega))^n\ \text{中的闭空间}.\end{aligned}\tag{5.4}$$

用 $m_k\dfrac{\partial\phi}{\partial x_k}$ 乘以方程 (5.1) (即用 $m_k\dfrac{\partial\phi_i}{\partial x_k}$ 乘以 (5.1) 的第 i 个方程). 使用通常的记号, 我们得到

$$\begin{aligned}&X+\frac{n-1}{2}\iint_Q(\phi'^2-|\nabla\phi|^2)\mathrm{d}x\mathrm{d}t+TE_0-\int_\Sigma\frac{mv}{2}(\frac{\partial\phi}{\partial\nu})^2\mathrm{d}\Sigma\\&=-\iint_Q(\nabla\pi)m_k\frac{\partial\phi}{\partial x_k}\mathrm{d}x\mathrm{d}t.\end{aligned}\tag{5.5}$$

由下面等式

$$\iint_Q(\nabla\pi)\phi\mathrm{d}x\mathrm{d}t=-\iint_Q\pi\mathrm{div}\phi\mathrm{d}x\mathrm{d}t=0$$

导出

$$\iint_Q(\phi'^2-|\nabla\phi|^2)\mathrm{d}x\mathrm{d}t=Y=(\phi',\phi)|_0^T.\tag{5.6}$$

接着, 我们计算 (5.5) 的右边项:

$$\begin{aligned}-\iint_Q\frac{\partial\pi}{\partial x_i}m_k\frac{\partial\phi_i}{\partial x_k}\mathrm{d}x\mathrm{d}t=&-\int_\Sigma\pi m_k\nu_i\frac{\partial\phi_i}{\partial x_k}\mathrm{d}\Sigma\\&+\iint_Q\pi(m_k\frac{\partial}{\partial x_k}\frac{\partial\phi_i}{\partial x_i}+\frac{\partial\phi_i}{\partial x_i})\mathrm{d}x\mathrm{d}t.\end{aligned}$$

已知 $\dfrac{\partial\phi_i}{\partial x_i}=0$, 因此上式 $=-\displaystyle\int_\Sigma\pi m_k\nu_i\frac{\partial\phi_i}{\partial x_k}\mathrm{d}\Sigma$. 在 Σ 上, $\nu_i\dfrac{\partial\phi_i}{\partial x_k}=\nu_i\nu_k\dfrac{\partial\phi_i}{\partial\nu}=0$. 于是等式 (5.5) 简化为

$$X+\frac{n-1}{2}Y+TE_0-\int_\Sigma\frac{m\nu}{2}(\frac{\partial\phi}{\partial\nu})^2\mathrm{d}\Sigma=0.\tag{5.7}$$

因此可以推导出

$$(T-2R(x^0))E_0\leqslant\frac{R(x^0)}{2}\int_{\Sigma(x^0)}(\frac{\partial\phi}{\partial\nu})^2\mathrm{d}\Gamma\mathrm{d}t.\tag{5.8}$$

在此, 这个 "正向不等式" 非常奇怪, 它好像会引起麻烦.

实际上, 上面的一些项的估计, 显然依赖于下面的事实

$$m_k(x)=x_k-x_k^0.$$

假如我们的乘子用 $h_k\dfrac{\partial\phi}{\partial x_k}$, $h_k=\nu_k$ 在 Γ 上, 那么 (至少一般来说!) h_k 不是 $x_k-x_k^0$, 而项 $-\displaystyle\iint_\Omega\nabla\pi h_k\frac{\partial\phi}{\partial x_k}\mathrm{d}x\mathrm{d}t$ 不再等于 0. 它的值为

$$\iint_\Omega\pi\frac{\partial h_k}{\partial x_i}\frac{\partial\phi_i}{\partial x_k}\mathrm{d}x\mathrm{d}t,$$

这样, 作为总结, 我们需要得到关于 π 的足够精确的估计 (这好像是未解决的问题).

因而, 得到证明的仅有的结论如下. 若我们记 F 为正则函数 ϕ^0, ϕ^1 的完备化, 这些函数散度为零, $\phi^0=0$ 在 Γ 上, 那么

$$F\subset V\times H. \tag{5.9}$$

若 Ω 是严格星形的, 比如说关于 0, 我们取 $x^0=0$, (由假设) 我们有

$$m\nu\geqslant\gamma>0 \quad 在\ \Gamma\ 上, \quad \Gamma(x^0)=\Gamma, \tag{5.10}$$

(5.7) 给出

$$\int_\Sigma(\frac{\partial\phi}{\partial\nu})^2\mathrm{d}\Sigma\leqslant\frac{2}{\gamma}(T+C)E_0. \tag{5.11}$$

因而, 在这种情形下, 我们有

$$F=V\times H. \tag{5.12}$$

在非星形的情形, 它是什么呢? ■

HUM 方法可应用于此. 我们考察系统 (5.1) (5.2) (5.3), 我们定义 ψ

$$\begin{cases}\psi''-\Delta\psi=-\nabla\sigma, \quad \mathrm{div}\psi=0,\\ \psi=\begin{cases}\dfrac{\partial\phi}{\partial\nu} & 在\ \Sigma(x^0)\ 上,\\ 0 & 在\ \Sigma\backslash\Sigma(x^0)\ 上.\end{cases}\end{cases} \tag{5.13}$$

我们定义 $\Lambda\{\phi^0,\phi^1\}=\{\psi'(0),-\psi(0)\}$. 取 ψ 的方程和 ϕ 的数量积, 可得

$$<\Lambda\{\phi^0,\phi^1\},\{\phi^0,\phi^1\}>=\int_{\Sigma(x^0)}(\frac{\partial\phi}{\partial\nu})^2\mathrm{d}\Gamma\mathrm{d}t+\int_\Sigma\psi_i\nu_i\pi\mathrm{d}\Sigma. \tag{5.14}$$

(5.14) 中最后一个积分的值为

$$\int_{\Sigma(x^0)}\frac{\partial\phi_i}{\partial\nu}\nu_i\pi\mathrm{d}\Sigma=\int_{\Sigma(x^0)}\frac{\partial\phi_i}{\partial x_i}\pi\mathrm{d}\Sigma=0, \tag{5.15}$$

我们推得, Λ 是从 F 到 F' 的一个同构.

在此, 由对 (5.14) 和 (5.15) 的计算的推导, 好像这些函数是正则的. 但是, ψ 是 (5.13) 的弱解, 上面的这些等式是按照定义成立的. ■

第三章 波动方程: Neumann 型和混合型边界条件

1 Neumann 型控制

1.1 问题的表述

此处, 我们关注系统的边界带有 Neumann 型控制的波动方程的精确能控性.

设 Ω 是 $\mathbb{R}^n$ 中的有界区域, 边界为 Γ. 设 $T > 0$.

在 $Q = \Omega \times (0, T)$ 内, 我们考察一个系统, 它的状态 $y = y(x,t)$ 满足波动方程

$$y'' - \Delta y = 0 \quad 在\ Q\ 内. \tag{1.1}$$

假设我们对系统的作用是借助于控制 $v = v(x,t)$ 的, 方式如下:

$$\frac{\partial y}{\partial \nu} = v \quad 在\ \Sigma = \Gamma \times (0, T)\ 上; \tag{1.2}$$

此外设初始值

$$y(0) = y^0, y'(0) = y^1 \quad 在\ \Omega\ 内. \tag{1.3}$$

我们研究系统 (1.1) (1.2) (1.3) 的精确能控性, 也就是说, 我们寻求解决下面的问题:

给定 $T > 0$, 对给在一个合适的空间里的所有的数对 $\{y^0, y^1\}$, 我们能否找到一个控制 v, 使得 (1.1)(1.2)(1.3) 的解 $y = y(v)$, 满足

$$y(T; v) = y'(T; v) = 0 \quad 在\ \Omega\ 内. \tag{1.4}$$

■

前述的系统属于第二章中研究的一般框架. 事实上, 只要取

$$A=-\Delta,\ B=\frac{\partial}{\partial\nu},\ C=\text{恒等映射}.$$

因而, 处理这个系统的精确能控性, 我们将用第二章中介绍的 HUM 方法, 我们已经在第一章中, 将这个方法用于波动方程 Dirichlet 型的控制. ■

这是一个双曲系统. 因而我们仅当 $T>0$ 足够大时, 才会有精确能控性 ■

与前面的几章一样, 我们保留仅仅作用于边界一小部分的可能. ■

与相应的波动方程 Dirichlet 控制的情形比起来, 这个系统的精确能控性的研究, 具有额外的困难. 更加精确地:

(a) 我们能控制的函数空间的鉴定, 在这种情形下, 明显地是一个更加微妙的问题.

(b) 控制的结构依赖于开集 Ω 的几何特性. ■

与第一章一样, 我们从一些技术上的预备知识开始. 精确能控性的主要结果将从第一节开始给出.

1.2　波动方程的一些回顾

在这一节里, 我们回顾一些经典的关于下面问题的解的存在性和正则性的结果:

$$\begin{cases}\theta''-\Delta\theta=f & \text{在 } Q \text{ 内},\\ \dfrac{\partial\theta}{\partial\nu}=0 & \text{在 } \Sigma \text{ 上},\\ \theta(0)=\theta^0,\ \theta'(0)=\theta^1 & \text{在 } \Omega \text{ 内}.\end{cases}\tag{1.5}$$

下面的结果在后面将有巨大的用处.

引理 1.1　(a) 设 Ω 是 $\mathbb{R}^n$ 中的有界区域, 边界 Γ 是 Lipschitz 的. 那么, 对所有的数集

$$\{\theta^0,\theta^1,f\}\in H^1(\Omega)\times L^2(\Omega)\times L^1(0,T;L^2(\Omega))$$

(1.5) 存在唯一的 (弱) 解, 使得

$$\theta\in C(0,T;H^1(\Omega))\cap C^1(0,T;L^2(\Omega)).\tag{1.6}$$

此外我们有性质

映射 $\{\theta^0,\theta^1,f\}\to\{\theta,\theta'\}$ 是从

$$H^1(\Omega)\times L^2(\Omega)\times L^1(0,T;L^2(\Omega))\to L^\infty(0,T;H^1(\Omega))\times L^\infty(0,T;L^2(\Omega))\tag{1.7}$$

的线性连续映射.

(b) 设 Ω 是 $\mathbb{R}^n$ 中的有界区域, 边界 Γ 是 C^2 的.

那么, 对所有的数集

$$\{\theta^0, \theta^1, f\} \in D(A) \times H^1(\Omega) \times L^1(0, T; H^1(\Omega));$$

其中

$$D(A) = \{\phi \in H^2(\Omega) | \frac{\partial \phi}{\partial \nu} = 0 \quad \text{在 } \Gamma \text{ 上}\}, \tag{1.8}$$

(1.5) 存在唯一的解, 使得

$$\theta \in C(0, T; D(A)) \cap C^1(0, T; H^1(\Omega)). \tag{1.9}$$

此外

映射 $\{\theta^0, \theta^1, f\} \to \{\theta, \theta'\}$ 是从

$$D(A) \times H^1(\Omega) \times L^1(0, T; H^1(\Omega)) \to L^\infty(0, T; D(A)) \times L^\infty(0, T; H^1(\Omega)) \tag{1.10}$$

的线性连续映射. ■

注 1.1 设 f 是这样给出的:

$$f \in W^{-1,1}(0, T; H^1(\Omega)), \tag{1.11}$$

也即

$$f = \frac{\mathrm{d}g}{\mathrm{d}t}, \ g \in L^1(0, T; H^1(\Omega)). \tag{1.12}$$

举例来说, 取初始条件 $\theta^0 = \theta^1 = 0$. 那么 (1.5) 的解 $\theta = \theta(x, t)$ 被下式定义:

$$\theta = \frac{\mathrm{d}w}{\mathrm{d}t}, \tag{1.13}$$

其中 $w = w(x, t)$ 是下面的解:

$$\begin{cases} w'' - \Delta w = g & \text{在 } Q \text{ 内}, \\ w(0) = w'(0) = 0 & \text{在 } \Omega \text{ 内}, \\ \dfrac{\partial w}{\partial \nu} = 0 & \text{在 } \Sigma \text{ 上}. \end{cases} \tag{1.14}$$

由前面的引理, 我们可得

$$\theta = w' \in C(0, T; H^1(\Omega)). \tag{1.15}$$

迹 $\theta'(T)$ 合适地定义在 $L^2(\Omega)$ 内. 我们有估计

$$\|\theta\|_{L^\infty(0,T;H^1(\Omega))} + |\theta'(T)| \leqslant C\|g\|_{L^1(0,T;H^1(\Omega))}, \tag{1.16}$$

其中 $C > 0$ 是与 $g \in L^1(0, T; H^1(\Omega))$ 无关的常数. (此处我们采用了第一章中的记号, $|\cdot| = \|\cdot\|_{L^2(\Omega)}$. 我们同样将用 $|\cdot|$ 记 $(L^2(\Omega))^n$ 中向量的范数.)

我们可以同样证明, 当

$$f \in W^{-1,1}(0,T;D(A)), \tag{1.17}$$

也即

$$f = \frac{\mathrm{d}g}{\mathrm{d}t},\ g \in L^1(0,T;D(A)); \tag{1.18}$$

我们有

$$\theta \in C(0,T;D(A)),\ \theta'(T) \in H^1(\Omega) \tag{1.19}$$

且关于 g 在 $L^1(0,T;D(A))$ 中范数具有连续依赖性. ■

现在考察齐次方程

$$\begin{cases} \Phi'' - \Delta\Phi = 0 & \text{在 } Q \text{ 内}, \\ \dfrac{\partial \Phi}{\partial \nu} = 0 & \text{在 } \Sigma \text{ 上}, \\ \Phi(0) = \Phi^0,\ \Phi'(0) = \Phi^1 & \text{在 } \Omega \text{ 内} \end{cases} \tag{1.20}$$

及相应的能量

$$E(t) = \frac{1}{2}(|\nabla\Phi(t)|^2 + |\Phi'(t)|^2), \quad \forall t \in [0,T]. \tag{1.21}$$

我们有下面的能量守恒律:

引理 1.2 设 Ω 是 $\mathbb{R}^n$ 中的有界区域, 边界是 Lipschitz 的. 那么, 对方程 (1.20) 的所有弱解 Φ (在 (1.6) 的函数类内), 沿着轨道能量守恒, 也即

$$E(t) = E_0 = \frac{1}{2}(|\nabla\Phi^0|^2 + |\Phi^1|^2), \quad \forall t \in [0,T]. \tag{1.22}$$

■

注 1.2 上面所有的结论都是经典的, 且可用第一章中已经提及的方法加以证明. ■

注 1.3 应该注意这样一个事实, 表达式

$$E_0^{1/2} = \Big(\frac{1}{2}(|\nabla\Phi^0|^2 + |\Phi^1|^2)\Big)^{1/2}$$

是空间 $H^1(\Omega) \times L^2(\Omega)$ 上的一个半范数 (而不是一个范数).

更加精确地

$$E_0 = 0 \Leftrightarrow \Phi^0 \equiv \text{常数};\ \Phi^1 \equiv 0.$$

这是 $(H^1(\Omega)/\mathbb{R}) \times L^2(\Omega)$ 上的一个范数. ■

注 1.4 当 $\Omega \subset \mathbb{R}^n$ 是有界凸区域时, 不需要对边界 Γ 加上其他的正则性条件, 我们所有的叙述仍然成立. 事实上, 在这种情形下, 算子 $-\Delta$ 定义了 $D(A)$ 到 $L^2(\Omega)$ 的一个同构. ■

1.3 一个恒等式

在叙述本节的主要结果以前, 先采用一些记号, 这在后面将会有很大的用处.

考察 $\Omega \subset \mathbb{R}^n$ 有界区域, 边界 Γ 是 Lipschitz 的.

我们知道, 可以在 Γ 上, 几乎处处定义一个向量场 $\nu(x) \in L^\infty(\Gamma)$, 使其是指向 Ω 外部的单位向量. 显然当 Ω 是 C^1 类时, 向量场 $\nu(x)$ 在 Γ 上处处有定义, 且 $\nu(x) \in C(\Gamma)$.

同样, 我们可以定义 $n-1$ 个向量场 $\tau^k(x), k=1,\cdots,n-1$, 使得 $\{\nu(x), \tau^1(x), \cdots, \tau^{n-1}(x)\}$, 对几乎处处的 $x \in \Gamma$, 定义了 $\mathbb{R}^n$ 的一个正交基.

对所有的正则函数 ϕ, 我们将有

$$\frac{\partial \phi}{\partial x_j} = \nu_j \frac{\partial \phi}{\partial \nu} + \sum_{k=1}^{n-1} \tau_j^k \frac{\partial \phi}{\partial \tau^k} \quad \text{在 } \Gamma \text{ 上}, j=1,\cdots,n, \tag{1.23}$$

其中 τ_j^k 是 τ^k 的第 j 个分量.

我们记

$$\sigma_j \phi = \sum_{k=1}^{n-1} \tau_j^k \frac{\partial \phi}{\partial \tau^k}, \quad j=1,\cdots,n, \tag{1.24}$$

则有

$$\frac{\partial \phi}{\partial x_j} = \nu_j \frac{\partial \phi}{\partial \nu} + \sigma_j \phi, \quad j=1,\cdots,n. \tag{1.25}$$

我们因而定义了一族 Γ 上切方向的一阶微分算子 $\{\sigma_j\}_{j=1}^n$.

我们记

$$\nabla_\sigma \phi = \{\sigma_j \phi\}_{j=1}^n \tag{1.26}$$

为 ϕ 在 Γ 上切方向的梯度.

当 ϕ 满足

$$\frac{\partial \phi}{\partial \nu} = 0 \quad \text{在 } \Gamma \text{ 上}, \tag{1.27}$$

由 (1.25) 式, 我们有

$$\nabla \phi = \nabla_\sigma \phi \quad \text{在 } \Gamma \text{ 上}, \tag{1.28}$$

特别地

$$|\nabla \phi|^2 = |\nabla_\sigma \phi|^2 = \sum_{j=1}^n |\sigma_j \phi|^2 \quad \text{在 } \Gamma \text{ 上}. \tag{1.29}$$

显然对所有的 Γ_0, Γ 的开子集, 对所有的 $j=1,\cdots,n$, 算子 σ_j 从 $H^1(\Gamma_0)$ 到 $L^2(\Gamma_0)$ 是连续的. 因而, 我们定义对偶算子 $\sigma_j^*: L^2(\Gamma_0) \to (H^1(\Gamma_0))'$, 并记

$$-\Delta_{\Gamma_0} = \sigma_j^* \sigma_j = \sum_{j=1}^n \sigma_j^* \sigma_j. \tag{1.30}$$

如此定义的算子 $-\Delta_{\Gamma_0}$ 满足

$$<-\Delta_{\Gamma_0}\phi,\psi>=\int_{\Gamma_0}\nabla_\sigma\phi\nabla_\sigma\psi\mathrm{d}\Gamma,\quad\forall\phi,\psi\in H^1(\Gamma_0).\tag{1.31}$$

特别地

$$<-\Delta_{\Gamma_0}\phi,\phi>=\int_{\Gamma_0}|\nabla_\sigma\phi|^2\mathrm{d}\Gamma,\quad\forall\phi\in H^1(\Gamma_0).\tag{1.32}$$

算子 $-\Delta_{\Gamma_0}+I$ (I = 恒等算子) 定义了从 $H^1(\Gamma_0)$ 到 $(H^1(\Gamma_0))'$ 的一个同构. 我们注意到, Γ_0 是一个没有边界的集合 (例如 $\Gamma_0=\Gamma$ 时就是这种情形), 因而 $(H^1(\Gamma_0))'=H^{-1}(\Gamma_0)$. ■

将这些记号的意思精确化以后, 我们现在就可以证明下面的恒等式了.

引理 1.3　设 Ω 是 $\mathbb{R}^n$, $n\geqslant 1$ 中的有界区域, 边界 Γ 是 C^2 类的. 设 $q\in(W^{1,\infty}(\Omega))^n$.

那么, 对所有的波动方程 (1.5) 的弱解 $\theta=\theta(x,t)$, 我们有恒等式

$$\frac{1}{2}\int_\Sigma q_k\nu_k(|\theta'|^2-|\nabla_\sigma\theta|^2)\mathrm{d}\Sigma=(\theta'(t),q_k\frac{\partial\theta}{\partial x_k}(t))|_0^T+\frac{1}{2}\int_Q\frac{\partial q_k}{\partial x_k}(|\theta'|^2-|\nabla\theta|^2)\mathrm{d}x\mathrm{d}t$$
$$+\int_Q\frac{\partial q_k}{\partial x_j}\frac{\partial\theta}{\partial x_j}\frac{\partial\theta}{\partial x_k}\mathrm{d}x\mathrm{d}t-\int_Q fq_k\frac{\partial\theta}{\partial x_k}\mathrm{d}x\mathrm{d}t.\tag{1.33}$$

■

证明　我们分两步进行.

步骤 1　设数值 $\{\theta^0,\theta^1,f\}$ 是正则的, 例如, $\{\theta^0,\theta^1,f\}\in D(A)\times H^1(\Omega)\times L^1(0,T;H^1(\Omega))$, 因而解 $\theta=\theta(x,t)$ 是正则的, 下面的计算是有意义的.

我们用 $q_k\dfrac{\partial\theta}{\partial x_k}$ 乘以方程 (1.5), 并在 $Q=\Omega\times(0,T)$ 上积分, 可得

$$\int_Q(\theta''-\Delta\theta)q_k\frac{\partial\theta}{\partial x_k}\mathrm{d}x\mathrm{d}t=\int_Q fq_k\frac{\partial\theta}{\partial x_k}\mathrm{d}x\mathrm{d}t.\tag{1.34}$$

此外我们有 (利用记号 $(\phi,\psi)=\int_\Omega\phi\psi\mathrm{d}x$)

$$\int_Q\theta''q_k\frac{\partial\theta}{\partial x_k}\mathrm{d}x\mathrm{d}t=(\theta'(t),q_k\frac{\partial\theta}{\partial x_k}(t))|_0^T-\int_Q\theta'q_k\frac{\partial\theta'}{\partial x_k}\mathrm{d}x\mathrm{d}t\tag{1.35}$$

及

$$\int_Q\theta'q_k\frac{\partial\theta'}{\partial x_k}\mathrm{d}x\mathrm{d}t=\frac{1}{2}\int_Q q_k\frac{\partial}{\partial x_k}(\theta')^2\mathrm{d}x\mathrm{d}t$$
$$=-\frac{1}{2}\int_Q\frac{\partial q_k}{\partial x_k}|\theta'|^2\mathrm{d}x\mathrm{d}t+\frac{1}{2}\int_\Sigma q_k\nu_k|\theta'|^2\mathrm{d}\Sigma.\tag{1.36}$$

从 (1.35) 和 (1.36), 我们得恒等式

$$\int_Q \theta'' q_k \frac{\partial \theta}{\partial x_k} \mathrm{d}x\mathrm{d}t = (\theta'(t), q_k \frac{\partial \theta}{\partial x_k}(t))|_0^T + \frac{1}{2}\int_Q \frac{\partial q_k}{\partial x_k}|\theta'|^2 \mathrm{d}x\mathrm{d}t - \frac{1}{2}\int_\Sigma q_k\nu_k|\theta'|^2\mathrm{d}\Sigma. \quad (1.37)$$

我们接着估计下面这项

$$\begin{aligned}
&\int_Q \Delta\theta q_k \frac{\partial \theta}{\partial x_k}\mathrm{d}x\mathrm{d}t = \int_\Sigma \frac{\partial \theta}{\partial \nu} q_k \frac{\partial \theta}{\partial x_k}\mathrm{d}\Sigma - \int_Q \frac{\partial \theta}{\partial x_j}\frac{\partial}{\partial x_j}(q_k \frac{\partial \theta}{\partial x_k})\mathrm{d}x\mathrm{d}t \\
&= -\int_Q q_k \frac{\partial \theta}{\partial x_j}\frac{\partial^2 \theta}{\partial x_j \partial x_k}\mathrm{d}x\mathrm{d}t - \int_Q \frac{\partial q_k}{\partial x_j}\frac{\partial \theta}{\partial x_j}\frac{\partial \theta}{\partial x_k}\mathrm{d}x\mathrm{d}t \\
&= -\frac{1}{2}\int_Q q_k \frac{\partial}{\partial x_k}|\nabla\theta|^2\mathrm{d}x\mathrm{d}t - \int_Q \frac{\partial q_k}{\partial x_j}\frac{\partial \theta}{\partial x_j}\frac{\partial \theta}{\partial x_k}\mathrm{d}x\mathrm{d}t \\
&= \frac{1}{2}\int_Q \frac{\partial q_k}{\partial x_k}|\nabla\theta|^2\mathrm{d}x\mathrm{d}t - \frac{1}{2}\int_\Sigma q_k\nu_k|\nabla_\sigma\theta|^2\mathrm{d}\Sigma - \int_Q \frac{\partial q_k}{\partial x_j}\frac{\partial \theta}{\partial x_j}\frac{\partial \theta}{\partial x_k}\mathrm{d}x\mathrm{d}t. \quad (1.38)
\end{aligned}$$

组合 (1.34) (1.37) 和 (1.38), 我们得到 (1.33).

步骤 2 恒等式 (1.33) 的右端项对弱解是完全有意义的, 就是说, 对于属于函数类 (1.6) 的解, 其相应的值为

$$\{\theta^0, \theta^1, f\} \in H^1(\Omega) \times L^2(\Omega) \times L^1(0,T;L^2(\Omega)).$$

由问题 (1.8) 的解对数值的连续依赖性, 利用逼近, 我们得到对所有的弱解有

$$q_k\nu_k(|\theta'|^2 - |\nabla_\sigma\theta|^2) \in L^1(\Sigma),$$

因此恒等式 (1.33) 成立. ■

注 1.5 在维数 $n=1$ 的情形, 项

$$\int_\Sigma q_k\nu_k|\nabla_\sigma\theta|^2\mathrm{d}\Sigma$$

在恒等式 (1.33) 中不出现, 因而

$$\frac{1}{2}\int_\Sigma q\nu|\theta'|^2\mathrm{d}\Sigma = (\theta'(t), q\frac{\partial\theta}{\partial x}(t))|_0^T + \frac{1}{2}\int_Q \frac{\partial q}{\partial x}(|\theta'|^2 + |\frac{\partial \theta}{\partial x}|^2)\mathrm{d}x\mathrm{d}t - \int_Q fq\frac{\partial\theta}{\partial x}\mathrm{d}x\mathrm{d}t. \ ■$$

注 1.6 当 Ω 是 $\mathbb{R}^n$ 中的有界凸区域时, 关于边界 Γ, 除了由凸性隐含的条件外, 不需要其他的正则性假设, 上述结论仍然成立. ■

1.4 唯一性定理. 反向不等式

在这节, 我们将对下面的齐次方程, 建立一个先验估计 (反向不等式)

$$\begin{cases}
\Phi'' - \Delta\Phi = 0 & \text{在 } Q \text{ 内}, \\
\dfrac{\partial \Phi}{\partial \nu} = 0 & \text{在 } \Sigma \text{ 上}, \\
\Phi(0) = \Phi^0,\ \Phi'(0) = \Phi^1 & \text{在 } \Omega \text{ 内}.
\end{cases} \quad (1.39)$$

我们重新使用第一章的记号, 对给定的 $x^0 \in \mathbb{R}^n$, 记

$$m(x) = x - x^0;\ R(x^0) = \max_{x\in\bar{\Omega}} |x - x^0|;$$

$$\Gamma(x^0) = \{x \in \Gamma | m(x)\cdot\nu(x) > 0\};\ \Gamma_*(x^0) = \Gamma\backslash\Gamma(x^0).$$

我们有下面的估计式.

引理 1.4 设 Ω 是 $\mathbb{R}^n$ 中的有界区域, 边界 Γ 是 C^2 类的. 设 $x^0 \in \mathbb{R}^n$, 且 $T > T(x^0) = 2R(x^0)$.

那么存在常数 $C > 0$, 使得对 (1.39) 所有的弱解 Φ, 我们有

$$\|\Phi^0\|^2_{H^1(\Omega)} + |\Phi^1|^2 \leqslant C\left(\int_\Sigma m\cdot\nu(|\Phi'|^2 - |\nabla_\sigma\Phi|^2)\mathrm{d}\Sigma + \int_\Gamma m\cdot\nu(|\Phi(0)|^2 + |\Phi(T)|^2)\mathrm{d}\Gamma\right). \tag{1.40}$$

(接下来的证明将给出 C 的估计.) ■

注 1.7 在维数 $n = 1$ 的情形, 项 $\int_\Sigma m\cdot\nu|\nabla_\sigma\Phi|^2\mathrm{d}\Sigma$ 在表达式中不出现, 因而

$$\|\Phi^0\|^2_{H^1(\Omega)} + |\Phi^1|^2 \leqslant C\left(\int_\Sigma m\cdot\nu|\Phi'|^2\mathrm{d}\Sigma + \int_\Gamma m\cdot\nu(|\Phi(0)|^2 + |\Phi(T)|^2)\mathrm{d}\Gamma\right). \tag{1.41}$$

实际上, 若 $\Omega = (a_0, a_1)$, 则

$$\int_\Gamma m\nu|\Phi(0)|^2\mathrm{d}\Gamma = (a_1 - x^0)\Phi(a_1, 0)^2 - (a_0 - x^0)\Phi(a_0, 0)^2,$$

以及对 $\int_\Gamma m\nu|\Phi(T)|^2\mathrm{d}\Gamma$ 类似的公式. ■

证明 (1) 我们首先考察 $n > 1$ 的情形.

我们在恒等式 (1.33) 中, 取 $q = m, f \equiv 0$.

我们得到

$$X + \frac{n}{2}\int_Q (|\Phi'|^2 - |\nabla\Phi|^2)\mathrm{d}x\mathrm{d}t + \int_Q |\nabla\Phi|^2\mathrm{d}x\mathrm{d}t = \frac{1}{2}\int_\Sigma m\cdot\nu(|\Phi'|^2 - |\nabla_\sigma\Phi|^2)\mathrm{d}\Sigma, \tag{1.42}$$

其中

$$X = \left(\Phi'(t), m_k\frac{\partial\Phi}{\partial x_k}(t)\right)\Big|_0^T. \tag{1.43}$$

用 Φ 乘以方程 $(1.39)_1$, 并在 Q 上积分, 我们得到

$$(\Phi'(t), \Phi(t))|_0^T = \int_Q (|\Phi'|^2 - |\nabla\Phi|^2)\mathrm{d}x\mathrm{d}t, \tag{1.44}$$

由此以及能量守恒定律, 使得 (1.42) 可写成下面的形式

$$\left(\Phi'(t), m_k\frac{\partial\Phi}{\partial x_k}(t) + \frac{n-1}{2}\Phi(t)\right)\Big|_0^T + TE_0 = \frac{1}{2}\int_\Sigma m\cdot\nu(|\Phi'|^2 - |\nabla_\sigma\Phi|^2)\mathrm{d}\Sigma. \tag{1.45}$$

我们接着来控制下面的项

$$Z(t)=|(\Phi'(t),m_k\frac{\partial\Phi}{\partial x_k}(t)+\frac{n-1}{2}\Phi(t))|,\quad \forall t\in[0,T]. \tag{1.46}$$

对 $\alpha>0$, 我们有

$$|Z(t)|\leqslant\alpha|\Phi'(t)|^2+\frac{1}{4\alpha}|m_k\frac{\partial\Phi}{\partial x_k}(t)+\frac{n-1}{2}\Phi(t)|^2. \tag{1.47}$$

此外

$$\begin{aligned}|m_k\frac{\partial\Phi}{\partial x_k}(t)+\frac{n-1}{2}\Phi(t)|^2=&|m_k\frac{\partial\Phi}{\partial x_k}(t)|^2+\frac{(n-1)^2}{4}|\Phi(t)|^2\\&+(n-1)(m_k\frac{\partial\Phi}{\partial x_k}(t),\Phi(t)).\end{aligned} \tag{1.48}$$

但是

$$(m_k\frac{\partial\Phi}{\partial x_k}(t),\Phi(t))=\frac{1}{2}\int_\Omega m_k\frac{\partial}{\partial x_k}|\Phi(t)|^2\mathrm{d}x=-\frac{n}{2}|\Phi(t)|^2+\frac{1}{2}\int_\Gamma m_k\nu_k|\Phi(t)|^2\mathrm{d}\Gamma. \tag{1.49}$$

因而有

$$\begin{aligned}|m_k\frac{\partial\Phi}{\partial x_k}(t)+\frac{n-1}{2}\Phi(t)|^2\leqslant& R(x^0)^2|\nabla\Phi(t)|^2+\frac{1-n^2}{4}|\Phi(t)|^2\\&+\frac{n-1}{2}\int_\Gamma m_k\nu_k|\Phi(t)|^2\mathrm{d}\Gamma.\end{aligned} \tag{1.50}$$

选取 $\alpha=\dfrac{R(x^0)}{2}$, 可从 (1.47) 和 (1.50) 推出:

$$|Z(t)|\leqslant R(x^0)E_0-\frac{n^2-1}{8R(x^0)}|\Phi(t)|^2+\frac{n-1}{4R(x^0)}\int_\Gamma m_k\nu_k|\Phi(t)|^2\mathrm{d}\Gamma. \tag{1.51}$$

因而

$$\begin{aligned}&\Big|(\Phi'(t),m_k\frac{\partial\Phi}{\partial x_k}(t)+\frac{n-1}{2}\Phi(t))|_0^T\Big|\leqslant|Z(0)|+|Z(T)|\\ \leqslant&2R(x^0)E_0-\frac{n^2-1}{8R(x^0)}(|\Phi^0|^2+|\Phi(T)|^2)+\frac{n-1}{4R(x^0)}\int_\Gamma m_k\nu_k(|\Phi(0)|^2+|\Phi(T)|^2)\mathrm{d}\Gamma\\ \leqslant&2R(x^0)E_0-\frac{n^2-1}{8R(x^0)}|\Phi^0|^2+\frac{n-1}{4R(x^0)}\int_\Gamma m_k\nu_k(|\Phi(0)|^2+|\Phi(T)|^2)\mathrm{d}\Gamma.\end{aligned} \tag{1.52}$$

联合 (1.45) 和 (1.52), 我们发现

$$\begin{aligned}\frac{n^2-1}{8R(x^0)}|\Phi^0|^2+(T-2R(x^0))E_0\leqslant&\frac{1}{2}\int_\Sigma m_k\nu_k(|\Phi'|^2-|\nabla_\sigma\Phi|^2)\mathrm{d}\Sigma\\&+\frac{n-1}{4R(x^0)}\int_\Gamma m_k\nu_k(|\Phi(0)|^2+|\Phi(T)|^2)\mathrm{d}\Gamma,\end{aligned} \tag{1.53}$$

由此可得结论. ■

(2) 考察 $n=1$ 的情形.

由注 1.5, 我们有恒等式:

$$\frac{1}{2}\int_{\Sigma} m\nu|\Phi'|^2\mathrm{d}\Sigma = (\Phi'(t), m\frac{\partial\Phi}{\partial x}(t))|_0^T + \frac{1}{2}\int_Q(|\Phi'|^2+|\frac{\partial\Phi}{\partial x}|^2)\mathrm{d}x\mathrm{d}t. \tag{1.54}$$

我们选取 $\gamma\in(\frac{1}{2},1)$, 使得 $\gamma T > T(x^0)$, 并分解

$$\begin{aligned}\frac{1}{2}\int_Q(|\Phi'|^2+|\frac{\partial\Phi}{\partial x}|^2)\mathrm{d}x\mathrm{d}t = &\frac{\gamma}{2}\int_Q(|\Phi'|^2+|\frac{\partial\Phi}{\partial x}|^2)\mathrm{d}x\mathrm{d}t + \frac{1-\gamma}{2}\int_Q(|\Phi'|^2-|\frac{\partial\Phi}{\partial x}|^2)\mathrm{d}x\mathrm{d}t\\ &+\frac{1-2\gamma}{2}\int_Q|\frac{\partial\Phi}{\partial x}|^2\mathrm{d}x\mathrm{d}t,\end{aligned}$$

且由 (1.54), 我们有

$$\begin{aligned}&X+\gamma TE_0+\frac{1-\gamma}{2}\int_Q(|\Phi'|^2-|\frac{\partial\Phi}{\partial x}|^2)\mathrm{d}x\mathrm{d}t+\frac{1-2\gamma}{2}\int_Q|\frac{\partial\Phi}{\partial x}|^2\mathrm{d}x\mathrm{d}t\\ =&\frac{1}{2}\int_{\Sigma}m\nu|\Phi'|^2\mathrm{d}\Sigma,\end{aligned} \tag{1.55}$$

其中 $X=(\Phi'(t), m\frac{\partial\Phi}{\partial x}(t))|_0^T$. 略去 $\frac{1-2\gamma}{2}\int_Q|\frac{\partial\Phi}{\partial x}|^2\mathrm{d}x\mathrm{d}t$ 这一项, 并利用 (1.44), 我们得到

$$\gamma TE_0+(\Phi'(t), m\frac{\partial\Phi}{\partial x}(t)+\frac{1-\gamma}{2}\Phi(t))|_0^T \leqslant \frac{1}{2}\int_{\Sigma}m\nu|\Phi'|^2\mathrm{d}\Sigma, \tag{1.56}$$

对下面的项, 重新利用 $n>1$ 时的估计

$$Z(t)=(\Phi'(t), m\frac{\partial\Phi}{\partial x}(t)+\frac{1-\gamma}{2}\Phi(t))|_0^T$$

我们得到 (1.41). ■

定理 1.1 (反向不等式) 设 Ω 是 $\mathbb{R}^n$ 中的有界区域, 边界 Γ 是 C^2 类的. 设 $x^0\in\mathbb{R}^n$, 且 $T>T(x^0)=2R(x^0)$.

那么, 存在常数 $C>0$, 使得对所有的正则解 Φ, 我们有

$$\|\Phi^0\|_{H^1(\Omega)}^2+|\Phi^1|^2\leqslant C\left(\int_{\Sigma(x^0)}(|\Phi'|^2+|\Phi|^2)\mathrm{d}\Sigma+\int_{\Sigma_*(x^0)}|\nabla_\sigma\Phi|^2\mathrm{d}\Sigma\right). \tag{1.57}$$

■

证明 在不等式 (1.40) 中, 略去那些对右端的贡献为负的项, 我们得到

$$\begin{aligned}\|\Phi^0\|_{H^1(\Omega)}^2+|\Phi^1|^2\leqslant C\Big(&\int_{\Sigma(x^0)}(|\Phi'|^2+|\Phi|^2)\mathrm{d}\Sigma+\int_{\Sigma_*(x^0)}|\nabla_\sigma\Phi|^2\mathrm{d}\Sigma\\ &+\int_{\Gamma(x^0)}(|\Phi(0)|^2+|\Phi(T)|^2)\mathrm{d}\Gamma\Big).\end{aligned} \tag{1.58}$$

接着我们注意到, 存在不依赖于 Φ 的常数 $C>0$, 使得

$$\int_{\Gamma(x^0)}(|\Phi(0)|^2+|\Phi(T)|^2)\mathrm{d}\Gamma\leqslant C\int_{\Sigma(x^0)}(|\Phi'|^2+|\Phi|^2)\mathrm{d}\Sigma, \tag{1.59}$$

这样从 (1.58) (1.59), 我们得到结论. ■

注 1.8 在维数 $n=1$ 的情形, 我们显然可得

$$\|\Phi^0\|^2_{H^1(\Omega)}+|\Phi^1|^2\leqslant C\int_{\Sigma(x^0)}(|\Phi'|^2+|\Phi|^2)\mathrm{d}\Sigma. \tag{1.60}$$

■

注 1.9 不等式 (1.57) 仅对充分正则的解才先验地成立, 例如解的函数类为 $C(0,T;D(A))\cap C^1(0,T;H^1(\Omega))$.

事实上, 若 Φ 是弱解, 我们没有直接的估计, 以证明迹 $\Phi|_{\Sigma(x^0)}$ 及 $\Phi|_{\Sigma_*(x^0)}$ 分别属于空间 $H^1(0,T;L^2(\Gamma(x^0)))$ 及 $L^2(0,T;H^1(\Gamma_*(x^0)))$.

当 $n=1$ 时, 本注不起作用; 在这种情形下, (1.60) 对所有的弱解均成立. ■

注 1.10 前面的结论在 J.-L. LIONS [3] 中已经证明了, 使用的是紧性证明法和唯一性延拓原理. 此处演示的证明是源自于 V. KOMORNIK [1], 其中注意到了中间的估计式 (1.40). ■

由定理 1.1 我们即刻就可以得到下面的唯一性结论.

推论 1.1 (唯一性定理) 设 Ω 是 $\mathbb{R}^n$ 中的有界区域, 边界 Γ 是 C^2 类的. 设 x^0 为 $\mathbb{R}^n$ 中的任意点, 且 $T>T(x^0)=2R(x^0)$.

若 Φ 是 (1.39) 的一个正则解, 且

$$\Phi=0 \quad 在\ \Sigma(x^0)\ 上, \nabla_\sigma\Phi=0 \quad 在\ \Sigma_*(x^0)\ 上, \tag{1.61}$$

那么, 我们有 $\Phi\equiv 0$. ■

注 1.11 在 1.10 节中, 借助于 Holmgren 定理, 这个唯一性定理将被改善. ■

无论如何, 从不等式 (1.40), 我们可以推导出一些可能不太常见的唯一性结论. 设 Φ 是 (1.39) 的正则解, 且

$$\begin{cases}\Phi(0)=\Phi(T)=0 & 在\ \Gamma(x^0)\ 上,\\ |\Phi'|\leqslant|\nabla_\sigma\Phi| & 在\ \Sigma(x^0)\ 上,\\ |\Phi'|\geqslant|\nabla_\sigma\Phi| & 在\ \Sigma_*(x^0)\ 上,\end{cases} \tag{1.62}$$

那么必定有 $\Phi\equiv 0$. ■

现在考虑一个特别的情形, 一个关于 x^0 的星形区域, 也就是说, 使得 $\Gamma(x^0)=\Gamma$. 我们有下面的结论.

推论 1.2 设 Ω 是 $\mathbb{R}^n$ 中有界区域, 且关于 $x^0 \in \mathbb{R}^n$ 是星形的, 边界 Γ 是 C^2 类的.

设 $T > T(x^0) = 2R(x^0)$. 那么, 存在常数 $C > 0$, 使得对所有的正则解 Φ, 我们有

$$\|\Phi^0\|^2_{H^1(\Omega)} + |\Phi^1|^2 \leqslant C\int_{\Sigma}(|\Phi'|^2 + |\Phi|^2)\mathrm{d}\Sigma. \tag{1.63}$$

■

注 1.12 当 Ω 是 $\mathbb{R}^n$ 中有界凸区域时, 不需要其他关于边界 Γ 的正则性的假设, 这节中证明的结论仍然成立. 特别地, 推论 1.2 保持有效, 因为当 Ω 是凸集时, 它关于所有的 $x^0 \in \Omega$ 是星形的. ■

1.5 应用 HUM 方法

利用前一章证明的先验估计, 我们能够得到系统 (1.1) (1.2) (1.3) 的精确能控性. 我们采用 HUM 方法. ■

我们取 $T > T(x^0) = 2R(x^0)$, 并求解下面的齐次方程

$$\begin{cases} \Phi'' - \Delta\Phi = 0 & \text{在 } Q \text{ 内}, \\ \dfrac{\partial\Phi}{\partial\nu} = 0 & \text{在 } \Sigma \text{ 上}, \\ \Phi(0) = \Phi^0,\ \Phi'(0) = \Phi^1 & \text{在 } \Omega \text{ 内}, \end{cases} \tag{1.64}$$

其中, 初始值 $\{\Phi^0, \Phi^1\} \in (C^\infty(\bar{\Omega}) \cap D(A)) \times C^\infty(\bar{\Omega})$. 由反向不等式 (定理 1.1), 下式

$$\|\{\Phi^0, \Phi^1\}\|_F := \left(\int_{\Sigma(x^0)}(|\Phi'|^2 + |\Phi|^2)\mathrm{d}\Sigma + \int_{\Sigma_*(x^0)}|\nabla_\sigma\Phi|^2\mathrm{d}\Sigma\right)^{1/2} \tag{1.65}$$

定义了 $(C^\infty(\bar{\Omega}) \cap D(A)) \times C^\infty(\bar{\Omega})$ 上的一个范数.

因而, 我们定义 Hilbert 空间

$$F = \{(C^\infty(\bar{\Omega}) \cap D(A)) \times C^\infty(\bar{\Omega}) \text{ 关于范数 } \|\cdot\|_F \text{ 的完备化}\}.$$

此外, 由反向不等式, 我们推出

$$F \subset H^1(\Omega) \times L^2(\Omega), \tag{1.66}$$

因而

$$(H^1(\Omega))' \times L^2(\Omega) \subset F'. \tag{1.67}$$

■

考察 $\{\Phi^0, \Phi^1\} \in F$. 那么我们有

$$\Phi|_{\Sigma(x^0)}, \Phi'|_{\Sigma(x^0)} \in L^2(\Sigma(x^0)) \text{ 且 } \nabla_\sigma\Phi|_{\Sigma_*(x^0)} \in (L^2(\Sigma_*(x^0)))^n$$

(这就是 F 的定义!). 我们现在引进 ψ, 下面方程的解

$$\begin{cases}\psi'' - \Delta\psi = 0 & \text{在 } Q \text{ 内},\\ \psi(T) = \psi'(T) = 0 & \text{在 } \Omega \text{ 内},\\ \psi = \begin{cases}-\Phi + \dfrac{\partial}{\partial t}\Phi' & \text{在 } \Sigma(x^0) \text{ 上},\\ \Delta_{\Gamma_*(x^0)}\Phi & \text{在 } \Sigma_*(x^0) \text{ 上}.\end{cases}\end{cases} \tag{1.68}$$

必须对后面这一点加以注意: 在 (1.68) 的边界条件中出现的, 关于 t 的导数的意义, 不是取在广义函数意义下的.

(1.68) 的解 ψ 是用对偶的方法定义的 (参见 J.-L. LIONS 和 E. MAGENES [1]). 讲清楚这一点之后, 我们考察 $f \in L^1(0,T;H^1(\Omega))$, $\{\theta^0,\theta^1\} \in F$. 定义 θ 为

$$\begin{cases}\theta'' - \Delta\theta = f & \text{在 } Q \text{ 内},\\ \dfrac{\partial\theta}{\partial\nu} = 0 & \text{在 } \Sigma \text{ 上},\\ \theta(0) = \theta^0,\ \theta'(0) = \theta^1.\end{cases} \tag{1.69}$$

用 ψ 乘以 (1.69), 并且形式地做分部积分, 可得

$$\int_Q f\psi \mathrm{d}x\mathrm{d}t = -(\theta^1,\psi(0)) + (\theta^0,\psi'(0)) + \int_\Sigma \theta\frac{\partial\psi}{\partial\nu}\mathrm{d}\Sigma.$$

我们将 $\dfrac{\partial\psi}{\partial\nu}$ 用它的值代入——此处的导数不是取在广义函数意义下的. 那么

$$\int_\Sigma \theta\frac{\partial\psi}{\partial\nu}\mathrm{d}\Sigma \text{ 代换成}$$
$$-\int_{\Sigma(x^0)}(\theta\Phi + \theta'\Phi')\mathrm{d}\Sigma - \int_{\Sigma_*(x^0)}\nabla_\sigma\theta\cdot\nabla_\sigma\Phi\mathrm{d}\Sigma.$$

这可用来定义 $L^1(0,T;H^1(\Omega)) \times F$ 上连续的线性形式 $L(f,\theta^0,\theta^1)$

$$L(f,\theta^0,\theta^1) = -\int_{\Sigma(x^0)}(\theta\Phi + \theta'\Phi')\mathrm{d}\Sigma - \int_{\Sigma_*(x^0)}\nabla_\sigma\theta\cdot\nabla_\sigma\Phi\mathrm{d}\Sigma. \tag{1.70}$$

形式上我们有

$$\int_Q f\psi\mathrm{d}x\mathrm{d}t + (\psi(0),\theta^1) - (\psi'(0),\theta^0) = L(f,\theta^0,\theta^1). \tag{1.71}$$

现在我们用下式定义 ψ,ρ^1,ρ^0

$$\begin{aligned}&\int_Q \psi f\mathrm{d}x\mathrm{d}t + (\rho^0,\theta^1) - (\rho^1,\theta^0) = L(f,\theta^0,\theta^1),\\ &\psi \in L^\infty(0,T;(H^1(\Omega))'),\\ &\{\rho^0,-\rho^1\} \in F'.\end{aligned} \tag{1.72}$$

现在还需要验证的是, 通过定义式 (1.72), ψ 是在何种意义下成为方程 (1.68) 的解, 且我们是否有, 在合适的意义下, $\psi(0)=\rho^0$, $\psi'(0)=\rho^1$.

我们有

引理 1.5 在 (1.72) 的意义下, 问题 (1.68) 存在唯一的解 ψ, 满足

$$\begin{aligned}&\psi\in L^\infty(0,T;(H^1(\Omega))')\cap W^{1,\infty}(0,T;(D(A))')\\&\{\psi'(0),-\psi(0)\}\in F'.\end{aligned}\tag{1.73}$$

此外, 映射 $\{\Phi^0,\Phi^1\}\in F\to\{\psi'(0),-\psi(0)\}\in F'$ 是线性的, 且关于相应的拓扑是连续的. ■

证明 首先我们注意到, (1.69) 的解 θ 满足 $\theta=\theta_1+\theta_2$, 其中 θ_1 和 θ_2 分别记为下面方程的解:

$$\begin{cases}\theta_1''-\Delta\theta_1=0,\\ \dfrac{\partial\theta_1}{\partial\nu}=0,\\ \theta_1(0)=\theta^0,\ \theta_1'(0)=\theta^1\end{cases}\tag{1.74}$$

和

$$\begin{cases}\theta_2''-\Delta\theta_2=f,\\ \dfrac{\partial\theta_2}{\partial\nu}=0,\\ \theta_2(0)=\theta_2'(0)=0.\end{cases}\tag{1.75}$$

由引理 1.1, 我们有

$$\|\theta_2\|_{L^\infty(0,T;D(A))}+\|\theta_2'\|_{L^\infty(0,T;H^1(\Omega))}\leqslant C\|f\|_{L^1(0,T;H^1(\Omega))}.\tag{1.76}$$

由此, 特别地有,

$$\|\theta_2\|_{H^1(\Sigma)}\leqslant C\|f\|_{L^1(0,T;H^1(\Omega))}.\tag{1.77}$$

我们定义线性形式

$$\begin{aligned}L(\theta^0,\theta^1,f)&=\int_{\Sigma(x^0)}(\Phi\theta+\Phi'\theta')\mathrm{d}\Sigma+\int_{\Sigma_*(x^0)}\nabla_\sigma\Phi\cdot\nabla_\sigma\theta\mathrm{d}\Sigma\\&=\sum_{i=1}^2\Big(\int_{\Sigma(x^0)}(\Phi\theta_i+\Phi'\theta_i')\mathrm{d}\Sigma+\int_{\Sigma_*(x^0)}\nabla_\sigma\Phi\cdot\nabla_\sigma\theta_i\mathrm{d}\Sigma\Big).\end{aligned}\tag{1.78}$$

显然我们有

$$|L(\theta^0,\theta^1,f)|=C\sum_{i=1}^2\Big(\int_{\Sigma(x^0)}(|\theta_i|^2+|\theta_i'|^2)\mathrm{d}\Sigma+\int_{\Sigma_*(x^0)}|\nabla_\sigma\theta_i|^2\mathrm{d}\Sigma\Big)^{1/2},\tag{1.79}$$

其中 $C=$ 常数, 仅依赖于 $\|\{\Phi^0,\Phi^1\}\|_F$.

由空间 F 的构造及 (1.77), 我们得到

$$|L(\theta^0,\theta^1,f)|\leqslant C(\|\{\theta^0,\theta^1\}\|_F^2+\|f\|^2_{L^1(0,T;H^1(\Omega))})^{1/2}. \tag{1.80}$$

由 (1.80), 我们可得 $\{\psi,\rho^1,\rho^0\}$ 的存在唯一性, 它满足

$$\int_Q \psi f\mathrm{d}x\mathrm{d}t-(\rho^1,\theta^0)+(\rho^0,\theta^1)=-\int_{\Sigma(x^0)}(\Phi\theta+\Phi'\theta')\mathrm{d}\Sigma-\int_{\Sigma_*(x^0)}\nabla_\sigma\Phi\cdot\nabla_\sigma\theta\mathrm{d}\Sigma,$$
$$\forall\{\theta^0,\theta^1\}\in F,\ f\in L^1(0,T;H^1(\Omega)), \tag{1.81}$$

其中

$$\psi\in L^\infty(0,T;(H^1(\Omega))') \tag{1.82}$$

及

$$\{\rho^1,-\rho^0\}\in F'. \tag{1.83}$$

(注意积分 $\int_Q\psi f\mathrm{d}x\mathrm{d}t$ 的意义应该理解为 $L^\infty(0,T;(H^1(\Omega))')$ 和 $L^1(0,T;H^1(\Omega))$ 之间的对偶.)

此外, 当

$$f=\frac{\mathrm{d}}{\mathrm{d}t}g;\ g\in C^\infty([0,T];D(A));\ \theta^0=\theta^1=0, \tag{1.84}$$

由注 1.1, 我们有

$$|L(0,0,f)|\leqslant C\|g\|_{L^1(0,T;D(A))}, \tag{1.85}$$

因而

$$\psi\in W^{1,\infty}(0,T;(D(A))'). \tag{1.86}$$

本引理的证明即将完成, 我们只要明确迹 $\{\psi(0),\psi'(0)\}$ 的意义, 并证明

$$\psi(0)=\rho^0,\ \psi'(0)=\rho^1. \tag{1.87}$$

为此, 我们引进带有 Neumann 边界条件的 $-\Delta$ 的特征函数 m:

$$\begin{cases}-\Delta m=\lambda m & \text{在 }\Omega\text{ 中},\\ \dfrac{\partial m}{\partial\nu}=0 & \text{在 }\Gamma\text{ 上},\end{cases} \tag{1.88}$$

并取

$$\begin{aligned}&f=g(t)m,\ \theta^0=\alpha_0 m,\ \theta^1=\alpha_1 m,\\ &g\text{ 是 }[0,T]\text{ 上的正则函数},\ \alpha_0,\alpha_1\in\mathbb{R}.\end{aligned} \tag{1.89}$$

那么

$$\begin{cases}\theta=h(t)m,\\ h''+\lambda h=g,\\ h(0)=\alpha_0,\ h'(0)=\alpha_1.\end{cases} \tag{1.90}$$

我们现在利用 (1.72). 记:

$$\begin{aligned}\xi_0(t)&=-\int_{\Gamma(x^0)}\Phi m\mathrm{d}\Gamma-\int_{\Gamma_*(x^0)}\nabla_\sigma\Phi\cdot\nabla_\sigma m\mathrm{d}\Gamma,\\ \xi_1(t)&=-\int_{\Gamma(x^0)}\Phi' m\mathrm{d}\Gamma.\end{aligned}\tag{1.91}$$

那么 (1.72) 给出

$$\int_0^T(\psi,m)g\mathrm{d}t+\alpha_1(\rho^0,m)-\alpha_0(\rho^1,m)=\int_0^T(\xi_0h+\xi_1h')\mathrm{d}t.\tag{1.92}$$

注意在第二项中, 关于 t 的导数不是取在广义函数意义下的. 实际上第二项等于

$$\int_0^T\left(\xi_0h-\frac{\mathrm{d}\xi_1}{\mathrm{d}t}h\right)\mathrm{d}t.\tag{1.93}$$

我们从 (1.92) 可得 (因为 $g=h''+\lambda h$)

$$(\psi,m)''+\lambda(\psi,m)=\xi_0-\frac{\mathrm{d}\xi_1}{\mathrm{d}t}\tag{1.94}$$

对满足 (1.88) 的所有的 m 成立. 这证明了 (1.70).

此外, 我们现在能够给出 $\psi(0)$, $\psi'(0)$ 的意义, 因为, 特别地, $(\psi,m)(0)$, $(\psi',m)(0)$ 对任意 m 有意义.

但再由 (1.92), 我们可推出

$$-(\psi,m)(0)h'(0)+(\psi,m)'(0)h(0)+\alpha_1(\rho^0,m)-\alpha_0(\rho^1,m)=0,$$

也即

$$\alpha_1((\rho^0,m)-(\psi,m)(0))-\alpha_0((\rho^1,m)-(\psi,m)'(0))=0,\quad\forall\alpha_0,\alpha_1.$$

因而

$$(\psi,m)(0)=(\rho^0,m),\ (\psi,m)'(0)=(\rho^1,m),\quad\forall m,\tag{1.95}$$

这就完成本证明. ■

注 1.13 要特别注意这个事实: 在 (1.68) 的边界条件中的导数不是取在广义函数意义下的.

因而, 在 (1.70) 式中, $t=0$ 和 $t=T$ 起着特别的作用.

因而, 由前面的理由, 我们不能得出

$$\{\psi',-\psi\}\in L^\infty(0,T;F').\tag{1.96}$$

不过这个 "性质" 也没曾用过! 重要的是 $\{\psi'(0),-\psi(0)\}$ 应该被明确地定义, 应该是 F' 的元素.

还有一个问题仍然是未解决的: 当 T 很大时, 空间 F 还依赖于 T 吗? 参见本章的最后一节的未解决的问题. ■

注 1.14 我们刚刚看到, 必须十分小心地对待 ψ'.

在后面的章节里的后继例子里, 在一个不同的情形里, 我们将重新看到这一点, 例如在第四章第 4 节里.

但是, 解 ψ 要比引理 1.5 所指出的具有更强的正则性.

事实上, 我们有

$$F' \subset (D(A^{(1+s)/2}))' \times (H^s(\Omega))', \quad \forall s > \frac{1}{2},$$

因为

$$D(A^{(1+s)/2}) \times H^s(\Omega) \subset F,$$

所以

$$\psi \in L^\infty(0,T;(H^s(\Omega))') \cap W^{1,\infty}(0,T;(D(A^{(1+s)/2}))'), \quad \forall s > \frac{1}{2}. \tag{1.97}$$

事实上, 当

$$\{\Phi^0, \Phi^1\} \in D(A^{(1+s)/2}) \times H^s(\Omega), \quad \text{其中} s > \frac{1}{2},$$

(1.64) 的解 $\Phi = \Phi(x,t)$ 满足

$$\Phi \in C(0,T;D(A^{(1+s)/2})) \cap C^1(0,T;H^s(\Omega)),$$

因而

$$\Phi \in H^1(\Sigma).$$

这显示, 特别地, 对每个 $s > \frac{1}{2}$, 存在 $C_s > 0$ 使得

$$\|\{\Phi^0, \Phi^1\}\|_F \leqslant C_s \|\{\Phi^0, \Phi^1\}\|_{D(A^{(1+s)/2}) \times H^s(\Omega)},$$

因而

$$D(A^{(1+s)/2}) \times H^s(\Omega) \subset F, \quad \forall s > \frac{1}{2}.$$

关于 ψ 的最大正则性, 这不是一个必不可少的问题. 相反地, 我们注意到, 由构造有如下的重要结论:

$$\{\psi'(0), -\psi(0)\} \in F'.$$ ■

证明了这个引理后, 我们定义算子

$$\Lambda\{\Phi^0, \Phi^1\} = \{\psi'(0), -\psi(0)\}, \quad \forall \{\Phi^0, \Phi^1\} \in F. \tag{1.98}$$

由前面的引理可推出, 算子 Λ 是 F 到 F' 的连续算子.

此外, 在 (1.72) 中取

$$f = 0,\ \theta^0 = \Phi^0,\ \theta^1 = \Phi^1$$

我们得到

$$\begin{aligned} &< \Lambda\{\Phi^0,\Phi^1\},\{\Phi^0,\Phi^1\} >=< \psi'(0),\Phi^0 > - < \psi(0),\Phi^1 > \\ = &\int_{\Sigma(x^0)} (|\Phi|^2+|\Phi'|^2)\mathrm{d}\Sigma + \int_{\Sigma_*(x^0)} |\nabla_\sigma \Phi|^2 \mathrm{d}\Sigma, \quad \forall\{\Phi^0,\Phi^1\}\in F, \end{aligned} \tag{1.99}$$

因而 Λ 是 F 到 F' 的同构.

那么对所有的初始值

$$\{y^1,-y^0\}\in F'$$

下面的问题存在唯一的解

$$\begin{cases} \Lambda\{\Phi^0,\Phi^1\} = \{y^1,-y^0\}, \\ \{\Phi^0,\Phi^1\}\in F, \end{cases} \tag{1.100}$$

这表示, (1.68) 的解 ψ 相应的值是 (1.100) 的解, 满足

$$\psi(0)=y^0,\ \psi'(0)=y^1.$$ ■

1.6 不带几何条件的精确能控性

在这一节中我们给出系统 (1.1) (1.2) (1.3) 的第一个精确能控性结论.

因而我们考察系统

$$\begin{cases} y''-\Delta y = 0 & \text{在 } Q \text{ 内}, \\ \dfrac{\partial y}{\partial \nu} = \begin{cases} v_0 \\ v_1 \end{cases} & \begin{matrix} \text{在 } \Sigma(x^0) \text{ 上}, \\ \text{在 } \Sigma_*(x^0) \text{ 上}, \end{matrix} \\ y(0)=y^0,\ y'(0)=y^1 & \text{在 } \Omega \text{ 内}. \end{cases} \tag{1.101}$$

我们有以下的结果.

定理 1.2 设 Ω 是 $\mathbb{R}^n$ 中的有界区域, 其边界 Γ 是 C^2 阶的. 设 x^0 为 $\mathbb{R}^n$ 中任意的点, $T > T(x^0) = 2R(x^0)$.

那么, 对所有的初始值

$$\{y^0,y^1\}\in L^2(\Omega)\times(H^1(\Omega))' \tag{1.102}$$

存在控制

$$\begin{aligned} &v_0 \in (H^1(0,T;L^2(\Gamma(x^0))))', \\ &v_1 \in L^2(0,T;(H^1(\Gamma_*(x^0)))') \end{aligned} \tag{1.103}$$

使得系统 (1.101) 的解 $y=y(v)$, 满足 $y(T)=y'(T)=0$. ■

证明 由

$$\{y^0, y^1\} \in L^2(\Omega) \times (H^1(\Omega))'$$

以及

$$(H^1(\Omega))' \times L^2(\Omega) \subset F'$$

我们有

$$\{y^1, -y^0\} \in F'.$$

由此, 方程 (1.99) 有唯一解 $\{\Phi^0, \Phi^1\} \in F$, 使得问题 (1.70) 相应的解 ψ 满足

$$\psi(0) = y^0,\ \psi'(0) = y^1.$$

我们因此定义控制

$$\begin{aligned} v_0 &= -\Phi + \frac{\partial}{\partial t}(\Phi'), \\ v_1 &= \Delta_{\Gamma_*(x^0)}\Phi, \end{aligned} \tag{1.104}$$

其中 Φ 是 (1.64) 相应于 $\{\Phi^0, \Phi^1\}$ 的解.

我们注意到

$$v_0 \in (H^1(0,T; L^2(\Gamma(x^0))))',\ v_1 \in L^2(0,T; (H^1(\Gamma_*(x^0)))').$$

问题 (1.101) 相应的解 $y = y(v)$ 是唯一的; 实际上我们有

$$y = \psi,$$

由此

$$y(T) = \psi(T) = 0,\ y'(T) = \psi'(T) = 0.$$ ■

注 1.15 事实上我们得到的精确能控性所在空间中的初始值 $\{y^0, y^1\}$, 满足

$$\{y^1, -y^0\} \in F'.$$

我们已经证明, $(H^1(\Omega))' \times L^2(\Omega) \subset F'$.

空间 F 不一定能等同于经典的函数空间. 不过在注 1.14 中, 在另一个意义下, 我们已经给出了一个估计, 它可用来框住空间 F 和 F'. 事实上, 我们已经证明

$$\begin{aligned} &D(A^{(1+s)/2}) \times H^s(\Omega) \subset F \subset H^1(\Omega) \times L^2(\Omega), \\ &(H^1(\Omega))' \times L^2(\Omega) \subset F' \subset (D(A^{(1+s)/2}))' \times (H^s(\Omega))',\ \forall s > \frac{1}{2}. \end{aligned} \tag{1.105}$$

■

注 1.16 控制 v_0 和 v_1 不是独立的. 实际上, 它们是借助于 (1.64) 的唯一解 Φ 在 (1.104) 中定义的.

与此同时, 在每个分量 v_0 和 v_1 中, 我们看到了控制的不同构造, 这些分量分别相应于边界 Σ 的子集 $\Sigma(x^0)$ 和 $\Sigma_*(x^0)$. ■

注 1.17 (1.101) 的 $y = y(v)$ 在下面弱的意义下满足方程.

我们记 $\Phi = w$ 使得

$$v_0 = -w + \frac{\partial}{\partial t} w',\ v_1 = \Delta_{\Gamma_*(x^0)} w.$$

那么我们有

$$\int_Q y f \mathrm{d}x\mathrm{d}t = < y^0, \theta'(0) > - < y^1, \theta(0) > + \int_{\Sigma(x^0)} (w\theta + w'\theta')\mathrm{d}\Sigma + \int_{\Sigma_*(x^0)} \nabla_\sigma w \nabla_\sigma \theta \mathrm{d}\Sigma,$$
$$\forall \{\theta^0, \theta^1, f\} \in D(A) \times H^1(\Omega) \times L^1(0, T; H^1(\Omega)), \tag{1.106}$$

其中 $\theta = \theta(x, t)$ 记为 (1.69) 的解. ■

注 1.18 当 Ω 是 $\mathbb{R}^n$ 中的有界凸区域时, 定理仍然成立, 不需要 Γ 的其他正则性假设. ■

注 1.19 如果在应用 HUM 时, 我们替换空间 F, 它是由 $(C^\infty(\bar{\Omega}) \cap D(A)) \times C^\infty(\bar{\Omega})$ 用下面的范数完备化而得的

$$\|\{\Phi^0, \Phi^1\}\|_F = (\int_{\Sigma(x^0)} (|\Phi|^2 + |\Phi'|^2)\mathrm{d}\Sigma + \int_{\Sigma_*(x^0)} |\nabla_\sigma \Phi|^2 \mathrm{d}\Sigma)^{1/2},$$

将其替换成空间

$$F_1 = \mathcal{D}(\Omega) \times \mathcal{D}(\Omega) \text{ 用范数 } \|\cdot\|_F \text{ 完备化},$$

由反向不等式, 我们有,

$$F_1 \subset H_0^1(\Omega) \times L^2(\Omega),$$

因此

$$H^{-1}(\Omega) \times L^2(\Omega) \subset F_1'.$$

以这种方式, 我们得到了下述值的精确能控性

$$\{y^0, y^1\} \in L^2(\Omega) \times H^{-1}(\Omega).$$ ■

1.7 带有几何条件的精确能控性

在本节中我们假设

$$\Omega \text{ 关于 } x^0 \in \mathbb{R}^n \text{ 是星形的}, \tag{1.107}$$

也即

$$\Gamma_*(x^0) = \varnothing, \Gamma(x^0) = \Gamma.$$

这一次, 我们在全部边界 Γ 上, 将有一个具有统一构造的控制.

我们考察问题

$$\begin{cases} y'' - \Delta y = 0 & \text{在 } Q \text{ 内}, \\ \dfrac{\partial y}{\partial \nu} = v & \text{在 } \Sigma \text{ 上}, \\ y(0) = y^0,\ y'(0) = y^1 & \text{在 } \Omega \text{ 内}. \end{cases} \tag{1.108}$$

作为前述定理的直接结果, 我们有

定理 1.3 设 Ω 是 $\mathbb{R}^n$ 中的有界区域, 关于 $x^0 \in \Omega$ 是星形的, 且其边界 Γ 是 C^2 阶的. 设 $T > T(x^0)$.

那么, 对所有的初始值

$$\{y^0, y^1\} \in L^2(\Omega) \times (H^1(\Omega))' \tag{1.109}$$

存在控制

$$v \in (H^1(0, T; L^2(\Omega)))' \tag{1.110}$$

使得 (1.108) 的解 $y = y(v)$ 满足 $y(T) = y'(T) = 0$. ■

证明 这是定理 1.2 的直接结果.

事实上, 由 Ω 关于 $x^0 \in \Omega$ 是星形的, 我们有 $\Gamma(x^0) = \Gamma$ 及 $\Gamma_*(x^0) = \varnothing$.

因而我们有在 Σ 上 $v = v_0 = -\Phi + \dfrac{\partial}{\partial t}(\Phi')$. ■

利用第一、二章中介绍的范数替换技巧, 我们能够给出这一结果的各种变式. 我们从一个相应于选取一个更强的范数 $\|\cdot\|_F$ 的情形开始. ■

1.8 更强的范数

我们首先给出定理 1.1 中关于下面的问题得到的估计式的一个变形

$$\begin{cases} \Phi'' - \Delta \Phi = 0 & \text{在 } Q \text{ 内}, \\ \dfrac{\partial \Phi}{\partial \nu} = 0 & \text{在 } \Sigma \text{ 上}, \\ \Phi(0) = \Phi^0,\ \Phi'(0) = \Phi^1 & \text{在 } \Omega \text{ 内}. \end{cases} \tag{1.111}$$

定理 1.4 设 Ω 是 $\mathbb{R}^n$ 中的有界区域, 其边界 Γ 是 C^2 阶的, 且关于 $x^0 \in \Omega$ 是星形的. 设 $T > T(x^0)$.

那么, 存在常数 $C > 0$, 使得对所有的 (1.111) 的正则解 Φ 有

$$\|\Phi^0\|^2_{H^2(\Omega)} + \|\Phi^1\|^2_{H^1(\Omega)} \leqslant C \int_\Sigma (|\Phi|^2 + |\Phi'|^2 + |\Phi''|^2) \mathrm{d}\Sigma. \tag{1.112}$$

■

证明 我们取正则的初始值 $\{\Phi^0, \Phi^1\} \in (C^\infty(\bar{\Omega}) \cap D(A)) \times D(A)$, 并定义

$$w^0 = \Phi^1,\ w^1 = \Delta\Phi^0. \tag{1.113}$$

我们有

$$w^0 \in D(A),\ w^1 \in H^1(\Omega),$$

因而, 下面问题的解

$$\begin{cases} w'' - \Delta w = 0 & \text{在 } Q \text{ 内}, \\ \dfrac{\partial w}{\partial \nu} = 0 & \text{在 } \Sigma \text{ 上}, \\ w(0) = w^0,\ w'(0) = w^1 & \text{在 } \Omega \text{ 内} \end{cases} \tag{1.114}$$

是正则的.

由定理 1.1 我们有

$$\|w^0\|^2_{H^1(\Omega)} + |w^1|^2 \leqslant C\int_\Sigma (|w|^2 + |w'|^2)\mathrm{d}\Sigma. \tag{1.115}$$

我们注意到 $w = \Phi'$. 因此我们有

$$|\Delta\Phi^0|^2 + \|\Phi^1\|^2_{H^1(\Omega)} \leqslant C\int_\Sigma (|\Phi'|^2 + |\Phi''|^2)\mathrm{d}\Sigma. \tag{1.116}$$

现在我们将定理 1.1 直接用在解 Φ 上, 我们得到

$$\|\Phi^0\|^2_{H^1(\Omega)} + |\Phi^1|^2 \leqslant C\int_\Sigma (|\Phi|^2 + |\Phi'|^2)\mathrm{d}\Sigma. \tag{1.117}$$

结合 (1.116) (1.117) 我们得出

$$|\Delta\Phi^0|^2 + \|\Phi^0\|^2_{H^1(\Omega)} + \|\Phi^1\|^2_{H^1(\Omega)} \leqslant C\int_\Sigma (|\Phi|^2 + |\Phi'|^2 + |\Phi''|^2)\mathrm{d}\Sigma. \tag{1.118}$$

这就得到了我们的证明, 因为范数 $(|\Delta\Phi^0|^2 + \|\Phi^0\|^2_{H^1(\Omega)})^{1/2}$ 与 $H^2(\Omega)$ 在 $D(A)$ 上引出的范数是等价的. ■

由前面的估计式, 我们可推得下面的精确能控性

定理 1.5 设 Ω 是 $\mathbb{R}^n$ 中的有界区域, 关于 $x^0 \in \Omega$ 是星形的, 其边界 Γ 是 C^2 阶的. 设 $T > T(x^0)$.

那么, 对所有的初始值

$$\{y^0, y^1\} \in (H^1(\Omega))' \times (D(A))' \tag{1.119}$$

存在控制

$$v \in (H^2(0, T; L^2(\Gamma)))' \tag{1.120}$$

使得 (1.108) 的解 $y = y(v)$ 满足: $y(T) = y'(T) = 0$. ■

证明 我们应用 HUM.

我们首先对正则初始值 $\{\Phi^0,\Phi^1\}\in(C^\infty(\bar{\Omega})\cap D(A))\times D(A)$ 求解问题 (1.111). 接着我们构造空间 F, 它是 $(C^\infty(\bar{\Omega})\cap D(A))\times D(A)$ 关于下面范数的完备化

$$\|\{\Phi^0,\Phi^1\}\|_F=(\int_\Sigma(|\Phi|^2+|\Phi'|^2+|\Phi''|^2)\mathrm{d}\Sigma)^{1/2}. \tag{1.121}$$

由 (1.112) 我们可得

$$F\subset D(A)\times H^1(\Omega), \tag{1.122}$$

因而

$$(D(A))'\times(H^1(\Omega))'\subset F'. \tag{1.123}$$

我们接着求解下面的反向问题

$$\begin{cases}\psi''-\Delta\psi=f & \text{在 } Q \text{ 内},\\ \psi(T)=\psi'(T)=0 & \text{在 } \Omega \text{ 内},\\ \dfrac{\partial\psi}{\partial\nu}=-\Phi+\dfrac{\partial}{\partial t}(\Phi')-\dfrac{\partial^2}{\partial t^2}(\Phi'') & \text{在 } \Sigma \text{ 上},\end{cases} \tag{1.124}$$

导数 $\dfrac{\partial}{\partial t}(\Phi')$(或者 $\dfrac{\partial^2}{\partial t^2}(\Phi'')$) 是取在对偶的意义下, 这个对偶是介于 $H^1(0,T;L^2(\Gamma))$ (或者 $H^2(0,T;L^2(\Gamma))$) 及其对偶空间之间.

用证明引理 1.5 的同样技巧, 我们证明 (1.124) 存在唯一的解 (在一个合适的弱的意义下), 使得

$$\{\psi'(0),-\psi(0)\}\in F'. \tag{1.125}$$

我们定义算子 $\Lambda:F\to F'$, 使得

$$\Lambda\{\Phi^0,\Phi^1\}=\{\psi'(0),-\psi(0)\},\quad \forall\{\Phi^0,\Phi^1\}\in F \tag{1.126}$$

并验证

$$<\Lambda\{\Phi^0,\Phi^1\},\{\Phi^0,\Phi^1\}>=\|\{\Phi^0,\Phi^1\}\|_F^2. \tag{1.127}$$

因而 Λ 是从 F 到 F' 的同构.

对初始值 $\{y^0,y^1\}\in(H^1(\Omega))'\times(D(A))'$, 我们有

$$\{y^1,-y^0\}\in F',$$

因而, 问题

$$\Lambda\{\Phi^0,\Phi^1\}=\{y^1,-y^0\}$$

有唯一解 $\{\Phi^0,\Phi^1\}\in F$.

那么, 我们定义控制

$$v=-\Phi+\frac{\partial}{\partial t}(\Phi')-\frac{\partial^2}{\partial t^2}(\Phi'')\quad \text{在 } \Sigma \text{ 上}, \tag{1.128}$$

像通常一样, 我们看出相应的解 $y=y(v)$ 满足 $y(T)=y'(T)=0$. ■

现在我们给出一个例子, 其中我们取了一个更弱的范数.

1.9 范数的弱化

这种情形下, 基本的估计式如下:

定理 1.6 设 Ω 是 $\mathbb{R}^n$ 中的有界区域, 其边界 Γ 是 C^2 阶的. 我们设 Ω 关于 $x^0 \in \mathbb{R}^n$ 是星形的且 $T > T(x^0)$.

那么, 存在常数 $C > 0$, 使得对所有的 (1.111) 的解 Φ, 有

$$\|\Phi^0\|^2_{L^2(\Omega)} + \|\Phi^1\|^2_{(H^1(\Omega))'} \leqslant C \int_\Sigma |\Phi|^2 \mathrm{d}\Sigma. \tag{1.129}$$

■

证明 我们分几步进行.

步骤 1 给定 $\{\Phi^0, \Phi^1\} \in L^2(\Omega) \times (H^1(\Omega))'$, 且

$$m(\Phi^1) = \Phi^1 \text{ 的平均值} = \frac{1}{|\Omega|} \int_\Omega \Phi^1 \mathrm{d}x = 0. \tag{1.130}$$

(这个是有意义的: $\int_\Omega \Phi^1 \mathrm{d}x =< \Phi^1, 1 >, 1 \in H^1(\Omega)$.)

那么, 我们构造 $\chi \in H^1(\Omega)$ 为下面的解

$$\begin{cases} \Delta\chi = \Phi^1 & \text{在 } \Omega \text{ 内}, \\ \dfrac{\partial\chi}{\partial\nu} = 0 & \text{在 } \Sigma \text{ 上}, \\ m(\chi) = 0. \end{cases} \tag{1.131}$$

那么, 我们注意到, 范数 $\|\chi\|_{H^1(\Omega)}$ 与 $\|\Phi^1\|_{(H^1(\Omega))'}$ 是等价的.

设 $\Phi = \Phi(x,t)$ 是 (1.111) 与值 $\{\Phi^0, \Phi^1\}$ 相应的解, 并设

$$w(t) = \int_0^t \Phi(\sigma)\mathrm{d}\sigma + \chi. \tag{1.132}$$

我们发现, w 是下面方程的解

$$\begin{cases} w'' - \Delta w = 0 & \text{在 } Q \text{ 内}, \\ \dfrac{\partial w}{\partial\nu} = 0 & \text{在 } \Sigma \text{ 上}, \\ w(0) = \chi,\ w'(0) = \Phi^0 & \text{在 } \Omega \text{ 内}. \end{cases} \tag{1.133}$$

若 Φ^0 和 Φ^1 足够正则, 那么 χ 和 Φ^0 也足够正则, 反向不等式得以满足, 因而

$$\|\chi\|^2_{H^1(\Omega)} + |\Phi^0|^2 \leqslant C \int_\Sigma (|w|^2 + |w'|^2)\mathrm{d}\Sigma. \tag{1.134}$$

假如证明了, 存在 $C > 0$, 不依赖于 w, 使得

$$\int_{\Sigma} |w|^2 \mathrm{d}\Sigma \leqslant C \int_{\Sigma} |w'|^2 \mathrm{d}\Sigma. \tag{1.135}$$

那么, 由于 $w' = \Phi$,

$$|\Phi^0| + \|\chi\|^2_{H^1(\Omega)} \leqslant C \int_{\Sigma} |\Phi|^2 \mathrm{d}\Sigma. \tag{1.136}$$

我们用反证法来证明 (1.35). 设存在一组 $\{w_n, \chi_n, \Phi_n^0\}$, 使得

$$\begin{aligned} &\int_{\Sigma} |w_n|^2 \mathrm{d}\Sigma = 1, \\ &\int_{\Sigma} |w_n'|^2 \mathrm{d}\Sigma \to 0, \ n \to +\infty. \end{aligned} \tag{1.137}$$

那么, 由 (1.134), 我们有

$$\chi_n \text{ 在 } H^1(\Omega) \text{ 中有界; } \Phi_n^0 \text{ 在 } L^2(\Omega) \text{ 中有界,}$$

因而, 相应的解 w_n 在下面的空间中有界

$$L^{\infty}(0, T; H^1(\Omega)) \cap W^{1,\infty}(0, T; L^2(\Omega)).$$

必要时可抽取子列, 我们因而有

$$\begin{aligned} &w_n \to w \quad \text{在 } L^{\infty}(0, T; H^1(\Omega)) \text{ 中弱 * 收敛,} \\ &w_n' \to w' \quad \text{在 } L^{\infty}(0, T; L^2(\Omega)) \text{ 中弱 * 收敛.} \end{aligned} \tag{1.138}$$

函数 w 显然是下面方程的解

$$\begin{cases} w'' - \Delta w = 0 & \text{在 } Q \text{ 内,} \\ \dfrac{\partial w}{\partial \nu} = 0 & \text{在 } \Sigma \text{ 上,} \\ w(0) = \chi, \ w'(0) = \Phi^0 & \text{在 } \Omega \text{ 内,} \end{cases} \tag{1.139}$$

其中, $\{\chi, \Phi^0\} \in H^1(\Omega) \times L^2(\Omega)$ 是 $\{\chi_n, \Phi_n^0\}$ 在 $H^1(\Omega) \times L^2(\Omega)$ 中的弱极限.

此外, 从 (1.138) 我们可推出, 迹序列 $w_n|_{\Sigma}$ 是在 $L^2(\Sigma)$ 中相对紧的. 我们因而有

$$\int_{\Sigma} |w|^2 \mathrm{d}\Sigma = \lim_{n \to \infty} \int_{\Sigma} |w_n|^2 \mathrm{d}\Sigma = 1, \tag{1.140}$$

另外

$$w'|_{\Sigma} = 0. \tag{1.141}$$

那么, 函数 $\theta = w'$ 满足

$$\begin{cases} \theta'' - \Delta\theta = 0 & \text{在 } Q \text{ 内},\\ \theta = \dfrac{\partial\theta}{\partial\nu} = 0 & \text{在 } \Sigma \text{ 上},\\ \theta \in L^\infty(0,T;L^2(\Omega)). \end{cases} \tag{1.142}$$

由 Holmgren 的唯一性定理 (参见第一章第 8 节), 我们有

$$\theta \equiv 0, \tag{1.143}$$

因而

$$w(t) = w(0) = \chi, \quad \forall t \in [0,T]. \tag{1.144}$$

但由方程 (1.139), 我们还有

$$\Delta\chi = 0, \frac{\partial\chi}{\partial\nu} = 0 \quad \text{在 } \Gamma \text{ 上}, \tag{1.145}$$

这意味着 $\chi =$ 常数. 但另一方面, 由于 $m(\chi_n) = 0, \forall n \in \mathbb{N}$, 我们有 $m(\chi) = 0$, 因而 $\chi = 0$, 因而 $w = 0$, 这与 (1.140) 矛盾. ■

步骤 2 现在, 考察一般的情形 $\{\Phi^0, \Phi^1\} \in L^2(\Omega) \times (H^1(\Omega))'$, 除去条件 (1.130), 并设 Φ 为 (1.111) 相应的解. 我们将看到, 存在不依赖于 $\{\Phi^0, \Phi^1\}$ 的常数 $C > 0$, 使得

$$|m(\Phi^1)|^2 \leqslant C \int_\Sigma |\Phi|^2 \mathrm{d}\Sigma. \tag{1.146}$$

我们用反证法. 假如 (1.146) 不成立, 我们可以找到一系列 $\{\Phi_n^0, \Phi_n^1\}$, 使得

$$m(\Phi^1) = 1, \quad \forall n \in \mathbb{N}, \tag{1.147}$$

并且

$$\int_\Sigma |\Phi_n|^2 \mathrm{d}\Sigma \to 0, n \to +\infty. \tag{1.148}$$

我们考察 $\theta_n = \Phi_n - t\,m(\Phi_n^1)$, 它是下面方程的解

$$\begin{cases} \theta_n'' - \Delta\theta_n = 0 & \text{在 } Q \text{ 内},\\ \dfrac{\partial\theta_n}{\partial\nu} = 0 & \text{在 } \Sigma \text{ 上},\\ \theta_n(0) = \Phi_n^0,\ \theta_n'(0) = \Phi_n^1 - m(\Phi_n^1) & \text{在 } \Omega \text{ 内}, \end{cases}$$

我们可以对它应用 (1.136). 因而

$$\{\Phi_n^0, \Phi_n^1 - m(\Phi_n^1)\} \text{ 在 } L^2(\Omega) \times (H^1(\Omega))' \text{ 中有界}. \tag{1.149}$$

从 (1.147) 和 (1.149) 我们可以推出

$$\{\Phi_n^0, \Phi_n^1\} \text{ 在 } L^2(\Omega) \times (H^1(\Omega))' \text{ 中有界,} \tag{1.150}$$

因而, 相应的解 $\{\Phi_n\}$ 在下述空间中有界

$$L^\infty(0,T;L^2(\Omega)) \cap W^{1,\infty}(0,T;(H^1(\Omega))').$$

必要时可抽取子列, 我们因而有

$$\begin{aligned} &\Phi_n \to \Phi \quad \text{在 } L^\infty(0,T;L^2(\Omega)) \text{ 中弱 * 收敛,} \\ &\Phi_n' \to \Phi' \quad \text{在 } L^\infty(0,T;(H^1(\Omega))') \text{ 中弱 * 收敛,} \end{aligned} \tag{1.151}$$

由 (1.147) (1.148),

$$\Phi = 0 \quad \text{在 } \Sigma \text{ 上}, m(\Phi^1) = 1. \tag{1.152}$$

另外, Φ 是下面方程的解

$$\begin{cases} \Phi'' - \Delta\Phi = 0 & \text{在 } Q \text{ 内,} \\ \dfrac{\partial \Phi}{\partial \nu} = 0 & \text{在 } \Sigma \text{ 上,} \end{cases}$$

由 (1.152), 利用唯一性定理,

$$\Phi \equiv 0, \tag{1.153}$$

这与 $m(\Phi^1) = 1$ 矛盾, 因为 $\Phi'(0) = \Phi^1 = 0$.

现在, 我们用下面的方式, 将解 Φ 分解

$$\Phi = \theta + t\,m(\Phi^1), \theta = \Phi - t\,m(\Phi^1) \tag{1.154}$$

使得

$$\theta'(0) = \Phi^1 - m(\Phi^1). \tag{1.155}$$

因而, 我们可以对 θ 应用 (1.136), 我们有

$$\begin{aligned} |\Phi^0|^2 + \|\Phi^1 - m(\Phi^1)\|^2_{(H^1(\Omega))'} &\leqslant C\int_\Sigma |\theta|^2 \mathrm{d}\Sigma \leqslant C(\int_\Sigma |\Phi|^2 \mathrm{d}\Sigma + \int_\Sigma |t\,m(\Phi^1)|^2 \mathrm{d}\Sigma) \\ &\leqslant C\int_\Sigma |\Phi|^2 \mathrm{d}\Sigma + C_1 |m(\Phi^1)|^2, \end{aligned} \tag{1.156}$$

其中 C_1 足够大 (仅依赖于 C 和 Σ 的测度).

联合 (1.156) 和 (1.146), 我们得到

$$|\Phi^0|^2 + \|\Phi^1 - m(\Phi^1)\|^2_{(H^1(\Omega))'} + |m(\Phi^1)|^2 \leqslant C\int_\Sigma |\Phi|^2 \mathrm{d}\Sigma, \tag{1.157}$$

因而, 得到本定理的结果. ■

从这个估计式出发, 我们有如下的精确能控结果.

定理 1.7 设 Ω 是 $\mathbb{R}^n$ 中的有界区域, 关于 $x^0 \in \Omega$ 是星形的, 其边界 Γ 是 C^2 阶的. 设 $T > T(x^0)$.

那么, 对所有的初始值

$$\{y^0, y^1\} \in H^1(\Omega) \times L^2(\Omega) \tag{1.158}$$

存在控制

$$v \in L^2(\Sigma) \tag{1.159}$$

使得 (1.108) 的解 $y = y(v)$ 满足 $y(T) = y'(T) = 0$. ■

证明 在这个情形, 我们考察的范数是

$$\|\{\Phi^0, \Phi^1\}\|_F := \left(\int_\Sigma |\Phi|^2 \mathrm{d}\Sigma\right)^{1/2}. \tag{1.160}$$

由定理 1.6, 空间 F 是 $H^1(\Omega) \times L^2(\Omega)$ 关于这个范数的完备化, 满足

$$F \subset L^2(\Omega) \times (H^1(\Omega))', \tag{1.161}$$

因而

$$L^2(\Omega) \times H^1(\Omega) \subset F'. \tag{1.162}$$

我们接着求解下面的反向问题

$$\begin{cases} \psi'' - \Delta\psi = 0 & \text{在 } Q \text{ 内}, \\ \psi(T) = \psi'(T) = 0 & \text{在 } \Omega \text{ 内}, \\ \dfrac{\partial \psi}{\partial \nu} = -\Phi & \text{在 } \Sigma \text{ 上}. \end{cases} \tag{1.163}$$

接着像通常那样, 定义算子 Λ, 我们可以看到, 这是一个从 F 到 F' 的同构.

因而, 当 $\{y^1, -y^0\} \in F'$, 特别地, 由 (1.162) $\{y^0, y^1\} \in H^1(\Omega) \times L^2(\Omega)$ 时, 我们得到精确能控性. ■

注 1.20 前面的结论的建立, 只要 Ω 是 $\mathbb{R}^n$ 中的有界凸区域, 不需要其边界 Γ 的其他正则假设, 其中 $x^0 \in \Omega$ 为任意一点. 因而, 对所有的 $T > T(\Omega) = \min\limits_{x^0 \in \Omega} T(x^0) =$ Ω 的直径, 我们都得到精确能控性. ■

1.10 一些注解

1.10.1 其他的边界条件

应该指出, 在前面所有的精确能控结果里, 控制 v 都是应用于系统的全部侧边界. 在经典的函数空间里 (例如在 $L^2(\Omega) \times (H^{-1}(\Omega))'$ 里), 采用 Neumann 型的作用

施加在部分边界上, 也就是说带有边界约束条件的, 这种波动方程的精确能控性

$$\frac{\partial y}{\partial \nu}=\begin{cases}v & \text{在 } \Sigma_0=\Gamma_0\times(0,t)\subset\Sigma \text{ 上},\\ 0 & \text{在 } \Sigma\backslash\Sigma_0 \text{ 上},\end{cases} \tag{1.164}$$

这还是个未解决的问题, 至少在本章节讨论的一般框架下.

在 C. BARDOS, G. LEBEAU 和 J. RAUCH 所写的附录 2 中, 在假设开集 Ω 的边界是解析的时候, 此问题得以解决.

无论如何, 在随后的 1.10.4 节中, 我们将证明对于充分大的 $T>0$ 及 $\Gamma_0\subset\Gamma$ 为任意非空开子集, 精确能控性在一个 Hilbert 空间 F' 中能够实现. 因而问题就在于了解这个空间并且研究它关于 T 和 Γ_0 的实际的依赖性.

我们回忆一下, 当波动方程的边界条件是 Dirichlet 型的时候, 以 $\Sigma(x^0)=\Gamma(x^0)\times(0,T)$ 的形式, 其中 $T>T(x^0)$, 将控制的作用施加于部分边界上, 用这种方式能够实现在经典空间里的精确能控性——例如空间 $H_0^1(\Omega)\times L^2(\Omega)$. ■

1.10.2 无穷多个控制的存在性

利用第一章的注 6.2 中的方法, 我们能够证明, 对于前面各节中我们已经得到了的精确能控性的每一种情形, 存在无穷多个控制, 将系统带到平衡状态. ■

为了说明问题, 我们考察定理 1.7 的情形, 在这种情况下我们有

对每一初始值 $\{y^0,y^1\}\in H^1(\Omega)\times L^2(\Omega)$, 存在无穷多个控制 $v\in L^2(\Sigma)$, 它将系统在 $T>T(x^0)$ 时刻带到平衡状态. (1.165)

换句话说, 允许控制的凸集

$$\mathcal{U}_{\rm ad}=\{v\in L^2(\Sigma)|y(T;v)=y'(T;v)=0\} \tag{1.166}$$

对每一初始值 $\{y^0,y^1\}\in H^1(\Omega)\times L^2(\Omega)$ 含有无穷多个元素.

此外, 由 HUM 给出的控制 v 能使下面的二阶泛函达到最小

$$J(v)=\frac{1}{2}\int_\Sigma |v|^2\mathrm{d}\Sigma, \tag{1.167}$$

范围是在允许控制集 $\mathcal{U}_{\rm ad}$ 中.

这个问题将在第八章中研究. ■

1.10.3 在不正则的开集中的精确能控性

前面几节的精确能控性结果的证明中都假设: 要么边界 $\partial\Omega$ 是 C^2 阶的, 要么开集 Ω 是凸的.

P. GRISVARD 在 [2] 和 [3] 中, 将这些结果推广到了 Ω 是 $\mathbb{R}^2$ 中的多边形或是 $\mathbb{R}^3$ 中的多面体的情形, 并不需要凸性. ■

1.10.4 Holmgren 定理的结论

设 Ω 是 $\mathbb{R}^n, n \geqslant 1$ 中的有界区域, 其边界 Γ 是 Lipschitz 的, 并设 Γ_0 是 Γ 的非空开子集.

借助 Holmgren 定理 (参见第一章定理 8.1), 我们可以证明, 存在时间 $T_0 = T_0(\Omega) > 0$, 使得若 $T > T_0$, Γ_0 是 Γ 的任意非空开子集, 若 Φ 满足

$$\begin{cases} \Phi'' - \Delta\Phi = 0 & \text{在 } Q \text{ 内}, \\ \dfrac{\partial \Phi}{\partial \nu} = 0 & \text{在 } \Sigma \text{ 上}, \\ \Phi = 0 & \text{在 } \Sigma_0 = \Gamma_0 \times (0,T) \text{ 上}, \end{cases} \tag{1.168}$$

那么 $\Phi \equiv 0$.

当 Ω 是凸集时, 我们知道 $T_0(\Omega) = 2(\Omega$ 的直径).

这个唯一性定理证明了下面的式子

$$\|\{\Phi^0, \Phi^1\}\|_F = \left(\int_{\Sigma_0} |\Phi|^2 \mathrm{d}\Sigma\right)^{1/2} \tag{1.169}$$

是 $H^1(\Omega) \times L^2(\Omega)$ 中的范数.

因而, 设 F 是 $H^1(\Omega) \times L^2(\Omega)$ 按照这个范数的完备化, F' 记为其对偶空间.

利用 HUM, 我们得到下面的精确能控性结果.

定理 1.8 设 Ω 是 $\mathbb{R}^n, n \geqslant 1$ 中的有界区域, 其边界 Γ 是 Lipschitz 的. 设 $T > T_0(\Omega)$, 且 Γ_0 是 Γ 的非空开子集.

那么, 对所有的初始值 $\{y^0, y^1\}$, 满足 $\{y^1, -y^0\} \in F'$, 存在控制 $v \in L^2(\Sigma_0)$, 使得下面方程的解 $y = y(v)$

$$\begin{cases} y'' - \Delta y = 0 & \text{在 } Q \text{ 内}, \\ \dfrac{\partial y}{\partial \nu} = \begin{cases} v & \\ 0 & \end{cases} & \begin{array}{l}\text{在 } \Sigma_0 \text{ 上}, \\ \text{在 } \Sigma \backslash \Sigma_0 \text{ 上},\end{array} \\ y(0) = y^0,\ y'(0) = y^1 & \text{在 } \Omega \text{ 内} \end{cases} \tag{1.170}$$

满足 $y(T) = y'(T) = 0$. ■

一个有意义的问题是, 如何取得关于空间 F 的额外的信息.

我们无疑总有

$$\exists C > 0, \text{ 使得 } \|\{\Phi^0, \Phi^1\}\|_F^2 \leqslant C(\|\Phi^0\|_{H^1(\Omega)}^2 + |\Phi^1|^2), \quad \forall \{\Phi^0, \Phi^1\} \in H^1(\Omega) \times L^2(\Omega), \tag{1.171}$$

因而

$$H^1(\Omega) \times L^2(\Omega) \subset F, \tag{1.172}$$

同样地

$$F' \subset (H^1(\Omega))' \times L^2(\Omega). \tag{1.173}$$

可是, 我们能够取得反过来的估计吗?

在定理 1.6 中我们证明了, 当 Ω 是 C^2 阶的 (或凸的) 且关于 x^0 是星形的, $\Sigma_0 = \Sigma$, $T > T(x^0) = 2R(x^0)$, 我们有

$$F \subset (H^1(\Omega))' \times L^2(\Omega), \tag{1.174}$$

因而

$$H^1(\Omega) \times L^2(\Omega) \subset F'. \tag{1.175}$$

然而, 在定理 1.8 的一般情形下, 这个问题好像是未解决的. 特别地, 当 $\Gamma_0 \subset \Gamma$ 且 $T > 0$ “充分大”, 我们有估计式 (1.174) 吗?

2 混合型边界条件的控制

2.1 导向

此处, 我们所感兴趣的是, 混合了 Dirichlet 和 Neumann 型边界条件的波动方程的精确能控性. 更加精确地, 我们在一部分边界上施加 Neumann 型的作用, 并且在另一部分边界上设置齐次的 Dirichlet 条件.

因而, 设 Ω 是 $\mathbb{R}^n$, $n \geqslant 1$ 中的有界区域, 其边界 Γ 是 C^2 阶的且 Γ_0 是边界 Γ 的非空开子集.

考察波动方程

$$y'' - \Delta y = 0 \quad 在\ Q\ 内, \tag{2.1}$$

所带的边界条件为

$$\begin{cases} \dfrac{\partial y}{\partial \nu} = v & 在\ \Sigma_0 = \Gamma_0 \times (0, T)\ 上, \\ y = 0 & 在\ \Sigma \backslash \Sigma_0\ 上 \end{cases} \tag{2.2}$$

以及初始条件

$$y(0) = y^0,\ y'(0) = y^1. \tag{2.3}$$

我们研究这个系统的精确能控性, 因而, 对固定的 (充分大的) $T > 0$ 和在一个合适 Hilbert 空间中给定的初始值, 我们寻找控制 v, 使得 (2.1)(2.2)(2.3) 的解 $y = y(v)$ 满足 $y(T) = y'(T) = 0$.

当 $\Gamma_0 = \Gamma$ 时, 我们回到了前面第一章中研究过的 Neumann 型控制的情形. 因而我们关注的是 $\Gamma_0 \subset \Gamma$, $\Gamma_0 \neq \Gamma$ 且 $\Gamma_0 \neq \varnothing$ 的情形.

我们采用借助于乘子法的 HUM, 来解决这个问题.

对下面两种情形, 必须时刻加以区分:

(i) $\bar{\Gamma}_0 \cap \{\Gamma\backslash\Gamma_0\} = \varnothing$, 也就是说, 这种情形基本上就是 $\Omega = \Omega_0\backslash\bar{\Omega}_1$, 且 $\Gamma_0 = \partial\Omega_0$, $\Gamma\backslash\Gamma_0 = \partial\Omega_1$, Ω_0 和 Ω_1 是两个 C^2 阶的非空开集, 满足 $\bar{\Omega}_1 \subset \Omega_0$.

在这种情形下, 如果 $\partial\Omega_1 \subset \Gamma_*(x^0)$ (也即 Ω_1 关于 x^0 是星形的, 参见下面的图 3.1), 乘子法的使用在此没有任何困难.

(ii) $\bar{\Gamma}_0 \cap \{\Gamma\backslash\Gamma_0\} \neq \varnothing$.

与前面的情形不同, 在这种情况中, 对开集 Ω 没有提出任何几何条件, 并且乘子法的使用将会遇到额外的困难.

更加精确地, 相应的齐次问题的解的正则性不会超过某个阈值, 即使初始值非常正则. 这个现象源于在 $\bar{\Gamma}_0 \cap \{\Gamma\backslash\Gamma_0\}$ 的顶点处奇异性的出现, 这些点是混合边界条件发生的地方, 这个现象妨碍了乘子法的使用.

我们仅仅考察维数 $n = 2$ 的情形, 此时我们有 P. GRISVARD [3] 的一个结果 (它证明了通常用乘子法得到的恒等式变成了不等式!), 它能够推出反向不等式, 如果我们取 $\Gamma_0 = \Gamma(x^0)$, 因而 $\Gamma\backslash\Gamma_0 = \Gamma_*(x^0)$.

我们演示的方法是具有一般性的, 但是要将它推广到维数 $n > 2$ 的情形, 就必须将上面所说的 P. GRISVARD [3] 的结果加以推广. 这种推广好像还是一个未解决的问题. ■

本节的路线图如下:

——在第 2.2 节, 我们介绍有关带有齐次混合边界条件的波动方程解的存在唯一性的一些经典结果;

——在第 2.3, 2.4 和 2.5 节, 我们研究情形 (i), 这样我们也就是对开集 Ω 设置了几何条件.

——在第 2.6 节, 在维数 $n = 2$ 的情形, 我们处理一般的情形 (ii).

我们在第 2.7 节用几个注解作为结束.

2.2 波动方程的一些回顾

为了读者的方便, 我们在此给出有关下面问题的解的存在性和正则性的一些经典结果:

$$\begin{cases} \theta'' - \Delta\theta = f & \text{在 } Q \text{ 内}, \\ \dfrac{\partial\theta}{\partial\nu} = 0 & \text{在 } \Sigma_0 = \Gamma_0 \times (0,T) \text{ 上}, \\ \theta = 0 & \text{在 } \Sigma\backslash\Sigma_0 \text{ 上}, \\ \theta(0) = \theta^0,\ \theta'(0) = \theta^1 & \text{在 } \Omega \text{ 内}, \end{cases} \tag{2.4}$$

其中 Γ_0 是 Γ 的任意非空子集.

我们首先介绍一些记号.

我们记

$$V = \{\phi \in H^1(\Omega) | \phi = 0 \text{ 在 } \Gamma\backslash\Gamma_0 \text{ 上}\}. \tag{2.5}$$

我们提醒一下, 由于 $\Gamma_0 \neq \Gamma$, 范数 $|\nabla\phi| = \|\nabla\phi\|_{\{L^2(\Omega)\}^n}$ 在 V 上与由 $H^1(\Omega)$ 引出的范数是等价的.

我们接着考察算子 $A = -\Delta$, 其定义域为

$$D(A) = \{\phi \in V | \Delta\phi \in L^2(\Omega), \frac{\partial\theta}{\partial\nu} = 0 \text{ 在 } \Gamma_0 \text{ 上}\}. \tag{2.6}$$

赋予它自然范数

$$\|\phi\|_{D(A)} = (|\nabla\phi|^2 + |\Delta\phi|^2)^{1/2}. \tag{2.7}$$

我们有下面的结果

引理 2.1 设 Ω 是 $\mathbb{R}^n, n \geqslant 1$ 中的有界区域, 其边界 Γ 是 Lipschitz 的. 那么

(a) 对数值

$$\{\theta^0, \theta^1, f\} \in V \times L^2(\Omega) \times L^1(0,T; L^2(\Omega)) \tag{2.8}$$

(2.4) 有唯一解 θ, 使得

$$\theta \in C(0,T;V) \cap C^1(0,T;L^2(\Omega)). \tag{2.9}$$

此外, 映射 $\{\theta^0, \theta^1, f\} \to \{\theta, \theta'\}$ 关于相应的拓扑是连续的.

(b) 对数值

$$\{\theta^0, \theta^1, f\} \in D(A) \times V \times L^1(0,T;V) \tag{2.10}$$

(2.4) 的解 θ 的函数类为

$$\theta \in C(0,T;D(A)) \cap C^1(0,T;V). \tag{2.11}$$

映射 $\{\theta^0, \theta^1, f\} \to \{\theta, \theta'\}$ 关于相应的拓扑是连续的. ■

注 2.1 设 $\bar{\Gamma}_0 \cap \{\Gamma \backslash \Gamma_0\} = \varnothing$. 那么, 若 Ω 的边界 Γ 是 C^2 阶的, 我们有

$$D(A) \subset H^2(\Omega) \tag{2.12}$$

且范数 $\|\cdot\|_{D(A)}$ 和 $\|\cdot\|_{H^2(\Omega)}$ 在 $D(A)$ 上是等价的.

现在考察 $\bar{\Gamma}_0 \cap \{\Gamma \backslash \Gamma_0\} \neq \varnothing$ 的情形. 情况变得很不同. 即使边界 Γ 是 C^2 阶的, 包含关系 (2.12) 不再正确. 事实上, 对每个 $\phi \in D(A)$, 我们有下面形式的分解

$$\phi = \phi_R + \phi_S, \tag{2.13}$$

其中 $\phi_R \in H^2(\Omega)$, $\phi_S \notin H^2(\Omega)$, 这个函数在 $\bar{\Gamma}_0$ 和 $\Gamma \backslash \Gamma_0$ 的交点处是有奇性的 (参见 P. GRISVARD [1] 和 [3] 对这些问题的详细研究). ■

注 2.2 设

$$f \in W^{-1,1}(0,T;V), \tag{2.14}$$

也就是说

$$f = \frac{\mathrm{d}g}{\mathrm{d}t},\ g \in L^1(0,T;V). \tag{2.15}$$

那么对初始值 $\{\theta^0,\theta^1\} \in V \times L^2(\Omega)$, 在 $C(0,T;V)$ 中 (2.4) 存在唯一解. 此外, 迹 $\theta'(T)$ 合适地定义在空间 $L^2(\Omega)$ 中, 且映射 $\{\theta^0,\theta^1,f\} \to \{\theta,\theta'(T)\}$ 关于相应的拓扑是连续的.

当

$$f \in W^{-1,1}(0,T;D(A)) \tag{2.16}$$

且初始值取自 $D(A)\times V$, 解是属于 $C(0,T;D(A))$, 还有 $\theta'(T) \in V$. 我们再一次有对数值的连续依赖性.

这些结论的证明与第一章中对边界条件是 Dirichlet 型的情形时给出的证明是相似的. ■

现在考察齐次方程

$$\begin{cases} \Phi'' - \Delta\Phi = 0 & \text{在 } Q \text{ 内},\\ \dfrac{\partial\Phi}{\partial\nu} = 0 & \text{在 } \Sigma_0 = \Gamma_0 \times (0,T) \text{ 上},\\ \Phi = 0 & \text{在 } \Sigma\backslash\Sigma_0 \text{ 上},\\ \Phi(0) = \Phi^0,\ \Phi'(0) = \Phi^1 & \text{在 } \Omega \text{ 内} \end{cases} \tag{2.17}$$

以及相应的能量

$$E(t) = \frac{1}{2}(|\nabla\Phi(t)|^2 + |\Phi'(t)|^2), \quad \forall t \in [0,T]. \tag{2.18}$$

我们有下面的能量守恒定律:

引理 2.2 设 Ω 是 $\mathbb{R}^n$, $n \geqslant 1$ 中的有界区域, 其边界 Γ 是 Lipschitz 的.

那么, 对 (2.17) 的所有的弱解 Φ (这相应于 $\{\Phi^0,\Phi^1\} \in V \times L^2(\Omega)$), 能量沿着轨道是常量, 也即

$$E(t) = E_0 = \frac{1}{2}(|\nabla\Phi^0|^2 + |\Phi^1|^2), \quad \forall t \in [0,T]. \tag{2.19}$$

■

2.3 带有几何条件的精确能控性 (I)

我们给定有界区域 $\Omega \subset \mathbb{R}^n$, $n \geqslant 2$, 其边界是 C^2 阶的, 满足

$$\begin{aligned} &\Omega = \Omega_0\backslash\bar{\Omega}_1, \text{ 其中 } \Omega_0 \text{ 和 } \Omega_1 \text{ 为两个有界区域, 它们的边界都是 } C^2 \text{ 阶的},\\ &\Omega_1 \text{关于某一点 } x^0 \in \Omega_1 \subset \Omega_0 \text{ 是星形的, 且 } \bar{\Omega}_1 \subset \Omega_0. \end{aligned} \tag{2.20}$$

下面的图 3.1 演示了这种情形:

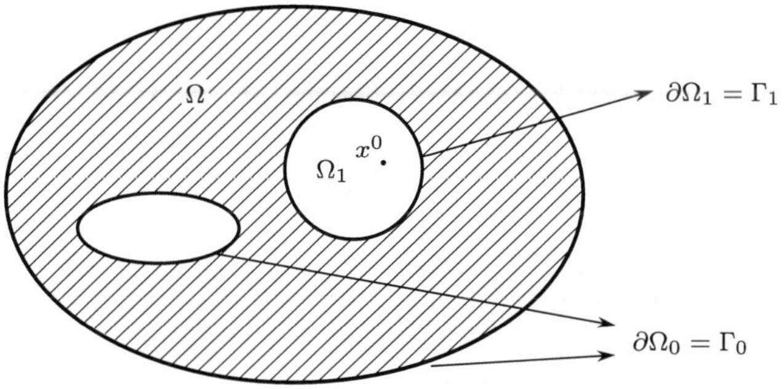

图 3.1

因而 Ω 的边界 Γ 是由两个不相交的部分组成: $\Gamma_0 = \partial\Omega_0$ 和 $\Gamma_1 = \partial\Omega_1$.

我们定义 $\nu(x)$ 为单位向量, 指向 Ω 的外侧 (因而在 Γ_1 上指向 Ω_1 的内侧). 我们像通常那样定义

$$\begin{aligned} &m(x) = x - x^0,\ R(x^0) = \max_{x\in\bar{\Omega}} |m(x)| \text{ 以及} \\ &\Gamma(x^0) = \{x \in \Gamma | m \cdot \nu > 0\},\ \Gamma_*(x^0) = \Gamma \backslash \Gamma(x^0). \end{aligned} \tag{2.21}$$

因而, 我们有

$$\Gamma_1 = \partial\Omega_1 \subset \Gamma_*(x^0). \tag{2.22}$$

注 2.3 我们没有假设 Ω 关于 x^0 是星形的!

我们甚至也没有假设 Ω_0 是单连通的! 因而 Ω 可以有区别于 Ω_1 的 "洞" (参见图 3.1).

Ω_1 关于 x^0 是星形的这一事实是非常重要的, 这样一来我们在 $\Sigma_1 = \Gamma_1 \times (0,T)$ 上就能够有一个齐次的 Dirichlet 条件: $y = 0$. ■

注 2.4 我们在后面将要做的所有的事都能够以平凡的方式应用到下面这种情形

$\Omega = (a,b) \subset \mathbb{R}$ 以及 $\Gamma_0 = \{a\}$ (或者 $\Gamma_0 = \{b\}$) 且 $\Gamma_1 = \{b\}$ (或者 $\Gamma_1 = \{a\}$). ■

我们首先考察带有齐次边界条件的问题:

$$\begin{cases} \theta'' - \Delta\theta = f & \text{在 } Q \text{ 内}, \\ \dfrac{\partial\theta}{\partial\nu} = 0 & \text{在 } \Sigma_0 = \Gamma_0 \times (0,T) \text{ 上}, \\ \theta = 0 & \text{在 } \Sigma_1 = \Gamma_1 \times (0,T) \text{ 上}, \\ \theta(0) = \theta^0,\ \theta'(0) = \theta^1 & \text{在 } \Omega \text{ 内}. \end{cases} \tag{2.23}$$

我们有下面的恒等式:

引理 2.3 设 $q \in (W^{1,\infty}(\Omega))^n$. 那么对方程 (2.23) 的所有弱解 θ, 下面的恒等式成立

$$
\begin{aligned}
&\frac{1}{2}\int_{\Sigma_0} q_k\nu_k(|\theta'|^2 - |\nabla_\sigma\theta|^2)\mathrm{d}\Sigma + \frac{1}{2}\int_{\Sigma_1} q_k\nu_k|\frac{\partial\theta}{\partial\nu}|^2\mathrm{d}\Sigma \\
=&(\theta'(t), q_k\frac{\partial\theta}{\partial x_k}(t))|_0^T + \frac{1}{2}\int_Q \frac{\partial q_k}{\partial x_k}(|\theta'|^2 - |\nabla\theta|^2)\mathrm{d}x\mathrm{d}t \\
&+\int_Q \frac{\partial q_k}{\partial x_j}\frac{\partial\theta}{\partial x_j}\frac{\partial\theta}{\partial x_k}\mathrm{d}x\mathrm{d}t - \int_Q f q_k\frac{\partial\theta}{\partial x_k}\mathrm{d}x\mathrm{d}t.
\end{aligned}
\tag{2.24}
$$
■

证明 证明与引理 1.3 的证明类似. 我们首先对强解建立恒等式, 也就是说对值 $\{\theta^0, \theta^1, f\} \in D(A)\times V\times L^1(0,T;V)$. 由于边界的分支 Γ_0 和 Γ_1 是不相交的, 为了得到恒等式 (2.24), 解 θ 是足够正则的 (我们已经做出了 $\theta \in C(0,T;H^2(\Omega))\cap C^1(0,T;V)$), 为此我们用数量函数 $q_k\dfrac{\partial\theta}{\partial x_k}$ 乘方程 (2.23), 并在 Q 上积分.

由此, 我们再对弱解建立恒等式, 这只要利用通常的稠密性方法. ■

现在考察齐次方程

$$
\begin{cases}
\Phi'' - \Delta\Phi = 0 & \text{在 } Q \text{ 内}, \\
\dfrac{\partial\Phi}{\partial\nu} = 0 & \text{在 } \Sigma_0 = \Gamma_0\times(0,T) \text{ 上}, \\
\Phi = 0 & \text{在 } \Sigma_1 \text{ 上}, \\
\Phi(0) = \Phi^0,\ \Phi'(0) = \Phi^1 & \text{在 } \Omega \text{ 内}.
\end{cases}
\tag{2.25}
$$

我们应用恒等式 (2.24), 并选取 $q = m$. 我们得到,

$$
\begin{aligned}
&\frac{1}{2}\int_{\Sigma_0} m_k\nu_k(|\Phi'|^2 - |\nabla_\sigma\Phi|^2)\mathrm{d}\Sigma + \frac{1}{2}\int_{\Sigma_1} m_k\nu_k|\frac{\partial\Phi}{\partial\nu}|^2\mathrm{d}\Sigma \\
=&(\Phi'(t), m_k\frac{\partial\Phi}{\partial x_k}(t))|_0^T + \frac{n}{2}\int_Q (|\Phi'|^2 - |\nabla\Phi|^2)\mathrm{d}x\mathrm{d}t + \int_Q |\nabla\Phi|^2\mathrm{d}x\mathrm{d}t.
\end{aligned}
\tag{2.26}
$$

在 Σ_1 上, 我们有 $m_k\nu_k \leqslant 0$, 因而:

$$
\begin{aligned}
&(\Phi'(t), m_k\frac{\partial\Phi}{\partial x_k}(t))|_0^T + \frac{1}{2}\int_Q (|\Phi'|^2 + |\nabla\Phi|^2)\mathrm{d}x\mathrm{d}t \\
&+\frac{n-1}{2}\int_Q (|\Phi'|^2 - |\nabla\Phi|^2)\mathrm{d}x\mathrm{d}t \leqslant \frac{1}{2}\int_{\Sigma_0} m_k\nu_k(|\Phi'|^2 - |\nabla_\sigma\Phi|^2)\mathrm{d}\Sigma,
\end{aligned}
\tag{2.27}
$$

再由能量守恒定律

$$
\begin{aligned}
&TE_0 + \frac{n-1}{2}\int_Q (|\Phi'|^2 - |\nabla\Phi|^2)\mathrm{d}x\mathrm{d}t + (\Phi'(t), m_k\frac{\partial\Phi}{\partial x_k}(t))|_0^T \\
\leqslant&\frac{1}{2}\int_{\Sigma_0} m_k\nu_k(|\Phi'|^2 - |\nabla_\sigma\Phi|^2)\mathrm{d}\Sigma.
\end{aligned}
\tag{2.28}
$$

此外, 方程 $(2.25)_1$ 乘以 Φ, 像通常一样, 我们可得

$$\int_Q (|\Phi'|^2 - |\nabla\Phi|^2)\mathrm{d}x\mathrm{d}t = (\Phi(t), \Phi'(t))|_0^T, \tag{2.29}$$

这与 (2.28) 结合起来, 可得

$$\begin{aligned} &TE_0 + (\Phi'(t), m_k \frac{\partial \Phi}{\partial x_k}(t) + \frac{n-1}{2}\Phi(t))|_0^T \\ \leqslant &\frac{1}{2}\int_{\Sigma_0} m_k\nu_k(|\Phi'|^2 - |\nabla_\sigma \Phi|^2)\mathrm{d}\Sigma. \end{aligned} \tag{2.30}$$

继而, 利用引理 1.4 的方法, 我们得到

$$\begin{aligned} &(\Phi'(t), m_k \frac{\partial \Phi}{\partial x_k}(t) + \frac{n-1}{2}\Phi(t))|_0^T \\ \leqslant &2R(x^0)E_0 - \frac{n^2-1}{8R(x^0)}(|\Phi(0)|^2 + |\Phi(T)|^2) + \frac{n-1}{4R(x^0)}\int_{\Gamma_0} m_k\nu_k(|\Phi(0)|^2 + |\Phi(T)|^2)\mathrm{d}\Gamma \\ \leqslant &2R(x^0)E_0 + \frac{n-1}{4R(x^0)}\int_{\Gamma_0} m_k\nu_k(|\Phi(0)|^2 + |\Phi(T)|^2)\mathrm{d}\Gamma. \end{aligned} \tag{2.31}$$

因而, 我们证明了下面的估计式.

引理 2.4 设 $T > T(x^0) = 2R(x^0)$. 那么, 存在常数 $C > 0$, 使得

$$E_0 \leqslant C(\int_{\Sigma_0} m\cdot\nu(|\Phi'|^2 - |\nabla_\sigma\Phi|^2)\mathrm{d}\Sigma + \int_{\Gamma_0} m\cdot\nu(|\Phi(0)|^2 + |\Phi(T)|^2)\mathrm{d}\Gamma) \tag{2.32}$$

对所有 (2.25) 的弱解 Φ 成立. ■

注 2.5 前面的计算, 提供了关于 C 的一个精确估计. ■

我们进一步记

$$\Gamma_0^* = \Gamma_0 \cap \Gamma_*(x^0),\ \Sigma_0^* = \Gamma_0^* \times (0, T). \tag{2.33}$$

从 (2.32), 我们可直接推出

$$E_0 \leqslant C(\int_{\Sigma(x^0)} |\Phi'|^2\mathrm{d}\Sigma + \int_{\Sigma_0^*} |\nabla_\sigma\Phi|^2\mathrm{d}\Sigma + \int_{\Gamma(x^0)} (|\Phi(0)|^2 + |\Phi(T)|^2)\mathrm{d}\Gamma), \tag{2.34}$$

再从下面的事实

$$\int_{\Gamma(x^0)} (|\Phi(0)|^2 + |\Phi(T)|^2)\mathrm{d}\Sigma \leqslant C\int_{\Sigma(x^0)} (|\Phi|^2 + |\Phi'|^2)\mathrm{d}\Sigma \tag{2.35}$$

我们得到下面的结论

定理 2.1 (反向不等式) 设 $T > T(x^0) = 2R(x^0)$. 那么存在 $C > 0$, 使得

$$E_0 \leqslant C(\int_{\Sigma(x^0)} (|\Phi|^2 + |\Phi'|^2)\mathrm{d}\Sigma + \int_{\Sigma_0^*} |\nabla_\sigma\Phi|^2\mathrm{d}\Sigma) \tag{2.36}$$

对所有 (2.25) 的强解 Φ 成立.

注 2.6 估计式 (2.36) 仅仅先验地对方程 (2.25) 的强解成立 (那些对应的值 $\{\Phi^0, \Phi^1\} \in D(A) \times V$), 因为这个不等式的右端对于弱解来说, 原则上是没有定义的. ■

推论 2.1 若开集 Ω 满足 Ω_0 关于 x^0 是星形的, 那么对于 $T > T(x^0)$, 我们有

$$E_0 \leqslant C \int_{\Sigma(x^0)} (|\Phi|^2 + |\Phi'|^2) \mathrm{d}\Sigma. \tag{2.37}$$

■

证明 若 Ω_0 关于 x^0 是星形的, 我们有 $\Gamma_0 = \Gamma(x^0)$, 因而 $\Gamma_0^* = \varnothing$. 那么 (2.37) 是 (2.36) 的直接结果. ■

注 2.7 从引理 2.4 的估计式 (2.32), 我们可得到下面的唯一性定理:

若 $T > T(x^0)$, Φ 是 (2.25) 的弱解满足

$$\begin{aligned} &|\nabla_\sigma \Phi| \geqslant |\Phi'| \quad 在\ \Sigma(x^0)\ 上, \quad |\nabla_\sigma \Phi| \leqslant |\Phi'| \quad 在\ \Sigma_0^*\ 上, \\ &\Phi(0) = \Phi(T) = 0 \quad 在\ \Gamma(x^0)\ 上, \end{aligned} \tag{2.38}$$

那么 $\Phi \equiv 0$. ■

注 2.8 定理 2.1 的估计式 (2.36) 同样意味着一个唯一性定理, 也就是

$$\begin{aligned} &若\ T > T(x^0),\ \Phi\ 是\ (2.25)\ 的强解满足 \\ &\Phi = 0 \quad 在\ \Sigma(x^0)\ 上, \quad \nabla_\sigma \Phi = 0 \quad 在\ \Sigma_0^*\ 上, \end{aligned} \tag{2.39}$$

那么 $\Phi \equiv 0$. ■

我们得到了这个定理, 其实这个唯一性结论是第一章推论 5.1 的结果. 事实上, 若 Φ 满足在 $\Sigma(x^0)$ 上 $\Phi = 0$, 且在 Σ_0^* 上 $\nabla_\sigma \Phi = 0$, 我们显然有在 Σ_0 上 $\Phi = 0$.

我们因而有

$$\Phi = 0 \quad 在\ \Sigma\ 上, \quad \frac{\partial \Phi}{\partial \nu} = 0 \quad 在\ \Sigma_0\ 上,$$

第一章推论 5.1 就可应用了. ■

从定理 2.1 的反向不等式, 由 HUM, 我们得到下面的精确能控性结论 (我们回忆一下: $V = \{\phi \in H^1(\Omega) | \phi = 0\ 在\ \Gamma_1\ 上\}$).

定理 2.2 设 Ω 是 $\mathbb{R}^n$, $n \geqslant 1$ 中的有界区域, 满足 (2.20). 设 $T > T(x^0) = 2R(x^0)$.

那么, 对所有的初始值

$$\{y^0, y^1\} \in L^2(\Omega) \times V' \tag{2.40}$$

存在控制

$$v = \begin{cases} v_1 & 在\ \Sigma(x^0)\ 上, \\ v_2 & 在\ \Sigma_0^*\ 上 \end{cases} \tag{2.41}$$

满足

$$v_1 \in (H^1(0,T;L^2(\Gamma(x^0))))',\ v_2 \in L^2(0,T;(H^1(\Gamma_0^*))'),\tag{2.42}$$

使得下面方程组的解 $y = y(v)$

$$\begin{cases} y'' - \Delta y = 0 & \text{在 } Q \text{ 内},\\ \dfrac{\partial y}{\partial \nu} = v & \text{在 } \Sigma_0 \text{ 上},\\ y = 0 & \text{在 } \Sigma_1 \text{ 上},\\ y(0) = y^0,\ y'(0) = y^1 & \text{在 } \Omega \text{ 内}\end{cases}\tag{2.43}$$

满足 $y(T) = y'(T) = 0$. ■

在给出这个定理的证明之前, 先注意一下下面的结论.

推论 2.2 设给定 Ω 满足 (2.20), 且 Ω_0 关于 x^0 是星形的. 那么, 对所有的初始值 $\{y^0, y^1\} \in L^2(\Omega) \times V'$, 存在控制

$$v \in (H^1(0,T;L^2(\Gamma_0)))'\tag{2.44}$$

使得 (2.43) 的解 $y = y(v)$ 满足 $y(T) = y'(T) = 0$. ■

定理 2.2 的证明 证明与定理 1.2 的证明类似. 它依赖于 HUM 方法. 我们首先解齐次问题

$$\begin{cases} \Phi'' - \Delta \Phi = 0 & \text{在 } Q \text{ 内},\\ \dfrac{\partial \Phi}{\partial \nu} = 0 & \text{在 } \Sigma_0 \text{ 上},\\ \Phi = 0 & \text{在 } \Sigma_1 \text{ 上},\\ \Phi(0) = \Phi^0,\ \Phi'(0) = \Phi^1 & \text{在 } \Omega \text{ 内},\end{cases}\tag{2.45}$$

其中初始值 $\{\Phi^0, \Phi^1\} \in D(A) \times V$.

我们定义范数 (合法性由反向不等式保证)

$$\|\{\Phi^0, \Phi^1\}\|_F := \Big(\int_{\Sigma(x^0)} (|\Phi|^2 + |\Phi'|^2)\mathrm{d}\Sigma + \int_{\Sigma_0^*} |\nabla_\sigma \Phi|^2 \mathrm{d}\Sigma\Big)^{1/2}.\tag{2.46}$$

我们构造 Hilbert 空间 F

$$F = D(A) \times V \text{ 关于范数 } \|\cdot\|_F \text{ 的完备化},\tag{2.47}$$

设 F' 是它的对偶 (不与 F 同构).

由 F 的构造, 我们看到,

$$\{\Phi^0, \Phi^1\} \in F \Leftrightarrow \int_{\Sigma(x^0)} (|\Phi|^2 + |\Phi'|^2)\mathrm{d}\Sigma + \int_{\Sigma_0^*} |\nabla_\sigma \Phi|^2 \mathrm{d}\Sigma < +\infty,\tag{2.48}$$

另外, 由反向不等式,

$$F \subset V \times L^2(\Omega), \quad V' \times L^2(\Omega) \subset F'. \tag{2.49}$$

继而我们考察反向问题

$$\begin{cases} \psi'' - \Delta\psi = 0 & \text{在 } Q \text{ 内}, \\ \dfrac{\partial\psi}{\partial\nu} = \begin{cases} -\Phi + \dfrac{\partial}{\partial t}(\Phi') & \text{在 } \Sigma(x^0) \text{ 上}, \\ \Delta_{\Gamma_*(x^0)}\Phi & \text{在 } \Sigma_0^* \text{ 上}, \end{cases} \\ \psi = 0 & \text{在 } \Sigma_1 \text{ 上}, \\ \psi(T) = \psi'(T) = 0 & \text{在 } \Omega \text{ 内}. \end{cases} \tag{2.50}$$

导数 $\dfrac{\partial(\Phi')}{\partial t}$ 是取在空间 $H^1(0,T;L^2(\Gamma(x^0)))$ 和它的对偶空间的, 对偶意义下的, 也就是说

$$< \frac{\partial}{\partial t}(\Phi'), v >= -\int_{\Sigma(x^0)} \Phi' v' \mathrm{d}\Sigma, \quad \forall v \in H^1(0,T;L^2(\Gamma(x^0))). \tag{2.51}$$

$\Delta_{\Gamma_*(x^0)}\Phi \in L^2(0,T;(H^1(\Gamma_0^*))')$ 也是同样的, 因为 $\Phi \in L^2(0,T;H^1(\Gamma_0^*))$. (2.49) 的解 ψ 是用转置的方法定义的. 我们因而考察共轭问题

$$\begin{cases} \theta'' - \Delta\theta = f & \text{在 } Q \text{ 内}, \\ \dfrac{\partial\theta}{\partial\nu} = 0 & \text{在 } \Sigma_0 \text{ 上}, \\ \theta = 0 & \text{在 } \Sigma_1 \text{ 上}, \\ \theta(0) = \theta^0,\ \theta'(0) = \theta^1 & \text{在 } \Omega \text{ 内}, \end{cases} \tag{2.52}$$

我们说 ψ 是 (2.50) 的解, 如果

$$\begin{aligned} &\int_Q \psi f \mathrm{d}x\mathrm{d}t + < \psi(0), \theta^1 > - < \psi'(0), \theta^0 >= -\int_{\Sigma(x^0)} (\Phi\theta + \Phi'\theta')\mathrm{d}\Sigma \\ &- \int_{\Sigma_0^*} \nabla_\sigma\Phi \cdot \nabla_\sigma\theta \mathrm{d}\Sigma, \quad \forall\{\theta^0, \theta^1, f\} \in D(A) \times V \times L^1(0,T;V). \end{aligned} \tag{2.53}$$

用前一节引理 1.5 的方法, 我们可证, 在 (2.53) 的意义下, (2.50) 存在唯一的解 ψ 满足

$$\begin{aligned} &\psi \in L^\infty(0,T;V') \cap W^{1,\infty}(0,T;(D(A))'), \\ &\{\psi'(0), -\psi(0)\} \in F'. \end{aligned} \tag{2.54}$$

我们定义线性算子

$$\Lambda\{\Phi^0, \Phi^1\} = \{\psi'(0), -\psi(0)\}. \tag{2.55}$$

由 (2.53) 我们有

$$< \Lambda\{\Phi^0, \Phi^1\}, \{\Phi^0, \Phi^1\} > = < \psi'(0), \Phi^0 > - < \psi(0), \Phi^1 >$$
$$= \int_{\Sigma(x^0)} (|\Phi|^2 + |\Phi'|^2)\mathrm{d}\Sigma + \int_{\Sigma_0^*} |\nabla_\sigma \Phi|^2 \mathrm{d}\Sigma = \|\{\Phi^0, \Phi^1\}\|_F^2. \tag{2.56}$$

那么算子 Λ 定义了从 F 到 F' 的一个同构.

由 (2.49), 对每一个初始值 $\{y^0, y^1\} \in L^2(\Omega) \times V'$, 方程

$$\Lambda\{\Phi^0, \Phi^1\} = \{y^1, -y^0\} \tag{2.57}$$

有唯一的解 $\{\Phi^0, \Phi^1\} \in F$, 控制

$$\frac{\partial \psi}{\partial \nu} = \begin{cases} -\Phi + \dfrac{\partial}{\partial t}(\Phi') & \text{在 } \Sigma(x^0) \text{ 上}, \\ \Delta_{\Gamma_*(x^0)}\Phi & \text{在 } \Sigma_0^* = \Sigma_0 \cap \Sigma_*(x^0) \text{ 上}, \end{cases} \tag{2.58}$$

其中 Φ 为 (2.45) 的相应的初始值满足 (2.57) 的解, 就能解决我们的问题. ■

注 2.9 我们实际上已经证明了对所有满足 $\{y^1, -y^0\} \in F'$ 的数对 $\{y^0, y^1\}$ 的精确能控性.

由 (2.49), 我们有 $V' \times L^2(\Omega) \subset F'$.

无疑地, 由引理 2.1, 我们同样有

$$D(A) \times V \subset F, \quad F' \subset (D(A))' \times V'. \tag{2.59}$$

与注 1.14 一样, 我们稍微走得远一点, 可以证明

$$D(A^{(1+s)/2}) \times V_s \subset F, \quad F' \subset (D(A^{(1+s)/2}))' \times V_s', \quad \forall s > \frac{1}{2}, \tag{2.60}$$

其中 $V_s = \{\phi \in H^s(\Omega) | \phi = 0 \quad \text{在 } \Gamma_1 \text{ 上}\}$. ■

注 2.10 解 $y = y(v)$ 是在用转置的方法给出的, 在弱的意义下满足方程.

我们考察转置问题

$$\begin{cases} \theta'' - \Delta\theta = f & \text{在 } Q \text{ 内}, \\ \dfrac{\partial \theta}{\partial \nu} = 0 & \text{在 } \Sigma_0 \text{ 上}, \\ \theta = 0 & \text{在 } \Sigma_1 \text{ 上}, \\ \theta(T) = \theta^0, \ \theta'(T) = \theta^1 & \text{在 } \Omega \text{ 内}. \end{cases} \tag{2.61}$$

那么解 $y = y(v)$ 满足

$$\begin{aligned} &\int_Q y f \mathrm{d}x\mathrm{d}t + < y^0, \theta'(0) > - < y^1, \theta(0) > = - \int_{\Sigma(x^0)} (\Phi\theta + \Phi'\theta')\mathrm{d}\Sigma \\ &- \int_{\Sigma_0^*} \nabla_\sigma \Phi \cdot \nabla_\sigma \theta \mathrm{d}\Sigma, \quad \forall \{\theta^0, \theta^1, f\} \in D(A) \times V \times L^1(0, T; V). \end{aligned} \tag{2.62}$$

由引理 2.1 和注 2.2, 我们能够证明, 这个问题存在唯一的解 y, 例如属于函数类

$$y \in L^{\infty}(0,T;V') \cap W^{1,\infty}(0,T;(D(A))'). \tag{2.63}$$

我们稍微走得远一点 (参见注 1.13), 可以证明

$$\{y', -y\} \in L^{\infty}(0,T;F'). \tag{2.64}$$

由 (2.60), 特别地, 这意味着

$$y \in L^{\infty}(0,T;V_s') \cap W^{1,\infty}(0,T;(D(A^{(1+s)/2}))'), \quad \forall s > \frac{1}{2}. \tag{2.65}$$

当然, 在 (2.62) 式中, 积分 $\int_Q yf\mathrm{d}x\mathrm{d}t$ 应该理解为在 $L^{\infty}(0,T;V')$ 和 $L^1(0,T;V)$ 之间的对偶意义下. 同样, 括号 $<\cdot,\cdot>$ 表示 V 和 V' 之间的对偶. ■

定理 2.2 仅仅演示了精确能控性的一个示范结论. 我们能够用通常的改变范数的方法, 给出很多很多的变化. 在下面的 2.4 和 2.5 节中, 我们给出在推论 2.2 中考察过的两种变化, 它们分别相应于更强的范数和更弱的范数.

2.4 带有几何条件的精确能控性 (II). 更强的范数

此处我们置身于推论 2.2 所考察的情形中, 也就是说, 我们设 Ω 满足 (2.20), 且

$$\text{“}\,\Omega_0 \text{ 关于 } x^0 \text{ 是星形的.”} \tag{2.66}$$

我们因而有 (参见图 3.2)

$$\Gamma(x^0) = \Gamma_0 = \partial\Omega_0, \quad \Gamma_*(x^0) = \Gamma_1 = \partial\Omega_1. \tag{2.67}$$

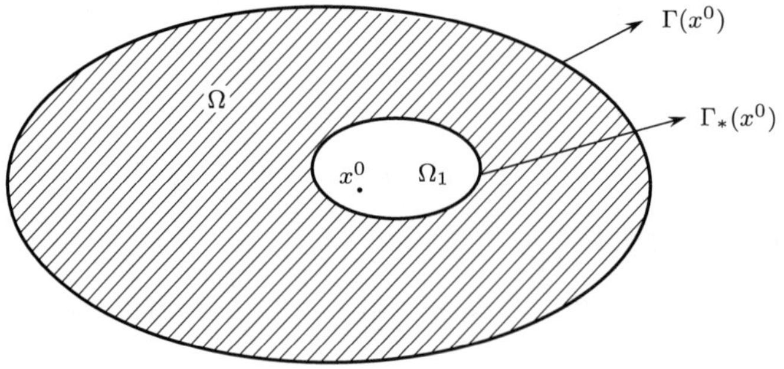

图 3.2

我们首先考察齐次问题

$$\begin{cases}\Phi''-\Delta\Phi=0 & \text{在 } Q \text{ 内},\\ \dfrac{\partial\Phi}{\partial\nu}=0 & \text{在 } \Sigma_0 \text{ 上},\\ \Phi=0 & \text{在 } \Sigma_1 \text{ 上},\\ \Phi(0)=\Phi^0,\ \Phi'(0)=\Phi^1 & \text{在 } \Omega \text{ 内}.\end{cases} \tag{2.68}$$

我们记

$$W=\{\phi\in D(A)|\Delta\phi\in V\}=D(A^{3/2}). \tag{2.69}$$

我们有下面的估计式.

定理 2.3 *存在 $C>0$ 使得*

$$\|\Phi^0\|_{D(A)}^2+|\nabla\Phi^1|^2\leqslant C\int_{\Sigma_0}(|\Phi'|^2+|\Phi''|^2)\mathrm{d}\Sigma \tag{2.70}$$

对所有相应于 $\{\Phi^0,\Phi^1\}\in W\times D(A)$ 的解 Φ 成立.

证明 证明与定理 1.4 的证明类似.

我们定义

$$w^0=\Phi^1\in D(A),\ w^1=\Delta\Phi^0\in V. \tag{2.71}$$

设 $w\in C(0,T;D(A))\cap C^1(0,T;V)$ 是下面问题的解

$$\begin{cases}w''-\Delta w=0 & \text{在 } Q \text{ 内},\\ \dfrac{\partial w}{\partial\nu}=0 & \text{在 } \Sigma_0 \text{ 上},\\ w=0 & \text{在 } \Sigma_1 \text{ 上},\\ w(0)=w^0,\ w'(0)=w^1 & \text{在 } \Omega \text{ 内}.\end{cases} \tag{2.72}$$

由推论 2.1, 我们有

$$|\nabla w^0|^2+|w^1|^2\leqslant C\int_{\Sigma_0}(|w|^2+|w'|^2)\mathrm{d}\Sigma. \tag{2.73}$$

我们注意到 $w=\Phi'$. 因此

$$|\Delta\Phi^0|^2+|\nabla\Phi^1|^2\leqslant C\int_{\Sigma_0}(|\Phi'|^2+|\Phi''|^2)\mathrm{d}\Sigma. \tag{2.74}$$

此外, 我们知道范数 $|\Delta\phi|$ 和 $\|\phi\|_{D(A)}$ 在 $D(A)$ 上是等价的, 由此, 就得到了本定理的结论. ■

继而, 我们有下面的精确能控性.

定理 2.4 设 Ω 满足 (2.20) 和 (2.66). 设 $T > T(x^0)$.
那么, 对所有的初始值

$$\{y^0, y^1\} \in V' \times (D(A))' \tag{2.75}$$

存在控制

$$v \in (H^2(0,T;L^2(\Gamma_0)))' \tag{2.76}$$

使得下面方程组的解 $y = y(v)$

$$\begin{cases} y'' - \Delta y = 0 & \text{在 } Q \text{ 内}, \\ \dfrac{\partial y}{\partial \nu} = v & \text{在 } \Sigma_0 \text{ 上}, \\ y = 0 & \text{在 } \Sigma_1 \text{ 上}, \\ y(0) = y^0,\ y'(0) = y^1 & \text{在 } \Omega \text{ 内} \end{cases} \tag{2.77}$$

满足 $y(T) = y'(T) = 0$. ■

证明 证明与定理 1.5 的证明类似. 我们应用 HUM 方法. 我们在此指出主要的思路.

这一次应该考察的范数是

$$\|\{\Phi^0, \Phi^1\}\|_F = \left(\int_{\Sigma_0} (|\Phi'|^2 + |\Phi''|^2)\mathrm{d}\Sigma\right)^{1/2}. \tag{2.78}$$

由 (2.70), 空间 F 为 $W \times D(A)$ 按这个范数的完备化满足

$$F \subset D(A) \times V, \tag{2.79}$$

因而

$$V' \times (D(A))' \subset F'. \tag{2.80}$$

继而, 我们考察反向问题

$$\begin{cases} \psi'' - \Delta \psi = 0 & \text{在 } Q \text{ 内}, \\ \dfrac{\partial \psi}{\partial \nu} = \dfrac{\partial}{\partial t}(\Phi') - \dfrac{\partial^2}{\partial t^2}(\Phi'') & \text{在 } \Sigma_0 \text{ 上}, \\ \psi = 0 & \text{在 } \Sigma_1 \text{ 上}, \\ \psi(T) = \psi'(T) = 0 & \text{在 } \Omega \text{ 内}, \end{cases} \tag{2.81}$$

导数 $\dfrac{\partial(\Phi')}{\partial t}$ (或 $\dfrac{\partial^2}{\partial t^2}(\Phi'')$) 是取在空间 $H^1(0,T;L^2(\Gamma_0))$ (或 $H^2(0,T;L^2(\Gamma_0))$) 和它的对偶空间的对偶意义下的.

用转置的方法, 我们可以验证, 在一个适当的弱的意义下, (2.81) 存在唯一的解 ψ, 满足

$$\{\psi'(0), -\psi(0)\} \in F'. \tag{2.82}$$

我们定义线性算子

$$\Lambda\{\Phi^0, \Phi^1\} = \{\psi'(0), -\psi(0)\}. \tag{2.83}$$

由恒等式可得

$$< \Lambda\{\Phi^0, \Phi^1\}, \{\Phi^0, \Phi^1\} >= \|\{\Phi^0, \Phi^1\}\|_F^2. \tag{2.84}$$

(我们就是为此才定义问题 (2.81) 的!) 我们看到算子 Λ 定义了从 F 到 F' 的一个同构.

对初始值 $\{y^1, -y^0\} \in F'$, 我们解方程

$$\Lambda\{\Phi^0, \Phi^1\} = \{y^1, -y^0\}, \tag{2.85}$$

而控制

$$v = \frac{\partial}{\partial t}(\Phi') - \frac{\partial^2}{\partial t^2}(\Phi'') \tag{2.86}$$

就能解决我们的问题. ■

2.5 带有几何条件的精确能控性 (III). 范数的弱化

我们仍然置身于前一节所考察的情形中. 因而我们设 Ω 满足 (2.20) 和 (2.66). 我们考察齐次问题 (2.68). 我们有下面的估计式.

定理 2.5 *若 $T > T(x^0)$, 存在 $C > 0$ 使得*

$$|\Phi^0|^2 + \|\Phi^1\|_{V'}^2 \leqslant C \int_{\Sigma_0} |\Phi|^2 \mathrm{d}\Sigma \tag{2.87}$$

对 (2.68) 所有的弱解 Φ 成立. ■

证明 由推论 2.1 我们有

$$E_0 \leqslant C \int_{\Sigma_0} (|\Phi|^2 + |\Phi'|^2) \mathrm{d}\Sigma. \tag{2.88}$$

我们考察范数

$$\|\{\Phi^0, \Phi^1\}\|_F = (\int_{\Sigma_0} (|\Phi|^2 + |\Phi'|^2) \mathrm{d}\Sigma)^{1/2} \tag{2.89}$$

和空间

$$F = D(A) \times V \text{ 关于范数 } \|\cdot\|_F \text{ 的完备化}. \tag{2.90}$$

我们有

$$F \subset V \times L^2(\Omega), \tag{2.91}$$

此外, 算子

$$F \to H^1(0,T;L^2(\Gamma_0)) \mid \{\Phi^0,\Phi^1\} \to \Phi \tag{2.92}$$

定义了 F 和 $H^1(0,T;L^2(\Gamma_0))$ 之间的一个同构.

此外, 我们知道, 对所有的 $f \in V'$, 问题

$$\begin{cases} -\Delta u = f & \text{在 } \Omega \text{ 内}, \\ \dfrac{\partial u}{\partial \nu} = 0 & \text{在 } \Gamma_0 \text{ 上}, \\ u = 0 & \text{在 } \Gamma_1 \text{ 上} \end{cases} \tag{2.93}$$

存在唯一的解 $u \in V$. 此外, 算子

$$T: \quad V' \to V \mid f \to Tf = u \tag{2.94}$$

定义了从 V' 到 V 的一个同构. 设 $S = T^{-1}$.

我们构造空间

$$F_1 = \{\{\Phi^1, S\Phi^0\} | \{\Phi^0,\Phi^1\} \in F\} \tag{2.95}$$

赋以自然的范数

$$\|\{w^0,w^1\}\|_{F_1} = \|\{\Phi^0,\Phi^1\}\|_F, \quad \text{若 } \{w^0,w^1\} = \{\Phi^1, S\Phi^0\}, \tag{2.96}$$

也就是说

$$\|\{w^0,w^1\}\|_{F_1} = \|\{Tw^1, w^0\}\|_F, \quad \forall \{w^0,w^1\} \in F_1. \tag{2.97}$$

由 (2.91), 我们有

$$F_1 \subset L^2(\Omega) \times V', \tag{2.98}$$

其嵌入是连续的.

我们记 w 为 (2.68) 相应于数值 $\{w^0,w^1\} \in F_1$ 的解.

继而我们构造空间

$$G = \{\text{当 } \{w^0,w^1\} \text{ 跑遍 } F_1 \text{ 时, 由迹 } w|_{\Sigma_0} \text{ 跑出的空间}\}. \tag{2.99}$$

赋予自然的 Hilbert 范数:

$$\|w|_{\Sigma_0}\|_G = \|\{w^0,w^1\}\|_{F_1}. \tag{2.100}$$

毫无疑问, 当 w 是 (2.68) 相应于数值 $\{w^0,w^1\}$ 的解时, 那么

$$\Phi(t) = \int_0^t w(s)\mathrm{d}s + Tw^1 \tag{2.101}$$

就是 (2.68) 相应于数值 $\{Tw^1, w^0\}$ 的解. 我们即刻有

$$w = \Phi', \tag{2.102}$$

且特别地

$$w \in C(0,T;L^2(\Omega)) \cap C^1(0,T;V'). \tag{2.103}$$

由 (2.92) 定义了一个同构的事实, 线性映射

$$F_1 \to L^2(\Sigma_0) \mid \{w^0, w^1\} \to w|_{\Sigma_0} = \Phi'|_{\Sigma_0} \tag{2.104}$$

是连续的满射. 为了证明 (2.104) 定义了从 F_1 到 $L^2(\Sigma_0)$ 的同构, 只要证明, 映射是单射就行了. 但事实上, 这是 Holmgren 定理的结果 (参见第一章定理 8.1).

因而, 映射 (2.104) 定义了从 F_1 到 $L^2(\Sigma_0)$ 的同构, 由 (2.98) 我们得到了 (2.87). ■

由这个估计, 借助于 HUM, 我们很容易得到下面的精确能控性结论.

定理 2.6 设 Ω 为 $\mathbb{R}^n$ 中的有界区域, 满足 (2.20) 和 (2.66). 设 $T > T(x^0)$. 那么, 对所有的初始值

$$\{y^0, y^1\} \in V \times L^2(\Omega) \tag{2.105}$$

存在控制

$$v \in L^2(\Sigma_0) \tag{2.106}$$

使得下面方程组的解 $y = y(v)$

$$\begin{cases} y'' - \Delta y = 0 & \text{在 } Q \text{ 内}, \\ \dfrac{\partial y}{\partial \nu} = v & \text{在 } \Sigma_0 \text{ 上}, \\ y = 0 & \text{在 } \Sigma_1 \text{ 上}, \\ y(0) = y^0,\ y'(0) = y^1 & \text{在 } \Omega \text{ 内} \end{cases} \tag{2.107}$$

满足 $y(T) = y'(T) = 0$. ■

注 2.11 前面的精确能控性结论, 演示了介于可控制的数值空间和控制空间的通常的关系. 我们证明了, 初始值的正则性越强 (或越弱), 相应的控制的正则性也越强 (或越弱). ■

2.6 不带有几何条件的精确能控性

本节中, 我们研究精确能控性时, 我们处理的系统, 对 Ω, 除了有边界正则性假设外, 没有其他的假设.

正如我们已经在第 2.1 节中指出过, 主要的困难在于, 相应的齐次问题的解不会超过某一个正则性的阈值, 应用乘子法的先决条件不充分, 甚至当初始值和区域都非常正则时也不行. 这个现象是源于在 Dirichlet 型和 Neumann 型的混合边界条件的交界面上出现的解的奇异性.

在前面几节中, 因为对 Ω 的几何性质设置了很强的限制条件, 这个困难得以避免, 也就是条件 (2.20), 它消除了碍事的交界面! ■

因而, 我们研究这一般的情形, 但是要求维数 $n=2$. 这样的话, 有一个结果, 可使我们施展乘子法, 这个结果是属于 P. GRISVARD [3] 和 [4] (参见下面的引理 2.5).

我们提出的思路是具有一般性的, 并且容易应用到维数 $n>2$ 的情形, 前提是, 我们有这一结果的推广. 但这是一个未解决的问题. ■

因而, 设 Ω 是 $\mathbb{R}^2$ 中的有界区域, 边界 Γ 是 C^2 阶的.

设 $x^0\in\mathbb{R}^2$, 考察边界的如下分解

$$\Gamma_0=\Gamma(x^0),\ \Gamma_1=\Gamma_*(x^0) \tag{2.108}$$

以及通常的记号 $m(x)=x-x^0$, $R(x^0)=\max\limits_{x\in\bar{\Omega}}|m(x)|$.

我们再一次记

$$V=\{\phi\in H^1(\Omega)|\phi=0\ 在\ \Gamma_*(x^0)\ 上\} \tag{2.109}$$

及

$$D(A)=\{\phi\in V|\Delta\phi\in L^2(\Omega),\frac{\partial\phi}{\partial\nu}=0\ 在\ \Gamma(x^0)\ 上\}. \tag{2.110}$$

我们有下面的结论.

引理 2.5 (P. GRISVARD [3] 和 [4]) 设 Ω 是 $\mathbb{R}^2$ 中的有界区域, 边界 Γ 是 C^2 阶的.

那么, 对所有的函数 $\phi\in D(A)$, 我们有不等式:

$$\int_\Omega\Delta\phi m_k\frac{\partial\phi}{\partial x_k}\mathrm{d}x\leqslant\frac{1}{2}\int_{\Gamma_*(x^0)}m_k\nu_k|\frac{\partial\phi}{\partial\nu}|^2\mathrm{d}\Gamma-\frac{1}{2}\int_{\Gamma(x^0)}m(x)\cdot\nu(x)|\nabla_\sigma\phi|^2\mathrm{d}\Gamma. \tag{2.111}$$

■

注 2.12 我们可以显式地计算出这个不等式左边和右边的差. 在这个差里, 出现了函数 ϕ 在 $\overline{\Gamma(x^0)}$ 和 $\Gamma_*(x^0)$ 的交点处的奇性的系数. 关于这个问题的详细研究, 以及引理 2.5 的证明, 参看 P. GRISVARD [3] 和 [4].

这个结论的证明基于构造区域 Ω 的一个适当的摄动, 那样我们能够建立一个我们需要的恒等式, 继而通过极限过程, 当摄动后的区域趋向于 Ω 时, 为了得到 (2.111), 保留那些由于奇性而出现的额外的项 (总是有同样符号的).

我们观察到由 $n=2$ 的事实, 通常的项 $(\frac{n}{2}-1)\int_\Omega|\nabla\phi|^2\mathrm{d}x$ 在这种情形下为零.

我们提醒一下, 当 $\overline{\Gamma(x^0)} \cap \Gamma_*(x^0) = \varnothing$ 时, $D(A) \subset H^2(\Omega)$, 因而 (2.111) 变成了恒等式. 这就是前面几节考察的情形. ■

我们现在考察带有齐次边界条件的问题

$$\begin{cases} \theta'' - \Delta\theta = f & \text{在 } Q \text{ 内}, \\ \dfrac{\partial \theta}{\partial \nu} = 0 & \text{在 } \Sigma(x^0) \text{ 上}, \\ \theta = 0 & \text{在 } \Sigma_*(x^0) \text{ 上}, \\ \theta(0) = \theta^0,\ \theta'(0) = \theta^1 & \text{在 } \Omega \text{ 内}. \end{cases} \tag{2.112}$$

引理 2.6 设 Ω 满足引理 2.5 的假设. 那么若 θ 是 (2.112) 的强解 (也即相应的数值 $\{\theta^0, \theta^1, f\} \in D(A) \times V \times L^1(0,T;V)$), 下面的不等式成立:

$$\begin{aligned} &(\theta'(t), m_k \frac{\partial \theta}{\partial x_k}(t))|_0^T + \int_Q |\theta'|^2 \mathrm{d}x\mathrm{d}t - \int_Q f m_k \frac{\partial \theta}{\partial x_k} \mathrm{d}\Sigma \\ \leqslant &\frac{1}{2} \int_{\Sigma(x^0)} m_k \nu_k (|\theta'|^2 - |\nabla_\sigma \theta|^2) \mathrm{d}\Sigma + \frac{1}{2} \int_{\Sigma_*(x^0)} m_k \nu_k |\frac{\partial \theta}{\partial \nu}|^2 \mathrm{d}\Sigma. \end{aligned} \tag{2.113}$$

■

证明 我们用 $m_k \dfrac{\partial \theta}{\partial x_k}$ 乘 (2.112), 并在 Q 上积分. 我们分部积分, 并对大部分的项得到通常的恒等式, 不包括这一项 $\displaystyle\int_Q \Delta\theta m_k \frac{\partial \theta}{\partial x_k} \mathrm{d}x\mathrm{d}t$, 对它我们应用不等式 (2.111). ■

继而, 考察齐次方程

$$\begin{cases} \Phi'' - \Delta\Phi = 0 & \text{在 } Q \text{ 内}, \\ \dfrac{\partial \Phi}{\partial \nu} = 0 & \text{在 } \Sigma(x^0) \text{ 上}, \\ \Phi = 0 & \text{在 } \Sigma_*(x^0) \text{ 上}, \\ \Phi(0) = \Phi^0,\ \Phi'(0) = \Phi^1 & \text{在 } \Omega \text{ 内}. \end{cases} \tag{2.114}$$

由 (2.113), 我们得到

$$\begin{aligned} &(\Phi'(t), m_k \frac{\partial \Phi}{\partial x_k}(t))|_0^T + \int_Q |\Phi'|^2 \mathrm{d}x\mathrm{d}t \\ \leqslant &\frac{1}{2} \int_{\Sigma(x^0)} m_k \nu_k (|\Phi'|^2 - |\nabla_\sigma \Phi|^2) \mathrm{d}\Sigma + \frac{1}{2} \int_{\Sigma(x^0)} m_k \nu_k |\frac{\partial \Phi}{\partial \nu}|^2 \mathrm{d}\Sigma \end{aligned}$$

并注意这样的事实, 在 $\Gamma(x^0)$ 上 $m_k \nu_k \geqslant 0$, 在 $\Gamma_*(x^0)$ 上 $m_k \nu_k \leqslant 0$, 我们得到

$$\begin{aligned} &(\Phi'(t), m_k \frac{\partial \Phi}{\partial x_k}(t))|_0^T + \int_Q |\Phi'|^2 \mathrm{d}x\mathrm{d}t \\ \leqslant &\frac{1}{2} \int_{\Sigma(x^0)} m_k \nu_k |\Phi'|^2 \mathrm{d}\Sigma \leqslant C \int_{\Sigma(x^0)} |\Phi'|^2 \mathrm{d}\Sigma. \end{aligned} \tag{2.115}$$

再由通常的步骤

$$TE_0 + (\Phi'(t), m_k \frac{\partial \Phi}{\partial x_k}(t) + \frac{1}{2}\Phi(t))|_0^T \leqslant C \int_{\Sigma(x^0)} |\Phi'|^2 \mathrm{d}\Sigma. \tag{2.116}$$

此外, 我们有

$$|(\Phi'(t), m_k \frac{\partial \Phi}{\partial x_k}(t) + \frac{1}{2}\Phi(t))|_0^T| \leqslant 2R(x^0)E_0 + C \int_{\Gamma(x^0)} (|\Phi(0)|^2 + |\Phi(T)|^2)\mathrm{d}\Gamma. \tag{2.117}$$

因此

$$\begin{aligned}(T - 2R(x^0))E_0 &\leqslant C(\int_{\Sigma(x^0)} |\Phi'|^2 \mathrm{d}\Sigma + \int_{\Gamma(x^0)} (|\Phi(0)|^2 + |\Phi(T)|^2)\mathrm{d}\Gamma) \\ &\leqslant C \int_{\Sigma(x^0)} (|\Phi|^2 + |\Phi'|^2)\mathrm{d}\Sigma.\end{aligned} \tag{2.118}$$

因而, 我们证明了下面的结论

定理 2.7 (反向不等式) 设 Ω 是 $\mathbb{R}^2$ 中的有界区域, 满足引理 2.5 的假设. 设 $T > T(x^0) = 2R(x^0)$.

那么, 存在常数 $C > 0$, 使得对 (2.114) 的强解 Φ, 我们有

$$E_0 \leqslant C \int_{\Sigma(x^0)} (|\Phi|^2 + |\Phi'|^2)\mathrm{d}\Sigma. \tag{2.119}$$

■

我们现在考察方程组

$$\begin{cases} y'' - \Delta y = 0 & \text{在 } Q \text{ 内}, \\ \dfrac{\partial y}{\partial \nu} = v & \text{在 } \Sigma(x^0) \text{ 上}, \\ y = 0 & \text{在 } \Sigma_*(x^0) \text{ 上}, \\ y(0) = y^0,\ y'(0) = y^1 & \text{在 } \Omega \text{ 内}. \end{cases} \tag{2.120}$$

我们回忆一下 $V = \{\phi \in H^1(\Omega) | \phi = 0 \text{ 在 } \Gamma(x^0) \text{ 上}\}$.
我们有下面的精确能控性结论.

定理 2.8 设 Ω 是 $\mathbb{R}^2$ 中的有界区域, 边界 Γ 是 C^2 阶的.
设 $x^0 \in \mathbb{R}^2$ 且 $T > T(x^0) = 2R(x^0)$.
那么, 对所有的初始值

$$\{y^0, y^1\} \in L^2(\Omega) \times V' \tag{2.121}$$

存在控制

$$v \in (H^1(0, T; L^2(\Gamma(x^0))))' \tag{2.122}$$

使得 (2.121) 的解 $y = y(v)$, 满足 $y(T) = y'(T) = 0$. ■

证明 这是估计式 (2.119) 和 HUM 应用的结果.

我们考察范数

$$\|\{\Phi^0, \Phi^1\}\|_F = (\int_{\Sigma(x^0)} (|\Phi|^2 + |\Phi'|^2)\mathrm{d}\Sigma)^{1/2}. \tag{2.123}$$

设 F 是 $D(A) \times V$ 关于这个范数的完备化.

由 (2.119), 我们有

$$F \subset V \times L^2(\Omega), \quad V' \times L^2(\Omega) \subset F'. \tag{2.124}$$

我们考察反向问题

$$\begin{cases} \psi'' - \Delta\psi = 0 & \text{在 } Q \text{ 内}, \\ \dfrac{\partial\psi}{\partial\nu} = -\Phi + \dfrac{\partial}{\partial t}(\Phi') & \text{在 } \Sigma(x^0) \text{ 上}, \\ \psi = 0 & \text{在 } \Sigma_*(x^0) \text{ 上}, \\ \psi(T) = \psi'(T) = 0 & \text{在 } \Omega \text{ 内}, \end{cases} \tag{2.125}$$

它存在唯一的解 ψ, 满足

$$\{\psi'(0), -\psi(0)\} \in F'. \tag{2.126}$$

必须指出, 导数 $\dfrac{\partial}{\partial t}(\Phi')$ 是取在空间 $H^1(0,T;L^2(\Gamma(x^0)))$ 和它的对偶空间的对偶意义下的.

继而, 我们定义线性算子

$$\Lambda\{\Phi^0, \Phi^1\} = \{\psi'(0), -\psi(0)\}. \tag{2.127}$$

我们可验证, Λ 满足

$$< \Lambda\{\Phi^0, \Phi^1\}, \{\Phi^0, \Phi^1\} >= \|\{\Phi^0, \Phi^1\}\|_F^2, \tag{2.128}$$

这说明, 算子 Λ 定义了从 F 到 F' 的一个同构.

若 $\{y^0, y^1\} \in L^2(\Omega) \times V'$, 由 (2.124), $\{y^1, -y^0\} \in F'$, 因而方程

$$\Lambda\{\Phi^0, \Phi^1\} = \{y^1, -y^0\} \tag{2.129}$$

有唯一解 $\{\Phi^0, \Phi^1\} \in F$. 那么控制

$$v = -\Phi + \frac{\partial}{\partial t}(\Phi') \in (H^1(0,T;L^2(\Gamma(x^0))))' \tag{2.130}$$

在时刻 T 将系统带到平衡状态. ■

现在, 我们能够很容易地变换范数 $\|\cdot\|_F$.

更强的范数

定理 2.9 设定理 2.8 的条件均得到满足.
那么, 对所有的初始值

$$\{y^0, y^1\} \in V' \times (D(A))' \tag{2.131}$$

存在控制

$$v \in (H^2(0, T; L^2(\Gamma(x^0))))' \tag{2.132}$$

使得 (2.120) 的解 $y = y(v)$, 满足 $y(T) = y'(T) = 0$. ■

证明的思路 利用定理 1.3 的证明中的方法, 我们可得估计式

$$\|\Phi^0\|_{D(A)}^2 + |\nabla\Phi^1|^2 \leqslant C \int_{\Sigma(x^0)} (|\Phi'|^2 + |\Phi''|^2) \mathrm{d}\Sigma. \tag{2.133}$$

我们考察范数

$$\|\{\Phi^0, \Phi^1\}\|_F = \left(\int_{\Sigma(x^0)} (|\Phi'|^2 + |\Phi''|^2) \mathrm{d}\Sigma\right)^{1/2} \tag{2.134}$$

以及 Hilbert 空间

$$F = W \times D(A) \text{ 关于范数 } \|\cdot\|_F \text{ 的完备化}, \tag{2.135}$$

其中 $W = \{\phi \in D(A) | \Delta\phi \in V\}$.
由 (2.133), 我们得到

$$F \subset D(A) \times V,\ (D(A))' \times V' \subset F'. \tag{2.136}$$

这次考察的反向问题为

$$\begin{cases} \psi'' - \Delta\psi = 0 & \text{在 } Q \text{ 内}, \\ \dfrac{\partial\psi}{\partial\nu} = \dfrac{\partial}{\partial t}(\Phi') - \dfrac{\partial^2}{\partial t^2}(\Phi'') & \text{在 } \Sigma(x^0) \text{ 上}, \\ \psi = 0 & \text{在 } \Sigma_*(x^0) \text{ 上}, \\ \psi(T) = \psi'(T) = 0 & \text{在 } \Omega \text{ 内}. \end{cases}$$

我们定义算子 Λ, 我们可像通常那样完成证明. ■

更弱的范数

定理 2.10 设定理 2.8 的条件均得到满足.
那么, 对所有的初始值

$$\{y^0, y^1\} \in V \times L^2(\Omega) \tag{2.137}$$

存在控制

$$v \in L^2(\Sigma(x^0)) \tag{2.138}$$

使得 (2.120) 的解 $y = y(v)$, 满足 $y(T) = y'(T) = 0$. ■

证明的思路 利用定理 1.5 的证明中的方法, 我们得估计式

$$|\Phi^0|^2 + \|\Phi^1\|_{V'}^2 \leqslant C \int_{\Sigma(x^0)} |\Phi|^2 \mathrm{d}\Sigma. \tag{2.139}$$

因而, 我们考察范数

$$\|\{\Phi^0, \Phi^1\}\|_F := (\int_{\Sigma(x^0)} |\Phi|^2 \mathrm{d}\Sigma)^{1/2} \tag{2.140}$$

以及 Hilbert 空间 F, $V \times L^2(\Omega)$ 关于这个范数的完备化.

由 (2.139), 我们有

$$F \subset L^2(\Omega) \times V',\ L^2(\Omega) \times V \subset F'. \tag{2.141}$$

在这种情形下, 要考察的反向问题为

$$\begin{cases} \psi'' - \Delta\psi = 0 & \text{在 } Q \text{ 内}, \\ \dfrac{\partial\psi}{\partial\nu} = -\Phi & \text{在 } \Sigma(x^0) \text{ 上}, \\ \psi = 0 & \text{在 } \Sigma_*(x^0) \text{ 上}, \\ \psi(T) = \psi'(T) = 0 & \text{在 } \Omega \text{ 内}. \end{cases} \tag{2.142}$$

■

2.7 一些注解

2.7.1 其他的边界条件

(i) 考察第 2.3, 2.4 和 2.5 节的情形, 也就是说当

$$\Omega = \Omega_0 \backslash \bar{\Omega}_1, \quad \text{其中 } \Omega_1 \text{ 关于 } x^0 \text{ 是星形的}. \tag{2.143}$$

我们对带有下面形式的边界条件的波动方程, 证明了精确能控性

$$\begin{cases} \dfrac{\partial y}{\partial\nu} = v & \text{在 } \Sigma_0 = \partial\Omega_0 \times (0,T) \text{ 上}, \\ y = 0 & \text{在 } \Sigma_1 = \partial\Omega_1 \times (0,T) \text{ 上}, \end{cases} \tag{2.144}$$

控制 v 在 $\Sigma_0 \cap \Sigma(x^0)$ 和 $\Sigma_0 \cap \Sigma_*(x^0)$ 部分, 具有不同的构造.

设 $\Gamma_0^* = \Gamma_0 \cap \Gamma_*(x^0) \neq \varnothing$ (参看图 3.3)

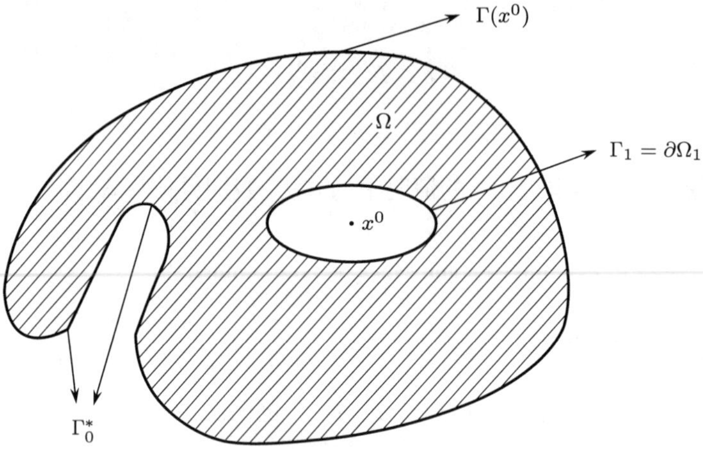

图 3.3

在这种情况下, 在经典函数空间 (例如形为 $L^2(\Omega) \times V'$ 或 $V \times L^2(\Omega)$) 里的精确能控性, 且控制的形式为

$$\begin{cases} \dfrac{\partial y}{\partial \nu} = v & \text{在 } \Sigma(x^0) = \Gamma(x^0) \times (0,T) \text{ 上}, \\ \dfrac{\partial y}{\partial \nu} = 0 & \text{在 } \Sigma_0^* = \Gamma_0^* \times (0,T) \text{ 上}, \\ y = 0 & \text{在 } \Sigma_1 = \partial\Omega_1 \times (0,T) \text{ 上}, \end{cases} \tag{2.145}$$

这是个未解决的问题.

由 Holmgren 定理 (参见后面的 2.7.4 节), 对这种边界条件, 在某个 Hilbert 空间 F' 中, 我们能够证明精确能控性. 然而, 对这种空间, 取得一些额外的用 "经典的" 术语描述的信息, 这是个未解决的问题. ■

(ii) 第 2.3 节的定理 2.2 能够以下面的方式推广.

设 $\{\Omega_i\}_{i=1}^{\ell}$ 是一列互不相交的开集, 边界 $\Gamma_i, i = 1, \cdots, \ell$ 是 C^2 阶的, 满足

$$\bar{\Omega}_i \subset \Omega_0, \quad i = 1, \cdots, \ell. \tag{2.146}$$

设

$$\Omega = \Omega_0 \backslash \bigcup_{i=1}^{\ell} \bar{\Omega}_i. \tag{2.147}$$

取 $x^0 \in \mathbb{R}^n$, 并考察方程组

$$\begin{cases} y'' - \Delta y = 0 & \text{在 } Q = \Omega \times (0,T) \text{ 内}, \\ \dfrac{\partial y}{\partial \nu} = v_0 & \text{在 } \Sigma_0 \text{ 上}, \\ y = \begin{cases} v_i & \\ 0 & \end{cases} & \begin{array}{l} \text{在 } \Sigma_i \cap \Sigma(x^0) \text{ 上}, \\ \text{在 } \Sigma_i \cap \Sigma_*(x^0) \text{ 上}, i = 1, \cdots, \ell, \end{array} \end{cases} \tag{2.148}$$

其中 $\Sigma_i = \partial\Omega_i \times (0,T)$, $i = 1, \cdots, \ell$.

那么, 我们有下面的精确能控性结论.

定理 2.11 设 Ω 是由 (2.147) 给出的 $\mathbb{R}^n$ 中的有界区域. 设 $T > T(x^0) = 2R(x^0)$.

那么, 对所有的初始值

$$\{y^0, y^1\} \in L^2(\Omega) \times V', \tag{2.149}$$

此处 $V = \{\phi \in H^1(\Omega) | \phi = 0 \text{ 在 } \Gamma_i = \partial\Omega_i, \forall i = 1, \cdots, \ell\}$, 存在一列控制 $\{v_0, v_1, \cdots, v_\ell\}$, 满足

$$v_0 = \begin{cases} w_0 & \text{在 } \Sigma_0 \cap \Sigma(x^0) \text{ 上}, \\ w_1 & \text{在 } \Sigma_0 \cap \Sigma_*(x^0) \text{ 上}, \end{cases} \tag{2.150}$$

$$w_0 \in (H^1(0,T; L^2(\Gamma_0 \cap \Gamma(x^0))))', \ w_1 \in L^2(0,T; (H^1(\Gamma_0 \cap \Gamma_*(x^0)))'), \tag{2.151}$$

$$v_i \in L^2(\Sigma_i \cap \Sigma(x^0)), \ i = 1, \cdots, \ell, \tag{2.152}$$

使得 (2.148) 的解 $y = y(v)$, 满足

$$y(T) = y'(T) = 0. \qquad \blacksquare$$

显然, 当 $\ell = 1$ 且 Ω_1 关于 x^0 是星形时, 我们重新发现定理 2.2 的结论. ■

2.7.2 无穷多个控制的存在性

对于此处第 2 节中证明的精确能控性结论, 我们在 1.10.2 中说过的话, 在此仍然有效: 每次存在将系统带到平衡状态的控制时, 这样的控制一定有无穷多个.

因而, 我们可以看出, 允许控制集合包含无穷多个元素. HUM 给出的控制使得相应的二阶泛函取得最小值. 对于这方面的问题, 请看第八章.

2.7.3 在非正则开集内的精确能控性

在 P. GRISVARD [3] 中, 对在 $\mathbb{R}^2$ 中的多边形区域和 $\mathbb{R}^3$ 中的多面体区域中的带有混合边界条件的精确能控性问题进行了研究.

2.7.4 Holmgren 定理的结果

设 Ω 是 $\mathbb{R}^n$, $n \geqslant 1$ 中的有界区域, 边界 Γ 是 Lipschitz 的. 设 Γ_0 是 Γ 的非空开子集, 且 $\Gamma_1 = \Gamma \backslash \Gamma_0$.

考察齐次问题

$$\begin{cases} \Phi'' - \Delta\Phi = 0 & \text{在 } Q \text{ 内}, \\ \dfrac{\partial\Phi}{\partial\nu} = 0 & \text{在 } \Sigma_0 = \Gamma_0 \times (0,T) \text{ 上}, \\ \Phi = 0 & \text{在 } \Sigma_1 = \Gamma_1 \times (0,T) \text{ 上}. \end{cases} \tag{2.153}$$

用与第一章定理 8.1 同样的方法, 我们可以证明, 存在 $T(\Gamma_0,\Omega)>0$, 使得若 $T>T(\Gamma_0,\Omega)$ 且 Φ 为 (2.153) 的弱解, 满足

$$\Phi=0 \quad \text{在 } \Sigma_0 \text{ 上}, \tag{2.154}$$

那么 $\Phi\equiv 0$.

另外我们知道, 存在 $T_0=T_0(\Omega)>0$, 使得

$$T(\Gamma_0,\Omega)\leqslant T_0(\Omega), \quad \forall\Gamma_0\subset\Gamma. \tag{2.155}$$

特别地, 若 Ω 是凸集, 我们有

$$T_0(\Omega)=2(\Omega \text{ 的直径}). \tag{2.156}$$

因而, 设 $T>T_0(\Omega)$, 并考察范数

$$\|\{\Phi^0,\Phi^1\}\|_F:=\left(\int_{\Sigma_0}|\Phi|^2\mathrm{d}\Sigma\right)^{1/2}. \tag{2.157}$$

设 F 是 $V\times L^2(\Omega)$ 关于这个范数的完备化.

我们有下面的结论

定理 2.12 设 Ω 是 $\mathbb{R}^2, n\geqslant 1$ 中的有界区域, 边界 Γ 是 Lipschitz 的. 设 Γ_0 是 Γ 的任意非空开子集, 且 $T>T_0(\Omega)$.

那么, 对所有的初始值 $\{y^0,y^1\}$, 满足 $\{y^1,-y^0\}\in F'$ (F 的对偶空间, F 是 $V\times L^2(\Omega)$ 关于范数 (2.151) 的完备化), 存在控制 $v\in L^2(\Sigma_0)$, 使得下面方程的解 $y=y(v)$

$$\begin{cases} y''-\Delta y=0 & \text{在 } Q \text{ 内}, \\ \dfrac{\partial y}{\partial\nu}=v & \text{在 } \Sigma_0 \text{ 上}, \\ y=0 & \text{在 } \Sigma_1 \text{ 上}, \\ y(0)=y^0,\ y'(0)=y^1 & \text{在 } \Omega \text{ 内}, \end{cases} \tag{2.158}$$

满足 $y(T)=y'(T)=0$. ■

空间 F 的额外信息的获取是一个未解决的问题.

在第 2.6 节里我们证明了在维数 $n=2$ 的情形,

$$L^2(\Omega)\times V'\subset F,$$

此时 $\Gamma_0=\Gamma(x^0)$, $T>T(x^0)$, 且 Ω 是 C^2 阶的.

当我们考察下面类型的边界条件时, 我们有一个与定理 2.11 类似的结论

$$\begin{cases}\dfrac{\partial y}{\partial \nu}=v & \text{在 } \gamma\times(0,T) \text{ 上},\\ \dfrac{\partial y}{\partial \nu}=0 & \text{在 } \{\Gamma_0\backslash\gamma\}\times(0,T) \text{ 上},\\ y=0 & \text{在 } \{\Gamma\backslash\Gamma_0\}\times(0,T) \text{ 上},\end{cases} \tag{2.159}$$

此处 γ 和 Γ_0 是 Γ 的两个非空开子集, 且 $\gamma\subset\Gamma_0$. ■

3　未解决的问题

3.1　考察有界区域 Ω, 有正则边界 Γ, 并考察下面的解 Φ

$$\begin{cases}\Phi''-\Delta\Phi=0 & \text{在 } \Omega\times(0,T) \text{ 内},\\ \Phi(x,0)=\Phi^0(x),\ \Phi'(x,0)=\Phi^1(x) & \text{在 } \Omega \text{ 内},\\ \dfrac{\partial\Phi}{\partial\nu}=0 & \text{在 } \Sigma=\Gamma\times(0,T) \text{ 上}.\end{cases} \tag{3.1}$$

对 T 足够大 ($>\Omega$ 的直径), 下面的量

$$\Big(\int_{\Gamma\times(0,T)}\Phi^2\mathrm{d}\Gamma\mathrm{d}t\Big)^{1/2} \tag{3.2}$$

是一个范数, 因而利用 $H^1(\Omega)\times L^2(\Omega)$ 完备化, 定义了 Hilbert 空间 F.

我们猜测, F 不依赖于 T, 只要 T 足够大, 当然, 关于一个等价的相近的范数. ■

在 (3.2) 中将 Γ 换成 $\Gamma_0\subset\Gamma$, 且对 $T>T(\Gamma_0)$ 足够大, 仍然有同样问题. ■

我们指出, 在 Dirichlet 型条件的情形时, 也即, 在 (3.1) 中考察条件

$$\Phi=0\quad \text{在 } \Sigma \text{ 上}\quad \Big(\text{替换 } \frac{\partial\Phi}{\partial\nu}=0\Big) \tag{3.3}$$

并且替换 (3.2), 考察范数

$$\Big(\int_\Sigma\Big(\frac{\partial\Phi}{\partial\nu}\Big)^2\mathrm{d}\Gamma\mathrm{d}t\Big)^{1/2}, \tag{3.4}$$

我们得到与 T 无关的空间 F (关于一个等价的相近的范数); 这是因为, 在这种情形下, 我们有 F 的显式表达式, $F=H_0^1(\Omega)\times L^2(\Omega)$. ■

3.2 对于变系数的算子有同样的问题, 这一次 T 是固定的.

我们考察

$$\begin{aligned}&\Phi'' + A\Phi = 0,\\ &A\Phi = -\frac{\partial}{\partial x_i}(a_{ij}(x)\frac{\partial \Phi}{\partial x_j}), \quad a_{ij} = a_{ji}, \quad a_{ij}(x)\xi_i\xi_j \geqslant \alpha\xi_i\xi_i.\end{aligned} \tag{3.5}$$

系数 a_{ij} 是正则的 (比如说在 $C^0(\bar{\Omega})$ 内), 考察与 (3.1) 中一样的初始条件, 以及齐次边界条件, 这可能有很多的变化. 例如, 取

$$\frac{\partial \Phi}{\partial \nu_A} = \nu_i\, a_{ij}\frac{\partial \Phi}{\partial x_j} = 0 \quad 在\ \Sigma\ 上. \tag{3.6}$$

那么, 对于足够大的 T, (3.2) 定义了一个范数. 这一次 T 是固定的. 这些范数很有可能是依赖于 A 的 (至少在边界的附近, 但这个需要细化!). ■

3.3 在混合型边界条件的情形, 若 Dirichlet 和 Neumann 条件提在 $\partial\Omega$ 的两个不相交的部分, 我们在正文里得到了带有几何条件的结论. 如果我们不改变几何条件, 而是将 Dirichlet 和 Neumann 换位, 那会怎么样? ■

3.4 若我们现在假设, 我们提出 Dirichlet 和 Neumann 条件的部位有非空的交集, 那么我们就有缺乏正则性的问题 (参见 P. GRISVARD [3]). 按照 P. GRISVARD, 我们解决了 $n = 2$ 的情形.

这里所说的一切可以推广到维数为 3 的情形, 但是有不小的困难, 这将在 P. GRISVARD 尚未完成的工作中作解释.

3.5 对以下面的条件形式起作用的控制, 进行研究是很有意义的:

$$\alpha\frac{\partial y}{\partial \nu} + \beta y = v \quad 在\ \Sigma\ 上\ (或在\ \Sigma\ 的子集上). \tag{3.7}$$

首先假设函数 α, β 是正则的, $\alpha, \beta \geqslant 0, \alpha + \beta = 1$——然后检查极限情形, 那时 α 和 β 是特征函数 (以便我们重新发现正文里的结论). 我们已经得到了一些部分结果, 但是系统的研究还有待完成.

3.6 在本章的框架下, 我们重新发现了第一章里的未解决的问题, 因而, 特别地, 发现了那些变系数的情况和非线性问题.

3.7 空间 F 的直接研究

为了演示我们在这里将要碰到的问题, 为了简化起见, 设

$$\Omega\ 关于\ x^0\ 是严格星形的, \tag{3.8}$$

因而

$$m \cdot \nu \geqslant \gamma > 0 \quad 在\ \Gamma\ 上. \tag{3.9}$$

我们假设 T 是固定的, 满足

$$T > \Omega \text{ 的直径}. \tag{3.10}$$

定义

$$F_0 = \bar{\Omega} \text{ 中的正则函数 } \Phi^0, \Phi^1 \text{ 关于 } \Big(\int_\Sigma \Phi^2 \mathrm{d}\Sigma\Big)^{1/2} \text{ 的完备化}, \tag{3.11}$$

$$F_1 = \text{关于 } \Big(\int_\Sigma (\Phi^2 + (\Phi')^2) \mathrm{d}\Sigma\Big)^{1/2} \text{ 的完备化}. \tag{3.12}$$

在本章的叙述中, 我们看出, 怎样能够框住空间 F_0 和 F_1. 在此我们证明

$$F_1 \text{ 到 } F_0 \text{ 的嵌入是紧的}. \tag{3.13}$$

为此, 我们重新取 (1.40), 我们由此可推得

$$\begin{aligned}
&\|\Phi^0\|^2_{H^1(\Omega)} + |\Phi^1|^2 + \int_\Sigma |\nabla_\sigma \Phi|^2 \mathrm{d}\Sigma \\
\leqslant\ & CR(x^0) \int_\Sigma |\Phi'|^2 \mathrm{d}\Sigma + CR(x^0)\Big(\int_\Gamma |\Phi(0)|^2 \mathrm{d}\Gamma + \int_\Gamma |\Phi(T)|^2 \mathrm{d}\Gamma\Big),
\end{aligned}$$

由此, 与定理 1.1 一样,

$$\|\Phi^0\|^2_{H^1(\Omega)} + |\Phi^1|^2 + \int_\Sigma |\nabla_\sigma \Phi|^2 \mathrm{d}\Sigma \leqslant C \int_\Sigma (|\Phi|^2 + |\Phi'|^2) \mathrm{d}\Sigma. \tag{3.14}$$

那么, 设 $\{\Phi_n^0, \Phi_n^1\}$ 是 F_1 中的有界序列.

因而 $\int_\Sigma (|\Phi_n|^2 + |\Phi_n'|^2) \mathrm{d}\Sigma$ 有界, 由此, 由 (3.14),

$$\int_\Sigma |\nabla_\sigma \Phi_n|^2 \mathrm{d}\Sigma \leqslant C,$$

所以 $\Phi_n|_\Sigma$ 在 $H^1(\Sigma)$ 中有界.

因此, 我们可以抽取一个子列, 仍然记为 Φ_n, 使得 $\Phi_n|_\Sigma$ 在 $L^2(\Sigma)$ 中强收敛, 这样——由 F_0 的定义——$\{\Phi_n^0, \Phi_n^1\}$ 在 F_0 中强收敛. ■

(3.8) 的作用在这个结论里是本质的吗? (前面的证明用过它.)

事实上, 我们可以考察量 $\Big(\int_\Sigma (\Phi'^2) \mathrm{d}\Sigma\Big)^{1/2}$, $\Big(\int_\Sigma ((\Phi)^2 + (\Phi')^2) \mathrm{d}\Sigma\Big)^{1/2}$, 而无须对 Γ 加几何条件; 它们仍然是 $\{\Phi^0, \Phi^1\}$ 的函数空间上的范数, 由此仍可得 Hilbert 空间 F_0 和 F_1, 我们还有 (3.13) 吗? ■

3.8 作用施加于部分边界

在我们的控制是 Dirichlet 型的作用的情形, 在作用仅施加于部分 (合适的) 边界时, 乘子法 (参见第一章) 很自然地就推导出了精确能控性.

非常奇怪地 (?) 在 Neumann 的情形, 乘子法没有推导出同样的事情.

但对于作用仅施加于部分边界的情形, HUM 很容易就推出了一个 "抽象的" 结论.

例如设

$$\Sigma_0 = \Gamma_0 \times (0, T). \tag{3.15}$$

那么, 与第一章第 8 节一样, 如果

$$T > 2\mathrm{d}(\Omega, \Gamma_0), \tag{3.16}$$

量

$$\Big(\int_{\Sigma_0} \Phi^2 \mathrm{d}\Sigma\Big)^{1/2}$$

是一个范数, 因而可定义空间 $F(\Gamma_0)$.

那么 HUM 可以应用, 且我们有精确能控性, 作用为

$$\frac{\partial \psi}{\partial \nu} = \begin{cases} v \in L^2(\Sigma_0), \\ 0 \qquad\qquad \text{在 } \Sigma \backslash \Sigma_0 \text{ 上}, \end{cases} \tag{3.17}$$

对所有的 $\{y^0, y^1\}$ 满足

$$\{y^1, -y^0\} \in F'(\Gamma_0). \tag{3.18}$$

$F'(\Gamma_0)$ 的结构不是完全清楚的……! ■

我们可以指出, 无论 Γ_0 是何种固定的集合, 我们有:

$$H^1(\Omega) \times L^2(\Omega) \text{ 在 } F(\Gamma_0) \text{ 内的嵌入是紧的}. \tag{3.19}$$

事实上, 若 $\{\Phi_n^0, \Phi_n^1\}$ 是 $H^1(\Omega) \times L^2(\Omega)$ 中的有界序列, 相应的序列 Φ_n (或 Φ_n') 在 $L^\infty(0, T; H^1(\Omega))$ (或 $L^\infty(0, T; L^2(\Omega))$) 中有界, 由此 $\Phi_n|_\Sigma$ 落在 $L^2(\Sigma)$ 的一个相对紧集中, 因而就有, $\{\Phi_n^0, \Phi_n^1\}$ 落在 $F(\Gamma_0)$ 的一个相对紧集中. ■

第四章 弹性方程组和一些振动平板模型

1 弹性方程组 (I). Dirichlet 型的作用

1.1 导向

我们将考察弹性方程组

$$\begin{aligned}&\frac{\partial^2 y}{\partial t^2}-\mu\Delta y-(\lambda+\mu)\operatorname{grad}\operatorname{div}y=0 \quad 在\ Q=\Omega\times(0,T)\ 内,\\&\Omega\subset\mathbb{R}^n,\ y=\{y_1,\cdots,y_n\},\end{aligned}\tag{1.1}$$

且

$$y(0)=y^0,\ y'(0)=y^1 \quad 在\ \Omega\ 内\tag{1.2}$$

及

$$y=\begin{cases}v & 在\ \Sigma_0\subset\Sigma=\Gamma\times(0,T)\ 上,\\ 0 & 在\ \Sigma\backslash\Sigma_0\ 上.\end{cases}\tag{1.3}$$

在 (1.1) 中我们考察各向同性的情形; λ 和 μ 都 >0, 这是 Lamé 常数. ■

注 1.1 下面的内容可应用到各向异性的情形! ■

我们研究系统 (1.1) (1.2) (1.3) 的精确能控性.

我们将应用 HUM 方法.

我们将在此处, 以简要的方式, 演示主要的结论.

1.2　不等式

我们考察

$$
\begin{cases}
\phi'' - \mu\Delta\phi - (\lambda+\mu)\mathrm{grad}\,\mathrm{div}\phi = 0 & \text{在 } Q \text{ 内}, \\
\phi(0) = \phi^0,\ \phi'(0) = \phi^1, & \\
\phi = 0 & \text{在 } \Sigma \text{ 上},
\end{cases}
\tag{1.4}
$$

其中

$$
\phi^0 \in (H_0^1(\Omega))^n,\ \phi^1 \in (L^2(\Omega))^n. \tag{1.5}
$$

“正向” 不等式

用 $h_k \dfrac{\partial\phi}{\partial x_k}$ 乘方程 (也即用以 $h_k \dfrac{\partial\phi_i}{\partial x_k}$, $i = 1, \cdots, n$ 为分量的向量) 并分部积分, 就像在数量情形那样, 我们得到

$$
\int_\Sigma \Big(\frac{\partial\phi}{\partial\nu}\Big)^2 \mathrm{d}\Gamma\mathrm{d}t \leqslant CE_0, \tag{1.6}
$$

其中

$$
E_0 = \frac{1}{2}(\mu|\nabla\phi^0|^2 + (\lambda+\mu)|\mathrm{div}\,\phi^0|^2 + |\phi^1|^2). \tag{1.7}
$$

注 1.2　在 (1.7) 中, $|\nabla\phi^0|^2 = \sum\limits_{i,j=1}^n \int_\Omega \Big(\dfrac{\partial\phi_i^0}{\partial x_j}\Big)^2$.

在不等式 (1.6) 中, 我们可以用下面的式子替换 E_0

$$
\|\phi^0\|^2_{(H_0^1(\Omega))^n} + \|\phi^1\|^2_{(L^2(\Omega))^n}.
$$

■

“反向” 不等式

与前面的几章一样, 我们引进

$$
m_k(x) = x_k - x_k^0, \quad \Gamma(x^0), \quad R(x^0),
$$

并取

$$
X = \Big(\phi'(t), m_k\frac{\partial\phi(t)}{\partial x_k}\Big)\Big|_0^T, \quad Y = (\phi'(t), \phi(t))|_0^T.
$$

我们指出

$$
E(t) = \frac{1}{2}(\mu|\nabla\phi(t)|^2 + (\lambda+\mu)|\mathrm{div}\,\phi(t)|^2 + |\phi'(t)|^2)
$$

不依赖于 t:

$$
E(t) = E_0, \quad \forall t \in [0, T]. \tag{1.8}
$$

方程乘以 ϕ, 我们得到

$$
\iint (\phi')^2 - \mu(\nabla\phi)^2 - (\lambda+\mu)(\mathrm{div}\,\phi)^2 = Y, \tag{1.9}
$$

其中

$$\iint \psi = \iint_{\Omega\times(0,T)} \psi \mathrm{d}x\mathrm{d}t.$$

我们用 $m_k\dfrac{\partial\phi}{\partial x_k}$ 乘以方程 $(1.4)_1$, 得到

$$\begin{aligned}&X+\frac{n}{2}\iint(\phi')^2-\mu\int_\Sigma\frac{m\nu}{2}(\frac{\partial\phi}{\partial\nu})^2\mathrm{d}\Sigma-\mu\frac{n}{2}\iint|\nabla\phi|^2+\mu\iint|\nabla\phi|^2\\&-(\lambda+\mu)\int_\Sigma(\mathrm{div}\,\phi)m_k\nu_i\frac{\partial\phi_i}{\partial x_k}\mathrm{d}\Sigma+(\lambda+\mu)\int(\frac{m_k}{2}\frac{\partial}{\partial x_k}(\mathrm{div}\,\phi)^2+(\mathrm{div}\,\phi)^2)=0.\quad(1.10)\end{aligned}$$

(1.10) 中最后一个积分值为

$$(\lambda+\mu)\int_\Sigma\frac{m\nu}{2}(\mathrm{div}\,\phi)^2\mathrm{d}\Sigma-(\lambda+\mu)\frac{n}{2}\iint(\mathrm{div}\,\phi)^2+(\lambda+\mu)\iint(\mathrm{div}\,\phi)^2.$$

我们就得到

$$\begin{aligned}&X+\frac{n}{2}\iint(|\phi'|^2-\mu|\nabla\phi|^2)+\mu\iint|\nabla\phi|^2-\mu\int_\Sigma\frac{m\nu}{2}(\frac{\partial\phi}{\partial\nu})^2\mathrm{d}\Sigma\\&-(\lambda+\mu)\int_\Sigma\frac{m\nu}{2}(\mathrm{div}\,\phi)^2\mathrm{d}\Sigma-(\lambda+\mu)\frac{n}{2}\iint(\mathrm{div}\,\phi)^2+(\lambda+\mu)\iint(\mathrm{div}\,\phi)^2=0,\end{aligned}$$

由此

$$\begin{aligned}&X+\frac{n-1}{2}Y+\frac{1}{2}\iint(\phi')^2+\mu|\nabla\phi|^2+(\lambda+\mu)(\mathrm{div}\,\phi)^2\\&-\int_{\Sigma\backslash\Sigma(x^0)}\frac{m\nu}{2}(\mu(\frac{\partial\phi}{\partial\nu})^2+(\lambda+\mu)(\mathrm{div}\,\phi)^2)\mathrm{d}\Sigma\\&=\int_{\Sigma(x^0)}\frac{m\nu}{2}(\mu(\frac{\partial\phi}{\partial\nu})^2+(\lambda+\mu)(\mathrm{div}\,\phi)^2)\mathrm{d}\Sigma.\end{aligned}\quad(1.11)$$

但是, 与数量的情形一样,

$$\begin{aligned}|X+\frac{n-1}{2}Y|&=|(\phi'(t),m_k\frac{\partial\phi(t)}{\partial x_k}+\frac{n-1}{2}\phi(t))|_0^T|\\&\leqslant 2R(x^0)\sup_t|\phi'(t)||\nabla\phi(t)|\leqslant\frac{2R(x^0)}{\sqrt{\mu}}E_0.\end{aligned}$$

由此, (1.11) 给出

$$\frac{R(x^0)}{2}\int_{\Sigma(x^0)}(\mu(\frac{\partial\phi}{\partial\nu})^2+(\lambda+\mu)(\mathrm{div}\,\phi)^2)\mathrm{d}\Gamma\mathrm{d}t\geqslant(T-\frac{2R(x^0)}{\sqrt{\mu}})E_0.\quad(1.12)$$

■

1.3　HUM 的应用

定理 1.1　给定 x^0, 并与第一章一样定义 $\Gamma(x^0)$, $R(x^0)$, 给定 T 满足

$$T > \frac{2R(x^0)}{\sqrt{\mu}}. \tag{1.13}$$

那么, 对 $y^0 \in (L^2(\Omega))^n$, $y^1 \in (H^{-1}(\Omega))^n$, 存在 $v \in (L^2(\Sigma(x^0)))^n$, 使得 (1.1) (1.2) (1.3) 相应的解满足

$$y(T) = y'(T) = 0. \tag{1.14}$$

■

证明　在此, HUM 方法中的系统 $\{\phi, \psi\}$ 是用以下的方式给出: 用 (1.4) 算出 ϕ, 然后用下面的方程算出 ψ

$$\begin{cases} \psi'' - \mu\Delta\psi - (\lambda+\mu)\mathrm{grad}\,\mathrm{div}\psi = 0, \\ \psi(T) = \psi'(T) = 0, \\ \psi = \begin{cases} \mu\dfrac{\partial\phi}{\partial\nu} + (\lambda+\mu)\nu(\mathrm{div}\,\phi) & \text{在 } \Sigma(x^0) \text{ 上}, \\ 0 & \text{在 } \Sigma\backslash\Sigma(x^0) \text{ 上}. \end{cases} \end{cases} \tag{1.15}$$

我们定义

$$\Lambda\{\phi^0, \phi^1\} = \{\psi'(0), -\psi(0)\}. \tag{1.16}$$

将 ψ 的方程乘以 ϕ 并分部积分, 那么我们有

$$\begin{aligned} &< \Lambda\{\phi^0, \phi^1\}, \{\phi^0, \phi^1\} > \\ &= \int_{\Sigma(x^0)} \psi(\mu\frac{\partial\phi}{\partial\nu} + (\lambda+\mu)\nu\mathrm{div}\,\phi)\mathrm{d}\Sigma \\ &\quad (\text{利用 } \psi \text{ 在 } \Sigma(x^0) \text{ 上选取的值}) \\ &= \int_{\Sigma(x^0)} |\mu\frac{\partial\phi}{\partial\nu} + (\lambda+\mu)\nu\mathrm{div}\,\phi|^2\mathrm{d}\Sigma. \end{aligned} \tag{1.17}$$

但是

$$\int_{\Sigma(x^0)} 2\mu(\lambda+\mu)\frac{\partial\phi_i}{\partial\nu}\nu_i\frac{\partial\phi_j}{\partial x_j}\mathrm{d}\Sigma = 2\mu(\lambda+\mu)\int_{\Sigma(x^0)}(\mathrm{div}\,\phi)^2\mathrm{d}\Sigma,$$

因为, 在 $\Sigma(x^0)$ 上有 $\nu_i \dfrac{\partial \phi_i}{\partial \nu} = \dfrac{\partial \phi_i}{\partial x_i}$. 因而 (1.17) 给出

$$
\begin{aligned}
&< \Lambda\{\phi^0, \phi^1\}, \{\phi^0, \phi^1\} > \\
&= \int_{\Sigma(x^0)} (\mu^2 (\frac{\partial \phi}{\partial \nu})^2 + (\lambda+\mu)(\lambda+3\mu)(\operatorname{div}\phi)^2) \mathrm{d}\Sigma \\
&= \mu \int_{\Sigma(x^0)} (\mu (\frac{\partial \phi}{\partial \nu})^2 + (\lambda+\mu)(3+\frac{\lambda}{\mu})(\operatorname{div}\phi)^2) \mathrm{d}\Sigma \\
&\geqslant \mu \int_{\Sigma(x^0)} (\mu (\frac{\partial \phi}{\partial \nu})^2 + (\lambda+\mu)(\operatorname{div}\phi)^2) \mathrm{d}\Sigma \\
&\geqslant \mu (T - \frac{2R(x^0)}{\sqrt{\mu}}) E_0.
\end{aligned}
$$

因此, Λ 是从 $F = (H_0^1(\Omega))^n \times (L^2(\Omega))^n$ 到 F' 的一个同构, 我们可用 HUM. ■

2 弹性方程组 (II). Neumann 型的作用

2.1 导向

我们仍然考察各向同性情形的弹性方程组 (与前一节一样). 初始条件是

$$y(0) = y^0,\ y'(0) = y^1 \quad 在\ \Omega\ 内, \tag{2.1}$$

其中 y^0 和 y^1 取自两个不同的空间, 它们在前一节使用过了.

我们通过 Neumann 条件作用于这个系统

$$\mu(\frac{\partial y_i}{\partial \nu} + \nu_j \frac{\partial y_j}{\partial x_i}) + \lambda \nu_i \operatorname{div} y = v_i \quad 在\ \Sigma\ 上, i = 1, \cdots, n, \tag{2.2}$$

v_i 最终可能在全部边界或部分边界为零.

为了得到 (2.2) 中出现的 Neumann 条件的形式, 我们指出向量 $-\mu\Delta y - (\lambda + \mu)\operatorname{grad}\operatorname{div} y$ 的第 i 个分量为

$$-\mu\Delta y_i - \mu\frac{\partial}{\partial x_j}(\frac{\partial y_j}{\partial x_i}) - \lambda\frac{\partial}{\partial x_i}\operatorname{div} y, \tag{2.3}$$

由此及 “自然的” 分部积分, (2.2) 中的算子就出现了. ■

我们研究前面这个系统的精确能控性问题. 我们不准备研究这个问题的所有方面, 这会引出很长的推导: 事实上, 这需要将第三章里做过的事重做一遍, 同时要作合适的调整. 我们将局限于一个简单的精确能控性结论, 对 Ω 加上了非常严格几何条件 (Ω 是星形的). ■

2.2 变分的框架

我们从下面方程的正则解 ϕ 出发

$$\phi_i'' - \mu\Delta\phi_i - \mu\frac{\partial}{\partial x_j}(\frac{\partial\phi_j}{\partial x_i}) - \lambda\frac{\partial}{\partial x_i}\mathrm{div}\,\phi = 0 \tag{2.4}$$

满足

$$\phi(0) = \phi^0,\ \phi'(0) = \phi^1 \tag{2.5}$$

和 Neumann 条件

$$\mu(\frac{\partial\phi_i}{\partial\nu} + \nu_j\frac{\partial\phi_j}{\partial x_i}) + \lambda\nu_i\mathrm{div}\,\phi = 0 \quad 在\ \Sigma = \Gamma\times(0,T)\ 上,\ i = 1,\cdots,n. \tag{2.6}$$

我们引进线性化了的形变张量

$$\varepsilon_{ij}(\phi) = \frac{1}{2}(\frac{\partial\phi_i}{\partial x_j} + \frac{\partial\phi_j}{\partial x_i}). \tag{2.7}$$

在稳定的情形, 依附于 (2.4)(2.6) 的双线性形式是

$$a(\phi,\hat{\phi}) = 2\mu\int_\Omega \varepsilon_{ij}(\phi)\varepsilon_{ij}(\hat{\phi})\mathrm{d}x + \lambda\int_\Omega \mathrm{div}\,\phi\,\mathrm{div}\,\hat{\phi}\mathrm{d}x. \tag{2.8}$$

我们引进

$$V = \{\phi|\phi\in(L^2(\Omega))^n, \varepsilon_{ij}(\phi)\in L^2(\Omega),\quad \forall i,j\}. \tag{2.9}$$

我们知道 (参见 G. DUVAUT 和 J.-L. LIONS, [1], 第三章定理 3.1), (2.9) 意味着 (因而等价于)

$$\frac{\partial\phi_i}{\partial x_j}\in L^2(\Omega),\quad \forall i,j, \tag{2.10}$$

也即

$$V = (H^1(\Omega))^n. \tag{2.11}$$

■

因而系统的变分框架为

$$\begin{cases}(\phi'',\hat{\phi}) + a(\phi,\hat{\phi}) = 0, \qquad \forall\hat{\phi}\in V,\\ \phi(0) = \phi^0\in V,\ \phi'(0) = \phi^1\in(L^2(\Omega))^n.\end{cases} \tag{2.12}$$

■

能量守恒

若记 (我们将 $a(\phi,\phi)$ 写成 $a(\phi)$)

$$E(t) = \frac{1}{2}(|\phi'(t)|^2 + a(\phi(t))),\quad E_0 = \frac{1}{2}(|\phi^1|^2 + a(\phi^0)), \tag{2.13}$$

那么

$$E(t) = E_0, \quad \forall t \in [0, T]. \tag{2.14}$$

我们要注意, $E_0^{1/2}$ 是 V 上的一个半范数. 实际上 $E_0 = 0$ 等价于 $\phi^1 = 0$, 且

$$\phi^0 = b_0 + b_1 \wedge x = \text{刚体运动}. \tag{2.15}$$

■

完全是为了注意到这个刚体运动, 我们将下面的不等式使用得更深一点:

$$\text{存在 } \gamma > 0 \text{ 使得} |\nabla\phi|^2 \leqslant \gamma(a(\phi) + \int_\Gamma |\phi|^2 \mathrm{d}\Gamma), \quad \forall \phi \in V. \tag{2.16}$$

(我们在 (2.16) 中记 $|\nabla\phi|^2 = \sum\limits_{i,j=1}^{n} \|\dfrac{\partial\phi_i}{\partial x_j}\|^2_{L^2(\Omega)}$.)

(2.16) 的证明

1) 在 V 中考察式子

$$|||\phi||| = (a(\phi) + \int_\Gamma |\phi|^2 \mathrm{d}\Gamma)^{1/2}. \tag{2.17}$$

这是一个范数. 实际上若 $|||\phi||| = 0$, 那么

$\phi = b_0 + b_1 \wedge x$ 且在一个有界开集的边界 Γ 上 $\phi = 0$. 因而 $b_0 = 0$, $b_1 = 0$.

2) 只要证明, V 按照范数 (2.17) 是完备的, 这样的话, 它就与 $(H^1(\Omega))^n$ 上的范数等价, 由此就有 (2.16).

3) 我们要用这样一个事实 (参见 G. DUVAUT 和 J.-L. LIONS, 第三章定理 3.4), 存在 $C > 0$ 使得

$$a(\phi) \geqslant C\|\phi\|^2_{V^0} \quad \text{其中 } V^0 = V \text{ 用刚体运动除得的商空间}. \tag{2.18}$$

若 ϕ^α 关于范数 (2.17) 是 Cauchy 序列, 那么关于 $\sqrt{a(\phi)}$ 及关于 $(\int_\Gamma |\phi|^2 \mathrm{d}\Gamma)^{1/2}$ 它都是 Cauchy 序列; 由 (2.18), 存在 $b_0^\alpha, b_1^\alpha \in \mathbb{R}^n \times \mathbb{R}^n$ 使得

$$\phi^\alpha + b_0^\alpha + b_1^\alpha \wedge x \text{ 在 } (H^1(\Omega))^n \text{ 中收敛}. \tag{2.19}$$

但是, $\phi^\alpha|_\Gamma$ 在 $(L^2(\Gamma))^n$ 中收敛. 因而, 与 (2.19) 对比

$$(b_0^\alpha + b_1^\alpha \wedge x)|_\Gamma \text{在 } (L^2(\Gamma))^n \text{ 中收敛}.$$

因而 b_0^α, b_1^α 收敛, 结论得证. ■

能量的均分

在 (2.12) 中取 $\hat{\phi} = \phi$, 得到

$$\int_0^T (|\phi'|^2 - a(\phi))\mathrm{d}t = Y, \tag{2.20}$$

其中

$$Y = (\phi'(t), \phi(t))|_0^T. \tag{2.21}$$

■

2.3 一个不等式

设 ϕ^0 和 ϕ^1 均充分正则, 使得下面的分部积分都有意义. 在这一点上不会有任何困难.

我们引进 $m_k(x) = x_k - x_k^0$, 并用 $m_k \dfrac{\partial \phi_i}{\partial x_k}$ 乘 (2.4). 我们记

$$X = (\phi'(t), m_k \frac{\partial \phi(t)}{\partial x_k})|_0^T. \tag{2.22}$$

则

$$X - \iint \frac{m_k}{2} \frac{\partial}{\partial x_k} (\phi'(t))^2 + \iint \mu \frac{\partial \phi_i}{\partial x_j} \frac{\partial}{\partial x_j} (m_k \frac{\partial \phi_i}{\partial x_k})$$
$$+ \iint \mu \frac{\partial \phi_j}{\partial x_i} \frac{\partial}{\partial x_j} (m_k \frac{\partial \phi_i}{\partial x_k}) + \iint \lambda \operatorname{div} \phi \operatorname{div} (m_k \frac{\partial \phi}{\partial x_k}) = 0,$$

或进一步

$$X - \iint \frac{m_k}{2} \frac{\partial}{\partial x_k} (\phi'(t))^2 + \iint \mu m_k \frac{\partial}{\partial x_k} (\varepsilon_{ij}(\phi) \varepsilon_{ij}(\phi)) + 2\mu \varepsilon_{ij}(\phi) \varepsilon_{ij}(\phi)$$
$$+ \iint \lambda \frac{m_k}{2} \frac{\partial}{\partial x_k} (\operatorname{div} \phi)^2 + \lambda (\operatorname{div} \phi)^2 = 0,$$

因此

$$X + \frac{n}{2} \iint |\phi'(t)|^2 - \mu \varepsilon_{ij}(\phi) \varepsilon_{ij}(\phi) - \lambda (\operatorname{div} \phi)^2 + \iint 2\mu \varepsilon_{ij}(\phi) \varepsilon_{ij}(\phi) + \lambda (\operatorname{div} \phi)^2$$
$$- \int_\Sigma \frac{m\nu}{2} (|\phi'(t)|^2 - 2\mu \varepsilon_{ij}(\phi) \varepsilon_{ij}(\phi) - \lambda (\operatorname{div} \phi)^2) \mathrm{d}\Sigma = 0, \tag{2.23}$$

或进一步

$$X + \frac{n-1}{2} Y + \frac{1}{2} \int_0^T (|\phi'(t)|^2 + a(\phi(t))) \mathrm{d}t$$
$$+ \int_\Sigma \frac{m\nu}{2} (2\mu \varepsilon_{ij}(\phi) \varepsilon_{ij}(\phi) + \lambda (\operatorname{div} \phi)^2) \mathrm{d}\Sigma = \int_\Sigma \frac{m\nu}{2} \phi'^2 \mathrm{d}\Sigma. \tag{2.24}$$

我们做假设

$$\Omega \text{ 是星形的.} \tag{2.25}$$

我们取 x^0, 满足 Ω 关于这个点是星形的.

那么 $m\nu \geqslant 0$ 在 Γ 上成立, 且我们由 (2.24) 推得

$$TE_0 \leqslant |X + \frac{n-1}{2}Y| + \frac{1}{2}R(x^0)\int_\Sigma |\phi'|^2 \mathrm{d}\Sigma. \tag{2.26}$$

■

现在利用 V. KOMORNIK [1] 中的方法 (参见第三章), 合适地调整一下, 并利用 (2.16), 我们来控制 $|X + \frac{n-1}{2}Y|$. 我们记

$$\xi(t) = (\phi'(t), m_k \frac{\partial \phi(t)}{\partial x_k} + \frac{n-1}{2}\phi(t)), \tag{2.27}$$

这样就有

$$|X + \frac{n-1}{2}Y| \leqslant |\xi(T)| + |\xi(0)|. \tag{2.28}$$

但是

$$|\xi(t)| \leqslant \frac{\alpha}{2}|\phi'(t)|^2 + \frac{1}{2\alpha}|m_k \frac{\partial \phi(t)}{\partial x_k} + \frac{n-1}{2}\phi(t)|^2, \tag{2.29}$$

常数 α 要在后面选取.

我们有:

$$\begin{aligned}
&|m_k \frac{\partial \phi(t)}{\partial x_k} + \frac{n-1}{2}\phi(t)|^2 = |m_k \frac{\partial \phi(t)}{\partial x_k}|^2 + (\frac{n-1}{2})^2|\phi(t)|^2 + \frac{n-1}{2}\int_\Omega m_k \frac{\partial}{\partial x_k}(|\phi(t)|^2)\mathrm{d}x \\
=&|m_k \frac{\partial \phi(t)}{\partial x_k}|^2 - \frac{n^2-1}{4}|\phi(t)|^2 + \frac{n-1}{2}\int_\Gamma m\nu|\phi(t)|^2 \mathrm{d}\Gamma \\
\leqslant&R(x^0)^2|\nabla\phi(t)|^2 - \frac{n^2-1}{4}|\phi(t)|^2 + \frac{n-1}{2}R(x^0)f(t),
\end{aligned}$$

其中

$$f(t) = \int_\Gamma |\phi(t)|^2 \mathrm{d}\Gamma. \tag{2.30}$$

利用 (2.16), 我们推得

$$\begin{aligned}
|m_k \frac{\partial \phi(t)}{\partial x_k} + \frac{n-1}{2}\phi(t)|^2 \leqslant& \gamma R(x^0)^2 a(\phi(t)) - \frac{n^2-1}{4}|\phi(t)|^2 \\
&+(\frac{n-1}{2}R(x^0) + \gamma R(x^0)^2)f(t).
\end{aligned} \tag{2.31}$$

我们选取 α, 使得 $\alpha = \dfrac{\gamma R(x^0)^2}{\alpha}$, 因而 $\alpha = R(x^0)\sqrt{\gamma}$.

那么

$$\begin{aligned}
|\xi(t)| \leqslant& R(x^0)\sqrt{\gamma}(\frac{1}{2}|\phi'(t)|^2 + \frac{1}{2}a(\phi(t))) - \frac{n^2-1}{8R(x^0)\sqrt{\gamma}}|\phi(t)|^2 \\
&+(\frac{n-1}{2} + \gamma R(x^0))\frac{1}{2\sqrt{\gamma}}f(t).
\end{aligned} \tag{2.32}$$

但是, 若 $g, g' \in L^2(0,T)$, 我们有:

$$\|g\|_{L^\infty(0,T)} \leqslant C_1(\|g\|^2_{L^2(0,T)} + \|g'\|^2_{L^2(0,T)})^{1/2}, \tag{2.33}$$

因此

$$\sup_{t\in(0,T)} f(t) \leqslant C_1^2 \int_\Sigma (|\phi|^2 + |\phi'|^2)\mathrm{d}\Gamma\mathrm{d}t. \tag{2.34}$$

取

$$C_2 = \frac{C_1^2}{2\sqrt{\gamma}}(\frac{n-1}{2} + \gamma R(x^0)), \tag{2.35}$$

由 (2.32) 推得

$$|\xi(t)| \leqslant R(x^0)\sqrt{\gamma}E_0 - \frac{n^2-1}{8R(x^0)\sqrt{\gamma}}|\phi(t)|^2 + C_2\int_\Sigma (|\phi|^2 + |\phi'|^2)\mathrm{d}\Sigma. \tag{2.36}$$

由此, (2.28) 给出

$$|X + \frac{n-1}{2}Y| \leqslant 2R(x^0)\sqrt{\gamma}E_0 - \frac{n^2-1}{8R(x^0)\sqrt{\gamma}}|\phi^0|^2 + 2C_2\int_\Sigma (|\phi|^2 + |\phi'|^2)\mathrm{d}\Sigma. \tag{2.37}$$

(我们没有用项 $-\frac{n^2-1}{8R(x^0)\sqrt{\gamma}}|\phi(T)|^2$.)

在 (2.26) 中用 (2.37), 得

$$\begin{aligned}&(T - 2R(x^0)\sqrt{\gamma})E_0 + \frac{n^2-1}{8R(x^0)\sqrt{\gamma}}|\phi^0|^2\\ \leqslant& C_1^2\int_\Sigma |\phi|^2\mathrm{d}\Sigma + (C_1^2 + \frac{1}{2}R(x^0))\int_\Sigma |\phi'|^2\mathrm{d}\Sigma.\end{aligned} \tag{2.38}$$

我们因而得到

定理 2.1　设 Ω 关于 x^0 是星形的. 设 γ 是 (2.16) 中的 (最优的) 常数. 设 T 给定, 满足

$$T > 2R(x^0)\sqrt{\gamma}. \tag{2.39}$$

那么存在常数 C_2 使得

$$\|\phi^0\|^2_{(H^1(\Omega))^n} + \|\phi^1\|^2_{(L^2(\Omega))^n} \leqslant C_2\int_\Sigma (|\phi|^2 + |\phi'|^2)\mathrm{d}\Gamma\mathrm{d}t. \tag{2.40}$$

■

注 2.1　(2.39) 中的常数 $2R(x^0)\sqrt{\gamma}$ 不必是最优的. 例如我们有: 对所有的 $k>0$, 存在 $\gamma(k)$, 使得

$$|\nabla\phi|^2 \leqslant \gamma(k)(a(\phi) + k\int_\Sigma |\phi|^2\mathrm{d}\Gamma) \tag{2.41}$$

((2.16) 的一个变化, 当然用同样的办法证明). 那么定理 2.1 成立, 如果

$$T > 2R(x^0)\sqrt{\gamma(k)}, \tag{2.42}$$

但是, $\inf\sqrt{\gamma(k)}$ 的值是不清楚的 (我们不能令 k 趋于 $+\infty$ 而不改变空间!). ■

注 2.2 我们在 (2.40) 中, 用到了中间项 $\dfrac{n^2-1}{8R(x^0)\sqrt{\gamma}}|\phi^0|^2$. 当然 $n>1$. $n=1$ 相应于与波动方程的情形, 已经研究过了. ■

2.4 HUM 的应用

我们将证明

定理 2.2 假设我们处于定理 2.1 的条件下. 对所有的 $\{y^0, y^1\}$, 满足

$$y^0 \in (L^2(\Omega))^n,\ y^1 \in ((H^1(\Omega))')^n, \tag{2.43}$$

存在控制 $v=\{v_j\}$,

$$v_j \in (H^1(0,T;L^2(\Gamma)))' \tag{2.44}$$

使得相应的解满足

$$y(T) = y'(T) = 0. \tag{2.45}$$

■

注 2.3 这里的解是弱解. 特别指出, (2.43) 中 y^1 的空间和 (2.44) 中的空间不是广义函数空间. ■

证明

1) 设 ϕ^0, ϕ^1 是 $\bar{\Omega}$ 上给定的足够正则的函数. 我们记

$$\|\{\phi^0,\phi^1\}\|_F = \left(\int_\Sigma (|\phi|^2 + |\phi'|^2)\mathrm{d}\Gamma\mathrm{d}t\right)^{1/2} \tag{2.46}$$

并记 F 是关于这个范数的完备化空间 (事实上, 由 (2.40) 它确实是个范数, 当 $T > 2R(x^0)\sqrt{\gamma}$ 时), 我们有

$$F \subset (H^1(\Omega))^n \times (L^2(\Omega))^n, \tag{2.47}$$

因而

$$F' \supset ((H^1(\Omega))')^n \times (L^2(\Omega))^n. \tag{2.48}$$

2) 我们用通常的办法定义 Λ. 若要写出来, 我们就得到:

$$\begin{cases} \phi'' - \mu\Delta\phi - (\lambda+\mu)\operatorname{grad}\operatorname{div}\phi = 0, \\ \psi'' - \mu\Delta\psi - (\lambda+\mu)\operatorname{grad}\operatorname{div}\psi = 0, \\ \phi(0) = \phi^0,\ \phi'(0) = \phi^1,\ \psi(T) = \psi'(T) = 0, \\ \mu(\dfrac{\partial\phi_i}{\partial\nu} + \nu_j\dfrac{\partial\phi_j}{\partial x_i}) + \lambda\nu_i \operatorname{div}\phi = 0 & \text{在 } \Sigma \text{ 上}, \\ \mu(\dfrac{\partial\psi_i}{\partial\nu} + \nu_j\dfrac{\partial\psi_j}{\partial x_i}) + \lambda\nu_i \operatorname{div}\psi = -(\phi_i - \dfrac{\partial^2\phi_i}{\partial t^2}) & \text{在 } \Sigma \text{ 上}. \end{cases} \tag{2.49}$$

我们着重指出, 在 (2.49) 中, ψ 当然是在弱解的意义下. 那么, 若 $\Lambda\{\phi^0, \phi^1\} = \{\psi'(0), -\psi(0)\}$, 我们有

$$<\Lambda\{\phi^0, \phi^1\}, \{\phi^0, \phi^1\}> = \int_\Sigma (|\phi|^2 + |\phi'|^2)\mathrm{d}\Sigma, \tag{2.50}$$

这样一来, Λ 是从 F 到 F' 的一个同构.

那么, 设 y^0, y^1 满足 (2.43). 由 (2.48), $\{y^1, -y^0\} \in F'$.

因此, 我们能够求解方程

$$\Lambda\{\phi^0, \phi^1\} = \{y^1, -y^0\}, \tag{2.51}$$

本定理的结论得证. ■

3 振动平板 (I). Dirichlet 型作用

3.1 问题的框架

设 Ω 是有界区域, 边界为 Γ. 此外设 $T > 0$.

我们考察系统, 其状态 $y = y(x,t)$ 满足

$$y'' + \Delta^2 y = 0 \qquad \text{在 } Q = \Omega \times (0,T) \text{ 内}. \tag{3.1}$$

假设, 我们对系统施加影响是在边界 $\Sigma = \Gamma \times (0,T)$ 上借助于函数 (控制) $v = v(x,t)$, 以下面的方式进行的

$$y = 0,\ \frac{\partial y}{\partial\nu} = v \quad \text{在 } \Sigma \text{ 上}. \tag{3.2}$$

此外, 设有初始值

$$y(x,0) = y^0(x),\ y'(x,0) = y^1(x) \quad \text{在 } \Omega \text{ 内}. \tag{3.3}$$

我们研究系统 (3.1) (3.2) (3.3) 的精确能控性, 也就是说, 下面的问题:

设 $T > 0$ 给定, 我们能否对所有落在某个 "合适的空间" 的初始值 $\{y^0, y^1\}$, 找到控制 v, 使得若 $y = y(v)$ 是问题 (3.1)(3.2)(3.3) 的解, 我们就有

$$y(x, T; v) = y'(x, T; v) = 0 \quad 在 \ \Omega \ 内. \tag{3.4}$$

注 3.1 被考察的系统 (3.1) (3.2) (3.3), 适用于第二章中研究过的一般的框架.

事实上, 只要记

$$A = \Delta^2, \ B_1 = 恒等映射, \ B_2 = \frac{\partial}{\partial \nu}.$$

在这种情形下, 那些余算子是:

$$C_1 = \frac{\partial \Delta}{\partial \nu}, \ C_2 = \Delta.$$

在 (3.2) 的边界条件中, 我们设置了约束在 Σ 上 $y = 0$. 因而, 我们作用于系统的唯一的方式, 是通过算子 B_2.

事实上, 我们将在下面形式的第二个约束下, 考察这个系统的精确能控性

$$v = 0 \quad 在 \ \Sigma \backslash \Sigma_0 \ 上.$$

我们特别考察情形 $\Sigma_0 = \Sigma(x^0)$, 此处 $\Sigma(x^0)$ 所记的集合在第一章中已经介绍过了. ■

注 3.2 系统 (3.1) (3.2) (3.3) 不是双曲型的. 这是一个在 Petrowsky 意义下, 具有适定性的系统.

系统不是双曲型的, 我们可以预测到, 它的精确能控性是在任意小的时间段内的; 因为这样, 在任意小的时间段内的精确能控性结论, 需要额外的推导 (参考 E. ZUAZUA 的附录 1). ■

注 3.3 在 $n = 2$ 的情形, 系统 (3.1)(3.2)(3.3) 以一种非常简单的形式, 成为振动平板 Ω 的模型 (关于模型的建立, 参考 S. TIMOSHENKO, D. H. YOUNG 和 W. WEAVER Jr.[1], 关于这个模型的某一些情形的精确能控性, 参考 J. LAGNESE 和 J.-L. LIONS [1]). ■

在后面的几节里, 我们介绍一些预备结论. 这些结论继而能在 3.7 节建立精确能控性结论.

3.2 一些回忆

在这一节, 我们关心下面的问题

$$\begin{cases} \theta'' + \Delta^2 \theta = f & 在 \ Q \ 内, \\ \theta = \dfrac{\partial \theta}{\partial \nu} = 0 & 在 \ \Sigma \ 上, \\ \theta(0) = \theta^0, \ \theta'(0) = \theta^1 & 在 \ \Omega \ 内. \end{cases} \tag{3.5}$$

引理 3.1　(a) 设 Ω 是有界区域, 边界 Γ 是 Lipschitz 的.

那么, 对所有的 $\{\theta^0,\theta^1,f\}\in H_0^2(\Omega)\times L^2(\Omega)\times L^1(0,T;L^2(\Omega))$, (3.5) 存在唯一的解 $\theta=\theta(x,t)$, 满足

$$\theta\in C(0,T;H_0^2(\Omega))\cap C^1(0,T;L^2(\Omega)). \tag{3.6}$$

此外, 存在常数 $C>0$, 使得

$$\begin{aligned}&\|\theta\|_{L^\infty(0,T;H_0^2(\Omega))}+\|\theta'\|_{L^\infty(0,T;L^2(\Omega))}\leqslant C(|\Delta\theta^0|+|\theta^1|+\|f\|_{L^1(0,T;L^2(\Omega))}),\\&\forall\{\theta^0,\theta^1,f\}\in H_0^2(\Omega)\times L^2(\Omega)\times L^1(0,T;L^2(\Omega)).\end{aligned} \tag{3.7}$$

(b) 现在, 我们设 Γ 是 C^3 阶的.

那么, 对所有的 $\{\theta^0,\theta^1,f\}\in(H^3\cap H_0^2(\Omega))\times H_0^1(\Omega)\times L^1(0,T;H_0^1(\Omega))$, 解 $\theta=\theta(x,t)$ 满足

$$\theta\in C(0,T;H^3\cap H_0^2(\Omega))\cap C^1(0,T;H_0^1(\Omega)). \tag{3.8}$$

此外, 存在常数 $C>0$, 使得

$$\begin{aligned}&\|\theta\|_{L^\infty(0,T;H^3\cap H_0^2(\Omega))}+\|\theta'\|_{L^\infty(0,T;H_0^1(\Omega))}\\\leqslant&\ C(\|\theta^0\|_{H^3\cap H_0^2(\Omega)}+\|\theta^1\|_{H_0^1(\Omega)}+\|f\|_{L^1(0,T;H_0^1(\Omega))}),\\&\forall\{\theta^0,\theta^1,f\}\in(H^3\cap H_0^2(\Omega))\times H_0^1(\Omega)\times L^1(0,T;H_0^1(\Omega)).\end{aligned} \tag{3.9}$$

■

现在, 我们考察齐次问题

$$\begin{cases}\Phi''+\Delta^2\Phi=0 & \text{在 } Q \text{ 内},\\ \Phi=\dfrac{\partial\Phi}{\partial\nu}=0 & \text{在 } \Sigma \text{ 上},\\ \Phi(0)=\Phi^0,\ \Phi'(0)=\Phi^1 & \text{在 } \Omega \text{ 内}.\end{cases} \tag{3.10}$$

前面的结论可以应用到这种情形下, 因而, 对所有的 $\{\Phi^0,\Phi^1\}\in H_0^2(\Omega)\times L^2(\Omega)$, 存在唯一的解 $\Phi=\Phi(x,t)$, 满足 $\Phi\in C(0,T;H_0^2(\Omega))\cap C^1(0,T;L^2(\Omega))$.

此外, 由下面的式子

$$\Phi''=-\Delta^2\Phi \quad \text{在 } Q \text{ 内}$$

我们推出

$$\Phi\in C^2(0,T;H^{-2}(\Omega)).$$

现在, 我们考察与系统 (3.10) 相应的能量 $E(t)$, 其定义为:

$$E(t)=\frac{1}{2}(|\Delta\Phi(t)|^2+|\Phi'(t)|^2)=\frac{1}{2}\int_\Omega(|\Delta\Phi(x,t)|^2+|\Phi'(x,t)|^2)\mathrm{d}x,\quad \forall t\in[0,T]. \tag{3.11}$$

我们有下面经典的结论:

引理 3.2 (能量守恒定律) 设 Ω 是有界区域, 边界是 Lipschitz 的. 对问题 (3.10) 的所有弱解 Φ, 沿着轨道能量保持为常数, 也即

$$E(t) = E_0 = \frac{1}{2}(|\Delta\Phi^0|^2 + |\Phi^1|^2), \quad \forall t \in [0, T]. \tag{3.12}$$

■

注 3.4 前面的结论是标准的, 它能够借助于第一章中介绍的三种方法来证明, 也就是说

——Fourier 方法.

——Hille–Yosida 的理论.

——变分理论, 参见 J.-L. LIONS [11] 和 J.-L. LIONS 和 E. MAGENES [1]. ■

注 3.5 当 Ω 是 $\mathbb{R}^2$ 中的有界凸区域时, 我们有 (无需其他关于边界 Γ 的正则性条件)

$$\text{算子 } \Delta^2 \text{ 定义了一个从 } H^3 \cap H_0^2(\Omega) \text{ 到 } H^{-1}(\Omega) \text{ 的同构} \tag{3.13}$$

(参见 P. GRISVARD[1]).

由 (3.13), 引理 3.1 的 (b) 部分, 有关正则解的存在唯一性 (在 (3.8) 的函数类里), 可推广到这种情形. 这个结论使我们能够建立必需的估计, 以便得到在 $\mathbb{R}^2$ 中的有界凸区域内的精确能控性. ■

3.3 一个恒等式

这一节的目标是, 对问题 (3.5)——进而也对 (3.10)——的弱解, 建立一个恒等式, 它进而允许我们建立应用 HUM 时所必需的估计.

引理 3.3 设 Ω 是 $\mathbb{R}^n$ 中的有界区域, 其边界 Γ 是 C^3 阶的. 设 $(q = q(x_k))$ 是一向量场, 满足 $q \in (W^{2,\infty}(\Omega))^n$. 那么, 对所有的弱解

$$\theta \in C(0, T; H_0^2(\Omega)) \cap C(0, T; L^2(\Omega)) \tag{3.14}$$

满足方程 (3.5), 我们有恒等式

$$\begin{aligned}\frac{1}{2}\int_\Sigma q_k\nu_k|\Delta\theta|^2\mathrm{d}\Sigma =& (\theta'(t), q_k\frac{\partial\theta(t)}{\partial x_k})|_0^T + \frac{1}{2}\int_Q \frac{\partial q_k}{\partial x_k}(|\theta'|^2 - |\Delta\theta|^2)\mathrm{d}x\mathrm{d}t \\ &+ 2\int_Q \frac{\partial q_k}{\partial x_j}\Delta\theta\frac{\partial^2\theta}{\partial x_k\partial x_j}\mathrm{d}x\mathrm{d}t + \int_Q \Delta q_k\Delta\theta\frac{\partial\theta}{\partial x_k}\mathrm{d}x\mathrm{d}t \\ &+ \int_Q f q_k\frac{\partial\theta}{\partial x_k}\mathrm{d}x\mathrm{d}t.\end{aligned} \tag{3.15}$$

■

证明 我们首先对强解 θ 的情形建立恒等式, 也即, 解 $\theta \in C(0, T; H^3 \cap H_0^2(\Omega)) \cap C^1(0, T; H_0^1(\Omega))$, 它相应的初始值为 $\{\theta^0, \theta^1, f\} \in (H^3 \cap H_0^2(\Omega)) \times H_0^1(\Omega) \times L^1(0, T; H_0^1(\Omega))$. 我们接着应用极限过渡.

用 $q_k\dfrac{\partial\theta}{\partial x_k}$ 乘方程 (3.5), 并在 Q 上积分; 这样可得

$$\int_Q(\theta''+\Delta^2\theta)q_k\frac{\partial\theta}{\partial x_k}\mathrm{d}x\mathrm{d}t=\int_Q fq_k\frac{\partial\theta}{\partial x_k}\mathrm{d}x\mathrm{d}t. \tag{3.16}$$

由分部积分公式, 我们有

$$\int_Q\theta''q_k\frac{\partial\theta}{\partial x_k}\mathrm{d}x\mathrm{d}t=(\theta'(t),q_k\frac{\partial\theta(t)}{\partial x_k})|_0^T-\int_Q\theta'q_k\frac{\partial\theta'}{\partial x_k}\mathrm{d}x\mathrm{d}t, \tag{3.17}$$

我们注意到

$$\int_Q\theta'q_k\frac{\partial\theta'}{\partial x_k}\mathrm{d}x\mathrm{d}t=\frac{1}{2}\int_Q q_k\frac{\partial}{\partial x_k}(|\theta'|^2)\mathrm{d}x\mathrm{d}t=-\frac{1}{2}\int_Q\frac{\partial q_k}{\partial x_k}|\theta'|^2\mathrm{d}x\mathrm{d}t, \tag{3.18}$$

其中, 用到在 Σ 上 $\theta'=0$. ■

从 (3.17) 和 (3.18), 可得

$$\int_Q\theta''q_k\frac{\partial\theta}{\partial x_k}\mathrm{d}x\mathrm{d}t=(\theta'(t),q_k\frac{\partial\theta(t)}{\partial x_k})|_0^T+\frac{1}{2}\int_Q\frac{\partial q_k}{\partial x_k}|\theta'|^2\mathrm{d}x\mathrm{d}t. \tag{3.19}$$

此外

$$\begin{aligned}\int_Q\Delta^2\theta q_k\frac{\partial\theta}{\partial x_k}\mathrm{d}x\mathrm{d}t&=\int_Q\Delta\theta\Delta(q_k\frac{\partial\theta}{\partial x_k})\mathrm{d}x\mathrm{d}t+\int_\Sigma\frac{\partial\Delta\theta}{\partial\nu}q_k\frac{\partial\theta}{\partial x_k}\mathrm{d}\Sigma\\&-\int_\Sigma\Delta\theta\frac{\partial}{\partial\nu}(q_k\frac{\partial\theta}{\partial x_k})\mathrm{d}\Sigma=\int_Q\Delta\theta\Delta(q_k\frac{\partial\theta}{\partial x_k})\mathrm{d}x\mathrm{d}t-\int_\Sigma\Delta\theta\frac{\partial}{\partial\nu}(q_k\frac{\partial\theta}{\partial x_k})\mathrm{d}\Sigma,\end{aligned} \tag{3.20}$$

其中, 用了在 Σ 上 $q_k\dfrac{\partial\theta}{\partial x_k}=0$.

另外

$$\Delta(q_k\frac{\partial\theta}{\partial x_k})=\Delta q_k\frac{\partial\theta}{\partial x_k}+2\frac{\partial q_k}{\partial x_j}\frac{\partial^2\theta}{\partial x_k\partial x_j}+q_k\frac{\partial\Delta\theta}{\partial x_k} \tag{3.21}$$

及

$$\frac{\partial}{\partial\nu}(q_k\frac{\partial\theta}{\partial x_k})=(\frac{\partial q_k}{\partial\nu})\frac{\partial\theta}{\partial x_k}+q_k\frac{\partial^2\theta}{\partial\nu\partial x_k}=q_k\frac{\partial^2\theta}{\partial\nu\partial x_k}\quad 在\ \Sigma\ 上, \tag{3.22}$$

因而

$$\begin{aligned}\int_Q\Delta^2\theta q_k\frac{\partial\theta}{\partial x_k}\mathrm{d}x\mathrm{d}t=\int_Q(&\Delta q_k\Delta\theta\frac{\partial\theta}{\partial x_k}+2\frac{\partial q_k}{\partial x_j}\Delta\theta\frac{\partial^2\theta}{\partial x_k\partial x_j}\\&+q_k\Delta\theta\frac{\partial\Delta\theta}{\partial x_k})\mathrm{d}x\mathrm{d}t-\int_\Sigma q_k\Delta\theta\frac{\partial^2\theta}{\partial\nu\partial x_k}\mathrm{d}\Sigma.\end{aligned} \tag{3.23}$$

我们提请注意

$$\begin{aligned}\int_Q q_k\Delta\theta\frac{\partial\Delta\theta}{\partial x_k}\mathrm{d}x\mathrm{d}t=&\frac{1}{2}\int_Q q_k\frac{\partial}{\partial x_k}(|\Delta\theta|^2)\mathrm{d}x\mathrm{d}t\\=&-\frac{1}{2}\int_Q\frac{\partial q_k}{\partial x_k}|\Delta\theta|^2\mathrm{d}x\mathrm{d}t+\frac{1}{2}\int_\Sigma q_k\nu_k|\Delta\theta|^2\mathrm{d}\Sigma,\end{aligned} \tag{3.24}$$

将 (3.23) 与 (3.24) 组合, 得到

$$\int_Q \Delta^2\theta q_k \frac{\partial\theta}{\partial x_k}\mathrm{d}x\mathrm{d}t = \int_Q (\Delta q_k \Delta\theta \frac{\partial\theta}{\partial x_k} + 2\frac{\partial q_k}{\partial x_j}\Delta\theta \frac{\partial^2\theta}{\partial x_k \partial x_j} - \frac{1}{2}\frac{\partial q_k}{\partial x_k}|\Delta\theta|^2)\mathrm{d}x\mathrm{d}t \quad (3.25)$$

$$- \int_\Sigma q_k \Delta\theta \frac{\partial^2\theta}{\partial\nu\partial x_k}\mathrm{d}\Sigma + \frac{1}{2}\int_\Sigma q_k\nu_k|\Delta\theta|^2\mathrm{d}\Sigma.$$

此外, 由于 $\theta \in H_0^2(\Omega)$, 我们有

$$\frac{\partial^2\theta}{\partial\nu\partial x_k} = \frac{\partial^2\theta}{\partial\nu^2}\nu_k \quad 及 \quad \frac{\partial^2\theta}{\partial x_k^2} = \frac{\partial^2\theta}{\partial\nu^2}\nu_k^2 \quad 在\ \Sigma\ 上, \tag{3.26}$$

由此

$$- \int_\Sigma q_k \Delta\theta \frac{\partial^2\theta}{\partial\nu\partial x_k}\mathrm{d}\Sigma + \frac{1}{2}\int_\Sigma q_k\nu_k|\Delta\theta|^2\mathrm{d}\Sigma = -\frac{1}{2}\int_\Sigma q_k\nu_k|\Delta\theta|^2\mathrm{d}\Sigma. \tag{3.27}$$

从 (3.16)(3.19)(3.25) 和 (3.27), 可得到恒等式 (3.15). ■

注 3.6 为了得到 (3.15) 形式的恒等式, 或这个恒等式的变形, 要用奇数次的导数的乘子. 在本节, 我们用了 $q_k\dfrac{\partial\theta}{\partial x_k}$. 我们甚至将用 $q_k\dfrac{\partial\Delta\theta}{\partial x_k}$. ■

注 3.7 当 Ω 是 $\mathbb{R}^2$ 中的有界凸区域时, 恒等式 (3.15) 仍然成立. ■

3.4 正向不等式

本节的主要目标是建立下面的

定理 3.1 设 Ω 是 $\mathbb{R}^n$ 中的有界区域, 边界 Γ 是 C^3 类的. 那么, 存在常数 $C>0$, 使得

$$\|\Delta\theta\|_{L^2(\Sigma)} \leqslant C(|\Delta\theta^0| + |\theta^1| + \|f\|_{L^1(0,T;L^2(\Omega))}). \tag{3.28}$$

■

证明 由第一章的引理 3.2, 我们知道, 存在向量场 $h \in (C^\infty(\mathbb{R}^n))^n$, 满足

$$h\cdot\nu = h_k\nu_k \geqslant \gamma > 0 \quad 在\ \Gamma\ 上.$$

我们在 (3.15) 中, 取 $q = h$, 容易得到

$$\frac{\gamma}{2}\int_\Sigma |\Delta\theta|^2\mathrm{d}\Sigma \leqslant C(\|\theta\|^2_{L^\infty(0,T;H_0^2(\Omega))} + \|\theta'\|^2_{L^\infty(0,T;L^2(\Omega))} \quad (3.29)$$

$$+ \|f\|_{L^1(0,T;L^2(\Omega))}\|\theta\|_{L^\infty(0,T;H_0^2(\Omega))}),$$

其中 $C = C(\|h\|_{W^{2,\infty}(\Omega)})$.

将 (3.29) 与引理 3.1 的 (3.7) 组合, 我们就得到要证的结论. ■

推论 3.1 (正向不等式) 设 Ω 是 $\mathbb{R}^n$ 中的有界区域, 边界 Γ 是 C^3 类的. 那么, 存在常数 $C>0$, 使得对问题 (3.10) 的所有弱解 $\Phi=\Phi(x,t)$, 我们有

$$\int_\Sigma |\Delta\Phi|^2 \mathrm{d}\Sigma \leqslant CE_0. \tag{3.30}$$

证明 只需要在估计式 (3.28) 中, 取 $f=0$. ■

注 3.8 在 Ω 是 $\mathbb{R}^2$ 中的有界凸区域时, 这些结论仍然成立. ■

注 3.9 从不等式 (3.28), 我们可推出对 (1.5) 的所有弱解, 我们有

$$\Delta\Phi \in L^2(\Sigma).$$

这是一个关于弱解的正则性的额外结论. 事实上, 从方程

$$\begin{cases} \theta'' + \Delta^2\theta = f, \\ f \in L^1(0,T;L^2(\Omega)), \\ \theta \in C(0,T;H_0^2(\Omega)) \cap C^1(0,T;L^2(\Omega)) \end{cases}$$

我们知道, $\Delta\theta|_\Sigma$ 是定义为取值在 $H^{-1/2}(\Omega)$ 中的 "广义函数".

这个现象是在 J.-L. LIONS[12] 中发现的. 在 J.-L. LIONS[13] 中有这样的结论, 若 $f \in L^1(0,T;H_0^1(\Omega))$, 且为了简单起见, $\theta(0)=\theta'(0)=0$, 那么

$$\Delta\theta|_\Sigma \in L^2(0,T;H^1(\Gamma)),\ \frac{\partial\Delta\theta}{\partial\nu}|_\Sigma \in L^2(\Gamma).$$

此外, 利用与第一章定理 4.2 的证明同样的技巧, 我们能够证明, 当

$$f \in W^{-1,1}(0,T;H_0^2(\Omega))$$

时, 也即

$$f = \frac{\mathrm{d}g}{\mathrm{d}t},\ g \in L^1(0,T;H_0^2(\Omega)),$$

那么, (3.5) 的取 $\theta^0=\theta^1=0$ 的解 $\theta=\theta(x,t)$, 满足

$$\{\theta(T),\theta'(T)\} \in H_0^2(\Omega)\times L^2(\Omega)$$

及

$$\Delta\theta|_\Sigma \in L^2(\Sigma),$$

并且

映射 $g \to \{\theta(T),\theta'(T),\Delta\theta|_\Sigma\}$ 是

从 $L^1(0,T;H_0^2(\Omega)) \to H_0^2(\Omega)\times L^2(\Omega)\times L^2(\Sigma)$ 的连续映射. ■

3.5 带有非齐次边界条件的问题的解的存在性和正则性

在这一节中, 我们将研究下面的问题的解的存在性和正则性

$$\begin{cases} z''+\Delta^2 z=0 & \text{在 } Q \text{ 内}, \\ z(0)=z^0,\ z'(0)=z^1 & \text{在 } \Omega \text{ 内}, \\ z=0,\ \dfrac{\partial z}{\partial \nu}=v & \text{在 } \Sigma \text{ 上}. \end{cases} \tag{3.31}$$

定理 3.2 设 Ω 是 $\mathbb{R}^n$ 中的有界区域, 边界 Γ 是 C^3 类的. 那么, 对所有的初始值和边界条件集合

$$\{z^0,z^1,v\}\in L^2(\Omega)\times H^{-2}(\Omega)\times L^2(\Sigma) \tag{3.32}$$

(3.31) 存在唯一的解 z, 满足

$$z\in C(0,T;L^2(\Omega))\cap C^1(0,T;H^{-2}(\Omega)). \tag{3.33}$$

此外, 存在常数 $C>0$, 使得

$$\begin{aligned}&\|z\|_{L^\infty(0,T;L^2(\Omega))}+\|z'\|_{L^\infty(0,T;H^{-2}(\Omega))}\leqslant C(|z^0|+\|z^1\|_{H^{-2}(\Omega)}+\|v\|_{L^2(\Sigma)}),\\ &\forall\{z^0,z^1,v\}\in L^2(\Omega)\times H^{-2}(\Omega)\times L^2(\Sigma).\end{aligned} \tag{3.34}$$

■

注 3.10 由于方程关于时间变量 t 是可逆的, 如果我们将初始条件 $z(0)=z^0$, $z'(0)=z^1$, 换成 "终端条件" $z(T)=z^0$, $z'(T)=z^1$, 我们可得到同样的结论.

在进入结论的证明之前, 我们先细化, 解 z 在何种意义下满足方程 (3.31).

解 z 是用转置的方法定义的. 我们称 $z=z(x,t)$ 是 (3.31) 的解, 若

$$\int_Q zf\mathrm{d}x\mathrm{d}t=<z^1,\theta(0)>-\int_\Omega z^0\theta'(0)\mathrm{d}x-\int_\Sigma v\Delta\theta\mathrm{d}\Sigma,\quad \forall f\in\mathcal{D}(\Omega), \tag{3.35}$$

其中 $\theta=\theta(x,t)$ 是转置问题的解

$$\begin{cases} \theta''+\Delta^2\theta=f & \text{在 } Q \text{ 内}, \\ \theta(T)=\theta'(T)=0 & \text{在 } \Omega \text{ 内}, \\ \theta=\dfrac{\partial\theta}{\partial\nu}=0 & \text{在 } \Sigma \text{ 上}, \end{cases} \tag{3.36}$$

且记 $<\cdot,\cdot>$ 为空间 $H^{-2}(\Omega)$ 和 $H_0^2(\Omega)$ 之间的对偶积. ■

定理 3.2 的证明

1) 记 $L(f)$ 为 (3.35) 的第二项, 也就是说

$$L(f)=<z^1,\theta(0)>-\int_\Omega z^0\theta'(0)\mathrm{d}x-\int_\Sigma v\Delta\theta\mathrm{d}\Sigma, \tag{3.37}$$

其中记 θ 为 (3.36) 相应于 f 的解.

由前面的结论 (参见引理 3.1 和定理 3.1), 线性形式 $L(f)$ 在 $L^1(0,T;L^2(\Omega))$ 上是连续的, 因而存在一个唯一的元素 z, 满足

$$z \in L^\infty(0,T;L^2(\Omega)) \tag{3.38}$$

且

$$\int_Q zf\mathrm{d}x\mathrm{d}t = L(f), \quad \forall f \in L^1(0,T;L^2(\Omega)). \tag{3.39}$$

因而我们即有 (与 (3.35) 比较) 满足 (3.37) 的问题的 (弱) 解 z 的存在唯一性. 此外,

$$\begin{aligned}&\text{映射}\{z^0,z^1,v\} \to z\text{是从}\\&L^2(\Omega)\times H^{-2}(\Omega)\times L^2(\Sigma) \to L^\infty(0,T;L^2(\Omega))\text{的连续映射.}\end{aligned} \tag{3.40}$$

2) 假设证明了下面的性质

$$\begin{aligned}&\text{对于一个在 } L^2(\Omega)\times H^{-2}(\Omega)\times L^2(\Sigma) \text{ 中稠密的集合}\\&\text{相应的解 } z \text{ 从 } [0,T]\to L^2(\Omega) \text{ 是连续的, 也即} z\in C(0,T;L^2(\Omega)).\end{aligned} \tag{3.41}$$

那么, 利用连续性延拓 (由 (3.40) 这是可行的), 我们看到

$$z \in C(0,T;L^2(\Omega)). \tag{3.42}$$

为了证明 (3.41), 不失一般性, 我们取初始值 z^0 和 z^1 为非常光滑的, 例如

$$\{z^0,z^1\} \in \mathcal{D}(\Omega)\times\mathcal{D}(\Omega), \tag{3.43}$$

其中 $\mathcal{D}(\Omega)$ 是 C^∞ 阶的函数, 且在 Ω 内具有紧支撑集.

我们另外取

$$v \in \mathcal{D}((0,T);C^3(\Gamma)), \tag{3.44}$$

也就是说, 一个 t 的 C^∞ 函数 v, 取值在 $C^3(\Gamma)$ 中, 在 $t=0$ 和 $t=T$ 附近为零. (下面将出现的一个 (小的) 技术困难, 我们如果能取 $v\in\mathcal{D}((0,T);C^4(\Gamma))$, 也即如果 Γ 是 C^4 阶的, 就可以避免这个困难).

我们构造一个提升 $\hat{v}$, 使得

$$\begin{aligned}&\hat{v}\in\mathcal{D}((0,T);H^3\cap H_0^1(\Omega)),\\&\frac{\partial\hat{v}}{\partial\nu}=v \quad \text{在 } \Sigma \text{ 上.}\end{aligned} \tag{3.45}$$

那么函数

$$u = z - \hat{v} \tag{3.46}$$

满足

$$\begin{cases} u'' + \Delta^2 u = -(\hat{v}'' + \Delta^2 \hat{v}) = F & \text{在 } Q \text{ 内}, \\ u(0) = z^0,\ u'(0) = z^1 & \text{在 } \Omega \text{ 内}, \\ u = \dfrac{\partial u}{\partial \nu} = 0 & \text{在 } \Sigma \text{ 上}, \end{cases} \tag{3.47}$$

其中 F, 特别地, 满足

$$F \in L^1(0, T; H^{-1}(\Omega)). \tag{3.48}$$

由 (3.45)(3.46), 只要证明

$$u \in C(0, T; L^2(\Omega)), \tag{3.49}$$

但是, 事实上, 我们有

$$u \in C(0, T; H_0^1(\Omega)). \tag{3.50}$$

为了证明 (3.50), 我们采取一个标准的步骤. 我们定义算子

$$A = \{\Delta^2 \text{并带有 Dirichlet 型边界条件}\}, \text{也即} D(A) = \{\phi \in H_0^2(\Omega);\ \Delta^2\phi \in L^2(\Omega)\}$$

并用 $A^{-\alpha}u'$, $\alpha > 0$ 与 $(3.47)_1$ 作数量积. 可得

$$\frac{1}{2}\frac{\mathrm{d}}{\mathrm{d}t}(|A^{-\alpha/2}u'|^2 + |A^{(1-\alpha)/2}u|^2) = (A^{-\alpha/2}F, A^{-\alpha/2}u'). \tag{3.51}$$

如果取 $\alpha = \dfrac{1}{2}$, 那么我们有

$$A^{-\alpha/2}F = A^{-1/4}F \in L^1(0, T; L^2(\Omega)) \tag{3.52}$$

并由此推出

$$u \in C(0, T; H_0^1(\Omega)) \cap C^1(0, T; H^{-1}(\Omega)). \tag{3.53}$$

3) 我们还需要证明的是

$$z \in C^1(0, T; H^{-2}(\Omega)). \tag{3.54}$$

更精确地

$$z' \in L^\infty(0, T; H^{-2}(\Omega)) \tag{3.55}$$

以及估计式

$$\begin{aligned} &\text{映射}\{z^0, z^1, v\} \to z'\text{是从} \\ &L^2(\Omega) \times H^{-2}(\Omega) \times L^2(\Sigma) \to L^\infty(0, T; H^{-1}(\Omega))\text{的连续映射}. \end{aligned} \tag{3.56}$$

事实上, (3.55)(3.56) 证好后, 用上面的步骤就立即可得 (3.54).

如果记

$$f = \frac{\mathrm{d}}{\mathrm{d}t}g \in W^{-1,1}(0, T; H_0^2(\Omega)), \tag{3.57}$$

其中

$$g \in L^1(0,T;H_0^2(\Omega)), \tag{3.58}$$

由注 3.9, 我们有

$$|\Delta\theta(0)| + |\theta'(0)| + \|\Delta\theta\|_{L^2(\Sigma)} \leqslant C\|g\|_{L^1(0,T;H_0^2(\Omega))}, \tag{3.59}$$

其中 $\theta=\theta(x,t)$ 记为 (3.36) 与 $f=\dfrac{\mathrm{d}}{\mathrm{d}t}g$ 相应的解, $C>0$ 是与 g 无关的常数.

因此, 线性形式 $L(f)$ 同样也在 $W^{-1,1}(0,T;H_0^2(\Omega))$ 上连续, 因而问题的解 z 属于

$$z \in (W^{-1,1}(0,T;H_0^2(\Omega)))' = W^{1,\infty}(0,T;H^{-2}(\Omega)). \tag{3.60}$$

此外, 我们有估计式 (3.56), 这就完成了本定理的证明. ■

注 3.11 当 Ω 是 $\mathbb{R}^2$ 中的有界凸区域时, 这个结论仍成立. ■

在这种情形下, 在证明 (3.41) 式时, 我们能够取非常正则的初始值 $z^0, z^1 \in \mathcal{D}(\Omega)$, 以及边界条件

$$v \in \mathcal{D}((0,T);H^{1/2}(\Gamma)). \tag{3.61}$$

那么我们能够提升 v 成函数 $\hat{v}$, 使得

$$\begin{aligned} &\hat{v} \in \mathcal{D}((0,T);H^2\cap H_0^1(\Omega)),\\ &\frac{\partial \hat{v}}{\partial \nu} = v \quad \text{在 } \Sigma \text{ 上}. \end{aligned} \tag{3.62}$$

因而, 我们得到 $u = z - \hat{v}$ 满足 (3.47), 其中 $F \in L^1(0,T;H^{-2}(\Omega))$, 并且, 在 (3.51) 中取 $\alpha = 1$, 我们得到

$$u \in C(0,T;L^2(\Omega)) \cap C^1(0,T;H^{-2}(\Omega)). \tag{3.63}$$

■

3.6 唯一性定理. 反向不等式

我们在第二章中已经证明了, 我们得到一个唯一性定理, 就意味着我们得到一个精确能控性的结论.

本节的目的是，建立一个先验估计——反向不等式，它同时能得到一个唯一性定理，更不用说得到一个精确能控性定理，并对可控的初始值空间取得额外的信息. ■

还是采用前面几章的记号.

设 $x^0 \in \mathbb{R}^n$, 及 $m(x) = x - x^0$.

我们定义系统侧边界 Σ 的一个分划如下:

$$\begin{aligned}&\Gamma(x^0)=\{x\in\Gamma|m(x)\cdot\nu(x)=m_k(x)\nu_k(x)>0\},\\&\Gamma_*(x^0)=\{x\in\Gamma|m(x)\cdot\nu(x)\leqslant 0\}=\Gamma\backslash\Gamma(x^0)\end{aligned}\tag{3.64}$$

以及

$$\begin{aligned}&\Sigma(x^0)=\Gamma(x^0)\times(0,T),\\&\Sigma_*(x^0)=\Gamma_*(x^0)\times(0,T).\end{aligned}\tag{3.65}$$

此外, 我们引进

$$R(x^0)=\max_{x\in\bar{\Omega}}|m(x)|=\max_{x\in\bar{\Omega}}|\sum_{k=1}^{n}|x_k-x_k^0|^2|^{1/2}\tag{3.66}$$

以及 $\lambda_0^2=$ 下面问题的第一个特征值

$$\begin{cases}\Delta^2 w=-\lambda_0^2\Delta w & 在\ Q\ 内,\\ w\in H_0^2(\Omega).\end{cases}\tag{3.67}$$

特征值 λ_0^2 可刻画成

$$\lambda_0^2=\min_{w\in H_0^2(\Omega)-\{0\}}\frac{|\Delta w|^2}{|\nabla w|^2},$$

因此, 我们有

$$|\nabla w|\leqslant\frac{1}{\lambda_0}|\Delta w|,\quad\forall w\in H_0^2(\Omega).\tag{3.68}$$

本节主要结论如下.

定理 3.3 (反向不等式)　设 Ω 是 $\mathbb{R}^n$ 中的有界区域, 其边界 Γ 是 C^3 阶的. 那么, 对 $T>T(x^0)=\dfrac{R(x^0)}{\lambda_0}$ 及齐次问题 (3.10) 所有的弱解 $\Phi=\Phi(x,t)$, 下面的不等式成立

$$(T-T(x^0))E_0\leqslant\frac{R(x^0)}{4}\int_{\Sigma(x^0)}|\Delta\Phi|^2\mathrm{d}\Sigma.\tag{3.69}$$

■

作为这个定理的直接结果, 我们有

推论 3.2 (唯一性定理)　在定理 3.3 的条件下, 若齐次问题 (3.10) 的弱解 $\Phi=\Phi(x,t)$ 满足

$$\Delta\Phi=0\quad 在\ \Sigma(x^0)\ 上,$$

那么 $\Phi\equiv 0$.　■

注 3.12　这个唯一性结论在 J.-L. LIONS[14] 中给出, 它似乎是新型的. 它不是 Holmgren 定理的结果也不是经典的唯一延拓原理的结果, 唯一延拓原理要求得更多:

$$\Delta\Phi \equiv 0, \ \frac{\partial \Delta\Phi}{\partial \nu} \equiv 0 \quad 在\ \Sigma_0 \subset \Sigma\ 上.$$

这些问题将在 3.9 节中详细研究. 在 E. ZUAZUA 的附录 1 中将证明, 事实上, 推论 3.2 的唯一性结论对所有的 $T>0$ 均成立. 这允许对所有的 $T>0$, 得到 (3.69) 形式的估计式.

推论 3.2 的唯一性结论提出了非常多的问题, 它们似乎是未解决的问题, 而且有意义. 若 Φ 是下面问题的解

$$\Phi'' + \Delta^2\Phi = 0 \quad 在\ \Omega \times (0,T)\ 上$$

且满足三个齐次边界条件 (构造它们的算子是 $I=$ 恒等算子, $\dfrac{\partial}{\partial\nu}$, Δ, $\dfrac{\partial\Delta}{\partial\nu}$ 在 Σ 上或 Σ 的部分上), 并假设 T 足够大, 何时我们有 $\Phi \equiv 0$?

例如, 若我们将 $\Delta\Phi=0$ 在 $\Sigma(x^0)$ 上, 换成 $\dfrac{\partial\Delta\Phi}{\partial\nu}=0$ 在 $\Sigma(x^0)$ 上, 我们是否仍然有 $\Phi=0$?

一种特殊的情形已经被 I. LASIECKA 和 R. TRIGGIANI[3], [4] 解决. 它们证明了, 当 Ω 关于 x^0 是严格星形的 (也即, $(x-x^0)\cdot\nu(x) \geqslant \gamma > 0, \forall x \in \Gamma$), 对所有的 $T>0$, 唯一性定理成立. 在一般的情形下, 问题是未解决的. ■

定理 3.3 的证明　我们应用恒等式 (3.15), 并取 $q=m=x-x^0$ 及 $f=0$. 因而, 我们有

$$\begin{aligned} &X + \frac{n}{2}\int_Q (|\Phi'|^2 - |\Delta\Phi|^2)\mathrm{d}x\mathrm{d}t + 2\int_Q |\Delta\Phi|^2 \mathrm{d}x\mathrm{d}t \\ =&\frac{1}{2}\int_\Sigma m\cdot\nu|\Delta\Phi|^2\mathrm{d}\Sigma \leqslant \frac{R(x^0)}{2}\int_{\Sigma(x^0)} |\Delta\Phi|^2\mathrm{d}\Sigma, \end{aligned} \tag{3.70}$$

其中

$$X = (\Phi'(t), m_k \frac{\partial \Phi(t)}{\partial x_k})|_0^T. \tag{3.71}$$

记

$$Y = \int_Q (|\Phi'|^2 - |\Delta\Phi|^2)\mathrm{d}x\mathrm{d}t, \tag{3.72}$$

我们有

引理 3.4　对 (3.10) 的所有弱解 Φ, 我们有

$$Y = (\Phi'(t), \Phi(t))|_0^T. \tag{3.73}$$

引理 3.4 的证明 我们用 Φ 乘方程 (3.10), 并在 Q 上积分, 我们得到

$$\int_Q (\Phi'' + \Delta^2\Phi)\Phi \mathrm{d}x\mathrm{d}t = -\int_Q |\Phi'|^2 \mathrm{d}x\mathrm{d}t + (\Phi'(t), \Phi(t))|_0^T + \int_Q |\Delta\Phi|^2 \mathrm{d}x\mathrm{d}t = 0,$$

由此得结论. ■

在 (3.70) 中, 我们利用

$$\begin{aligned}&\frac{n}{2}\int_Q (|\Phi'|^2 - |\Delta\Phi|^2)\mathrm{d}x\mathrm{d}t + 2\int_Q |\Delta\Phi|^2 \mathrm{d}x\mathrm{d}t \\ =&\frac{n-2}{2}\int_Q (|\Phi'|^2 - |\Delta\Phi|^2)\mathrm{d}x\mathrm{d}t + \int_Q (|\Phi'|^2 + |\Delta\Phi|^2)\mathrm{d}x\mathrm{d}t \\ =&\frac{n-2}{2}(\Phi'(t), \Phi(t))|_0^T + 2TE_0,\end{aligned}$$

借助了 (3.73) 和能量守恒定律.

因而我们得到

$$2TE_0 + (\Phi'(t), m_k\frac{\partial\Phi}{\partial x_k}(t) + \frac{n-2}{2}\Phi(t))|_0^T \leqslant \frac{R(x^0)}{2}\int_{\Sigma(x^0)} |\Delta\Phi|^2 \mathrm{d}\Gamma\mathrm{d}t. \tag{3.74}$$

为了得到 (3.69), 只需证明不等式

$$|(\Phi'(t), m_k\frac{\partial\Phi}{\partial x_k}(t) + \frac{n-2}{2}\Phi(t))|_0^T| \leqslant 2\frac{R(x^0)}{\lambda_0}E_0,$$

这可从下面的不等式推出

$$|(\Phi'(t), m_k\frac{\partial\Phi}{\partial x_k}(t) + \frac{n-2}{2}\Phi(t))|_0^T| \leqslant \frac{R(x^0)}{\lambda_0}E_0, \quad \forall t \in [0, T]. \tag{3.75}$$

我们来证明这个不等式.

由 Cauchy–Schwartz 不等式, 我们有

$$\begin{aligned}&|(\Phi'(t), m_k\frac{\partial\Phi}{\partial x_k}(t) + \frac{n-2}{2}\Phi(t))| \\ \leqslant&\frac{R(x^0)}{2\lambda_0}|\Phi'(t)| + \frac{\lambda_0}{2R(x^0)}|m_k\frac{\partial\Phi}{\partial x_k}(t) + \frac{n-2}{2}\Phi(t)|^2.\end{aligned} \tag{3.76}$$

另外

$$\begin{aligned}|m_k\frac{\partial\Phi}{\partial x_k}(t) + \frac{n-2}{2}\Phi(t)|^2 =&|m_k\frac{\partial\Phi}{\partial x_k}(t)|^2 + \frac{(n-2)^2}{4}|\Phi(t)|^2 \\ &+ (n-2)(m_k\frac{\partial\Phi}{\partial x_k}(t), \Phi(t)).\end{aligned} \tag{3.77}$$

此外

$$(m_k\frac{\partial\Phi}{\partial x_k}(t), \Phi(t)) = \frac{1}{2}\int_\Omega m_k\frac{\partial}{\partial x_k}(|\Phi(t)|^2)\mathrm{d}x = -\frac{n}{2}|\Phi(t)|^2. \tag{3.78}$$

联合 (3.77) 和 (3.78), 我们推得

$$
\begin{aligned}
|m_k\frac{\partial\Phi}{\partial x_k}(t)+\frac{n-2}{2}\Phi(t)|^2 =&|m_k\frac{\partial\Phi}{\partial x_k}(t)|^2+(\frac{(n-2)^2}{4}-\frac{n(n-2)}{2})|\Phi(t)|^2\\
\leqslant&|m_k\frac{\partial\Phi}{\partial x_k}(t)|^2\leqslant R(x^0)^2|\nabla\Phi(t)|^2\\
(\text{由 } (3.68))\leqslant&\frac{R(x^0)^2}{\lambda_0^2}|\Delta\Phi(t)|^2.
\end{aligned}\tag{3.79}
$$

最后, 由 (3.76) 和 (3.79), 我们推得 (3.75), 这就完成了定理的证明. ■

注 3.13 在 J.-L. LIONS[3] 中对 $T>\hat{T}(x^0)$ 证明了这个定理, 其中

$$
\hat{T}(x^0)=T(x^0)+\frac{|n-2|}{2\mu_0},
$$

其中 μ_0^2 记为在 Ω 中带有齐次 Dirichlet 边界条件的 Δ^2 的第一个特征值.

前面的改善由 V. KOMORNIK 得到, 他注意到 (3.79). ■

在 E. ZUAZUA 的附录 1 中, 我们对所有的 $T>0$ 证明 (2.69) 型的估计. ■

注 3.14 当 Ω 是 $\mathbb{R}^2$ 中的有界凸区域时, 前面的结论仍然成立. ■

3.7 一些精确能控性结论

基本的精确能控性结论如下:

定理 3.4 *设 Ω 是 $\mathbb{R}^n$ 中的有界区域, 其边界 Γ 是 C^3 阶的. 设 $x^0\in\mathbb{R}^n$ 及 $T>T(x^0)$.*

那么, 对所有的初始值

$$
\{y^0,y^1\}\in L^2(\Omega)\times H^{-2}(\Omega)\tag{3.80}
$$

存在控制

$$
v\in L^2(\Sigma(x^0))\tag{3.81}
$$

使得系统 (3.1)(3.2)(3.3) 的解 $y=y(v)$, 满足 (3.4). ■

证明 我们应用 HUM.

我们首先求解齐次方程组 (3.10), 也即

$$
\begin{cases}
\Phi''+\Delta^2\Phi=0 & \text{在 } Q \text{ 内},\\
\Phi=\dfrac{\partial\Phi}{\partial\nu}=0 & \text{在 } \Sigma \text{ 上},\\
\Phi(0)=\Phi^0,\ \Phi'(0)=\Phi^1 & \text{在 } \Omega \text{ 内},
\end{cases}
$$

其中初始条件 $\Phi^0,\Phi^1\in\mathcal{D}(\Omega)$.

由推论 3.1, 我们特别地有,

$$\Delta\Phi \in L^2(\Sigma(x^0))$$

并有估计式 (3.30).

我们接着考察反向问题

$$\begin{cases} \psi'' + \Delta^2\psi = 0 & \text{在 } Q \text{ 内,} \\ \psi(T) = \psi'(T) = 0 & \text{在 } \Omega \text{ 内,} \\ \psi = 0 & \text{在 } \Sigma \text{ 上,} \\ \dfrac{\partial\psi}{\partial\nu} = \begin{cases} \Delta\Phi & \text{在 } \Sigma(x^0) \text{ 上,} \\ 0 & \text{在 } \Sigma_*(x^0) \text{ 上.} \end{cases} \end{cases} \tag{3.82}$$

由定理 3.2 我们推出问题 (3.82) 存在唯一的解 $\psi = \psi(x,t)$, 满足

$$\psi \in C(0,T;L^2(\Omega)) \cap C^1(0,T;H^{-2}(\Omega)). \tag{3.83}$$

我们定义算子

$$\Lambda\{\Phi^0,\Phi^1\} = \{\psi'(0), -\psi(0)\}, \quad \forall\{\Phi^0,\Phi^1\} \in \mathcal{D}(\Omega) \times \mathcal{D}(\Omega), \tag{3.84}$$

它满足

$$< \Lambda\{\Phi^0,\Phi^1\}, \{\Phi^0,\Phi^1\} >= \int_{\Sigma(x^0)} |\Delta\Phi|^2 \mathrm{d}\Sigma. \tag{3.85}$$

我们接着构造 Hilbert 空间 F, 它是 $\mathcal{D}(\Omega) \times \mathcal{D}(\Omega)$ 按下面范数的完备化

$$\|\{\Phi^0,\Phi^1\}\|_F = \|\Delta\Phi\|_{L^2(\Sigma(x^0))}. \tag{3.86}$$

由估计式 (3.30) 和 (3.69), 我们推得

$$F = H_0^2(\Omega) \times L^2(\Omega). \tag{3.87}$$

由 (3.30) 得出, Λ 定义了从 F 到 F' 的一个同构. 我们显然有

$$F' = H^{-2}(\Omega) \times L^2(\Omega). \tag{3.88}$$

由 HUM, 我们推出满足下式的初始值 $\{y^1, -y^0\}$ 的精确能控性

$$\{y^1, -y^0\} \in H^{-2}(\Omega) \times L^2(\Omega) = F',$$

控制 $v \in L^2(\Sigma(x^0))$ 由下式给出

$$v = \Delta\Phi \quad \text{在 } \Sigma(x^0) \text{ 上,}$$

其中 Φ 记为 (3.10) 与 $\{\Phi^0,\Phi^1\} \in H_0^2(\Omega) \times L^2(\Omega)$ 相应的解, 满足

$$\Lambda\{\Phi^0,\Phi^1\} = \{y^1, -y^0\}.$$

■

注 3.15 当 Ω 是 $\mathbb{R}^2$ 中的有界凸区域时, 关于精确能控性的定理 3.7 仍然成立. ■

我们同样能够给出其他的精确能控性结论, 这相应于选取其他的范数 $\|\cdot\|_F$. 我们首先给出一个例子, 其中我们考察一个更强的范数. 我们记

$$\|\{\Phi^0, \Phi^1\}\|_F = \|\Delta\Phi'\|_{L^2(\Sigma(x^0))}, \tag{3.89}$$

由这样的选取, 我们得到下面的结论.

定理 3.5 设 Ω 是 $\mathbb{R}^n$ 中的有界区域, 其边界 Γ 是 C^4 阶的. 设 $x^0 \in \mathbb{R}^n$ 为任意的点, 并且 $T > T(x^0)$.

那么, 对所有的初始值

$$\{y^0, y^1\} \in H^{-2}(\Omega) \times (H^4 \cap H_0^2(\Omega))' \tag{3.90}$$

存在控制

$$v \in (H^1(0, T; L^2(\Gamma(x^0))))' \tag{3.91}$$

使得系统 (3.1)(3.2)(3.3) 的解 $y = y(v)$ 满足 $y(T) = y'(T) = 0$. ■

证明 我们重新应用 HUM 方法.

我们首先求解齐次问题

$$\begin{cases} \Phi'' + \Delta^2\Phi = 0 & \text{在 } Q \text{ 内}, \\ \Phi = \dfrac{\partial \Phi}{\partial \nu} = 0 & \text{在 } \Sigma \text{ 上}, \\ \Phi(0) = \Phi^0,\ \Phi'(0) = \Phi^1 & \text{在 } \Omega \text{ 内}, \end{cases}$$

其中, 正则初始值 $\{\Phi^0, \Phi^1\} \in (C^\infty(\bar{\Omega}) \cap H_0^2(\Omega)) \times \mathcal{D}(\Omega)$.

我们指出, 由 (3.84) 定义的范数 $\|\cdot\|_F$, 与下面的范数等价

$$(|\Delta^2\Phi^0|^2 + |\Delta\Phi^1|^2)^{1/2}. \tag{3.92}$$

这个事实的证明, 与我们在第一章定理 6.2 中的证明类似. 事实上, 我们记 $\xi = \Phi'$ 为下面问题的解

$$\begin{cases} \xi'' + \Delta^2\xi = 0 & \text{在 } Q \text{ 内}, \\ \xi = \dfrac{\partial \xi}{\partial \nu} = 0 & \text{在 } \Sigma \text{ 上}, \\ \xi(0) = \Phi^1,\ \xi'(0) = -\Delta^2\Phi^0. \end{cases}$$

显然, 我们有 $\|\{\Phi^0, \Phi^1\}\|_F = \|\Delta\xi\|_{L^2(\Sigma(x^0))}$, 由估计式 (3.30) 和 (3.69), 我们看到, $\|\{\Phi^0, \Phi^1\}\|_F$ 与 $\{\Phi^1, -\Delta^2\Phi^0\}$ 在 $H_0^2(\Omega) \times L^2(\Omega)$ 中的范数等价.

由此, 以及 Ω 是 C^4 阶正则的, 在这种情况下, $(C^\infty(\bar{\Omega})\cap H_0^2(\Omega))\times\mathcal{D}(\Omega)$ 关于范数 $\|\cdot\|_F$ 的完备化空间 F 为

$$F=(H^4\cap H_0^2(\Omega))\times H_0^2(\Omega), \tag{3.93}$$

因而

$$F'=(H^4\cap H_0^2(\Omega))'\times H^{-2}(\Omega). \tag{3.94}$$

我们接着定义反向问题

$$\begin{cases}\psi''+\Delta^2\psi=0 & \text{在 } Q \text{ 内},\\ \psi(T)=\psi'(T)=0 & \text{在 } \Omega \text{ 内},\\ \psi=0 & \text{在 } \Sigma \text{ 上},\\ \dfrac{\partial\psi}{\partial\nu}=\begin{cases}-\dfrac{\partial}{\partial t}(\Delta\Phi') \\ 0\end{cases} & \begin{matrix}\text{在 } \Sigma(x^0) \text{ 上},\\ \text{在 } \Sigma_*(x^0) \text{ 上}.\end{matrix}\end{cases} \tag{3.95}$$

我们指出, 导数 $\dfrac{\partial}{\partial t}(\Delta\Phi')$ 不是取在广义函数意义下的, 而是取在空间 $H^1(0,T;L^2(\Gamma(x^0)))$ 和 $(H^1(0,T;L^2(\Gamma(x^0))))'$ 之间的对偶的意义下, 也就是说, 使得

$$<-\frac{\partial}{\partial t}(\Delta\Phi'),w>=\int_{\Sigma(x^0)}\Delta\Phi'w'\mathrm{d}\Sigma,\quad \forall w\in H^1(0,T;L^2(\Gamma(x^0))). \tag{3.96}$$

问题的解 $\psi=\psi(x,t)$ 存在且唯一. 它是用转置的方法定义的 (参见下面的注 3.16); 这涉及的是一个弱解, 特别地, 满足

$$\{\psi(0),\psi'(0)\}\in H^{-2}(\Omega)\times(H^4\cap H_0^2(\Omega))'. \tag{3.97}$$

现在我们定义算子

$$\Lambda\{\Phi^0,\Phi^1\}=\{\psi'(0),-\psi(0)\}, \tag{3.98}$$

它满足

$$<\Lambda\{\Phi^0,\Phi^1\},\{\Phi^0,\Phi^1\}>=\|\Delta\Phi'\|^2_{L^2(\Sigma(x^0))}. \tag{3.99}$$

因此, Λ 定义了一个从 $(H^4\cap H_0^2(\Omega))\times H_0^2(\Omega)$ 到 $(H^4\cap H_0^2(\Omega))'\times H^{-2}(\Omega)$ 的同构.

对所有的 $\{y^0,y^1\}\in H^{-2}(\Omega)\times(H^4\cap H_0^2(\Omega))'$, 下面的问题必定存在唯一的解 $\{\Phi^0,\Phi^1\}\in(H^4\cap H_0^2(\Omega))\times H_0^2(\Omega)$

$$\Lambda\{\Phi^0,\Phi^1\}=\{y^1,-y^0\}. \tag{3.100}$$

由通常的推理方法, 我们证明了控制的存在性

$$v=\begin{cases}-\dfrac{\partial}{\partial t}(\Delta\Phi') & \text{在 } \Sigma(x^0) \text{ 上},\\ 0 & \text{在 } \Sigma_*(x^0) \text{ 上},\end{cases} \tag{3.101}$$

其中 $\Phi=\Phi(x,t)$ 记为 (3.10) 的与 $\{\Phi^0,\Phi^1\}$ 相应的解. ■

注 3.16 问题 (3.95) 的解 $\psi=\psi(x,t)$ 是用转置的方法定义的. 我们称 ψ 是 (3.95) 的解, 若它满足

$$\begin{aligned}&\int_Q \psi f\mathrm{d}x\mathrm{d}t+<\psi'(0),\theta^0>-<\psi(0),\theta^1>=\int_{\Sigma(x^0)}\Delta\Phi'\Delta\theta'\mathrm{d}\Sigma,\\&\forall\{\theta^0,\theta^1,f\}\in(H^4\cap H_0^2(\Omega))\times H_0^2(\Omega)\times L^1(0,T;H_0^2(\Omega)),\end{aligned}\tag{3.102}$$

其中 $\theta=\theta(x,t)$ 记为下面方程的解

$$\begin{cases}\theta''+\Delta^2\theta=f & \text{在 } Q \text{ 内},\\ \theta=\dfrac{\partial\theta}{\partial\nu}=0 & \text{在 } \Sigma \text{ 上},\\ \theta(0)=\theta^0,\ \theta'(0)=\theta^1 & \text{在 } \Omega \text{ 内}.\end{cases}\tag{3.103}$$

在恒等式 (3.102) 中的第一个 (或第二个) 尖括号 $<\cdot,\cdot>$ 记为空间 $(H^4\cap H_0^2(\Omega))'$ 和 $H^4\cap H_0^2(\Omega)$ (或 $H^{-2}(\Omega)$ 和 $H_0^2(\Omega)$) 之间的对偶. 同样, 积分 $\int_Q\psi f\mathrm{d}x\mathrm{d}t$ 应该理解为在 $L^\infty(0,T;H^{-2}(\Omega))$ 和 $L^1(0,T;H_0^2(\Omega))$ 之间的对偶的意义下.

这个问题在下面的函数类里, 存在一个唯一的 (弱) 解 ψ

$$\psi\in L^\infty(0,T;H^{-2}(\Omega)),\tag{3.104}$$

它的迹 $\{\psi(0),\psi'(0)\}$ 是有定义的, 且满足

$$\{\psi(0),\psi'(0)\}\in H^{-2}(\Omega)\times(H^4\cap H_0^2(\Omega))'.\tag{3.105}$$

我们在此处将不给出这个结论的完整证明. 一个类似的结论将在这章的定理 4.2 中给予证明. ■

注 3.17 当 Ω 具有 C^3 阶的边界, 或者 Ω 是 $\mathbb{R}^2$ 中的凸区域时, 我们证明一个类似的精确能控性结论.

在这种情形下, 我们对下面的数值具有精确能控性

$$\{y^0,y^1\}\in H^{-2}(\Omega)\times V',\tag{3.106}$$

其中

$$V=\{\phi\in H_0^2(\Omega)|\Delta^2\phi\in L^2(\Omega)\}.\tag{3.107}$$

当然, 由于区域的非正则性, 我们可能有 $V\neq H^4\cap H_0^2(\Omega)$. ■

范数的弱化

我们可以像第一章 7.2 节那样处理. 我们取定空间 F

$$F=L^2(\Omega)\times H^{-2}(\Omega),\tag{3.108}$$

因此

$$F' = L^2(\Omega) \times H_0^2(\Omega). \tag{3.109}$$

我们知道, 问题 (3.10) 在 F 上是适定的, 也就是说, 对所有的 $\{\Phi^0, \Phi^1\} \in L^2(\Omega) \times H^{-2}(\Omega)$, (3.10) 存在唯一的解 $\Phi = \Phi(x,t)$, 满足

$$\Phi \in C(0,T; L^2(\Omega)) \cap \in C^1(0,T; H^{-2}(\Omega)). \tag{3.110}$$

我们定义空间

$$G = \{\text{当 } \{\Phi^0, \Phi^1\} \text{ 跑遍 } F \text{ 时, 迹 } \Delta\Phi|_{\Sigma(x^0)} \text{ 组成的空间}\}, \tag{3.111}$$

赋予由 F 诱导的范数

$$\|\Delta\Phi\|_G = (|\Phi^0|^2 + \|\Phi^1\|^2_{H^{-2}(\Omega)})^{1/2}. \tag{3.112}$$

这个要有意义, 需要 Γ 具有足够的正则性, 例如 C^3 阶的.

有了这些过程, 我们推出对下面数值的精确能控性

$$\{y^0, y^1\} \in H_0^2(\Omega) \times L^2(\Omega), \tag{3.113}$$

相应的控制

$$v \in G'. \tag{3.114}$$

如果我们能够得到关于 G' 的额外的信息, 这个结论将更有意义.

为了辨认 G', 我们引进下面问题的解 χ

$$\Delta^2\chi = \Phi^1 \quad \text{在 } \Omega \text{ 内}, \quad \chi \in H_0^2(\Omega) \tag{3.115}$$

以及 $w = w(x,t)$, 其定义为

$$w(t) = \int_0^t \Phi(\sigma)\mathrm{d}\sigma + \chi, \tag{3.116}$$

其中 $\Phi = \Phi(x,t)$ 记为 (3.10) 与数值 $\{\Phi^0, \Phi^1\}$ 相应的解.

我们很容易验证, w 是下面问题的解

$$\begin{cases} w'' + \Delta^2 w = 0 & \text{在 } Q \text{ 内}, \\ w(0) = \chi,\ w'(0) = \Phi^0 & \text{在 } \Omega \text{ 内}, \\ w = \dfrac{\partial w}{\partial \nu} = 0 & \text{在 } \Sigma \text{ 上}. \end{cases} \tag{3.117}$$

当 $\{\Phi^0, \Phi^1\}$ 跑遍空间 $F = L^2(\Omega) \times H^{-2}(\Omega)$ 时, 那么 $\{\chi, \Phi^0\} \in H_0^2(\Omega) \times L^2(\Omega)$.

若 Ω 是 C^3 阶的, 由 "正向不等式" 和 "反向不等式", 我们可推出映射

$$\begin{aligned}&H_0^2(\Omega)\times L^2(\Omega)\to L^2(\Sigma(x^0)),\\&\{\chi,\Phi^0\}\to\Delta w|_{\Sigma(x^0)}\end{aligned}\tag{3.118}$$

是一个同构, 因而映射

$$\begin{aligned}&L^2(\Omega)\times H^{-2}(\Omega)\to\frac{\partial}{\partial t}L^2(\Sigma(x^0)),\\&\{\Phi^0,\Phi^1\}\to\frac{\partial}{\partial t}\Delta w|_{\Sigma(x^0)}\end{aligned}\tag{3.119}$$

同样也是一个同构.

我们由此推出

$$G=\frac{\partial}{\partial t}L^2(\Sigma(x^0))=H^{-1}(0,T;L^2(\Gamma(x^0))).\tag{3.120}$$

定理 3.6　设 Ω 是 $\mathbb{R}^n$ 中的有界区域, 其边界 Γ 是 C^3 阶的. 设 $x^0\in\mathbb{R}^n$ 为任意的点, 并且 $T>T(x^0)$.

那么, 对所有的初始值

$$\{y^0,y^1\}\in H_0^2(\Omega)\times L^2(\Omega)\tag{3.121}$$

存在控制

$$v\in H_0^1(0,T;L^2(\Gamma(x^0)))\tag{3.122}$$

使得系统 (3.1) (3.2) (3.3) 的解 $y=y(v)$ 满足 $y(T)=y'(T)=0$. ■

注 3.18　当 Ω 是 $\mathbb{R}^2$ 中的有界凸区域时, 定理 3.6 还是成立的. ■

3.8　一些注解

a) 能控性时间 $T(x^0)$ 的最优化

在定理 3.4 中, 我们证明了, 对所有的 $T>T(x^0)=\dfrac{R(x^0)}{\lambda_0}$, 系统的精确能控性发生在空间 $L^2(\Omega)\times H^{-2}(\Omega)$ 中.

事实上, 这个结论可以改善.

我们定义 T_0 为最小的常数, 使得对所有的 $T>T_0$, 我们有下面的唯一性结论

$$\left.\begin{aligned}&\Phi\text{是 (3.10) 的弱解}\\&\Delta\Phi=0\ \text{在}\ \Gamma(x^0)\times(0,T)\ \text{上}\end{aligned}\right\}\Rightarrow\Phi\equiv0.\tag{3.123}$$

对于如此定义的 T_0, 我们有下面的结论.

定理 3.7 设 Ω 是 $\mathbb{R}^n$ 中的有界区域, 其边界 Γ 是 C^3 阶的. 设 $x^0 \in \mathbb{R}^n$ 为任意的点, 并且 $T > T_0$.

那么, 对所有的初始值

$$\{y^0, y^1\} \in L^2(\Omega) \times H^{-2}(\Omega) \tag{3.124}$$

存在控制

$$v \in L^2(\Sigma(x^0)) \tag{3.125}$$

使得系统 (3.1)(3.2)(3.3) 的解 $y = y(v)$ 满足 (3.4). ■

证明 结论是 HUM 的结果, 假如我们证明了下面的估计式:

引理 3.5 对所有的 $T > T_0$, 存在常数 $C > 0$ (不依赖于解 Φ), 使得

$$E_0 \leqslant C \int_{\Sigma(x^0)} (\Delta\Phi)^2 \mathrm{d}\Sigma, \quad \forall \{\Phi^0, \Phi^1\} \in H_0^2(\Omega) \times L^2(\Omega). \tag{3.126}$$

■

引理 3.5 的证明 设 $\varepsilon > 0$, 使得 $T - \varepsilon > T_0$.

由估计式 (3.74), 它是在定理 3.4 的证明过程中得到的, 我们有

$$2(T-\varepsilon)E_0 \leqslant C(\varepsilon)\|\Phi\|^2_{L^\infty(0,T;H_0^1(\Omega))} + \frac{R(x^0)}{2}\int_{\Sigma(x^0)} |\Delta\Phi|^2 \mathrm{d}\Sigma, \tag{3.127}$$

其中有鉴于

$$|(\Phi'(t), m_k \frac{\partial \Phi}{\partial x_k}(t) + \frac{n-2}{2}\Phi(t))|_0^T| \leqslant 2\varepsilon E_0 + C(\varepsilon)\|\Phi\|^2_{L^\infty(0,T;H_0^1(\Omega))}.$$

因而, 只需证明存在常数 $C > 0$, 使得

$$\|\Phi\|^2_{L^\infty(0,T;H_0^1(\Omega))} \leqslant C\|\Delta\Phi\|_{L^2(\Sigma(x^0))}. \tag{3.128}$$

我们用反证法. 若 (3.128) 不成立, 存在一列弱解 $\{\Phi_n\}$ 满足

$$\|\Phi_n\|_{L^\infty(0,T;H_0^1(\Omega))} = 1, \quad \forall n \in \mathbb{N}, \tag{3.129}$$

$$\|\Delta\Phi_n\|_{L^2(\Sigma(x^0))} \to 0 \quad 当\ n \to +\infty. \tag{3.130}$$

联合 (3.127) (3.129) 和 (3.130), 我们推出 (利用能量守恒定律)

$$\|\Phi_n\|_{L^\infty(0,T;H_0^2(\Omega))} + \|\Phi_n'\|_{L^\infty(0,T;L^2(\Omega))} \leqslant C, \quad \forall n \in \mathbb{N}. \tag{3.131}$$

必要时可抽取子列, 我们因而有

$$\Phi_n \to \Phi \quad 在 L^\infty(0,T;H_0^2(\Omega)) 中弱 * 收敛, \tag{3.132}$$

$$\Phi_n' \to \Phi' \quad 在L^\infty(0,T;L^2(\Omega))中弱 * 收敛, \tag{3.133}$$

再由紧性

$$\Phi_n \to \Phi \quad 在L^\infty(0,T;H_0^1(\Omega))中强收敛. \tag{3.134}$$

此外, 从 (3.130), 我们推出

$$\Delta\Phi = 0 \quad 在\ \Sigma(x^0)\ 上. \tag{3.135}$$

由 (3.129) 和 (3.134), 我们有

$$\|\Phi\|_{L^\infty(0,T;H_0^1(\Omega))} = 1. \tag{3.136}$$

另外, 从 (3.132) 和 (3.133) 得到, Φ 是问题 (3.10) 的弱解, 且满足 (3.135). 由 (3.123), 我们因而有 $\Phi \equiv 0$, 这与 (3.136) 矛盾.

因而引理得证. ■

再次使用定理 3.4 的证明中使用的推理方法, 我们就完成了定理 3.7 的证明. ■

注 3.19 由推论 3.2 我们显然有 $T_0 \leqslant T(x^0)$. 在 E. ZUAZUA 的附录 1 中, 我们将证明, 事实上, $T_0 = 0$. ■

b) 无穷多个控制的存在性

我们已经证明了, 对所有的 $T > T(x^0)$, 在一个不依赖于 T 的空间 F 中, 有精确能控性, 那就是 $F = L^2(\Omega) \times H^{-2}(\Omega)$.

用在第一章中已经用过的同样的推理方法, 我们证明, 存在无穷多个控制, 它在时刻 $T > T(x^0)$, 将所有的初始状态 $\{y^0, y^1\} \in L^2(\Omega) \times H^{-2}(\Omega)$ 带到平衡状态 $\{0,0\}$.

简短地回顾一下证明的思路. 我们固定 $T > T(x^0)$. 对所有的 $\varepsilon > 0$ 及 $T - \varepsilon > T(x^0)$, 对所有的 $\{y^0, y^1\} \in L^2(\Omega) \times H^{-2}(\Omega)$, 并对所有的 $u^\varepsilon \in L^2(\Gamma(x^0) \times (0,\varepsilon))$, 下面的问题存在唯一的解

$$\begin{cases} y'' + \Delta^2 y = 0 & 在\ Q\ 内, \\ y(0) = y^0,\ y'(0) = y^1 & 在\ \Omega\ 内, \\ y = 0 & 在\ \Gamma \times (0,\varepsilon)\ 上, \\ \dfrac{\partial y}{\partial \nu} = \begin{cases} u^\varepsilon \\ 0 \end{cases} & \begin{array}{l} 在\ \Gamma(x^0) \times (0,\varepsilon)\ 上, \\ 在\ \Gamma_*(x^0) \times (0,\varepsilon)\ 上, \end{array} \end{cases}$$

且满足

$$y \in C(0,\varepsilon;L^2(\Omega)) \cap C^1(0,\varepsilon;H^{-2}(\Omega)).$$

因而, 在时刻 $t = \varepsilon$, 我们有

$$\{z^0, z^1\} = \{y(\varepsilon), y'(\varepsilon)\} \in L^2(\Omega) \times H^{-2}(\Omega).$$

由 $T-\varepsilon > T(x^0)$ 的事实, 我们知道, 由定理 3.7, 存在控制 $v^\varepsilon \in L^2(\Gamma(x^0)\times(\varepsilon,T))$, 它在 T 时刻将状态 $\{z^0,z^1\}$ 带到平衡状态 $\{0,0\}$.

由这个过程, 我们构造了一个控制

$$w^\varepsilon = \begin{cases} u^\varepsilon & \text{在 } \Gamma(x^0)\times(0,\varepsilon) \text{ 上}, \\ v^\varepsilon & \text{在 } \Gamma(x^0)\times(\varepsilon,T) \text{ 上}, \end{cases}$$

对所有的 $\varepsilon < T - T(x^0)$ 和 $u^\varepsilon \in L^2(\Gamma(x^0)\times(0,\varepsilon))$. 这个控制满足

$$y(T;w^\varepsilon) = y'(T;w^\varepsilon) = 0 \quad \text{在 } \Omega \text{ 内},$$

这就证明了可取控制集

$$\mathcal{U}_{\rm ad} = \{v \in L^2(\Sigma(x^0)) | y(T;v) = y'(T;v) = 0\}$$

包含了无穷多个元素.

由 HUM 给出的控制, 可以刻画成能使下面的

$$J(v) = \int_{\Sigma(x^0)} |v|^2 \mathrm{d}\Sigma$$

在凸集 $\mathcal{U}_{\rm ad}$ 上取到最小值.

这个问题将在第八章中, 对一个典型的带有 Dirichlet 型控制的波动方程的情形进行研究. ■

c) 对控制的其他的限制

在前面几节里, 对带有下面类型边界条件的系统 (3.1) (3.2) (3.3), 我们研究了它的精确能控性

$$y = 0, \ \frac{\partial y}{\partial \nu} = v \quad \text{在 } \Sigma \text{ 上}.$$

I. LASIECKA 和 R. TRIGGIANI 在 [3][4] 中证明了带有下面类型边界条件的系统 (3.1) (3.2) (3.3) 的精确能控性

$$y = v, \ \frac{\partial y}{\partial \nu} = 0 \quad \text{在 } \Sigma \text{ 上},$$

附加了几何条件

$$\Omega \text{是严格星形的}.$$

他们的证明利用了 E. ZUAZUA[4] (参见附录 1) 中的推理方法, 但是由于缺乏通常的能量守恒定律, 需要有额外的技术处理. ■

d) 位于非柱形部分边界的作用

利用与第一章中介绍的类似的推理方法, 我们能够证明系统 (3.1) (3.2) (3.3) 的精确能控性, 其中控制 v 的支撑集是 Σ 的非柱形子集 Σ_0, 其形式为

$$\Sigma_0 = \{(x,t) \in \Sigma \mid m(x,t) \cdot \nu(x) > 0\},$$

其中

$$m(x,t) = x - x^0(t)$$

且 $\|x^0(t)\|_{W^{1,\infty}(0,T)}$ 充分小. ■

e) Holmgren 定理的结果

应用第一章定理 8.1, 对下面的方程, 我们能够得到非常一般的唯一性准则

$$\begin{cases} \Phi'' + \Delta^2\Phi = 0 & \text{在 } Q \text{ 内}, \\ \Phi = \dfrac{\partial \Phi}{\partial \nu} = 0 & \text{在 } \Sigma \text{ 上}. \end{cases}$$

就像我们在第二章中证明的那样, 这些唯一性结论允许我们, 通过应用 HUM 方法, 系统地得到精确能控性结论.

照此做法, 就像我们已经在第一章中看到的, 精确能控性的结论具有 "抽象" 的特征, 因而需要用可控初始数值空间的一些额外信息加以完整化.

我们给出一个例子.

应用第一章定理 8.1, 我们可以很容易地得到下面的结论:

引理 3.6 设 Ω 是 $\mathbb{R}^n$ 中的有界区域, 其边界 Γ 是 C^∞ 阶的, 设 $T > 0$, 并且 $\Gamma_0 \subset \Gamma$ 为任意非空子集.

那么, 若 $\Phi = \Phi(x,t)$ 是下面问题的正则解

$$\begin{cases} \Phi'' + \Delta^2\Phi = 0 & \text{在 } Q \text{ 内}, \\ \Phi = \dfrac{\partial \Phi}{\partial \nu} = 0 & \text{在 } \Sigma \text{ 上} \end{cases} \tag{3.137}$$

满足

$$\Delta\Phi = \frac{\partial \Delta\Phi}{\partial \nu} = 0 \quad \text{在 } \Gamma_0 \times (0,T) \text{ 上}, \tag{3.138}$$

我们有 $\Phi \equiv 0$. ■

这个唯一性准则对所有的 $T > 0$ 都是对的. 这源于这样一个事实, 算子 $P(D) = \dfrac{\partial^2}{\partial t^2} + \Delta^2$ 的特征平面的形式为 $\pi = \{(x,t) \in \mathbb{R}^n \times \mathbb{R} \mid t = \text{常数}\}$. ■

因而, 我们看到, 对 Γ_0 为 Γ 的任意非空开子集, $T > 0$ 任意的小, 以及 $k \in \mathbb{R}$, 半范数

$$\|\{\Phi^0, \Phi^1\}\|_{F_k} = (\|\Delta\Phi\|^2_{H^{-k}(\Gamma_0\times(0,T))} + \|\frac{\partial \Delta\Phi}{\partial \nu}\|^2_{H^{-k}(\Gamma_0\times(0,T))})^{1/2} \tag{3.139}$$

(此处 $\Phi = \Phi(x,t)$ 记为 (3.137) 的解, 满足 $\Phi(0) = \Phi^0$, $\Phi'(0) = \Phi^1$) 是 $\mathcal{D}(\Omega) \times \mathcal{D}(\Omega)$ 上的范数.

因此, 我们可以构造空间

$$F_k = \mathcal{D}(\Omega) \times \mathcal{D}(\Omega)\text{关于范数 } \|\cdot\|_{F_k} \text{ 的完备化.} \tag{3.140}$$

我们记 F_k' 为它的对偶.

应用 HUM, 我们证明了下面的结论:

定理 3.8 设 Ω 是 $\mathbb{R}^n$ 中的有界区域, 其边界 Γ 是 C^∞ 阶的, 且 Γ_0 为 Γ 的任意非空开子集, $T > 0$ 和 $k \in \mathbb{R}$ 均任意.

那么, 对所有的初始值, 满足

$$\{y^1, -y^0\} \in F_k', \tag{3.141}$$

存在控制

$$\{v_0, v_1\} \in H_0^k(\Gamma_0 \times (0,T)) \times H_0^k(\Gamma_0 \times (0,T)) \tag{3.142}$$

使得下面问题的解 $y = y(v)$

$$\begin{cases} y'' + \Delta^2 y = 0 & \text{在 } Q \text{ 内}, \\ y(0) = y^0,\ y'(0) = y^1 & \text{在 } \Omega \text{ 内}, \\ y = \begin{cases} v_0 \\ 0 \end{cases} & \begin{array}{l} \text{在 } \Gamma_0 \times (0,T) \text{ 上}, \\ \text{在 } [\Gamma \backslash \Gamma_0] \times (0,T) \text{ 上}, \end{array} \\ \dfrac{\partial y}{\partial \nu} = \begin{cases} v_1 \\ 0 \end{cases} & \begin{array}{l} \text{在 } \Gamma_0 \times (0,T) \text{ 上}, \\ \text{在 } [\Gamma \backslash \Gamma_0] \times (0,T) \text{ 上} \end{array} \end{cases} \tag{3.143}$$

在 Ω 内满足 $y(T) = y'(T) = 0$. ■

因此, 我们使用了两个控制

$$\{v_0, v_1\} \in H_0^k(\Gamma_0 \times (0,T)) \times H_0^k(\Gamma_0 \times (0,T)),$$

它们可能是:

(i) 有任意小的支撑集, 因为 $\Gamma_0 \subset \Gamma$ 可以任意选取;

(ii) 任意地正则, 因为 $k > 0$ 可以按我们的需要取得任意的大, 并且我们证明了在一个任意小的时间段里系统的精确能控性.

鉴于我们对空间 F_k 和 F_k' 没有得到额外的信息, 这是一个具有抽象特征的结论. ■

f) 高阶系统

我们可以将这一节的结论, 推广到下面形式的系统

$$y'' + \Delta^{2q} y = 0 \quad \text{在 } Q \text{ 内}, \tag{3.144}$$

$$y(0) = y^0,\ y'(0) = y^1 \quad \text{在 } \Omega \text{ 内}, \tag{3.145}$$

$$\begin{cases} y = \dfrac{\partial y}{\partial \nu} = \cdots = \dfrac{\partial^{2q-2} y}{\partial \nu^{2q-2}} = 0 & \text{在 } \Sigma \text{ 上}, \\ \dfrac{\partial^{2q-1} y}{\partial \nu^{2q-1}} = \begin{cases} v & \\ 0 & \end{cases} & \begin{array}{l} \text{在 } \Sigma(x^0) \text{ 上}, \\ \text{在 } \Sigma_*(x^0) \text{ 上}, \end{array} \end{cases} \tag{3.146}$$

其中 $q \in \mathbb{N}$, $q \geqslant 2$.

我们引进特征值

$$\lambda_0^2(q) = \min_{w \in H_0^{2q}(\Omega) - \{0\}} \frac{|\Delta^q w|^2}{|\nabla w|^2}. \tag{3.147}$$

利用前面几节中发展出来的方法, 我们能够证明下面的结论:

定理 3.9 设 Ω 是 $\mathbb{R}^n$ 中的有界区域, 其边界 Γ 是 C^{2q-1} 阶的. 设 $x^0 \in \mathbb{R}^n$ 且 $T > T_q(x^0) = \dfrac{R(x^0)}{\lambda_0(q)}$.

那么, 对所有的初始值

$$\{y^0, y^1\} \in L^2(\Omega) \times H^{-2q}(\Omega) \tag{3.148}$$

存在控制

$$v \in L^2(\Sigma(x^0)) \tag{3.149}$$

使得 (3.144) (3.145) (3.146) 的解 $y = y(v)$ 满足 $y(T) = y'(T) = 0$. ■

这个结论的证明基于 HUM. 证明的主要点在于, 对下面的齐次问题, 得到 "正向不等式" 和 "反向不等式"

$$\begin{cases} \Phi'' + \Delta^{2q} \Phi = 0 & \text{在 } Q \text{ 内}, \\ \Phi = \dfrac{\partial \Phi}{\partial \nu} = \cdots = \dfrac{\partial^{2q-1} \Phi}{\partial \nu^{2q-1}} = 0 & \text{在 } \Sigma \text{ 上}, \\ \Phi(0) = \Phi^0,\ \Phi'(0) = \Phi^1 & \text{在 } \Omega \text{ 内}. \end{cases} \tag{3.150}$$

若我们定义能量

$$E_0 = \frac{1}{2}(|\Delta^q \Phi^0|^2 + |\Phi^1|^2), \tag{3.151}$$

用标准的乘子法, 我们得到

$$\frac{4q}{R(x^0)}(T - T_q(x^0)) E_0 \leqslant \int_{\Sigma(x^0)} |\Delta^q \Phi|^2 \mathrm{d}\Sigma \tag{3.152}$$

以及

$$\int_\Sigma |\Delta^q \Phi|^2 \mathrm{d}\Sigma \leqslant C E_0. \tag{3.153}$$

注 3.20 定理 3.9 推广了定理 3.4 的结论. ■

注 3.21 对于由下面形式的方程主导的系统, 我们可以得到同样形式的结论

$$y'' - \Delta^{2q+1} y = 0 \quad \text{在 } Q \text{ 内}. \qquad ■$$

注 3.22 附录 1 中的方法, 对所有的 $T > 0$, 可以证明这些结论. ■

4 振动平板 (II). 控制加载在 y 和 Δy 上

4.1 问题的框架

我们考察系统

$$y'' + \Delta^2 y = 0 \quad \text{在 } Q = \Omega \times (0, T) \text{ 内} \tag{4.1}$$

带有初始条件

$$y(0) = y^0,\ y'(0) = y^1 \quad \text{在 } \Omega \text{ 内} \tag{4.2}$$

以及边界条件

$$\begin{cases} y = \begin{cases} v_0 & \text{在 } \Sigma_0 \subset \Sigma \text{ 上}, \\ 0 & \text{在 } \Sigma \backslash \Sigma_0 \text{ 上}, \end{cases} \\ \Delta y = \begin{cases} v_1 & \text{在 } \Sigma_0 \subset \Sigma \text{ 上}, \\ 0 & \text{在 } \Sigma \backslash \Sigma_0 \text{ 上}. \end{cases} \end{cases} \tag{4.3}$$

我们研究系统 (4.1) (4.2) (4.3) 的精确能控性.

注 4.1 注意, 我们通过两个控制 v_0 和 v_1, 对系统施加影响 (在第 3 节中我们考察了与这个不同的情况, 在那里我们通过单个控制施加影响).

此系统用一个控制 (也即, $v_0 \equiv 0$ 或 $v_1 \equiv 0$) 的精确能控性是一个未解决的问题, 至少如果我们关心在 "经典的" 初始数值空间中的精确能控性的话. ■

首先指出这个. 由前面的推论 3.2 的唯一性结论, 如果我们考察齐次系统

$$\begin{cases} \Phi'' + \Delta^2 \Phi = 0 & \text{在 } Q \text{ 内}, \\ \Phi(0) = \Phi^0,\ \Phi'(0) = \Phi^1 & \text{在 } \Omega \text{ 内}, \\ \Phi = \Delta \Phi = 0 & \text{在 } \Sigma \text{ 上}, \end{cases} \tag{4.4}$$

半范数

$$\|\{\Phi^0, \Phi^1\}\|_F = \|\frac{\partial \Phi}{\partial \nu}\|_{L^2(\Sigma)}, \tag{4.5}$$

如果 $T > T(x^0)$ 定义了一个范数.

因而由 HUM, 对所有的 $T > T(x^0)$, 在空间 F 的对偶空间 F' 中, 我们有系统的精确能控性 (F 是 $C^\infty(\bar{\Omega}) \times C^\infty(\bar{\Omega})$ 中的函数按照范数 (4.5) 的完备化, 这些函数满足在 Γ 上的相容性条件 $\Phi = \Delta\Phi = 0$), 所用的作用是单个控制, 说来就是 v_1.

但是这个精确能控性结论, 并不十分令人满意, 因为关于空间 F 和 F' 我们没有详细的信息. ■

在下面的几节里, 我们将证明, 所谓的 "正向不等式"

$$V \times H_0^1(\Omega) \subset F, \tag{4.6}$$

其中

$$V = \{\Phi \in H^3 \cap H_0^1(\Omega) \,|\, \Delta\Phi = 0 \text{在 } \Gamma \text{ 上}\}, \tag{4.7}$$

因此

$$F' \subset V' \times H^{-1}(\Omega). \tag{4.8}$$

这个就给出了关于 F 和 F' 的第一个估计式, 但是, 我们不知道如何给出反向的信息. ■

我们用 HUM 方法, 解决系统 (4.1)(4.2)(4.3) 的精确能控性问题. 我们进入第二章中的一般框架, 记

i) $A = \Delta^2$;

ii) $B_1 =$ 恒等映射, $B_2 = \Delta$, 因而 $C_1 = \dfrac{\partial\Delta}{\partial\nu}$, $C_2 = \dfrac{\partial}{\partial\nu}$. ■

4.2 一些回顾

在这一节里, 我们关心下面问题解的存在性和正则性

$$\begin{cases} \theta'' + \Delta^2\theta = f & \text{在 } Q \text{ 内}, \\ \theta = \Delta\theta = 0 & \text{在 } \Sigma \text{ 上}, \\ \theta(0) = \theta^0, \theta'(0) = \theta^1 & \text{在 } \Omega \text{ 内}. \end{cases} \tag{4.9}$$

我们后面所需要的结论如下.

引理 4.1 (a) 设 Ω 是 $\mathbb{R}^n$ 中的有界区域, 其边界 Γ 是 C^2 阶的.

那么, 对所有的 $\{\theta^0, \theta^1, f\} \in (H^2 \cap H_0^1(\Omega)) \times L^2(\Omega) \times L^1(0, T; L^2(\Omega))$, (4.9) 存在唯一的 (弱) 解 $\theta = \theta(x, t)$, 满足

$$\theta \in C(0, T; H^2 \cap H_0^1(\Omega)) \cap C^1(0, T; L^2(\Omega)). \tag{4.10}$$

$$\begin{aligned} &\text{映射}\{\theta^0, \theta^1, f\} \to \{\theta, \theta'\}\text{是线性的、连续的从} \\ &(H^2 \cap H_0^1(\Omega)) \times L^2(\Omega) \times L^1(0, T; L^2(\Omega)) \\ &\to L^\infty(0, T; H^2 \cap H_0^1(\Omega)) \cap L^\infty(0, T; L^2(\Omega)). \end{aligned} \tag{4.11}$$

(b) 现在我们设 Γ 是 C^4 阶的.

那么, 对所有的 $\{\theta^0, \theta^1, f\} \in D(A) \times (H^2 \cap H_0^1(\Omega)) \times L^1(0,T; H^2 \cap H_0^1(\Omega))$ (其中 $D(A) = \{\psi \in H^4 \cap H_0^1(\Omega) \mid \Delta\psi = 0 \text{在 } \Gamma \text{ 上}\} = H^4(\Omega) \cap V$), 存在唯一的 (强) 解 θ, 满足

$$\theta \in C(0,T; D(A)) \cap C^1(0,T; H^2 \cap H_0^1(\Omega)), \tag{4.12}$$

此外

$$\begin{aligned}&\text{映射}\{\theta^0, \theta^1, f\} \to \{\theta, \theta'\}\text{是线性的、连续的从}\\ &D(A) \times (H^2 \cap H_0^1(\Omega)) \times L^1(0,T; H^2 \cap H_0^1(\Omega))\\ &\to L^\infty(0,T; D(A)) \cap L^\infty(0,T; H^2 \cap H_0^1(\Omega)).\end{aligned} \tag{4.13}$$

■

作为 (b) 的结果, 由插值, 我们可得

$$\begin{aligned}&\forall\{\theta^0, \theta^1, f\} \in V \times H_0^1(\Omega) \times L^1(0,T; H_0^1(\Omega))\text{存在唯一的解}\\ &\theta \in C(0,T; V) \cap C^1(0,T; H_0^1(\Omega)).\end{aligned} \tag{4.14}$$

此外, 我们有解对问题的已知数值在相应的空间里的连续依赖性. ■

现在, 我们考察齐次问题

$$\begin{cases}\Phi'' + \Delta^2\Phi = 0 & \text{在 } Q \text{ 内},\\ \Phi = \Delta\Phi = 0 & \text{在 } \Sigma \text{ 上},\\ \Phi(0) = \Phi^0,\ \Phi'(0) = \Phi^1 & \text{在 } \Omega \text{ 内}.\end{cases} \tag{4.15}$$

对 (4.15) 的在 (4.14) 意义下的所有解, 我们定义系统相应的能量

$$E(t) = \frac{1}{2}(|\nabla\Delta\Phi(t)|^2 + |\nabla\Phi(t)|^2), \quad \forall t \in [0,T], \tag{4.16}$$

并且利用标准的方法, 我们可以验证能量守恒定律:

$$E(t) = E_0 = \frac{1}{2}(|\nabla\Delta\Phi^0|^2 + |\nabla\Phi^1|^2), \quad \forall t \in [0,T]. \tag{4.17}$$

此外, 我们指出, 半范数 $E_0^{1/2}$ 是空间 $V \times H_0^1(\Omega)$ 中的范数, 与 $H^3(\Omega) \times H^1(\Omega)$ 中的范数等价. ■

注 4.2 对前面的这些经典结论的回顾, 是为了读者的方便. 我们用已经提及的方法, 可以很容易地证明这些结论. ■

4.3 一个恒等式

本节的目的是建立基本的不等式, 在后续的几节里, 就可以接着证明 "正向不等式" 和 "反向不等式".

主要的结论如下.

引理 4.2　设 Ω 是 $\mathbb{R}^n$ 中的有界区域, 其边界 Γ 是 C^4 阶的. 设 $q\in(W^{2,\infty}(\Omega))^n$. 那么对 (4.9) 在 (4.14) 意义下的所有解, 我们有恒等式

$$\begin{aligned}&\frac{1}{2}\int_\Sigma q_k\nu_k(|\frac{\partial\theta'}{\partial\nu}|^2+|\frac{\partial\Delta\theta}{\partial\nu}|^2)\mathrm{d}\Sigma=-(\theta'(t),q_k\frac{\partial\Delta\theta(t)}{\partial x_k})|_0^T\\&+\frac{1}{2}\int_Q\frac{\partial q_k}{\partial x_k}(|\nabla\theta'|^2-|\nabla\Delta\theta|^2)\mathrm{d}x\mathrm{d}t+\int_Q\frac{\partial q_k}{\partial x_j}(\frac{\partial\theta'}{\partial x_j}\frac{\partial\theta'}{\partial x_k}\\&+\frac{\partial\Delta\theta}{\partial x_j}\frac{\partial\Delta\theta}{\partial x_k})\mathrm{d}x\mathrm{d}t+\int_Q\Delta q_k\theta'\frac{\partial\theta'}{\partial x_k}\mathrm{d}x\mathrm{d}t+\int_Q fq_k\frac{\partial\Delta\theta}{\partial x_k}\mathrm{d}x\mathrm{d}t.\end{aligned}\tag{4.18}$$

■

证明　我们先对强解 θ 建立恒等式 (也即, 在 (4.12) 的函数类里), 然后通过极限过程, 就得到了弱解情形的恒等式.

我们用 $q_k\dfrac{\partial\Delta\theta}{\partial x_k}$ 乘方程 (4.9), 并在 Q 上积分, 得到

$$\int_Q(\theta''+\Delta^2\theta-f)q_k\frac{\partial\Delta\theta}{\partial x_k}\mathrm{d}x\mathrm{d}t=0.\tag{4.19}$$

由分部积分公式, 我们有

$$\int_Q\theta''q_k\frac{\partial\Delta\theta}{\partial x_k}\mathrm{d}x\mathrm{d}t=(\theta'(t),q_k\frac{\partial\Delta\theta(t)}{\partial x_k})|_0^T-\int_Q\theta'q_k\frac{\partial\Delta\theta'}{\partial x_k}\mathrm{d}x\mathrm{d}t.\tag{4.20}$$

此外

$$\begin{aligned}&\int_Q\theta'q_k\frac{\partial\Delta\theta'}{\partial x_k}\mathrm{d}x\mathrm{d}t=-\int_Q\frac{\partial}{\partial x_j}(q_k\theta')\frac{\partial^2\theta'}{\partial x_j\partial x_k}\mathrm{d}x\mathrm{d}t\\&=-\frac{1}{2}\int_Q q_k\frac{\partial}{\partial x_k}|\nabla\theta'|^2\mathrm{d}x\mathrm{d}t-\int_Q\frac{\partial q_k}{\partial x_j}\theta'\frac{\partial^2\theta'}{\partial x_j\partial x_k}\mathrm{d}x\mathrm{d}t\\&=\frac{1}{2}\int_Q\frac{\partial q_k}{\partial x_k}|\nabla\theta'|^2\mathrm{d}x\mathrm{d}t-\frac{1}{2}\int_\Sigma q_k\nu_k|\nabla\theta'|^2\mathrm{d}\Sigma\\&\quad+\int_Q\Delta q_k\theta'\frac{\partial\theta'}{\partial x_k}\mathrm{d}x\mathrm{d}t+\int_Q\frac{\partial q_k}{\partial x_j}\frac{\partial\theta'}{\partial x_j}\frac{\partial\theta'}{\partial x_k}\mathrm{d}x\mathrm{d}t.\end{aligned}\tag{4.21}$$

由 (4.20) (4.21), 以及事实在 Σ 上 $|\nabla\theta'|^2=|\dfrac{\partial\theta'}{\partial\nu}|^2$, 我们推出

$$\begin{aligned}&\int_Q\theta''q_k\frac{\partial\Delta\theta}{\partial x_k}\mathrm{d}x\mathrm{d}t=(\theta'(t),q_k\frac{\partial\Delta\theta(t)}{\partial x_k})|_0^T\\&+\frac{1}{2}\int_\Sigma q_k\nu_k|\frac{\partial\theta'}{\partial\nu}|^2\mathrm{d}\Sigma-\frac{1}{2}\int_Q\frac{\partial q_k}{\partial x_k}|\nabla\theta'|^2\mathrm{d}x\mathrm{d}t\\&-\int_Q\Delta q_k\theta'\frac{\partial\theta'}{\partial x_k}\mathrm{d}x\mathrm{d}t-\int_Q\frac{\partial q_k}{\partial x_j}\frac{\partial\theta'}{\partial x_j}\frac{\partial\theta'}{\partial x_k}\mathrm{d}x\mathrm{d}t.\end{aligned}\tag{4.22}$$

此外

$$\int_Q \Delta^2\theta q_k \frac{\partial\Delta\theta}{\partial x_k}\mathrm{d}x\mathrm{d}t = -\int_Q \frac{\partial\Delta\theta}{\partial x_j}\frac{\partial}{\partial x_j}(q_k\frac{\partial\Delta\theta}{\partial x_k})\mathrm{d}x\mathrm{d}t + \int_\Sigma \frac{\partial\Delta\theta}{\partial\nu}q_k\frac{\partial\Delta\theta}{\partial x_k}\mathrm{d}\Sigma. \tag{4.23}$$

由于在 Σ 上 $\Delta\theta = 0$, 我们有 $\dfrac{\partial\Delta\theta}{\partial x_k} = \dfrac{\partial\Delta\theta}{\partial\nu}\nu_k, \forall k = 1,\cdots,n$, 因而 (4.23) 可写成下面的形式

$$\begin{aligned}
&\int_Q \Delta^2\theta q_k\frac{\partial\Delta\theta}{\partial x_k}\mathrm{d}x\mathrm{d}t \\
=&-\frac{1}{2}\int_Q q_k\frac{\partial}{\partial x_k}(|\nabla\Delta\theta|^2)\mathrm{d}x\mathrm{d}t \\
&-\int_Q \frac{\partial q_k}{\partial x_j}\frac{\partial\Delta\theta}{\partial x_j}\frac{\partial\Delta\theta}{\partial x_k}\mathrm{d}x\mathrm{d}t + \int_\Sigma q_k\nu_k|\frac{\partial\Delta\theta}{\partial\nu}|^2\mathrm{d}\Sigma \\
=&\frac{1}{2}\int_Q \frac{\partial q_k}{\partial x_k}|\nabla\Delta\theta|^2\mathrm{d}x\mathrm{d}t + \frac{1}{2}\int_\Sigma q_k\nu_k|\frac{\partial\Delta\theta}{\partial\nu}|^2\mathrm{d}\Sigma \\
&-\int_Q \frac{\partial q_k}{\partial x_j}\frac{\partial\Delta\theta}{\partial x_j}\frac{\partial\Delta\theta}{\partial x_k}\mathrm{d}x\mathrm{d}t.
\end{aligned} \tag{4.24}$$

最后, 由 (4.19)(4.22) 和 (4.24), 我们推出恒等式 (4.18). ■

注 4.3 在前面的章节里, 我们总是用 "$q_k\dfrac{\partial\theta}{\partial x_k}$" 做乘子.

这一次, 我们用的是 "$q_k\dfrac{\partial\Delta\theta}{\partial x_k}$".

一般来说, 为了得到 "好的" 先验估计, 应该利用关于函数 θ 的导数为奇数的乘子. ■

4.4 正向不等式

本节的目的是得到正向估计式.

定理 4.1 设 Ω 是 $\mathbb{R}^n$ 中的有界区域, 其边界 Γ 是 C^4 阶的. 那么存在常数 $C > 0$, 使得对所有的 $T > 0$ 和 (4.9) 在 (4.14) 意义下的解 $\theta = \theta(x,t)$, 我们有

$$\|\frac{\partial\theta'}{\partial\nu}\|^2_{L^2(\Sigma)} + \|\frac{\partial\Delta\theta}{\partial\nu}\|^2_{L^2(\Sigma)} \leqslant C(|\nabla\Delta\theta^0|^2 + |\nabla\theta^1|^2 + \|f\|^2_{L^1(0,T;H_0^1(\Omega))}). \tag{4.25}$$

■

证明 我们应用恒等式 (4.18), 取 $q = h$, 此处 h 是第一章引理 3.2 中引进的向量场.

我们很容易得到估计式

$$\begin{aligned}
\|\frac{\partial\theta'}{\partial\nu}\|^2_{L^2(\Sigma)} + \|\frac{\partial\Delta\theta}{\partial\nu}\|^2_{L^2(\Sigma)} \leqslant & C(T+1)(\|\nabla\Delta\theta\|^2_{L^\infty(0,T;L^2(\Omega))} \\
&+ \|\nabla\theta'\|^2_{L^\infty(0,T;L^2(\Omega))} + \|f\|^2_{L^1(0,T;H_0^1(\Omega))})
\end{aligned} \tag{4.26}$$

并应用 (4.14), 我们推得估计式 (4.25). ■

注 4.4　常数 C 不依赖于 $\|h\|_{W^{2,\infty}(\Omega)}$, 也不依赖于常数 γ, 它使得 $h\cdot\nu\geqslant\gamma$ 在 Γ 上. ■

应用 (4.25), 并取 $f=0$, 我们得到 "正向不等式".

推论 4.1 (正向不等式)　设 Ω 是 $\mathbb{R}^n$ 中的有界区域, 其边界 Γ 是 C^4 阶的. 那么存在 (不依赖于 T 的) 常数 $C>0$, 使得

$$\left\|\frac{\partial\Phi}{\partial\nu}\right\|^2_{L^2(\Sigma)}+\left\|\frac{\partial\Delta\Phi}{\partial\nu}\right\|^2_{L^2(\Sigma)}\leqslant C(T+1)E_0 \tag{4.27}$$

对 (4.15) 在 (4.14) 意义下所有的解 Φ 成立. ■

注 4.5　由定理 4.1 我们有

$$\frac{\partial\theta'}{\partial\nu}\in L^2(\Sigma),\quad \frac{\partial\Delta\theta}{\partial\nu}\in L^2(\Sigma).$$

这是关于 (系统 (4.9) 的在 (4.14) 意义下的) 弱解的额外的正则性结论. ■

4.5　带有非齐次边界条件的问题的解的存在性和唯一性

在这节里, 我们将研究解的存在性和唯一性, 解的意义我们会详细描述的. 求解的问题为

$$\begin{cases}z''+\Delta^2 z=0 & \text{在 } Q \text{ 内},\\ z(0)=z^0,\ z'(0)=z^1 & \text{在 } \Omega \text{ 内},\\ z=v_0,\ \Delta z=v_1 & \text{在 } \Sigma \text{ 上}.\end{cases} \tag{4.28}$$

为了下面的需要, 必须在一种非常弱的意义下引进 (4.28) 的解, 同时注意到 z^1 和 v_1 不是 Ω 或 Σ 上的广义函数 (当然, 若 Γ 是 C^k 阶的, 我们只能涉及 Σ 上阶数 $\leqslant k$ 的广义函数). ■

更详细地, 我们回顾记号

$$V=\{\phi\,|\,\phi\in H^3(\Omega),\phi=\Delta\phi=0\text{在 }\Gamma\text{ 上}\} \tag{4.29}$$

并且我们将记

$$V'=V\text{的对偶}.$$

我们在 (4.28) 中取

$$z^0\in H^{-1}(\Omega),\ z^1\in V', \tag{4.30}$$

因此 z^1 不是 Ω 上的广义函数.

接着我们取

$$\begin{aligned}&v_0\in L^2(\Sigma),\\ &v_1\in (H^1(0,T;L^2(\Gamma)))'.\end{aligned} \tag{4.31}$$

因此 v_1 不是 Σ 上的广义函数.

$H^1(0,T;L^2(\Gamma))$ 上的连续线性形式的一般结构, 由下式给出

$$
\begin{aligned}
&< v_1, \phi >= \int (w_0\phi + w_1\phi')\mathrm{d}\Sigma,\\
&w_0, w_1 \in L^2(\Sigma).
\end{aligned}
\tag{4.32}
$$

我们将记

$$
v_1 = w_0 - \frac{\partial w_1}{\partial t},
\tag{4.33}
$$

切记, 在 (4.33) 中, $\dfrac{\partial w_1}{\partial t}$ 不是取在 Σ 上的广义函数意义下的, 而是在 $H^1(0,T;L^2(\Gamma))$ 和它的对偶空间的对偶意义下的——它的对偶不是广义函数空间. ■

现在我们用转置的方法, 定义 (4.28) 的 (弱解), 像在 J.-L. LIONS 和 E. MAGENES [1] 中一样, 但是有一点技术上的区别, 我们现在来解释一下.

设

$$
\begin{aligned}
&f \in L^1(0,T;H_0^1(\Omega)),\\
&\theta^0 \in V,\ \theta^1 \in H_0^1(\Omega)
\end{aligned}
\tag{4.34}
$$

并设 θ 是 (反向) 问题的解

$$
\begin{cases}
\theta'' + \Delta^2\theta = f,\\
\theta(T) = \theta^0,\ \theta'(T) = \theta^1,\\
\theta = \Delta\theta = 0 \quad \text{在 } \Sigma \text{ 上}.
\end{cases}
\tag{4.35}
$$

记 X 为由 θ 跑遍的空间, 这时 $\{f,\theta^0,\theta^1\}$ 跑遍 $L^1(0,T;H_0^1(\Omega)) \times V \times H_0^1(\Omega)$, 给 X 赋予自然的 Hilbert 结构, 使得

$$
\begin{aligned}
&\{f,\theta^0,\theta^1\} \to \theta\\
&\text{是一个从} L^1(0,T;H_0^1(\Omega)) \times V \times H_0^1(\Omega) \to X \text{的同构}.
\end{aligned}
\tag{4.36}
$$

由前面看到的正则性结论, 我们有

$$
\begin{aligned}
&X \subset C([0,T];V) \cap C^1([0,T];H_0^1(\Omega)),\\
&\text{且 } \theta \in X \Rightarrow \frac{\partial \Delta\theta}{\partial \nu} \in L^2(\Sigma), \frac{\partial \theta}{\partial \nu} \in H^1(0,T;L^2(\Gamma)).
\end{aligned}
\tag{4.37}
$$

■

现在设 (4.28) 中已知数值是正则的. 那么, 由下面的式子出发

$$
\int_Q (z'' + \Delta^2 z)\theta \mathrm{d}x\mathrm{d}t = 0,
$$

利用分部积分, 我们发现

$$\int_Q zf\mathrm{d}x\mathrm{d}t + (z'(T),\theta^0) - (z(T),\theta^1) = \int_\Sigma (z\frac{\partial\Delta\theta}{\partial\nu} + \Delta z\frac{\partial\theta}{\partial\nu})\mathrm{d}\Sigma. \tag{4.38}$$

但是我们应该有在 Σ 上 $z = v_0$, 以及 $\Delta z = v_1$.

利用 (4.33), 在导数是在 $(H^1(0,T;L^2(\Gamma)))'$ 内的意义下, 我们得到

$$\begin{aligned}&\int_Q zf\mathrm{d}x\mathrm{d}t + (z'(T),\theta^0) - (z(T),\theta^1)\\&= \int_\Sigma (v_0\frac{\partial\Delta\theta}{\partial\nu} + w_0\frac{\partial\theta}{\partial\nu} + w_1\frac{\partial\theta'}{\partial\nu})\mathrm{d}\Sigma + (z^1,\theta(0)) - (z^0,\theta'(0)).\end{aligned} \tag{4.39}$$

现在, 我们将 (4.39) 取成定义式. 更详细地, 我们定义 (由 (4.37)) X 上的连续的线性形式 L 如下

$$L(\theta) = \int_\Sigma (v_0\frac{\partial\Delta\theta}{\partial\nu} + w_0\frac{\partial\theta}{\partial\nu} + w_1\frac{\partial\theta'}{\partial\nu})\mathrm{d}\Sigma + (z^1,\theta(0)) - (z^0,\theta'(0)). \tag{4.40}$$

利用同构 (4.36) 的转置, 我们看到, 对于 (由 (4.40)) 给出的 X' 内的 L, 存在

$$\{z,\zeta_*,\zeta\}\text{在}L^\infty(0,T;H^{-1}(\Omega))\times V'\times H^{-1}(\Omega)\text{内是唯一的} \tag{4.41}$$

满足

$$< z,f > +(\zeta_*,\theta^0) + (-\zeta,\theta^1) = L(\theta), \quad \forall\theta\in X. \tag{4.42}$$

注意到 (4.38), 下面对 $z(T)$ 和 $z'(T)$ 的定义式是合法的

$$z(T) = \zeta,\ z'(T) = \zeta_*. \tag{4.43}$$

■

注 4.6 在 J.-L. LIONS 和 E. MAGENES 的关于转置法的通常定义中, 我们从 (4.35) 出发, 取 $\theta^0 = \theta^1 = 0$, 我们用 (4.39) 定义 z. 我们接着计算 $z(T)$, $z'(T)$.

我们在此, 将 z, $z(T)$, $z'(T)$ 放在一起同时定义, 以避免所有的技术上的、有一点人为的困难, 因为在边界上——因而在内部!——关于 t 的导数不是取在广义函数意义下的.

当然, 这也有助于使定义式 (4.43) 有更多一点的合法性——这是后续的注解的目标. ■

解释 (4.42) 的一个系统的方法, 是选取下面的特殊的 "试验函数". 我们能引进 m 为 Δ^2 的任意的特征函数:

$$\begin{aligned}&\Delta^2 m = \lambda m,\\&m = \Delta m = 0 \quad \text{在 } \Gamma \text{ 上}\end{aligned} \tag{4.44}$$

并且, 我们首先取

$$f = h(t)m,\ \theta^0 = 0,\ \theta^1 = 0. \tag{4.45}$$

那么

$$\theta = q(t)m, \tag{4.46}$$

其中 q 满足

$$q'' + \lambda q = h,\ q(T) = q'(T) = 0, \tag{4.47}$$

也即

$$q(t) = -\frac{1}{\sqrt{\lambda}} \int_t^T \sin((t-\sigma)\sqrt{\lambda})h(\sigma)\mathrm{d}\sigma.$$

那么

$$\begin{aligned} L(\theta) = &\int_0^T (\int_\Gamma (v_0 \frac{\partial \Delta m}{\partial \nu} + w_0 \frac{\partial m}{\partial \nu})\mathrm{d}\Gamma) q\mathrm{d}t + \int_0^T (\int_\Gamma w_1 \frac{\partial m}{\partial \nu}\mathrm{d}\Gamma) q'\mathrm{d}t \\ &+ (z^1, m)q(0) - (z^0, m)q'(0), \end{aligned} \tag{4.48}$$

并且我们有

$$\int_0^T (z,m)(q'' + \lambda q)\mathrm{d}t = \int_0^T (\zeta_0 q + \zeta_1 q')\mathrm{d}t + (z^1, m)q(0) - (z^0, m)q'(0), \tag{4.49}$$

若

$$\zeta_0 = \int_\Gamma (v_0 \frac{\partial \Delta m}{\partial \nu} + w_0 \frac{\partial m}{\partial \nu})\mathrm{d}\Gamma, \quad \zeta_1 = \int_\Gamma v_1 \frac{\partial m}{\partial \nu}\mathrm{d}\Gamma. \tag{4.50}$$

这个给出

$$(z,m)'' + \lambda(z,m) = \zeta_0 - \frac{\partial \zeta_1}{\partial t}, \tag{4.51}$$

$\dfrac{\partial \zeta_1}{\partial t}$ 是取在 $(H^1(0,T))'$ 的意义下,

$$\begin{aligned} &(z,m)(0) = (z^0, m), \\ &(z,m)'(0) = (z^1, m), \end{aligned} \tag{4.52}$$

这证明了 (由于 m 是满足 (4.44) 的任意函数), z 是 (4.28) 的 (一般化的) 解. ■

若现在我们另外取

$$f = 0,\ \theta^0 = 0,\ \theta^1 = -m, \tag{4.53}$$

也即

$$\theta = \frac{1}{\sqrt{\lambda}} \sin((T-t)\sqrt{\lambda})m, \tag{4.54}$$

那么 (4.42) 给出

$$(\zeta, m) = L(\theta) \text{ 计算时用 } (4.54). \tag{4.55}$$

我再来验证

$$(z, m)(T) = (\zeta, m). \tag{4.56}$$

我们接着取

$$f = 0,\ \theta^0 = m,\ \theta^1 = 0, \tag{4.57}$$

也即

$$\theta = \cos((T-t)\sqrt{\lambda})m, \tag{4.58}$$

那么

$$(\zeta_*, m) = L(\theta)\ \text{计算时用 (4.58)}, \tag{4.59}$$

也即

$$\begin{aligned}(\zeta_*, m) = & \int_\Sigma (v_0 \frac{\partial \Delta m}{\partial \nu} + w_0 \frac{\partial m}{\partial \nu}) \cos((T-t)\sqrt{\lambda}) \mathrm{d}\Sigma \\ & + \int_\Sigma w_1 \frac{\partial m}{\partial \nu} \sqrt{\lambda} \sin((T-t)\sqrt{\lambda}) \mathrm{d}\Sigma \\ & + (z^1, m)\cos(T\sqrt{\lambda}) - (z^0, m)\sqrt{\lambda}\sin(T\sqrt{\lambda}),\end{aligned} \tag{4.60}$$

此处再用一下 (4.50) 的记号

$$\begin{aligned}(\zeta_*, m) = & \int_0^T \zeta_0 \cos((T-t)\sqrt{\lambda}) \mathrm{d}t + \int_0^T \zeta_1 \sqrt{\lambda} \sin((T-t)\sqrt{\lambda}) \mathrm{d}t \\ & + (z^1, m)\cos(T\sqrt{\lambda}) - (z^0, m)\sqrt{\lambda}\sin(T\sqrt{\lambda}).\end{aligned} \tag{4.61}$$

但是 (4.51)(4.52) 给出

$$\begin{aligned}(z, m) = & (z^0, m)\cos(t\sqrt{\lambda}) + (z^1, m)\frac{\sin(t\sqrt{\lambda})}{\sqrt{\lambda}} \\ & + \int_0^t \frac{1}{\sqrt{\lambda}} \sin((t-\sigma)\sqrt{\lambda})(\zeta_0 - \frac{\partial \zeta_1}{\partial \sigma}) \mathrm{d}\sigma,\end{aligned}$$

由此

$$\begin{aligned}(z, m)' = & -(z^0, m)\sqrt{\lambda}\sin(t\sqrt{\lambda}) + (z^1, m)\cos(t\sqrt{\lambda}) \\ & + \int_0^t \cos((t-\sigma)\sqrt{\lambda})(\zeta_0 - \frac{\partial \zeta_1}{\partial \sigma}) \mathrm{d}\sigma,\end{aligned}$$

因而

$$\begin{aligned}(z, m)'(T) = & -(z^0, m)\sqrt{\lambda}\sin(T\sqrt{\lambda}) + (z^1, m)\cos(T\sqrt{\lambda}) \\ & + \int_0^T \cos((T-t)\sqrt{\lambda})(\zeta_0 - \frac{\partial \zeta_1}{\partial t}) \mathrm{d}t,\end{aligned}$$

由 $\dfrac{\partial\zeta_1}{\partial t}$ 的定义, 我们因而有

$$(z,m)'(T) = -(z^0,m)\sqrt{\lambda}\sin(T\sqrt{\lambda}) + (z^1,m)\cos(T\sqrt{\lambda}) + \int_0^T \cos((T-t)\sqrt{\lambda})\zeta_0 \mathrm{d}t + \int_0^T \sqrt{\lambda}\sin((T-t)\sqrt{\lambda})\zeta_1 \mathrm{d}t,$$

与 (4.61) 做比较, 我们因而有

$$(z,m)'(T) = (\zeta_*, m),$$

这证明了定义式 $z'(T) = \zeta_*$. ■

因而, 我们有

定理 4.2　我们设 Ω 是有界开集, 边界 Γ 是 C^4 阶的. 我们设 $\{z^0, z^1, v_0, v_1\}$ 给定, 且满足 (4.30) (4.31). 那么问题 (4.28), 在 (4.42) 的意义下, 存在唯一的解, 这个解满足

$$\begin{aligned} &z \in L^\infty(0,T;H^{-1}(\Omega)),\\ &z(T) \in H^{-1}(\Omega),\ z'(T) \in V'; \end{aligned} \tag{4.62}$$

映射 $\{z^0, z^1, v_0, v_1\} \to \{z, z(T), z'(T)\}$ 是线性的, 且关于相应的拓扑是连续的. ■

注 4.7　我们实际上有额外的性质:

$$z \in C([0,T];H^{-1}(\Omega)),$$

因为当所有的已知条件是正则的时候, 这个性质是成立的, 由定理 4.2, 这个性质在极限过程中是被保持的. ■

注 4.8　人们试图认为, z' 是在 V' 中取值的连续函数. 实际上, 这不完全准确 …… 因为我们在 Γ 上取了边界条件 $\Delta z = v_1$, 这是一个很特别的定义, 它在 $t = T$ 处起了一个非常特别的作用. 因而 z' 是两个函数的和, 一个函数是在 V' 中取值的连续函数, 一个函数是在一个更小的空间里的 L^2 函数, 它表示一个 Γ 上的积分, 积分在 $t = T$ 时消失, 依据是我们选取的对 z' 的解释. 就像我们刚看到的那样, 这个解释是合法的. ■

4.6　一个唯一性定理. 反向不等式

这节的目的是建立 “反向不等式”, 它使我们能够应用 HUM.

我们重新利用前面几节的记号, 也就是说, 对任意的 $x^0 \in \mathbb{R}^n$

$$
\begin{aligned}
m(x) &= x - x^0,\\
\Gamma(x^0) &= \{x \in \Gamma \mid m(x)\cdot\nu(x) > 0\},\ \Gamma_*(x^0) = \Gamma\backslash\Gamma(x^0),\\
\Sigma(x^0) &= \Gamma(x^0)\times(0,T),\ \Sigma_*(x^0) = \Sigma\backslash\Sigma(x^0),\\
R(x^0) &= \max_{x\in\bar{\Omega}}|m(x)|.
\end{aligned}
$$

此外我们引进 $\mu_0^2 = -\Delta$ 的第一特征值, 边界条件为 Dirichlet 型的, 也就是说

$$
\mu_0^2 = \min_{w\in H_0^1(\Omega)-\{0\}}\{\frac{|\nabla w|^2}{|w|^2}\}. \tag{4.63}
$$

因而我们有

$$
|w| \leqslant \frac{1}{\mu_0}|\nabla w|, \quad \forall w \in H_0^1(\Omega). \tag{4.64}
$$

■

我们考察齐次方程

$$
\begin{cases}
\Phi'' + \Delta^2\Phi = 0 & \text{在 } Q \text{ 内},\\
\Phi(0) = \Phi^0,\ \Phi'(0) = \Phi^1 & \text{在 } \Omega \text{ 内},\\
\Phi = \Delta\Phi = 0 & \text{在 } \Sigma \text{ 上},
\end{cases} \tag{4.65}
$$

其中初始条件

$$
\{\Phi^0, \Phi^1\} \in V \times H_0^1(\Omega) \tag{4.66}
$$

使得 (4.65) 的解在函数类 (4.14) 中存在且唯一.

我们回顾能量

$$
E_0 = \frac{1}{2}(|\nabla\Delta\Phi^0|^2 + |\nabla\Phi^1|^2) \tag{4.67}
$$

沿着所有的轨道是守恒的. ■

本节的主要结论如下.

定理 4.3 (反向不等式) 设 Ω 是 $\mathbb{R}^n$ 中的有界区域, 其边界 Γ 是 C^4 阶的. 设

$$
T > T(x^0) = \frac{R(x^0)}{\mu_0}.
$$

对 (4.65)(在 (4.14) 意义下) 的所有解, 我们有不等式:

$$
(T - T(x^0))E_0 \leqslant \frac{R(x^0)}{4}\int_{\Sigma(x^0)}((\frac{\partial\Phi}{\partial\nu})^2 + (\frac{\partial\Delta\Phi}{\partial\nu})^2)\mathrm{d}\Sigma. \tag{4.68}
$$

■

证明 我们应用恒等式 (4.18), 并取 $q=m$, 我们得到

$$X+\frac{n}{2}Y+\int_Q(|\nabla\Phi'|^2+|\nabla\Delta\Phi|^2)\mathrm{d}x\mathrm{d}t=\frac{1}{2}\int_\Sigma m\nu(|\frac{\partial\Phi'}{\partial\nu}|^2+|\frac{\partial\Delta\Phi}{\partial\nu}|^2)\mathrm{d}\Sigma, \tag{4.69}$$

其中

$$X=-(\Phi'(t),m_k\frac{\partial\Delta\Phi}{\partial x_k}(t))|_0^T \tag{4.70}$$

及

$$Y=\int_Q(|\nabla\Phi'|^2-|\nabla\Delta\Phi|^2)\mathrm{d}x\mathrm{d}t. \tag{4.71}$$

我们显然有

$$\frac{1}{2}\int_\Sigma m\nu(|\frac{\partial\Phi'}{\partial\nu}|^2+|\frac{\partial\Delta\Phi}{\partial\nu}|^2)\mathrm{d}\Sigma\leqslant\frac{R(x^0)}{2}\int_{\Sigma(x^0)}(|\frac{\partial\Phi'}{\partial\nu}|^2+|\frac{\partial\Delta\Phi}{\partial\nu}|^2)\mathrm{d}\Sigma. \tag{4.72}$$

另外, 用 $\Delta\Phi$ 乘 $(4.65)_1$ 并在 Q 内积分, 我们容易得到

$$Y=-(\Phi'(t),\Delta\Phi(t))|_0^T. \tag{4.73}$$

由能量守恒定律, 我们有

$$\int_Q(|\nabla\Phi'|^2+|\nabla\Delta\Phi|^2)\mathrm{d}x\mathrm{d}t=2TE_0. \tag{4.74}$$

将前面的这些式子组合起来, 我们因而得到

$$\begin{aligned}&2TE_0-(\Phi'(t),m_k\frac{\partial\Delta\Phi}{\partial x_k}(t)+\frac{n}{2}\Delta\Phi(t))|_0^T\\ \leqslant&\frac{R(x^0)}{2}\int_{\Sigma(x^0)}(|\frac{\partial\Phi'}{\partial\nu}|^2+|\frac{\partial\Delta\Phi}{\partial\nu}|^2)\mathrm{d}\Sigma.\end{aligned} \tag{4.75}$$

证明即可完成, 如果我们证明了

$$|(\Phi'(t),m_k\frac{\partial\Delta\Phi}{\partial x_k}(t)+\frac{n}{2}\Delta\Phi(t))|_0^T|\leqslant 2\frac{R(x^0)}{\mu_0}E_0. \tag{4.76}$$

对任意的 $t\in[0,T]$ 及 $\alpha>0$, 我们有

$$\begin{aligned}&|(\Phi'(t),m_k\frac{\partial\Delta\Phi}{\partial x_k}(t)+\frac{n}{2}\Delta\Phi(t))|\\ \leqslant&\alpha|\Phi'(t)|^2+\frac{1}{4\alpha}|m_k\frac{\partial\Delta\Phi}{\partial x_k}(t)+\frac{n}{2}\Delta\Phi(t)|^2.\end{aligned} \tag{4.77}$$

我们接着计算这一项

$$\begin{aligned}|m_k\frac{\partial\Delta\Phi}{\partial x_k}(t)+\frac{n}{2}\Delta\Phi(t)|^2=&|m_k\frac{\partial\Delta\Phi}{\partial x_k}(t)|^2+\frac{n^2}{4}|\Delta\Phi(t)|^2\\&+n(m_k\frac{\partial\Delta\Phi}{\partial x_k}(t),\Delta\Phi(t)).\end{aligned} \tag{4.78}$$

我们指出

$$(m_k \frac{\partial \Delta\Phi}{\partial x_k}(t), \Delta\Phi(t)) = \frac{1}{2}\int_\Omega m_k \frac{\partial}{\partial x_k}|\Delta\Phi(t)|^2 \mathrm{d}x = -\frac{n}{2}|\Delta\Phi(t)|^2. \tag{4.79}$$

因而

$$\begin{aligned} |m_k \frac{\partial \Delta\Phi}{\partial x_k}(t) + \frac{n}{2}\Delta\Phi(t)|^2 =& |m_k \frac{\partial \Delta\Phi}{\partial x_k}(t)|^2 + n^2(\frac{1}{4} - \frac{1}{2})|\Delta\Phi(t)|^2 \\ \leqslant& |m_k \frac{\partial \Delta\Phi}{\partial x_k}(t)|^2 \leqslant R(x^0)^2 |\nabla\Delta\Phi(t)|^2. \end{aligned} \tag{4.80}$$

由 (4.77) 和 (4.80)(利用 (4.64)), 我们推出

$$|(\Phi'(t), m_k \frac{\partial \Delta\Phi}{\partial x_k}(t) + \frac{n}{2}\Delta\Phi(t))| \leqslant \frac{\alpha}{\mu_0^2}|\nabla\Phi'(t)|^2 + \frac{R(x^0)^2}{4\alpha}|\nabla\Delta\Phi(t)|^2 \tag{4.81}$$

且对

$$\alpha = \frac{R(x^0)\mu_0}{2} \tag{4.82}$$

我们有

$$|(\Phi'(t), m_k \frac{\partial \Delta\Phi}{\partial x_k}(t) + \frac{n}{2}\Delta\Phi(t))| \leqslant \frac{R(x^0)}{2\mu_0}(|\nabla\Phi'(t)|^2 + |\nabla\Delta\Phi(t)|^2) = \frac{R(x^0)}{\mu_0}E_0, \tag{4.83}$$

由此得 (4.76), 这就完成了定理的证明. ■

注 4.9　这个结论在 J.-L. LIONS[3] 中对 $T > \hat{T}(x^0) = T(x^0) + \dfrac{n}{2\mu_0^2}$ 进行了证明, 接着由 V. KOMORNIK 对 $T > T(x^0)$ 进行了证明, 他注意到了 (4.76). 在 E. ZUAZUA 的附录 1 中, 我们对所有的 $T > 0$ 有一个类似的估计. ■

作为前面定理的即刻结果, 我们有下面的唯一性结论.

推论 4.2 (唯一性定理)　设 Ω 是 $\mathbb{R}^n$ 中的有界区域, 其边界 Γ 是 C^4 阶的. 设

$$T > T(x^0) = \frac{R(x^0)}{\mu_0}.$$

那么, 若 Φ 是 (4.65) 的一个解, 满足

$$\frac{\partial \Phi'}{\partial \nu} \equiv \frac{\partial \Delta\Phi}{\partial \nu} \equiv 0 \quad 在\ \Sigma(x^0)\ 上, \tag{4.84}$$

我们有

$$\Phi \equiv 0.$$ ■

4.7　一些精确能控性结论

我们从一个典型的结论开始, 接着应用通常的改变范数的技巧, 给出一些变化.

主要结果

定理 4.4　设 Ω 是 $\mathbb{R}^n$ 中的有界区域, 其边界 Γ 是 C^4 阶的. 设 $x^0 \in \mathbb{R}^n$, 并且 $T > T(x^0) = \dfrac{R(x^0)}{\mu_0}$.

那么, 对所有的初始值

$$\{y^0, y^1\} \in H^{-1}(\Omega) \times V' \tag{4.85}$$

存在控制

$$\{v_0, v_1\} \in L^2(\Sigma(x^0)) \times (H^1(0,T; L^2(\Gamma(x^0))))' \tag{4.86}$$

使得系统 (4.1) (4.2) (4.3) 的解 $y = y(v)$, 在 T 时刻, 到达平衡状态 $\{0, 0\}$. ■

证明　我们应用 HUM 方法.

我们首先解方程组

$$\begin{cases} \Phi'' + \Delta^2\Phi = 0 & \text{在 } Q \text{ 内}, \\ \Phi = \Delta\Phi = 0 & \text{在 } \Sigma \text{ 上}, \\ \Phi(0) = \Phi^0,\ \Phi'(0) = \Phi^1 & \text{在 } \Omega \text{ 内}, \end{cases} \tag{4.87}$$

其中初始条件 $\{\Phi^0, \Phi^1\} \in V \times H_0^1(\Omega)$.

由正向不等式

$$\{\frac{\partial \Phi'}{\partial \nu}, \frac{\partial \Delta\Phi}{\partial \nu}\} \in L^2(\Sigma(x^0)) \times L^2(\Sigma(x^0)). \tag{4.88}$$

我们接着考察 "反向" 问题

$$\begin{cases} \psi'' + \Delta^2\psi = 0 & \text{在 } Q \text{ 内}, \\ \psi(T) = \psi'(T) = 0 & \text{在 } \Omega \text{ 内}, \\ \psi = \begin{cases} -\dfrac{\partial \Delta\Phi}{\partial \nu} \\ 0 \end{cases} & \begin{matrix} \text{在 } \Sigma(x^0) \text{ 上}, \\ \text{在 } \Sigma_*(x^0) \text{ 上}, \end{matrix} \\ \Delta\psi = \begin{cases} \dfrac{\partial}{\partial t}\dfrac{\partial \Phi'}{\partial \nu} \\ 0 \end{cases} & \begin{matrix} \text{在 } \Sigma(x^0) \text{ 上}, \\ \text{在 } \Sigma_*(x^0) \text{ 上}. \end{matrix} \end{cases} \tag{4.89}$$

我们指出, 导数 $\dfrac{\partial}{\partial t}\dfrac{\partial \Phi'}{\partial \nu}$ 不是取在 Σ 上的广义函数意义下, 而是取在 $H^1(0,T; L^2(\Gamma(x^0)))$ 和它的对偶空间的对偶的意义下, 这个对偶空间不是一个广义函数空间.

定理 4.2 显示了 (4.88) (在合适的意义下) 的解 ψ 的存在唯一性, 其中

$$\{\psi(0),\psi'(0)\}\in H^{-1}(\Omega)\times V'. \tag{4.90}$$

因而, 我们定义算子

$$\Lambda\{\Phi^0,\Phi^1\}=\{\psi'(0),-\psi(0)\}, \tag{4.91}$$

它满足

$$<\Lambda\{\Phi^0,\Phi^1\},\{\Phi^0,\Phi^1\}>=\|\frac{\partial\Phi'}{\partial\nu}\|^2_{L^2(\Sigma(x^0))}+\|\frac{\partial\Delta\Phi}{\partial\nu}\|^2_{L^2(\Sigma(x^0))}. \tag{4.92}$$

我们考察空间

$$F=V\times H_0^1(\Omega), \tag{4.93}$$

赋予范数

$$\|\{\Phi^0,\Phi^1\}\|=(\|\frac{\partial\Phi'}{\partial\nu}\|^2_{L^2(\Sigma(x^0))}+\|\frac{\partial\Delta\Phi}{\partial\nu}\|^2_{L^2(\Sigma(x^0))})^{1/2}. \tag{4.94}$$

由正向和反向不等式, (4.94) 在空间 F 上无疑是一个范数, 这个范数与 $H^3(\Omega)\times H^1(\Omega)$ 诱导的范数是等价的.

从 (4.92), 我们推出

$$\Lambda:\ F\to F' \text{ 是一个同构.} \tag{4.95}$$

由 (4.85), 我们推出

$$\{y^1,-y^0\}\in F',$$

因而, 方程

$$\Lambda\{\Phi^0,\Phi^1\}=\{y^1,-y^0\} \tag{4.96}$$

有唯一的解

$$\{\Phi^0,\Phi^1\}\in V\times H_0^1(\Omega). \tag{4.97}$$

现在, 控制 $\{v_0,v_1\}$ 由下面的形式给出

$$v_0=-\frac{\partial\Delta\Phi}{\partial\nu}\quad \text{在 } \Sigma(x^0) \text{ 上}, \tag{4.98}$$

$$v_1=\frac{\partial}{\partial t}\frac{\partial\Phi'}{\partial\nu}\quad \text{在 } \Sigma(x^0) \text{ 上}, \tag{4.99}$$

此处, Φ 记为 (4.87) 的解, 相应的已知数值 $\{\Phi^0,\Phi^1\}$ 是 (4.97) 的解.

最后, 我们看到, 由 (4.89) 我们有

$$\{v_0,v_1\}\in L^2(\Sigma(x^0))\times\frac{\partial}{\partial t}L^2(\Sigma(x^0)). \tag{4.100}$$

另外

$$\frac{\partial}{\partial t}L^2(\Sigma(x^0))=(H^1(0,T;L^2(\Gamma(x^0))))'. \tag{4.101}$$

■

注 4.10 注意, 控制 $\{v_0, v_1\}$ 不是相互独立的. 事实上, 它们是通过 (4.87) 的唯一解 Φ, 由方程 (4.98) (4.99) 给出. ■

注 4.11 由定理 4.2, 系统 (4.1) (4.2) (4.3) 相应的解 $y = y(v)$ 满足

$$y \in L^\infty(0, T; H^{-1}(\Omega)), \tag{4.102}$$

它的迹 $y(T)$, $y'(T)$ 的定义是适定的.

这里涉及的解是弱解, 它是在 (4.34) 的意义下满足方程. ■

从前面的结论出发, 我们能够得到非常多的变化. 在此, 我们举出两个例子.

更强的范数

我们设开集 Ω 的边界 Γ 充分光滑, 例如, 是 C^5 阶的.

我们定义空间

$$W = \{\phi \in H^5(\Omega) \,|\, \phi = \Delta\phi = \Delta^2\phi = 0 \text{在}\Gamma\text{上}\} \tag{4.103}$$

及

$$F = W \times V. \tag{4.104}$$

对方程 (4.87) 关于变量 t 求导, 由正向和反向不等式, 我们得到, 范数

$$\|\{\Phi^0, \Phi^1\}\|_F = (\|\frac{\partial\Phi''}{\partial\nu}\|^2_{L^2(\Sigma(x^0))} + \|\frac{\partial\Delta\Phi'}{\partial\nu}\|^2_{L^2(\Sigma(x^0))})^{1/2}, \tag{4.105}$$

无疑, 与 $H^5(\Omega) \times H^1(\Omega)$ 诱导的范数等价.

因而我们求解方程

$$\begin{cases} \Phi'' + \Delta^2\Phi = 0 & \text{在 } Q \text{ 内}, \\ \Phi = \Delta\Phi = 0 & \text{在 } \Sigma \text{ 上}, \\ \Phi(0) = \Phi^0,\ \Phi'(0) = \Phi^1 & \text{在 } \Omega \text{ 内}, \end{cases} \tag{4.106}$$

其中初始条件 $\{\Phi^0, \Phi^1\} \in W \times V$. 因而, 我们有

$$\{\frac{\partial\Phi''}{\partial\nu}, \frac{\partial\Delta\Phi'}{\partial\nu}\} \in L^2(\Sigma(x^0)) \times L^2(\Sigma(x^0)). \tag{4.107}$$

这次我们考察反向问题

$$\begin{cases} \psi'' + \Delta^2\psi = 0 & \text{在 } Q \text{ 内}, \\ \psi(T) = \psi'(T) = 0 & \text{在 } \Omega \text{ 内}, \\ \psi = \begin{cases} \dfrac{\partial}{\partial t}\dfrac{\partial\Delta\Phi'}{\partial\nu} \\ 0 \end{cases} & \begin{array}{l} \text{在 } \Sigma(x^0) \text{ 上}, \\ \text{在 } \Sigma_*(x^0) \text{ 上}, \end{array} \\ \Delta\psi = \begin{cases} -\dfrac{\partial^2}{\partial t^2}\dfrac{\partial\Phi''}{\partial\nu} \\ 0 \end{cases} & \begin{array}{l} \text{在 } \Sigma(x^0) \text{ 上}, \\ \text{在 } \Sigma_*(x^0) \text{ 上}. \end{array} \end{cases} \tag{4.108}$$

我们指出, 导数 $\dfrac{\partial^2}{\partial t^2}\dfrac{\partial \Phi''}{\partial \nu}$ (或 $\dfrac{\partial}{\partial t}\dfrac{\partial \Delta\Phi'}{\partial \nu}$), 不是取在 Σ 上的广义函数意义下, 而是取在 $H^2(0,T;L^2(\Gamma(x^0)))$ (或 $H^1(0,T;L^2(\Gamma(x^0))))$ 和它的对偶空间的对偶的意义下.

用与定理 4.2 类似的方法, 我们可证明, (4.108) (在合适的意义下) 的解 ψ 的存在唯一性, 而且, 它的迹 $\{\psi(0),\psi'(0)\}$ 的定义是适定的, 满足

$$\{\psi(0),\psi'(0)\}\in V'\times W'. \tag{4.109}$$

我们定义算子

$$\Lambda\{\Phi^0,\Phi^1\}=\{\psi'(0),-\psi(0)\}, \tag{4.110}$$

由恒等式

$$<\Lambda\{\Phi^0,\Phi^1\},\{\Phi^0,\Phi^1\}>=\|\frac{\partial \Phi''}{\partial \nu}\|^2_{L^2(\Sigma(x^0))}+\|\frac{\partial \Delta\Phi'}{\partial \nu}\|^2_{L^2(\Sigma(x^0))}, \tag{4.111}$$

它定义了从 F 到 F' 的一个同构. 像通常一样, 我们求解方程

$$\Lambda\{\Phi^0,\Phi^1\}=\{y^1,-y^0\}, \tag{4.112}$$

其中 $\{\Phi^0,\Phi^1\}\in F$, 我们得到控制

$$v_0=\frac{\partial}{\partial t}\frac{\partial \Delta\Phi'}{\partial \nu}\quad 在\ \Sigma(x^0)\ 上, \tag{4.113}$$

$$v_1=-\frac{\partial^2}{\partial t^2}\frac{\partial \Phi''}{\partial \nu}\quad 在\ \Sigma(x^0)\ 上, \tag{4.114}$$

由 (4.107), 我们推得

$$\{v_0,v_1\}\in\frac{\partial}{\partial t}L^2(0,T;L^2(\Gamma(x^0)))\times\frac{\partial^2}{\partial t^2}L^2(0,T;L^2(\Gamma(x^0))), \tag{4.115}$$

也即

$$\{v_0,v_1\}\in(H^1(0,T;L^2(\Gamma(x^0))))'\times(H^2(0,T;L^2(\Gamma(x^0))))'. \tag{4.116}$$

我们因而证明了

定理 4.5　设 Ω 是 $\mathbb{R}^n$ 中的有界区域, 其边界 Γ 是正则的. 设 $T>T(x^0)=\dfrac{R(x^0)}{\mu_0}$.

那么对所有的初始值

$$\{y^0,y^1\}\in V'\times W' \tag{4.117}$$

存在控制

$$\{v_0,v_1\}\in(H^1(0,T;L^2(\Gamma(x^0))))'\times(H^2(0,T;L^2(\Gamma(x^0))))' \tag{4.118}$$

使得系统(4.1)(4.2)(4.3)的解 $y=y(v)$, 满足在 Ω 内 $y(T)=y'(T)=0$.　■

注 4.12　控制 $\{v_0, v_1\}$ 不是相互独立的. 它们通过方程 (4.113) (4.114) 联系在一起. ■

注 4.13　由定理 4.2 中使用的方法, 我们能够证明, 系统 (4.1) (4.2) (4.3)的解 $y = y(v)$ (它在一个合适的意义下满足方程) 是属于函数类 $L^\infty(0, T; V')$. 此外它的迹 $\{y(T),\ y'(T)\}$ 的定义是适定的. ■

注 4.14　我们无疑已经证明了, 控制的正则性和初始值的正则性之间的常见的关系. 在此我们已经证明了, 对正则性不高的初始值, 我们能用正则性不高的控制来控制. ■

范数的弱化

现在我们先固定空间

$$F = H_0^1(\Omega) \times H^{-1}(\Omega), \tag{4.119}$$

因而

$$F' = H^{-1}(\Omega) \times H_0^1(\Omega). \tag{4.120}$$

我们将每一对数值 $\{\Phi^0, \Phi^1\} \in F$, 都关联到下面问题的解

$$\begin{cases} \Phi'' + \Delta^2\Phi = 0 & \text{在 } Q \text{ 内}, \\ \Phi = \Delta\Phi = 0 & \text{在 } \Sigma \text{ 上}, \\ \Phi(0) = \Phi^0,\ \Phi'(0) = \Phi^1 & \text{在 } \Omega \text{ 内}. \end{cases} \tag{4.121}$$

我们有

$$\Phi \in C(0, T; H_0^1(\Omega)) \cap C^1(0, T; H^{-1}(\Omega)). \tag{4.122}$$

我们定义由迹组成的空间

$$G = G_0 \times G_1 = \{\text{当 } \{\Phi^0, \Phi^1\} \text{ 跑遍 } F \text{ 时},\ \{\frac{\partial\Delta\Phi}{\partial\nu}, \frac{\partial\Phi}{\partial\nu}\} \text{ 跑遍的空间}\} \tag{4.123}$$

并赋予由 F 诱导的范数

$$\|\{\frac{\partial\Delta\Phi}{\partial\nu}, \frac{\partial\Phi}{\partial\nu}\}\|_G = (|\nabla\Phi^0|^2 + \|\Phi^1\|^2_{H^{-1}(\Omega)})^{1/2}. \tag{4.124}$$

从这些过程, 我们可推出, 对下面已知值的精确能控性

$$\{y^1, -y^0\} \in F',$$

也即

$$\{y^0, y^1\} \in H_0^1(\Omega) \times H^{-1}(\Omega),$$

其中控制

$$\{v_0, v_1\} \in G_0' \times G_1',$$

此处 G_i' 记为 G_i 的对偶, $i=0,1$. (请与前面的两个精确能控性结论对比一下.)

为了达到识别空间 G 的目的, 也就是识别空间 G_0 和 G_1, 我们引进下面方程的解 χ

$$\begin{cases}\Delta^2\chi=\Phi^1 & \text{在 } \Omega \text{ 内},\\ \chi=\Delta\chi=0 & \text{在 } \Gamma \text{ 上}.\end{cases} \tag{4.125}$$

我们看到

$$\begin{aligned}&\text{当 } \{\Phi^0,\Phi^1\} \text{ 跑遍 } F=H_0^1(\Omega)\times H^{-1}(\Omega) \text{ 时}\\ &\text{数对 } \{\chi,\Phi^0\} \text{ 跑遍空间 } V\times H_0^1(\Omega).\end{aligned} \tag{4.126}$$

我们定义

$$w(t)=\int_0^t\Phi(\sigma)\mathrm{d}\sigma+\chi. \tag{4.127}$$

我们很容易验证, w 是下面方程的解

$$\begin{cases}w''+\Delta^2w=0 & \text{在 } Q \text{ 内},\\ w=\Delta w=0 & \text{在 } \Sigma \text{ 上},\\ w(0)=\chi,\ w'(0)=\Phi^0 & \text{在 } \Omega \text{ 内}.\end{cases} \tag{4.128}$$

由下面的事实

$$\begin{aligned}&V\times H_0^1(\Omega)\to L^2(\Sigma(x^0))\times H^1(0,T;L^2(\Gamma(x^0))),\\ &\{\chi,\Phi^0\}\to\{\frac{\partial\Delta w}{\partial\nu},\frac{\partial w}{\partial\nu}\}\end{aligned}$$

是一个同构, 我们由此推出

$$\begin{aligned}&H_0^1(\Omega)\times H^{-1}(\Omega)\to\frac{\partial}{\partial t}L^2(\Sigma(x^0))\times\frac{\partial}{\partial t}H^1(0,T;L^2(\Gamma(x^0))),\\ &\{\Phi^0,\Phi^1\}\to\{\frac{\partial\Delta\Phi}{\partial\nu}=\frac{\partial\Delta w'}{\partial\nu},\frac{\partial\Phi}{\partial\nu}=\frac{\partial w'}{\partial\nu}\}\end{aligned}$$

同样也是个同构, 因此

$$\begin{aligned}G=G_0\times G_1&=\frac{\partial}{\partial t}L^2(\Sigma(x^0))\times\frac{\partial}{\partial t}H^1(0,T;L^2(\Gamma(x^0))),\\ &=H^{-1}(0,T;L^2(\Gamma(x^0)))\times L^2(\Sigma(x^0)).\end{aligned} \tag{4.129}$$

因而我们有

$$G_0=H^{-1}(0,T;L^2(\Gamma(x^0)));\quad G_1=L^2(\Sigma(x^0)). \tag{4.130}$$

$$G_0'=H_0^1(0,T;L^2(\Gamma(x^0)));\quad G_1'=L^2(\Sigma(x^0)). \tag{4.131}$$

因而, 我们证明了下面的精确能控性结论:

定理 4.6 设 Ω 是 $\mathbb{R}^n$ 中的有界区域, 其边界 Γ 是 C^4 阶的. 设 $T > T(x^0) = \dfrac{R(x^0)}{\mu_0}$.

那么对所有的初始值

$$\{y^0, y^1\} \in H_0^1(\Omega) \times H^{-1}(\Omega) \tag{4.132}$$

存在控制

$$\{v_0, v_1\} \in H_0^1(0, T; L^2(\Gamma(x^0))) \times L^2(\Sigma(x^0)) \tag{4.133}$$

使得系统 (4.1) (4.2) (4.3) 的解 $y = y(v)$ 满足 $y(T) = y'(T) = 0$. ■

注 4.15 控制 v_0 和 v_1 不是相互独立的. ■

注 4.16 系统 (4.1) (4.2) (4.3) 的解 $y = y(v)$, 在这种情形下, 满足

$$y \in C(0, T; H_0^1(\Omega)) \cap C^1(0, T; H^{-1}(\Omega)). \tag{4.134}$$

■

注 4.17 我们证明了, 与更加正则的初始值相应的是更加正则的控制. ■

4.8 一些注解

a) 能控性时间 $T(x^0)$ 的优化

我们得到的能控性时间 $T(x^0) = \dfrac{R(x^0)}{\mu_0}$ 不是最优的.

应用 Holmgren 唯一性定理, 我们能够证明, 推论 4.2 中的唯一性结论, 对 $T > 0$, 仍然成立. 从这个唯一性定理出发, 借助于与定理 3.7 中类似的紧性准则, 我们能够证明, 前面的精确能控性结论, 对所有的 $T > 0$, 仍然成立.

这个定理将在附录 1 中证明.

无论如何, 我们给出一个思路: 对所有的 $T > 0$ 唯一性准则的证明.

为此, 我们设 Φ 为下面方程的解

$$\begin{cases} \Phi'' + \Delta^2\Phi = 0 & \text{在 } Q \text{ 内}, \\ \Phi = \Delta\Phi = 0 & \text{在 } \Sigma \text{ 上} \end{cases} \tag{4.135}$$

满足

$$\frac{\partial \Phi'}{\partial \nu} = \frac{\partial \Delta\Phi}{\partial \nu} = 0 \quad \text{在 } \Sigma(x^0) \text{ 上}. \tag{4.136}$$

那么, 函数 $\zeta = \Phi'$ 同样也是 (4.135) 的解, 满足

$$\frac{\partial \zeta}{\partial \nu} = \frac{\partial \Delta\zeta}{\partial \nu} = 0 \quad \text{在 } \Sigma(x^0) \text{ 上}. \tag{4.137}$$

由 Holmgren 定理 (参见第一章定理 8.1), 我们能够证明

$$\zeta = 0, \tag{4.138}$$

也即

$$\Phi' = 0. \tag{4.139}$$

因而, 我们有

$$\Phi(t) = \Phi^0, \quad \forall t \in [0,T], \quad \Phi^1 = 0, \tag{4.140}$$

再由 Φ 是 (4.135) 的解, 这个事实

$$\Delta^2\Phi^0 \equiv 0 \tag{4.141}$$

以及边界条件在 Γ 上 $\Phi^0 = \Delta\Phi^0 = 0$, 这意味着 $\Phi = 0$. ■

b) 仅有单个控制的情形

我们在注 4.1 中看到, 由第 3 节的唯一性结论, 半范数

$$\|\{\Phi^0, \Phi^1\}\|_F := \|\frac{\partial\Phi}{\partial\nu}\|_{L^2(\Sigma)} \tag{4.142}$$

当 $T > \dfrac{R(x^0)}{\lambda_0}$ 时, 实际上是一个范数, 其中

$$\lambda_0^2 = \min_{v\in H_0^2(\Omega)-\{0\}}\{\frac{|\Delta v|^2}{|\nabla v|^2}\}. \tag{4.143}$$

我们构造空间

$$\begin{aligned}&F = C^\infty(\bar\Omega) \times C^\infty(\bar\Omega)\text{中, 满足在 } \Gamma \text{ 上 } \phi = \Delta\phi = 0\\ &\text{的函数关于范数 } \|\cdot\|_F \text{ 的完备化.}\end{aligned} \tag{4.144}$$

应用 HUM, 我们得到下面的精确能控性结论, 它仅有单个控制, 那就是 v_1.

定理 4.7 设 Ω 是 $\mathbb{R}^n$ 中的有界区域, 其边界 Γ 是 C^3 阶的. 设

$$T > \frac{R(x^0)}{\lambda_0}.$$

那么对所有的初始值

$$\{y^1, -y^0\} \in F' \quad F\text{的对偶} \tag{4.145}$$

并取 $v_0 = 0$, 存在单个控制

$$v_1 \in L^2(\Sigma) \tag{4.146}$$

使得下面系统解 $y = y(v_1)$

$$\begin{cases} y'' + \Delta^2 y = 0 & \text{在 } Q \text{ 内},\\ y(0) = y^0,\ y'(0) = y^1 & \text{在 } \Omega \text{ 内},\\ y = 0 & \text{在 } \Sigma \text{ 上},\\ \Delta y = v_1 & \text{在 } \Sigma \text{ 上}\end{cases} \tag{4.147}$$

满足 $y(T) = y'(T) = 0$. ■

因而, 借助于作用在 Δy 上的单个控制, 我们控制了上述系统.

关于空间 F, 我们知道点什么呢?

在前面一节里, 我们证明了, 下面的映射

$$H_0^1(\Omega)\times H^{-1}(\Omega)\to L^2(\Sigma(x^0))\times H^{-1}(0,T;L^2(\Gamma(x^0))),$$
$$\{\Phi^0,\Phi^1\}\to\{\frac{\partial\Phi}{\partial\nu},\frac{\partial\Delta\Phi}{\partial\nu}\}$$

是一个同构.

用完全一样的推理方法, 我们能够证明

$$H_0^1(\Omega)\times H^{-1}(\Omega)\to L^2(\Sigma)\times H^{-1}(0,T;L^2(\Gamma))$$
$$\{\Phi^0,\Phi^1\}\to\{\frac{\partial\Phi}{\partial\nu},\frac{\partial\Delta\Phi}{\partial\nu}\}$$

是一个同构, 因而, 特别地

映射 $\{\Phi^0,\Phi^1\}\to\dfrac{\partial\Phi}{\partial\nu}|_\Sigma$ 是从 $H_0^1(\Omega)\times H^{-1}(\Omega)\to L^2(\Sigma)$ 的连续映射. (4.148)

由此, 我们有

$$H_0^1(\Omega)\times H^{-1}(\Omega)\subset F, \tag{4.149}$$

因此

$$F'\subset H^{-1}(\Omega)\times H_0^1(\Omega). \tag{4.150}$$

但是, 我们是否能找到一个用经典意义定义的 Hilbert 空间 H, 使得 $H\subset F$? 这是一个未解决的问题.

参考一个例子, 在这个例子中, 我们最终能够精确化这个空间 (与 J. BALL 的私人通信).

取 $\Omega=(0,\pi)\times(0,\pi)\subset\mathbb{R}^2$, 考察 Φ 满足

$$\begin{cases}\Phi''+\Delta^2\Phi=0 & \text{在 } \Omega\times(0,T) \text{ 内},\\ \Phi=\Delta\Phi=0 & \text{在 } \partial\Omega\times(0,T) \text{ 上},\\ \Phi(0)=\Phi^0,\ \Phi'(0)=\Phi^1 & \text{在 } \Omega \text{ 内}.\end{cases} \tag{4.151}$$

我们用 Fourier 方法, 求解这个问题

$$\Phi(x,t)=\sum_{m,n=1}^{\infty}(a_{mn}e^{i(m^2+n^2)t}+b_{mn}e^{-i(m^2+n^2)t})\sin mx_1\sin nx_2, \tag{4.152}$$

此处 a_{mn}, b_{mn} 是常数, 它们的定义式为

$$(a_{mn}+b_{mn})\frac{\pi^2}{4}=\int_\Omega\Phi^0(x_1,x_2)\sin mx_1\sin nx_2\mathrm{d}x_1\mathrm{d}x_2, \tag{4.153}$$

$$(a_{mn}-b_{mn})\frac{\pi^2}{4}=\frac{-i}{m^2+n^2}\int_\Omega \Phi^1(x_1,x_2)\sin mx_1\sin nx_2\mathrm{d}x_1\mathrm{d}x_2. \tag{4.154}$$

在 $(0,\pi)\times\{0\}$ 上, 计算 $\frac{\partial\Phi}{\partial x_2}$, 我们有

$$\begin{aligned}\frac{\partial\Phi}{\partial x_2}(x_1,0)&=\sum_{m,n=1}^{\infty}n(a_{mn}e^{i(m^2+n^2)t}+b_{mn}e^{-i(m^2+n^2)t})\sin mx_1\\&=\sum_{m=1}^{\infty}(\sum_{n=1}^{\infty}n(a_{mn}e^{i(m^2+n^2)t}+b_{mn}e^{-i(m^2+n^2)t}))\sin mx_1.\end{aligned} \tag{4.155}$$

序列 $\{\sin mx_1\}$ 是 $L^2(0,\pi)$ 上的 Hilbert 基, 因此

$$\begin{aligned}\|\frac{\partial\Phi}{\partial x_2}(x_1,0)\|_{L^2(0,\pi)}-\frac{4}{\pi^2}&\sum_{m=1}^{\infty}(\sum_{n=1}^{\infty}n(a_{mn}e^{i(m^2+n^2)t}+b_{mn}e^{-i(m^2+n^2)t}))^2\\&=\frac{4}{\pi^2}\sum_{m=1}^{\infty}|f_m(t)|^2,\end{aligned} \tag{4.156}$$

其中

$$f_m(t)=\sum_{n=1}^{\infty}n(a_{mn}e^{i(m^2+n^2)t}+b_{mn}e^{-i(m^2+n^2)t}). \tag{4.157}$$

我们进一步指出

$$\lim_{n\to\infty}((m^2+(n+1)^2)-(m^2+n^2))=+\infty. \tag{4.158}$$

这意味着 (参见 J. BALL 和 M. SLEMROD [1], 定理 2.1)

$\forall T>0\ \forall m\in\mathbb{N},\exists C_{m,i}(T)>0, i=1,2$ 使得

$$C_{m,1}\sum_{n=1}^{\infty}n^2(|a_{mn}|^2+|b_{mn}|^2)\leqslant\int_0^T|f_m(t)|^2\mathrm{d}t\leqslant C_{m,2}\sum_{n=1}^{\infty}n^2(|a_{mn}|^2+|b_{mn}|^2). \tag{4.159}$$

因而, 由 (4.156) (4.159), 我们推得

$$\int_0^T\int_0^\pi|\frac{\partial\Phi}{\partial x_2}(x_1,0)|^2\mathrm{d}x_1\mathrm{d}t\geqslant C_{m,1}\sum_{m,n=1}^{\infty}n^2(|a_{mn}|^2+|b_{mn}|^2). \tag{4.160}$$

不等式 (4.160) 显示, (4.142) 对所有的 $T>0$ 定义了一个范数. 由此, 对任意的 $T>0$, 在一个 Hilbert 空间 F' 中, 我们有精确能控性, 其中控制 $v\in L^2(\Sigma)$, 其支撑集在 $\Gamma_0\times(0,T)$ 内, $\Gamma_0=\{(x_1,0)\,|\,x_1\in(0,\pi)\}$. 此外, 对 $T\geqslant 2\pi$, 序列 $(C_{m,1})_{m\in\mathbb{N}}$ 有一致的正的下界.

如此, 我们看到, 若 $\Gamma_0=\{(x_1,0)\,|\,x_1\in(0,\pi)\}\subset\Gamma$, 且 $T\geqslant 2\pi$,

$$\|\frac{\partial\Phi}{\partial\nu}\|_{L^2(\Gamma_0)}=(\int_0^T\int_0^\pi|\frac{\partial\Phi}{\partial x_2}(x_1,0)|^2\mathrm{d}x_1\mathrm{d}t)^{1/2} \tag{4.161}$$

在 $(H^2 \cap H_0^1(\Omega)) \times H_0^1(\Omega)$ 上定义了一个范数. 此外, 空间

$$F(\Gamma_0) = (H^2 \cap H_0^1(\Omega)) \times H_0^1(\Omega)\text{关于范数 } \|\cdot\|_{L^2(\Gamma_0)} \text{ 的完备化} \tag{4.162}$$

与下面的空间, 恰好一样

$$F(\Gamma_0) = \{\Phi^0 \in L^2(\Omega) \,|\, \frac{\partial \Phi^0}{\partial x_2} \in L^2(\Omega)\} \times \{\Phi^1 \in H^{-2}(\Omega) \,|\, \frac{\partial \Phi^1}{\partial x_2} \in H^{-2}(\Omega)\}. \tag{4.163}$$

由对称性, 若我们取范数

$$\|\frac{\partial \Phi}{\partial \nu}\|_{L^2(\Gamma_1)} = (\int_0^T \int_0^\pi |\frac{\partial \Phi}{\partial x_1}(0, x_2)|^2 \mathrm{d}x_2 \mathrm{d}t)^{1/2}, \tag{4.164}$$

其中 $\Gamma_1 = \{(0, x_2) \,|\, x_2 \in (0, \pi)\} \subset \Gamma$, 且 $T \geqslant 2\pi$, 我们将有

$$F(\Gamma_1) = \{\Phi^0 \in L^2(\Omega) \,|\, \frac{\partial \Phi^0}{\partial x_1} \in L^2(\Omega)\} \times \{\Phi^1 \in H^{-2}(\Omega) \,|\, \frac{\partial \Phi^1}{\partial x_1} \in H^{-2}(\Omega)\}. \tag{4.165}$$

并且, 最后对范数

$$\|\{\Phi^0, \Phi^1\}\|_F = \|\frac{\partial \Phi}{\partial \nu}\|_{L^2(\Sigma)} \tag{4.166}$$

有空间

$$F = H_0^1(\Omega) \times H^{-1}(\Omega). \tag{4.167}$$

这些结论, 可以推广到 $\mathbb{R}^2$ 中矩形的情形 (参见 A. HARAUX[3]).

c) 无穷多个控制的存在性

采用与第 3.8 节同样的推理方法 (同样参见第一章注 6.2), 从定理 4.4 出发, 我们能够证明无穷多个控制的存在性. 更精确地, 若定理 4.4 的条件都满足, 我们有

$$\begin{aligned}&\text{对所有的 } \{y^0, y^1\} \in H^{-1}(\Omega) \times V' \text{ 存在控无穷多个控制}\\&\{v_0, v_1\} \in L^2(\Sigma(x^0)) \times (H^1(0, T; L^2(\Gamma(x^0))))' \text{在 } T \text{ 时刻将系统带到平衡状态.}\end{aligned} \tag{4.168}$$

由此, 可取控制集合

$$\mathcal{U}_{\mathrm{ad}} = \{\{v_0, v_1\} \in L^2(\Sigma(x^0)) \times (H^1(0, T; L^2(\Gamma(x^0))))' \,|\, y(T; v) = y'(T; v) = 0\} \tag{4.169}$$

含有无穷多个元素.

由构造, 我们有

$$v_1 = \frac{\partial}{\partial t} w_1,\ w_1 \in L^2(\Sigma(x^0)), \tag{4.170}$$

此处, 导数 $\dfrac{\partial}{\partial t}$ 不是取在广义函数意义下, 而是取在 $H^1(0, T; L^2(\Gamma(x^0)))$ 和它的对偶空间的对偶的意义下.

在这种情形下, 由 HUM 给出的控制是 $\mathcal{U}_{\text{ad}}$ 中的元素, 它使得下面的二次型泛函

$$J(v)=\frac{1}{2}\int_{\Sigma(x^2)}(|v_0|^2+|w_1|^2)\mathrm{d}\Sigma \tag{4.171}$$

取得在 $\mathcal{U}_{\text{ad}}$ 中的最小值. ■

d) 作用于非柱状部分边界的作用

当控制作用于非柱状部分边界时, 我们同样能够证明精确能控性.

事实上, 我们取, 例如

$$m(x,t)=x-x^0(t)$$

及

$$\Sigma_0=\{(x,t)\in\Sigma\,|\,m(x,t)\cdot\nu(x)>0\},$$

要求 $\|m'\|_{L^\infty(\Omega)}$ 充分小, 我们能够证明与第 4.7 节类似的结论, 要将 $\Sigma(x^0)$ 换成 Σ_0, $T(x^0)$ 换成 $T(m)$.

在 $x^0(t)\equiv x^0$, $\forall t\in[0,T]$ 的情形, 我们有 $T(m)=T(x^0)$, 因而, 我们重新得到前面的结论.

e) 高阶系统

当 Ω 是 $\mathbb{R}^n$ 中的有界区域, 其边界 Γ 是 C^∞ 阶时, 本节中证明的结论可以推广到下面形式的系统

$$\begin{cases} y''+(-\Delta)^q y=0 & \text{在 } Q \text{ 内},\\ y(0)=y^0,\ y'(0)=y^1 & \text{在 } \Omega \text{ 内},\\ y=\begin{cases} v_0 \\ 0 \end{cases} & \begin{matrix}\text{在 } \Sigma(x^0) \text{ 上},\\ \text{在 } \Sigma_*(x^0) \text{ 上},\end{matrix}\\ \Delta^j y=\begin{cases} v_j \\ 0 \end{cases} & \begin{matrix}\text{在 } \Sigma(x^0) \text{ 上},\\ \text{在 } \Sigma_*(x^0) \text{ 上},\end{matrix}\ j=1,\cdots,q-1, \end{cases} \tag{4.172}$$

其中 $q\in\mathbb{N}$, $q>2$.

注意, 在这种情形下, 我们通过 q 个控制对系统施加影响. ■

5 未解决的问题

5.1 下面系统的解是什么

$$y''+\Delta^2 y=0 \quad \text{在 } Q \text{ 内}, \tag{5.1}$$

$$y(0) = y^0 \in L^2(\Omega),\ y'(0) = y^1 \in H^{-2}(\Omega), \tag{5.2}$$

$$y = \begin{cases} v & \text{在 } \Sigma(x^0) \text{ 上}, \\ 0 & \text{在 } \Sigma_*(x^0) \text{ 上}, \end{cases} \qquad \frac{\partial y}{\partial \nu} = 0 \quad \text{在 } \Sigma \text{ 上}. \tag{5.3}$$

我们是否能够精确控制? 我们能在什么空间中控制?

I. LASIECKA 和 R. TRIGGIANI 在 [3][4] 中, 对特殊的情形, 解决了这个问题, 那就是, 当 Ω 是关于 x^0 严格凸的, 也即

$$(x - x^0) \cdot \nu(x) \geqslant \gamma > 0, \quad \forall x \in \Gamma.$$

当然, 在这种情形下, 我们有 $\Sigma(x^0) = \Sigma$. 他们证明了, 对 $\{y^0, y^1\} \in H^{-1}(\Omega) \times (H^3 \cap H_0^2(\Omega))'$ 的精确能控性, 其中控制 $v \in L^2(\Sigma)$, 而时间是任意地小.

在 E. ZUAZUA 的附录 1 中, 这些都得到了简化和推广.

5.2 以一般的方式, 替代 (5.3), 考察情形

$$\begin{aligned} &B_1 y = 0, \\ &B_2 y = v, \quad v\text{的支撑集}\Sigma_0 \subset \Sigma, \end{aligned} \tag{5.4}$$

其中 B_1 和 B_2 是两个一般的边界算子, 并使得问题是适定的. 情况如何? 在本章中, 已经解决了好几个特殊的情形. 其他的情形将在第二卷中研究, 特别是引进了不同形式的范数, 就像我们在引言中指出过的那样.

5.3 (前面问题 5.2 的变形) 唯一性问题

设 Φ 是下面的解

$$\Phi'' + \Delta^2 \Phi = 0 \quad \text{在 } \Omega \times (0, T) \text{ 内}$$

并且 $B_j \Phi = 0$ 在 Σ 上对三个算子 $(j = 1, 2, 3)$ 成立, 这三个算子来自于四个算子组成的集合, 这四个算子相应于 Cauchy 型数据.

在最终设 T 足够大后, 我们是否有

$$\Phi \equiv 0?$$

此处, 同样有一些特殊的情形, 在正文中得到解决.

5.4 每次当我们有唯一性时, 我们有一个空间 F.

有很多情形有待研究: F 的结构, F 对几何结构的依赖性, 等等.

5.5　当然对弹性系统, 我们有类似的问题.

5.6　对变系数的情形, 所有类似的问题都会出现——特别地, 非各向同性材料的弹性方程.

5.7　相应的非线性问题——因而, 例如, 大变形的材料的弹性方程——似乎完全是未解决的.

第五章　同时精确能控性

1　引言

在此之前, 我们研究了由一个方程或者一个方程组定义的系统的精确能控性. 对系统的作用通常是通过一些彼此间无关联的控制来完成的.

现在, 我们要考虑略微不同的问题: 对于一个由数个方程 (彼此耦合或独立) 定义的系统, 能否通过一个单一的控制来达到系统的精确能控性 (这里所谓的单一控制也可以理解为与这些方程相关的多个控制间, 这几乎是一样的)?

这就是同时精确能控性问题.

这类问题起源于 D. L. RUSSELL [3] 对 Maxwell 方程控制问题的研究工作, 并且由 J.-L. LIONS [3] 最先加以系统地研究.

应用 HUM 方法去解决最初的一些模型问题 (起源于 D. L. RUSSELL 的模型将在第 2 节中被研究), 引导我们去面对许许多多十分有趣的新问题.

在本书中, 我们不可能作十分详细的研究. 对此问题的研究将会在本著作的以后几卷中作详细介绍. 在此, 我们仅限于讨论下面两种情形:

i) 两个波动方程的同时控制, 其中一个方程具有 Dirichlet 型控制, 另一方程具有 Neumann 型控制. 两个控制是相关联的.

ii) 两个 $y_i'' + \Delta^2 y_i = 0$ 型方程的同时控制.

另外一些模型例子是由 A. HARAUX [1] 及 E. ZUAZUA [2] 研究的. 尽管如此, 仍然存在大量的未解决的问题有待解决, 参见第 4 节.

2　由两个波动方程定义的系统

2.1　问题的提出

设 Ω 是 $\mathbb{R}^n(n\geqslant 1)$ 中的有界区域, 其边界 Γ 是 C^2 光滑. 又设 Γ_0 是 Γ 一个非空开集并且 $T>0$.

考虑由两个波动方程定义的状态 y_1 和 y_2:

$$
\begin{aligned}
&y_1''-\Delta y_1=0 \quad \text{在 } Q=\Omega\times(0,\ \mathrm{T}) \text{ 内},\\
&y_2''-\Delta y_2=0 \quad \text{在 } Q \text{ 内},
\end{aligned}
\tag{2.1}
$$

满足边界条件

$$
y_1=\begin{cases} v & \text{在 } \Sigma_0=\Gamma_0\times(0,\mathrm{T}) \text{ 上},\\ 0 & \text{在 } \Sigma\setminus\Sigma_0 \text{ 上}, \end{cases}
\tag{2.2}
$$

$$
\begin{cases} \dfrac{\partial y_2}{\partial\nu}=w & \text{在 } \Sigma_0 \text{ 上},\\ y_2=0 & \text{在 } \Sigma\setminus\Sigma_0 \text{ 上} \end{cases}
\tag{2.3}
$$

及初始条件

$$
\begin{cases} y_1(0)=y_1^0, \quad y_1'(0)=y_1^1,\\ y_2(0)=y_2^0, \quad y_2'(0)=y_2^1. \end{cases}
\tag{2.4}
$$

我们研究系统 (2.1)—(2.4) 的精确能控性, 但是其中 v 与 w 间是有关系的. 也就是说, 对于 $T>0$ 及属于一个适当 Hilbert 空间的初始值 $\{y_1^0,\ y_1^1,\ y_2^0,\ y_2^1\}$, 要找寻控制 $\{v,w\}$ 使得系统的解 $\{y_1(v),\ y_2(w)\}$ 满足 $y_1(T)=y_1'(T)=y_2(T)=y_2'(T)=0$ 以及约束条件

$$
w=\frac{\partial}{\partial t}v \quad \text{在 } \Sigma_0 \text{ 上}
\tag{2.5}
$$

(导数 $\dfrac{\partial v}{\partial t}$ 不是在分布函数意义定义的, 而是在空间 $H^1(0,\ T;\ L^2(\Gamma_0))$ 及其对偶空间 $(H^1(0,T;L^2(\Gamma_0)))'$ 间对偶意义下定义的).

由此可知, 只需寻找一个控制 v 使得系统 (2.1)—(2.5) 的解 $\{y_1(v),\ y_2(v)\}$ 满足 $y_1(T)=y_1'(T)=y_2(T)=y_2'(T)=0$.

我们将应用 HUM 方法及乘子法来推导出一些反向不等式估计, 并由此证明同时精确能控性结果.

在第 2.2 节中, 我们将讨论 $\Gamma_0\neq\Gamma$ 的情形. 更精确地说, 对于某个 $x^0\in\mathbb{R}^n$, 取 $\Gamma_0=\Gamma(x^0)$. 在对 Ω 作一些严格的假设条件后, 我们有 $\overline{\Gamma(x^0)}\cap\overline{\Gamma_*(x^0)}=\varnothing$.

在第 2.4 节中, 我们将讨论 $\Gamma_0=\Gamma(x^0)$ 并且无任何其他几何假定条件下的情况. 在第三章中已经提到, 这样的情况会带来一些附加的处理难度. 这主要是由于齐性问题的解在交界点 $x\in\overline{\Gamma(x^0)}\cap\overline{\Gamma_*(x^0)}$ 上的奇异性所引起的. 如同第三章一样, 我们将

局限于维数 $n=2$ 的空间. P. GRISVARD ([3], [4]) 在此类空间上所取得的研究成果为我们提供了使用乘子方法的可能性.

2.2 在几何条件下的精确能控性

考虑两个非空有界区域: Ω_0, $\Omega_1 \subset \mathbb{R}^n$, $n \geqslant 2$. 它们的边界分别记为 $\partial\Omega_0$ 及 $\partial\Omega_1$, 均为 C^2 光滑. $\overline{\Omega_1} \subset \Omega_0$, 并且

$$\text{“}\Omega_0 \text{ 和 } \Omega_1 \text{ 是关于 } x^0 \in \overline{\Omega_1} \text{ 的星形的区域”}. \tag{2.6}$$

记

$$\Omega = \Omega_0 \setminus \overline{\Omega_1}. \tag{2.7}$$

注 2.1 本小节中的结果适用于 $n=1$ 维的场合: $\Omega=(a,b)\subset\mathbb{R}$, $\Gamma_0=\{a\}$ (或者 $\Gamma_0=\{b\}$) 及 $\Gamma_1=\{b\}$ (或者 $\Gamma_1=\{a\}$). ■

按照惯例, 记

$$\begin{aligned} &m(x)=x-x^0, \quad R(x^0)=\max_{x\in\overline{\Omega}}|m(x)|, \\ &\Gamma(x^0)=\{x\in\Gamma|m(x)\cdot\nu(x)\geqslant 0\}, \\ &\Gamma_*(x^0)=\Gamma\setminus\Gamma(x^0). \end{aligned} \tag{2.8}$$

很明显地 (参见图 5.1), 我们有

$$\Gamma(x^0)=\partial\Omega_0, \quad \Gamma_*(x^0)=\partial\Omega_1. \tag{2.9}$$

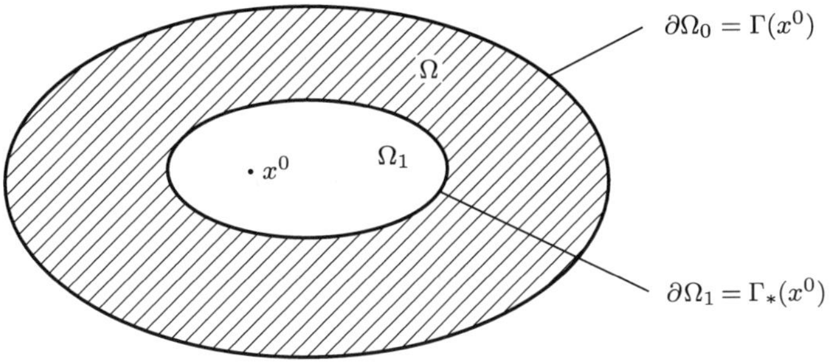

图 5.1

选择边界分割

$$\Gamma_0=\Gamma(x^0), \quad \Gamma_1=\Gamma_*(x^0) \tag{2.10}$$

并且寻找系统 (2.1)—(2.4) 的同时精确能控性, 即满足约束 (2.5) 的控制.

应用 HUM 方法.

首先考虑如下齐性系统

$$\begin{cases}\Phi_1''-\Delta\Phi_1=0 & \text{在 } Q \text{ 内},\\ \Phi_2''-\Delta\Phi_2=0 & \text{在 } Q \text{ 内},\\ \Phi_1(0)=\Phi_1^0, & \Phi_1'(0)=\Phi_1^1,\\ \Phi_2(0)=\Phi_2^0, & \Phi_2'(0)=\Phi_2^1,\\ \Phi_1=0 & \text{在 } \Sigma \text{ 上},\\ \dfrac{\partial\Phi_2}{\partial\nu}=0 & \text{在 } \Sigma(x^0)=\Gamma(x^0)\times(0,T) \text{ 上},\\ \Phi_2=0 & \text{在 } \Sigma_*(x^0)=\Sigma\setminus\Sigma(x^0) \text{ 上}.\end{cases} \tag{2.11}$$

我们记

$$V=\{\Phi\in H^1(\Omega)|\Omega=0 \quad \text{在 } \Gamma_*(x^0) \text{ 上}\} \tag{2.12}$$

及

$$W=\{\Phi\in v|\Delta\Phi\in L^2(\Omega), \quad \frac{\partial\Phi}{\partial\nu}=0 \text{ 在 } \Gamma(x^0) \text{ 上}\}. \tag{2.13}$$

观察到在此情形下有 $\mathrm{W}\subset H^2(\Omega)$.

记 $\lambda_0^2>0$ 为下面问题的第一个特征值:

$$\begin{cases}-\Delta\Phi=\lambda_0^2\Phi,\\ \dfrac{\partial\Phi}{\partial\nu}=0 \quad \text{在 } \Gamma(x^0) \text{ 上}, \ \Phi=0 \text{ 在 } \Gamma_*(x^0) \text{ 上}.\end{cases} \tag{2.14}$$

于是我们有

$$|\Phi|\leqslant\frac{1}{\lambda_0}|\nabla\Phi|, \quad \forall\Phi\in V, \tag{2.15}$$

这里 $|\cdot|$ 表示 L^2 (Ω) 或者 $(L^2(\Omega))^n$ 空间的范数.

对系统 (2.11) 的解 Φ_1 及 Φ_2 分别定义能量函数:

$$E_i(t)=\frac{1}{2}(|\nabla\Phi_i(t)|^2+|\Phi_i'(t)|^2), \quad \forall t\in[0,T], \ i=1,2. \tag{2.16}$$

这些能量函数是沿着运动轨道守恒的, 即

$$E_i(t)=E_{0i}=\frac{1}{2}(|\nabla\Phi_i^0|^2+|\Phi_i^1|^2), \quad \forall t\in[0,T], \ i=1,2. \tag{2.17}$$

另一方面, 我们知道 $E_{01}^{1/2}$ (或者 $E_{02}^{1/2}$) 在空间 H_0^1 $(\Omega)\times L^2(\Omega)$ (或者 $V\times L^2(\Omega)$) 上定义了一个范数, 它等价于 $H^1(\Omega)\times L^2(\Omega)$ 空间诱导范数.

记

$$E(t)=E_1(t)+E_2(t), \quad \forall t\in[0,T], \tag{2.18}$$

于是有

$$E(t)=E_0=E_{01}+E_{02}, \quad \forall t\in[0,T]. \tag{2.19}$$

范数 $E_0^{1/2}$ 是定义在空间 $H_0^1(\Omega)\times L^2(\Omega)\times V\times L^2(\Omega)$ 上并且与 $(H^1(\Omega)\times L^2(\Omega))^2$ 的诱导范数等价.

再记

$$T(x^0)=4R(x^0)+\frac{n-1}{\lambda_0}. \tag{2.20}$$

我们有如下估计式:

定理 2.1 (反向不等式) 设 Ω 是 $\mathbb{R}^n(n\geqslant 2)$ 中的有界区域, 其边界 Γ 是 C^2 光滑, 几何条件 (2.6) (2.7) 满足. 又设 $T>T(x^0)$.

那么, 对于任意的初始条件

$$\{\Phi_1^0,\Phi_1^1\}\in H_0^1(\Omega)\times L^2(\Omega), \quad \{\Phi_2^0,\Phi_2^1\}\in W\times V. \tag{2.21}$$

系统 (2.11) 的解 Φ_1 及 Φ_2 满足估计式

$$\frac{2}{R(x^0)}(T-T(x^0))E_0\leqslant\int_{\Sigma(x^0)}\left|\frac{\partial\Phi_1}{\partial\nu}+\Phi_2'\right|^2\mathrm{d}\Sigma. \tag{2.22}$$

■

定理 2.1 的证明

采用分步证明法.

步骤 1 首先回顾第一章中定理 5.1 给出的反向不等式. 对于 $T>2R(x^0)$, 估计式

$$(T-2R(x^0))E_{01}\leqslant\frac{R(x^0)}{2}\int_{\Sigma(x^0)}\left|\frac{\partial\Phi_1}{\partial\nu}\right|^2\mathrm{d}\Sigma \tag{2.23}$$

成立. ■

步骤 2 接着利用第三章 2.3 节中的不等式 (2.30), 得到

$$\begin{aligned}&TE_{02}+(\Phi_2'(t),m\cdot\nabla\Phi_2(t)+\frac{n-1}{2}\Phi_2(t))|_0^T\\ \leqslant&\frac{1}{2}\int_{\Sigma(x^0)}m\cdot\nu(|\Phi_2'|^2|\nabla_\sigma\Phi_2|^2)\mathrm{d}\Sigma\\ \leqslant&\frac{1}{2}\int_{\Sigma(x^0)}m\cdot\nu|\Phi_2'|^2\mathrm{d}\Sigma\\ \leqslant&\frac{R(x^0)}{2}\int_{\Sigma(x^0)}|\varphi_2'|^2\mathrm{d}\Sigma.\end{aligned} \tag{2.24}$$

另一方面, 我们有

$$|(\Phi_2'(t),m\cdot\nabla\varphi_2(t))|\leqslant R(x^0)E_{02}, \quad \forall t\in[0,T] \tag{2.25}$$

以及

$$|(\Phi_2'(t), \Phi_2(t))| \leqslant \frac{1}{\lambda_0} E_{02}, \quad \forall t \in [0, T]. \tag{2.26}$$

综合 (2.25) 及 (2.26) 导出

$$|(\Phi_2'(t), m \cdot \nabla \Phi_2(t) + \frac{(n-1)}{2} \Phi_2(t))|_0^T| \leqslant (2R(x^0) + \frac{(n-1)}{\lambda_0}) E_{02}. \tag{2.27}$$

再由 (2.24) 及 (2.27) 即可推导出:

$$(T - 2R(x^0) - \frac{(n-1)}{\lambda_0}) E_{02} \leqslant \frac{R(x^0)}{2} \int_{\Sigma(x^0)} |\Phi_2'|^2 \mathrm{d}\Sigma \tag{2.28}$$

在 $T > 2R(x^0) + \dfrac{(n-1)}{\lambda_0}$ 下成立.

综合估计式 (2.23) 及 (2.28), 我们得到

$$(T - 2R(x^0) - \frac{(n-1)}{\lambda_0}) E_0 \leqslant \frac{R(x^0)}{2} \int_{\Sigma(x^0)} (|\frac{\partial \Phi_1}{\partial \nu}|^2 + |\Phi_2'|^2) \mathrm{d}\Sigma. \tag{2.29}$$

■

步骤 3 我们将证明如下估计式

$$|\int_{\Sigma(x^0)} \frac{\partial \Phi_1}{\partial \nu} \Phi_2' \mathrm{d}\Sigma| \leqslant 2E_0. \tag{2.30}$$

假设 (2.30) 成立, 那么

$$R(x^0)|\int_{\Sigma(x^0)} \frac{\partial \Phi_1}{\partial \nu} \Phi_2' |\mathrm{d}\Sigma \leqslant 2R(x^0) E_0,$$

再由 (2.29) 即可得到

$$(T - 4R(x^0) - \frac{(n-1)}{\lambda_0}) E_0 \leqslant \frac{R(x^0)}{2} \int_{\Sigma(x^0)} |\frac{\partial \Phi_1}{\partial \nu} + \Phi_2'|^2 \mathrm{d}\Sigma. \tag{2.31}$$

于是定理证明完毕.

现在我们只需证明 (2.30) 就可以了. 用 Φ_2 乘方程 $(2.11)_1$, Φ_1 乘 $(2.11)_2$ 并且在 Q 上积分后, 得到

$$\begin{aligned} \int_Q (\Phi_1'' \Phi_2' + \nabla \Phi_1 \nabla \Phi_2') \mathrm{d}x\mathrm{d}t &= \int_\Sigma \frac{\partial \Phi_1}{\partial \nu} \Phi_2' \mathrm{d}\Sigma \\ &= \int_{\Sigma(x^0)} \frac{\partial \Phi_1}{\partial \nu} \Phi_2' \mathrm{d}\Sigma \end{aligned} \tag{2.32}$$

(由于 $\Phi_2' = 0$ 在 $\Sigma_*(x^0)$ 上成立) 以及

$$\int_Q (\Phi_1' \Phi_2'' + \nabla \Phi_1' \cdot \nabla \Phi_2) \mathrm{d}x\mathrm{d}t = \int_\Sigma \frac{\partial \Phi_2}{\partial \nu} \Phi_1' \mathrm{d}\Sigma = 0 \tag{2.33}$$

(由于 $\Phi_1'=0$ 在 Σ 上成立).

将 (2.32) 及 (2.33) 相加后得到

$$\int_Q \frac{d}{dt}(\Phi_1'\Phi_2' + \nabla\Phi_1\cdot\nabla\Phi_2)\mathrm{d}x\mathrm{d}t$$
$$= ((\Phi_1'(t),\Phi_2'(t)) + (\nabla\Phi_1(t),\nabla\Phi_2(t)))|_0^T = \int_{\Sigma(x^0)}\frac{\partial\Phi_1}{\partial\nu}\cdot\Phi_2'\mathrm{d}\Sigma. \tag{2.34}$$

于是我们有如下估计式:

$$|\int_{\Sigma(x^0)}\frac{\partial\Phi_1}{\partial\nu}\Phi_2'\mathrm{d}\Sigma| \leqslant |((\Phi_1'(t),\Phi_2'(t)) + (\nabla\Phi_1(t),\nabla\Phi_2(t)))|_0^T|$$
$$\leqslant 2(E_{01}+E_{02}) = 2E_0. \tag{2.35}$$

定理证完. ■

作为估计式 (2.22) 的直接结果, 我们有下面的唯一性准则.

推论 2.1 Ω 满足定理 2.1 的假设. 设 $T>T(x^0)$. 如果对应于初值 $\{\Phi_1^0,\Phi_1^1\}\in H_0^1(\Omega)\times L^2(\Omega)$ 及 $\{\Phi_2^0,\Phi_2^1\}\in W\times V$ 的解 Φ_1 及 Φ_2 还满足

$$\frac{\partial\Phi_1}{\partial\nu}+\Phi_2'=0 \quad 在\ \Sigma(x^0)\ 上, \tag{2.36}$$

那么 $\Phi_1\equiv\Phi_2\equiv 0$. ■

注 2.2 这样的唯一性准则似乎是一种新的类型.

寻找能使估计式 (2.22) 成立以及前面的唯一性结果满足的最佳时间 $T(x^0)$ 是一个尚未解决的问题. 用 C. BARDOS, G. LEBEAU 和 J. RAUCH 在附录 2 介绍的技巧来研究一些平板模型, 并在附录 1 中, 我们证明了结果对所有的 $T>4R(x^0)$ 成立. ■

从定理 2.1 出发, 我们得到下面精确能控性结果:

定理 2.2 设 Ω 是 $\mathbb{R}^n(n\geqslant 2)$ 中的有界区域, 其边界 Γ 是 C^2 光滑. 几何条件 (2.6) (2.7) 满足. 又设 $T>T(x^0)=4R(x^0)+\dfrac{(n-1)}{\lambda_0}$.

那么, 对于任意的初始值

$$\{y_1^0,y_1^1,y_2^0,y_2^1\}\in L^2(\Omega)\times H^{-1}(\Omega)\times L^2(\Omega)\times V' \tag{2.37}$$

存在一个控制

$$v\in L^2(\Sigma(x^0)) \tag{2.38}$$

使得系统的解 $\{y_1,y_2\}$:

$$y_1''-\Delta y_1=0,\quad y_2''-\Delta y_2=0 \quad 在\ Q\ 内,$$

$$y_1 = \begin{cases} v & \text{在 } \Sigma(x^0) \text{ 上}, \\ 0 & \text{在 } \Sigma_*(x^0) \text{ 上}, \end{cases} \tag{2.39}$$

$$\frac{\partial y_2}{\partial \nu} = \frac{\partial v}{\partial t} \quad \text{在 } \Sigma(x^0) \text{ 上}, \quad y_2 = 0 \quad \text{在 } \Sigma_*(x^0) \text{ 上},$$

$$y_1(0) = y_1^0, \quad y_1'(0) = y_1^1, \quad y_2(0) = y_2^0, \quad y_2'(0) = y_2^1$$

满足 $y_1(T) = y_1'(T) = y_2(T) = y_2'(T) = 0$. ■

定理 2.2 的证明

应用 HUM 方法.

我们首先要求解带有初始条件

$$\{\Phi_1^0, \Phi_1^1, \Phi_2^0, \Phi_2^1\} \in \mathcal{D}(\Omega) \times \mathcal{D}(\Omega) \times W \times V \tag{2.40}$$

的问题 (2.11).

定义范数

$$\|\{\Phi_1^0, \Phi_1^1, \Phi_2^0, \Phi_2^1\}\|_F := \left(\int_{\Sigma(x^0)} \left|\frac{\partial \Phi_1}{\partial \nu} + \Phi_2'\right|^2 \mathrm{d}\Sigma\right)^{1/2} \tag{2.41}$$

并且构造空间

$$F = \mathcal{D}(\Omega) \times \mathcal{D}(\Omega) \times W \times V \text{ 在范数 } \|\cdot\|_F \text{ 下的完备空间.} \tag{2.42}$$

记 F' 为 F 的对偶空间 (不等同于 F).

由于 (2.22) 知道

$$F \subset H_0^1(\Omega) \times L^2(\Omega) \times V \times L^2(\Omega) \tag{2.43}$$

以及

$$H^{-1}(\Omega) \times L^2(\Omega) \times V' \times L^2(\Omega) \subset F' \tag{2.44}$$

均是连续嵌入.

很明显地,

$$\{\Phi_1^0, \Phi_1^1, \Phi_2^0, \Phi_2^1\} \in F \Leftrightarrow \frac{\partial \Phi_1}{\partial \nu} + \Phi_2' \in L^2(\Sigma(x^0)). \tag{2.45}$$

另一方面, 从 (2.43) 知道:

$$\{\Phi_1^0, \Phi_1^1, \Phi_2^0, \Phi_2^1\} \in F \Rightarrow \{\Phi_1^0, \Phi_1^1\} \in H_0^1(\Omega) \times L^2(\Omega). \tag{2.46}$$

再利用第一章推论 4.1 给出的正向不等式, 我们有

$$\{\Phi_1^0, \Phi_1^1\} \in H_0^1(\Omega) \times L^2(\Omega) \Leftrightarrow \frac{\partial \Phi_1}{\partial \nu} \in L^2(\Sigma(x^0)) \tag{2.47}$$

在 $T > 2R(x^0)$ 下成立.

综合 (2.45) 及 (2.47), 我们得到

$$\{\Phi_1^0, \Phi_1^1, \Phi_2^0, \Phi_2^1\} \in F \Leftrightarrow \{\Phi_1^0, \Phi_1^1\} \in H_0^1(\Omega) \times L^2(\Omega) \text{ 及 } \Phi_2' \in L^2(\Sigma(x^0)). \tag{2.48}$$

因而, 我们考察下面的范数

$$\|\{\Phi_2^0, \Phi_2^1\}\|_G := (\int_{\Sigma(x^0)} |\Phi_2'|^2 \mathrm{d}\Sigma)^{1/2} \tag{2.49}$$

并且构造 Hilbert 空间

$$G = W \times V \text{ 关于范数 } \|\cdot\|_G \text{ 的完备化}. \tag{2.50}$$

于是, 我们可以考虑如下定义的范数:

$$G \subset V \times L^2(\Omega), \quad V' \times L^2(\Omega) \subset G', \tag{2.51}$$

$$F = H_0^1(\Omega) \times L^2(\Omega) \times G, \tag{2.52}$$

并且

$$F' = H^{-1}(\Omega) \times L^2(\Omega) \times G'. \tag{2.53}$$

接下去我们考虑逆系统:

$$\begin{cases} \psi_1'' - \Delta\psi_1 = 0 & \text{在 } Q \text{ 内}, \\ \psi_2'' - \Delta\psi_2 = 0 & \text{在 } Q \text{ 内}, \\ \psi_1(T) = \psi_1'(T) = \psi_2(T) = \psi_2'(T) = 0, \\ \psi_1 = \begin{cases} (\dfrac{\partial\Phi_1}{\partial\nu} + \Phi_2') & \text{在 } \Sigma(x^0) \text{ 上}, \\ 0 & \text{在 } \Sigma_*(x^0) \text{ 上}, \end{cases} \\ \dfrac{\partial\psi_2}{\partial\nu} = \dfrac{\partial}{\partial t}(\dfrac{\partial\Phi_1}{\partial\nu} + \Phi_2') & \text{在 } \Sigma(x^0) \text{ 上}, \\ \psi_2 = 0 & \text{在 } \Sigma_*(x^0) \text{ 上}. \end{cases} \tag{2.54}$$

这里导数 $\dfrac{\partial}{\partial t}(\dfrac{\partial\Phi_1}{\partial\nu} + \Phi_2')$ 不是在分布意义下定义的, 而是在 $H^1(0,T;L^2(\Sigma(x^0)))$ 与其对偶空间之间的对偶意义下定义的. 也就是说, 我们有

$$< \frac{\partial}{\partial t}(\frac{\partial\Phi_1}{\partial\nu} + \Phi_2'), \quad v >= -\int_{\Sigma(x^0)} (\frac{\partial\Phi_1}{\partial\nu} + \Phi_2')v'\mathrm{d}\Sigma, \\ \forall v \in H^1(0,T;L^2(\Gamma(x^0))). \tag{2.55}$$

使用通常的转置方法, 我们可以证明问题 (2.54) 存在一个唯一的解 $\{\psi_1, \psi_2\}$ 满足

$$\{\psi_1'(0), -\psi_1(0), \psi_2'(0), -\psi_2(0)\} \in F'. \tag{2.56}$$

关于 ψ_1 及 ψ_2 的系统已经分别在第一章4.2节及第三章2.3节中被研究过了. 我们请读者参看这些章节以便了解 (2.54) 问题解的存在性、唯一性及正则性的讨论细节.

特别地, 我们有

$$\psi_1 \in C(0,T;L^2(\Omega)) \cap C^1(0,T;H^{-1}(\Omega)), \tag{2.57}$$

$$(\psi_2', -\psi_2) \in L^\infty(0,T;G'). \tag{2.58}$$

可以构造算子

$$\Lambda : F \to F' | \Lambda\{\Phi_1^0, \Phi_1^1, \Phi_2^0, \Phi_2^1\} = \{\psi_1'(0), -\psi_1(0), \psi_2'(0), -\psi_2(0)\}, \tag{2.59}$$

并且由逆问题 (2.54) 的构造, 我们有:

$$\begin{aligned} &< \Lambda\{\Phi_1^0, \Phi_1^1, \Phi_2^0, \Phi_2^1\}, \{\Phi_1^0, \Phi_1^1, \Phi_2^0, \Phi_2^1\} > \\ = &\|\{\Phi_1^0, \Phi_1^1, \Phi_2^0, \Phi_2^1\}\|_F^2, \end{aligned} \tag{2.60}$$

这样就证明了算子 Λ 是 F 到 F' 上的同构算子.

我们现在可以以惯常的方式来概括所得到的结果并以此结束定理的证明. 对于任意的初值条件 $\{y_1^0, y_1^1, y_2^0, y_2^1\} \in L^2(\Omega) \times H^{-1}(\Omega) \times L^2(\Omega) \times V'$, 我们有

$$\{y_1^1, -y_1^0, y_2^1, -y_2^0\} \in H^{-1}(\Omega) \times L^2(\Omega) \times V' \times L^2(\Omega) \subset F' \tag{2.61}$$

并因此问题

$$\Lambda\{\Phi_1^0, \Phi_1^1, \Phi_2^0, \Phi_2^1\} = \{y_1^1, -y_1^0, y_2^1, -y_2^0\} \tag{2.62}$$

存在一个唯一解 $\{\Phi_1^0, \Phi_1^1, \Phi_2^0, \Phi_2^1\} \in F$. 以此作为初值条件的问题 (2.11) 的解记为 Φ_1 及 Φ_2. 定义控制

$$v = \frac{\partial \Phi_1}{\partial \nu} + \Phi_2' \in L^2(\Sigma(x^0)) \tag{2.63}$$

即为所求. ■

注 2.3　事实上我们已经证明了对初始值

$$\{y_1^0, y_1^1\} \in L^2(\Omega) \times H^{-1}(\Omega), \quad \{y_2^1, -y_2^0\} \in G'$$

的精确能控性.

要用经典的泛函空间来表达 G 似乎是一个十分困难的课题. 我们已经知道: $G \subset V \times L^2(\Omega)$, 并且也可以证明 $W \times V \subset G$ (参见第三章2.3节). 仅此而已. ■

注 2.4　在第一章及第三章中,我们已经知道,如果分别控制系统的状态 $\{y_1, y_2\}$,也就是说控制间不相关联或者无约束条件,那么只需要时间 $T > 2R(x^0)$,然而,在同时控制情形,所需的时间大约是翻倍.

用附录 1 第 4 节中的方法将可以证明定理 2.2 对所有的 $T > 4R(x^0)$ 成立. ■

2.3　无几何假设的精确能控性

我们将在对开区域 Ω 无任何几何假设的一般情况下重新讨论 2.2 节中的问题.

这样的情况已经在第三章 2.7 节中对单一方程研究过了. 由于齐性问题的解在交界面上可能出现奇异性,因此在应用乘子方法时处理上会有些棘手. 出于技术性考虑,我们仅限于考虑 $n = 2$ 维空间问题.

在此情形下,设 Ω 是 $\mathbb{R}^2$ 中的有界区域,其边界 Γ 是 C^2 光滑的. 我们给定一个点 $x^0 \in \mathbb{R}^2$ 并且定义边界的一个分割 $\{\Gamma(x^0), \Gamma_*(x^0)\}$.

沿用第 2.2 节中的记号并且设

$$V = \{\Phi \in H^1(\Omega) | \Phi = 0 \quad \text{在 } \Gamma_*(x^0) \text{ 上}\}, \tag{2.64}$$

$$W = \{\Phi \in V | \Delta\Phi \in L^2(\Omega), \quad \frac{\partial \Phi}{\partial \nu} = 0 \quad \text{在 } \Gamma(x^0) \text{ 上}\}. \tag{2.65}$$

记 $\lambda_0 > 0$ 是使得下式成立的最优常数:

$$|\Phi| \leqslant \frac{1}{\lambda_0} |\nabla\Phi|, \quad \forall \Phi \in V. \tag{2.66}$$

对于系统

$$\begin{cases} y_1'' - \Delta y_1 = 0 & \text{在 } Q = \Omega \times (0, T) \text{ 内}, \\ y_2'' - \Delta y_2 = 0 & \text{在 } Q \text{ 内}, \\ y_1 = \begin{cases} v \\ 0 \end{cases} & \begin{matrix} \text{在 } \Sigma(x^0) = \Gamma(x^0) \times (O, T) \text{ 上}, \\ \text{在 } \Sigma_*(x^0) = \Sigma \setminus \Sigma(x^0) \text{ 上}, \end{matrix} \\ \dfrac{\partial y_2}{\partial \nu} = \dfrac{\partial v}{\partial t} & \text{在 } \Sigma(x^0) \text{ 上}, \\ y_2 = 0 & \text{在 } \Sigma_*(x^0) \text{ 上}, \\ y_1(0) = y_1^0, & y_1^1(0) = y_1^1, \\ y_2(0) = y_2^0, & y_2^1(0) = y_2^1, \end{cases} \tag{2.67}$$

我们有如下精确能控性结果:

定理 2.3　*设 Ω 是 $\mathbb{R}^2$ 中有界区域,其边界 Γ 是 C^2 光滑的. 设 $x^0 \in \mathbb{R}^2$ 以及 $T > 4R(x^0) + \dfrac{1}{\lambda_0}$.*

那么,对于任意的初始值

$$\{y_1^0, y_1^1, y_2^0, y_2^1\} \in L^2(\Omega) \times H^{-1}(\Omega) \times L^2(\Omega) \times V' \tag{2.68}$$

存在一个控制

$$v \in L^2(\Sigma(x^0)) \tag{2.69}$$

使得系统 (2.67) 的解 $\{y_1, y_2\}$ 满足 $y_1(T) = y_1'(T) = y_2(T) = y_2'(T) = 0$. ■

定理 2.3 的证明思路

完全类似于定理 2.2 的证明过程.

应用 HUM 方法. 首先考虑齐性系统:

$$\begin{cases} \Phi_1'' - \Delta\Phi_1 = 0 & \text{在 } Q \text{ 内}, \\ \Phi_2'' - \Delta\Phi_2 = 0 & \text{在 } Q \text{ 内}, \\ \Phi_1 = 0 & \text{在 } \Sigma \text{ 上}, \\ \dfrac{\partial\Phi_2}{\partial\nu} = 0 & \text{在 } \Sigma(x^0) \text{ 上},\ \Phi_2 = 0 \text{ 在 } \Sigma_*(x^0) \text{ 上}, \\ \Phi_1(0) = \Phi_1^0, & \Phi_1'(0) = \Phi_1^1, \\ \Phi_2(0) = \Phi_2^0, & \Phi_2'(0) = \Phi_2^1. \end{cases} \tag{2.70}$$

利用由第一章定理 5.1 给出的反向不等式以及第三章 2.6 节的结果, 如同前面定理 2.1 中一样, 我们得到估计式

$$\frac{2}{R(x^0)}(T - 4R(x^0) - \frac{1}{\lambda_0})E_0 \leqslant \int_{\Sigma(x^0)} |\frac{\partial\Phi_1}{\partial\nu} + \Phi_2'|^2 \mathrm{d}\Sigma. \tag{2.71}$$

我们引入范数

$$\|\{\Phi_1^0, \Phi_1^1, \Phi_2^0, \Phi_2^1\}\|_F = (\int_{\Sigma(x^0)} \left|\frac{\partial\Phi_1}{\partial\nu} + \Phi_2'\right|^2 \mathrm{d}\Sigma)^{1/2} \tag{2.72}$$

并构造在此范数下的由 $\mathcal{D}(\Omega) \times \mathcal{D}(\Omega) \times (C^\infty(\bar{\Omega}) \cap W) \times (C^\infty(\bar{\Omega}) \cap V)$ 导出的完备空间 F.

借助于估计式 (2.7), 我们有

$$F \subset H_0^1(\Omega) \times L^2(\Omega) \times V^1 \times L^2(\Omega) \tag{2.73}$$

并且由此导出

$$H^{-1}(\Omega) \times L^2(\Omega) \times V' \times L^2(\Omega) \subset F' \tag{2.74}$$

是连续嵌入的.

其次, 我们考虑下面逆问题:

$$\begin{cases} \psi_1'' - \Delta\psi_1 = 0 & \text{在 } Q \text{ 内}, \\ \psi_2'' - \Delta\psi_2 = 0 & \text{在 } Q \text{ 内}, \\ \psi_1(T) = \psi_1'(T) = \psi_2(T) = \psi_2'(T) = 0, \\ \psi_1 = \begin{cases} (\dfrac{\partial \Phi_1}{\partial \nu} + \Phi_2') & \text{在 } \Sigma(x^0) \text{ 上}, \\ 0 & \text{在 } \Sigma_*(x^0) \text{ 上}, \end{cases} \\ \dfrac{\partial \Phi_2}{\partial \nu} = \dfrac{\partial}{\partial t}(\dfrac{\partial \Phi_1}{\partial \nu} + \Phi_2') & \text{在 } \Sigma(x^0) \text{ 上}, \\ \psi_2 = 0 & \text{在 } \Sigma_*(x^0) \text{ 上}. \end{cases} \tag{2.75}$$

定义通常的算子 Λ 并且验证它是一个从 F 到 F' 上的同构算子.

我们可以求解方程

$$\Lambda\{\Phi_1^0, \Phi_1^1, \Phi_2^0, \Phi_2^1\} = \{y_1^1, -y_1^0, y_2^1, -y_2^0\} \tag{2.76}$$

并且能够证明控制

$$v = \frac{\partial \Phi_1}{\partial \nu} + \Phi_2' \in L^2(\Sigma(x^0)) \tag{2.77}$$

即为所求. ■

注 2.5 对于 $n > 2$ 的情形, 系统的精确能控性尚未解决. ■

使用附录 1 的技巧, 可以证明定理 2.3 的结果对所有 $T > 4R(x^0)$ 也成立. ■

2.4 一些评注

2.4.1 弱解的存在性、唯一性及正则性

在本章中, 我们并没有很详细地介绍非齐性边值问题的弱解定义, 以及解的存在性、唯一性及正则性结果.

我们建议读者重温第一章及第三章中的相关章节. 因为前面应用过的方法亦适用于本章讨论的情形. ■

2.4.2 控制的无穷性

像往常一样, 我们能够证明对本章所讨论的模型, 如果存在一个控制 (或者两个相关联的控制) 使得系统达到平衡状态, 那么就有无穷多个这样的控制.

由 HUM 方法给出的控制是使得相应的能量函数在可允许控制集上取到最小值的那一个控制. ■

2.4.3 多于两个方程的系统

在本章中, 我们仅局限于讨论由两个波动方程组成的系统模型.

然而, 所使用方法中的基本想法仍然可以适用于由多于两个方程组成的并带有不同类型边界条件 (Dirichlet, Neumann 或者 Dirichlet 与 Neumann 混合型) 的系统精确能控性问题. 对一般情形的研究结果并不是十分轻而易举的. 请参见未解决的问题 4.4.

2.4.4 转变范数

转变范数的技巧可以用来获得在其他的 Hilbert 空间中的精确能控性结果.

特别地, 我们能够证明这样一个常见的规律: 当初始值的正则性提高 (或降低) 时, 所对应的控制的正则也提高 (或降低). ■

比如说, 在第 2.2 节的情形下, 我们可以有如下估计式:

$$\text{如果 } T > T(x^0) = 4R(x^0) + \frac{(n-1)}{\lambda_0},$$

$$\frac{2}{R(x^0)}(T - T(x^0))(|\Delta\Phi_1^0|^2 + |\nabla\Phi_1^1|^2 + |\Delta\Phi_2^0|^2 + |\nabla\Phi_2^1|^2) \leqslant \int_{\Sigma(x^0)} |\frac{\partial\Phi_1'}{\partial\nu} + \Phi_2''|^2 \mathrm{d}\Sigma \tag{2.78}$$

对所有的函数 $\{\Phi_1^0, \Phi_1^1, \Phi_2^0, \Phi_2^1\} \in \mathcal{D}(\Omega) \times \mathcal{D}(\Omega) \times \{\Phi \in W | \Delta\Phi \in V\} \times W$ 成立.

利用这一估计式以及 HUM 方法, 就可以证明如下精确能控性结果:

定理 2.4 设 Ω 是 $\mathbb{R}^n (n \geqslant 2)$ 中的有界区域, 其边界是 C^2 光滑的, 并且几何条件 (2.6) (2.7) 满足. 再设

$$T > T(x^0) = 4R(x^0) + \frac{(n-1)}{\lambda_0}.$$

那么, 对于任意的初始值

$$\{y_1^0, y_1^1, y_2^0, y_2^1\} \in H^{-1}(\Omega) \times (H^2(\Omega) \cap H_0^1(\Omega))' \times V' \times W' \tag{2.79}$$

存在一个控制

$$V \in L^2(\Sigma(x^0)) \tag{2.80}$$

使得下面系统的解 $\{y_1, y_2\}$:

$$\begin{cases} y_1'' - \Delta y_1 = 0 & \text{在 } Q \text{ 内}, \\ y_2'' - \Delta y_2 = 0 & \text{在 } Q \text{ 内}, \\ y_1 = \begin{cases} -\dfrac{\partial}{\partial t} v & \text{在 } \Sigma(X^0) \text{ 上}, \\ 0 & \text{在 } \Sigma_*(X^0) \text{ 上}, \end{cases} \\ \dfrac{\partial y_2}{\partial \nu} = \dfrac{\partial^2}{\partial t^2} v & \text{在 } \Sigma(x^0) \text{ 上}, \\ y_2 = 0 & \text{在 } \Sigma_*(x^0) \text{ 上}, \\ y_1(0) = y_1^0, \quad y_1'(0) = y_1^1, \\ y_2(0) = y_2^0, \quad y_2'(0) = y_2^1 \end{cases} \tag{2.81}$$

满足 $y_1(T) = y_1'(T) = y_2(T) = y_2'(T) = 0$. ■

2.4.5 精确能控性的最优时刻 $T(x^0)$

应用附录 1 中介绍的技巧可以证明本章中所讨论的问题对所有的 $T > 4R(x^0)$ 具有精确能控性.

然后, $T_0 = 4R(x^0)$ 是否是精确能控性的最优时刻? 这一问题尚未被解答.

3 两个振动平板方程系统

3.1 问题的提出

设 Ω 是 $\mathbb{R}^n (n \geqslant 1)$ 中的有界区域, 其边界 Γ 是 C^4 光滑. 又设 $T > 0$.

在本节, 我们将集中考虑由两个振动平板方程定义的状态函数 $\{y_1, y_2\}$ 的同时精确能控性问题

$$\begin{cases} y_1'' + \Delta^2 y_1 = 0 & \text{在 } Q \text{ 内}, \\ y_2'' + \Delta^2 y_2 = 0 & \text{在 } Q \text{ 内}, \end{cases} \tag{3.1}$$

以及初边值条件

$$\begin{cases} y_1(0) = y_1^0, \quad y_1'(0) = y_1^1, \\ y_2(0) = y_2^0, \quad y_2'(0) = y_2^1, \end{cases} \tag{3.2}$$

$$\begin{cases} y_1 = 0 \quad \text{在 } \Sigma \text{ 上}, & \dfrac{\partial y_1}{\partial \nu} = v_1 \quad \text{在 } \Sigma \text{ 上}, \\ y_2 = v_2^0 \quad \text{在 } \Sigma \text{ 上}, & \Delta y_2 = v_2^1 \quad \text{在 } \Sigma \text{ 上}. \end{cases} \tag{3.3}$$

我们的目的是要寻找 $\{v_1, v_2^0, v_2^1\}$ 并使得如下相关 (或约束) 条件

$$v_2^1 = \frac{\partial v_1}{\partial t} \tag{3.4}$$

满足.

于是只需求两个控制 $\{v_1, v_2\}$. 我们可以通过下面形式的边界条件来对系统加以作用及控制.

$$\begin{cases} y_1 = 0 \quad \text{在 } \Sigma \text{ 上}, & \dfrac{\partial y_1}{\partial \nu} = v_1 \quad \text{在 } \Sigma \text{ 上}, \\ y_2 = v_2 \quad \text{在 } \Sigma \text{ 上}, & \Delta y_2 = \dfrac{\partial v_1}{\partial t} \quad \text{在 } \Sigma \text{ 上}. \end{cases} \tag{3.5}$$

设 $x^0 \in \mathbb{R}^n$. 附加一个约束条件:

$$v_2 = 0 \quad \text{在 } \Sigma_*(x_0) = \Sigma \setminus \Sigma(x^0). \tag{3.6}$$

我们将研究 (3.5) (3.6) 形式的边界控制问题的同时精确能控性. ■

对应于 y_1 及 y_2 的系统已经在第四章的第 3 节和第 4 节中被分别详细地讨论过了. 回顾已证明的结果, 我们知道对关于 y_1 的系统只需作用一个单一的控制就可获得精确能控性, 而关于 y_2 的系统则需要两个控制作用才行. 总之, 如果要独立地精确控制 y_1 及 y_2 的系统, 则需要有三个控制. 我们这里要讨论的是用两个控制 $\{v_1, v_2\}$ 及类似 (2.5) 的相关条件来对系统进行同时控制的可能性.

我们将证明一些类似于前一节中的结果. 简而言之, 同时控制两个系统的时间大于或等于每个系统达到能控性的时间之和. 这一结果将在附录 1 中得到改进. 因为可以证明任意小时间的同时精确能控性. ■

我们将沿用前一节中引入的方法并利用第四章的第 3 节和第 4 节中已得到的结果. 先讨论齐性问题解的不同线性组合, 并由此证明反向不等式. 接着使用 HUM 方法来得到同时精确能控性结果.

3.2 反向不等式

在本小节中, 我们要对下面的齐性问题证明一个反向不等式估计

$$\begin{cases} \Phi_i'' + \Delta^2 \Phi_i = 0 \quad \text{在 } Q \text{ 内}, & i = 1, 2, \\ \Phi_i(0) = \Phi_i^0, \quad \Phi_i'(0) = \Phi_i^1, & i = 1, 2, \\ \Phi_1 = \dfrac{\partial \Phi_1}{\partial \nu} = 0 \quad \text{在 } \Sigma \text{ 上}, \\ \Phi_2 = \Delta \Phi_2 = 0 \quad \text{在 } Q \text{ 内}. \end{cases} \tag{3.7}$$

定义能量函数:

$$E_1(t) = \frac{1}{2}(|\Phi_1'(t)|^2 + |\Delta \Phi_1(t)|^2), \quad \forall t \in [0, T], \tag{3.8}$$

$$E_2(t) = \frac{1}{2}(|\nabla \Phi_2'(t)|^2 + |\nabla \Delta \Phi_2(t)|^2), \quad \forall t \in [0, T], \tag{3.9}$$

它们沿着运动轨道守恒 (参见第四章的第 3 节和第 4 节), 即

$$E_1(t)=E_{01}=\frac{1}{2}(|\Phi_1^1|^2+|\Delta\Phi_1^0|^2),\quad \forall t\in[0,T], \tag{3.10}$$

$$E_2(t)=E_{02}=\frac{1}{2}(|\nabla\Phi_2^1|^2+|\nabla\Delta\Phi_2^0|^2),\quad \forall t\in[0,T]. \tag{3.11}$$

再定义总能量

$$E(t)=E_1(t)+E_2(t),\quad \forall t\in[0,T]. \tag{3.12}$$

我们有

$$E(t)=E_0=E_{01}+E_{02},\quad \forall t\in[0,T].$$

记特征值

$$\lambda_0^2=\min_{w\in H_0^2(\Omega)-\{0\}}\frac{|\Delta w|^2}{|\nabla w|^2}, \tag{3.13}$$

它使得

$$|\nabla w|\leqslant\frac{1}{\lambda_0}|\Delta w|,\quad \forall w\in H_0^2(\Omega) \tag{3.14}$$

成立.

又记 μ_0^2 为 $-\Delta$ 在 $H_0^1(\Omega)$ 上的最小特征值, 于是有

$$|w|\leqslant\frac{1}{\mu_0}|\nabla w|,\quad \forall w\in H_0^1(\Omega). \tag{3.15}$$

设

$$T(x^0)=(\frac{1}{\mu_0}+\max(\frac{1}{\lambda_0},\frac{1}{\mu_0}))R(x^0). \tag{3.16}$$

定义空间

$$v=\{\Phi\in H^3\cap H_0^1(\Omega)|\Delta\Phi=0\quad \text{在 }\Gamma\text{ 上}\}. \tag{3.17}$$

我们观察到范数 $E_0^{1/2}$ 定义在 $H_0^2(\Omega)\times L^2(\Omega)\times V\times H_0^1(\Omega)$ 是与 $H^2(\Omega)\times L^2(\Omega)\times H^3(\Omega)\times H^1(\Omega)$ 的诱导范数等价的.

我们可以得到如下估计式:

定理 3.1　设 Ω 是 $\mathbb{R}^n(n\geqslant 1)$ 中的有界区域, 其边界 Γ 是 C^4 光滑的. 又设 $x^0\in\mathbb{R}^n$ 及 $T>T(x^0)$.

那么, 对于任意的初始值

$$\{\Phi_1^0,\Phi_1^1,\Phi_2^0,\Phi_2^1\}\ \in H_0^2(\Omega)\times L^2(\Omega)\times V\times H_0^1(\Omega)$$

估计式

$$2(T-T(x^0))E_0\leqslant\frac{R(x^0)}{2}(\int_\Sigma(\Delta\Phi_1+\frac{\partial\Phi_2'}{\partial\nu})^2\mathrm{d}\Sigma+\int_{\Sigma(x^0)}(\frac{\partial\Delta\Phi_2}{\partial\nu})^2\mathrm{d}\Sigma) \tag{3.18}$$

成立. ■

定理 3.1 的证明

由第四章定理 3.3 知道, 估计式

$$2(T-\frac{R(x^0)}{\lambda_0})E_{01}\leqslant\frac{R(x^0)}{2}\int_{\Sigma(x^0)}|\Delta\Phi_1|^2\mathrm{d}\Sigma$$

成立. 并由此得出

$$2(T-\frac{R(x^0)}{\lambda_0})E_{01}\leqslant\frac{R(x^0)}{2}\int_{\Sigma}|\Delta\Phi_1|^2\mathrm{d}\Sigma. \tag{3.19}$$

另外, 根据第四章定理 4.3, 我们有

$$2(T-\frac{R(x^0)}{\mu_0})E_{02}\leqslant\frac{R(x^0)}{2}\int_{\Sigma(x^0)}((\frac{\partial\Phi_2'}{\partial\nu})^2+(\frac{\partial\Delta\Phi_2}{\partial\nu})^2)\mathrm{d}\Sigma,$$

由此推出

$$2(T-\frac{R(x^0)}{\mu_0})E_{02}\leqslant\frac{R(x^0)}{2}(\int_{\Sigma}(\frac{\partial\Phi_2'}{\partial\nu})^2\mathrm{d}\Sigma+\int_{\Sigma(x^0)}(\frac{\partial\Delta\Phi_2}{\partial\nu})^2)\mathrm{d}\Sigma \tag{3.20}$$

成立.

另一方面, 用 Φ_2' (或 Φ_1') 乘 Φ_1 (或 Φ_2) 的方程并且在 Q 上积分, 由此我们得到

$$\int_Q(\Phi_1''\Phi_2'+\Delta\Phi_1\Delta\Phi_2')\mathrm{d}x\mathrm{d}t=\int_{\Sigma}\Delta\Phi_1\frac{\partial\Phi_2'}{\partial\nu}\mathrm{d}\Sigma \tag{3.21}$$

及

$$\int_Q(\Phi_2''\Phi_1'+\Delta\Phi_2\Delta\Phi_1')\mathrm{d}x\mathrm{d}t=0. \tag{3.22}$$

于是可以推出

$$\begin{aligned}\int_{\Sigma}\Delta\Phi_1\frac{\partial\Phi_2'}{\partial\nu}\mathrm{d}\Sigma&=\frac{d}{dt}\int_Q(\Phi_1'\Phi_2'+\Delta\Phi_1\Delta\Phi_2)\mathrm{d}x\mathrm{d}t\\&=((\Phi_1'(t),\Phi_2'(t))+(\Delta\Phi_1(t),\Delta\Phi_2(t)))|_0^T,\end{aligned} \tag{3.23}$$

再由于

$$\begin{aligned}&|(\Phi_1'(t),\Phi_2'(t))+(\Delta\Phi_1(t),\Delta\Phi_2(t))|\\\leqslant&\frac{1}{\mu_0}|\Phi_1'(t)||\nabla\Phi_2'(t)|+\frac{1}{\mu_0}|\Delta\Phi_1(t)||\nabla\Delta\Phi_2(t)|\\\leqslant&\frac{1}{\mu_0}E(t)=\frac{1}{\mu_0}E_0,\end{aligned}$$

于是我们有

$$\left|\int_{\Sigma}\Delta\Phi_1\frac{\partial\Phi_2'}{\partial\nu}\mathrm{d}\Sigma\right|\leqslant\frac{2}{\mu_0}E_0. \tag{3.24}$$

综合 (3.19), (3.20) 及 (3.24), 便获得估计式 (3.18). ■

注 3.1 从定理 3.1 中的反向不等式出发, 立刻可以导出下面唯一性条件: “如果 $\{\Phi_1, \Phi_2\}$ 是系统 (3.7) 的解并且 $T > T(x^0)$,

$$\Delta\Phi_1 + \frac{\partial\Phi_2'}{\partial\nu} = 0 \quad 在\ \Sigma\ 上,$$

$$\frac{\partial\Delta\Phi_2}{\partial\nu} = 0 \quad 在\ \Sigma(x^0)\ 上$$

成立, 那么 $\Phi_1 \equiv \Phi_2 \equiv 0$.”

这样的唯一性结果 (参见 J.-L. LIONS[3]) 是一种新的类型 (也可参见未解决的问题 4.5). 实际上, 它对所有的 $T > 0$ 均成立 (参见附录 1). ■

注 3.2 (E. ZUAZUA) 用 $\Delta\Phi_2$ (或 $\Delta\Phi_1$) 乘 Φ_1 (或 Φ_2) 的方程并且在 Q 上积分, 我们得到

$$\int_Q (\nabla\Phi_1''\nabla\Phi_2 + \nabla(\Delta\Phi_1)\nabla(\Delta\Phi_2))\mathrm{d}x\mathrm{d}t = 0 \tag{3.25}$$

以及

$$\int_Q (\nabla\Phi_1\nabla\Phi_2'' + \nabla(\Delta\Phi_1)\nabla(\Delta\Phi_2))\mathrm{d}x\mathrm{d}t = \int_\Sigma \frac{\partial\Delta\Phi_2}{\partial\nu}\Delta\Phi_1\mathrm{d}\Sigma. \tag{3.26}$$

将上面两个等式相减后得到

$$\begin{aligned}
\int_\Sigma \frac{\partial\Delta\Phi_2}{\partial\nu}\Delta\Phi_1\mathrm{d}\Sigma &= \int_Q (\nabla\Phi_1\nabla\Phi_2'' - \nabla\Phi_1''\nabla\Phi_2)\mathrm{d}x\mathrm{d}t \\
&= \int_Q \frac{d}{dt}(\nabla\Phi_1\nabla\Phi_2' - \nabla\Phi_1'\nabla\Phi_2)\mathrm{d}x\mathrm{d}t \\
&= ((\nabla\Phi_1(t), \nabla\Phi_2'(t)) - (\nabla\Phi_1'(t), \nabla\Phi_2(t)))|_0^T \\
&= ((\nabla\Phi_1(t), \nabla\Phi_2'(t)) + (\Phi_1'(t), \Delta\Phi_2(t)))|_0^T.
\end{aligned} \tag{3.27}$$

因为有如下估计式

$$\begin{aligned}
&|(\nabla\Phi_1(t), \nabla\Phi_2'(t)) + (\Phi_1'(t), \Delta\Phi_2(t))| \\
\leqslant\ &\frac{1}{\lambda_0}|\nabla\Phi_2'(t)||\Delta\Phi_1(t)| + \frac{1}{\mu_0}|\Phi_1'(t)||\nabla\Delta\Phi_2(t)| \\
\leqslant\ &\max(\frac{1}{\lambda_0}, \frac{1}{\mu_0})E_0,
\end{aligned}$$

我们便可得到

$$\left|\int_\Sigma \Delta\Phi_1\frac{\partial\Delta\Phi_2}{\partial\nu}\mathrm{d}\Sigma\right| \leqslant 2\max(\frac{1}{\lambda_0}, \frac{1}{\mu_0})E_0. \tag{3.28}$$

综合 (3.18) 及 (3.28), 我们有对于

$$T > \widehat{T}(x^0) = T(x^0) + \max(\frac{1}{\lambda_0}, \frac{1}{\mu_0})R(x^0) = (\frac{1}{\mu_0} + 2\max(\frac{1}{\lambda_0}, \frac{1}{\mu_0}))R(x^0)$$

估计式

$$2(T > \widehat{T}(x^0))E_0 \leqslant \frac{R(x^0)}{2}\int_{\Sigma}((\Delta\Phi_1 + \frac{\partial\Phi_2'}{\partial\nu})^2 + (\Delta\Phi_1 + \frac{\partial\Delta\Phi_2}{\partial\nu})^2)\mathrm{d}\Sigma \tag{3.29}$$

成立. ■

注 3.3 按照第四章中推论 3.1 及推论 4.1, 我们拥有正向不等式, 即存在一个常数 $C > 0$ 使得对任意解 $\{\Phi_1, \Phi_2\}$ 以及 $T > 0$, 有估计式

$$\int_{\Sigma}(\Delta\Phi_1 + \frac{\partial\Phi_2'}{\partial\nu})^2\mathrm{d}\Sigma + \int_{\Sigma(x^0)}(\frac{\partial\Delta\Phi_2}{\partial\nu})^2\mathrm{d}\Sigma \leqslant C(T+1)E_0 \tag{3.30}$$

以及估计式

$$\int_{\Sigma}((\Delta\Phi_1 + \frac{\partial\Phi_2'}{\partial\nu})^2 + (\Delta\Phi_1 + \frac{\partial\Phi_2}{\partial\nu})^2)\mathrm{d}\Sigma \leqslant C(T+1)E_0. \tag{3.31}$$

■

3.3 精确能控性

从前面证明的估计式出发, 利用 HUM 方法能够很容易地获得精确能控性的一些结果.

考虑下面的系统:

$$\begin{cases} y_1'' + \Delta^2 y_1 = 0 & \text{在 } Q \text{ 内}, \\ y_2'' + \Delta^2 y_2 = 0 & \text{在 } Q \text{ 内}, \\ y_1 = 0 \quad \text{在 } \Sigma \text{ 上}, \quad \dfrac{\partial y_1}{\partial\nu} = v_1 & \text{在 } \Sigma \text{ 上}, \\ y_2 = \begin{cases} v_2 \\ 0 \end{cases} & \begin{matrix} \text{在 } \Sigma(x^0) \text{ 上}, \\ \text{在 } \Sigma_*(x^0) \text{ 上}, \end{matrix} \\ \Delta y_2 = \dfrac{\partial}{\partial t}v_1 & \text{在 } \Sigma \text{ 上}, \\ y_1(0) = y_1^0, \quad y_1'(0) = y_1^1, \quad y_2(0) = y_2^0, \quad y_2'(0) = y_2^1. \end{cases} \tag{3.32}$$

我们有

定理 3.2 设 Ω 是 $\mathbb{R}^n (n \geqslant 1)$ 中的有界区域, 其边界 Γ 是 C^4 光滑的. 又设 $x^0 \in \mathbb{R}^n$ 及 $T > T(x^0)$.

那么, 对于任意的初始值

$$\{y_1^0, y_1^1, y_2^0, y_2^1\} \in L^2(\Omega) \times H^{-2}(\Omega) \times H^{-1}(\Omega) \times V' \tag{3.33}$$

存在两个控制

$$\{v_1, v_2\} \in L^2(\Sigma) \times L^2(\Sigma(x^0)) \tag{3.34}$$

使得系统 (3.32) 的解 $\{y_1, y_2\}$ 满足 $y_1(T) = y_1'(T) = y_2(T) = y_2'(T) = 0$. ■

定理 3.2 的证明想法

定理的结论可以由估计式 (3.18) 以及 HUM 方法来证明得到.

我们定义范数:

$$\|\{\Phi_1^0, \Phi_1^1, \Phi_2^0, \Phi_2^1\}\|_F := (\int_\Sigma (\Delta\Phi_1 + \frac{\partial\Phi_2'}{\partial\nu})^2 \mathrm{d}\Sigma + \int_{\Sigma(x^0)} (\frac{\partial\Delta\Phi_2}{\partial\nu})^2 \mathrm{d}\Sigma)^{1/2} \tag{3.35}$$

并引入空间

$$F = \mathcal{D}(\Omega) \times \mathcal{D}(\Omega) \times (C^\infty(\overline{\Omega}) \cap V) \times \mathcal{D}(\Omega) \text{ 在范数 } \|\cdot\|_F \text{ 下面的完备空间.} \tag{3.36}$$

由 (3.18) 及 (3.30) 知道

$$F = H_0^2(\Omega) \times L^2(\Omega) \times V \times H_0^1(\Omega) \tag{3.37}$$

并且

$$F' = H^{-2}(\Omega) \times L^2(\Omega) \times V' \times H^{-1}(\Omega).$$

接着, 我们要考虑逆向问题

$$\begin{cases} \psi_1'' + \Delta^2\psi_1 = 0 & \text{在 } Q \text{ 内}, \\ \psi_2'' + \Delta^2\psi_2 = 0 & \text{在 } Q \text{ 内}, \\ \psi_1(T) = \psi_1'(T) = \psi_2(T) = \psi_2'(T) = 0, & \\ \psi_1 = 0 \text{在 } \Sigma \text{ 上}, \quad \dfrac{\partial\psi_1}{\partial\nu} = \Delta\Phi_1 + \dfrac{\partial\Phi_2'}{\partial\nu} & \text{在 } \Sigma \text{ 上}, \\ \psi_2 = \begin{cases} -\dfrac{\partial\Delta\Phi_2}{\partial\nu} \\ 0 \end{cases} & \begin{array}{l} \text{在 } \Sigma(x^0) \text{ 上}, \\ \text{在 } \Sigma_*(x^0) \text{ 上}, \end{array} \\ \Delta\psi_2 = \dfrac{\partial}{\partial t}(\Delta\Phi_1 + \dfrac{\partial\Phi_2'}{\partial\nu}) & \text{在 } \Sigma \text{ 上}. \end{cases} \tag{3.38}$$

由第四章 3.5 节及 4.5 节中得到的结果, 知道系统 (3.38) 有一个唯一的解 $\{\psi_1, \psi_2\}$ (理所当然地适用于转置方法) 使得

$$\{\psi_1'(0), -\psi_1(0), \psi_2'(0), -\psi_2(0)\} \in F'. \tag{3.39}$$

这样我们就可以构造通常的算子 Λ 并且能够证明它是一个从 F 到 F' 上的同构算子.

通过求解方程

$$\Lambda\{\Phi_1^0, \Phi_1^1, \Phi_2^0, \Phi_2^1\} = \{y_1^1, -y_1^0, y_2^1, -y_2^0\} \tag{3.40}$$

得到控制

$$
\begin{aligned}
v_1 &= \Delta\Phi_1 + \frac{\partial\Phi_2'}{\partial\nu} \in L^2(\Sigma), \\
v_2 &= -\frac{\partial\Delta\Phi_2}{\partial\nu} \in L^2(\Sigma(x^0)),
\end{aligned}
\tag{3.41}
$$

它们能将系统带到平衡状态. ■

注 3.4 从估计式 (3.29) 出发, 用类似的方法可以证明对初始值满足 (3.33), $T > \widehat{T}(x^0)$ 以及下面形式约束条件下的精确能控性

$$
\begin{cases}
y_1 = 0 \quad \text{在 } \Sigma \text{ 上}, & \dfrac{\partial y_1}{\partial\nu} = v_1 + v_2 \quad \text{在 } \Sigma \text{ 上}, \\
y_2 = -v_2 \quad \text{在 } \Sigma \text{ 上}, & \dfrac{\partial y_2}{\partial\nu} = \dfrac{\partial}{\partial t} v_1 \quad \text{在 } \Sigma \text{ 上},
\end{cases}
\tag{3.42}
$$

这里

$$
\{v_1, v_2\} \in (L^2(\Sigma))^2. \tag{3.43}
$$

在此情形下, 达到同时精确能控性的时间会更长. 这是因为 $\widehat{T}(x^0) > T(x^0)$. 作用于 y_2 的控制是在整个边界 Σ 上定义的. 然而, 作用于边界上的三个控制是互相关联的并满足一些简单的泛函关系. ■

注 3.5 我们建议读者阅读第四章3.5节及4.5节以便详细了解非齐性问题弱解的定义及存在性、唯一性和正则性的结果. ■

注 3.6 用常规的方法, 我们能够证明: 只要存在一个控制 (或者一组控制) 使得系统达到平衡状态, 那么一定存在无穷个这样的控制. 由 HUM 方法给出的控制使得相关的能量函数在可允许控制集上达到最小值. ■

注 3.7 上述结果可以推广到多于两个方程以及带有不同类型边界条件的场合. 详细讨论参见 J. LAGNESE 和 J.-L. LIONS [1]. ■

注 3.8 使用范数变换技巧, 我们还能够得到其他一些精确能控性结果: 如果初始值的正则性提高 (或降低), 那么所选取的控制的正则性也可提高 (或降低). ■

我们已经证明了系统对所有时刻 $T > T(x^0)$ 是精确能控的. 当 $T > 0$ 任意小时, 精确能控性的结果仍然成立 (参见附录 1). ■

4 未解决的问题

4.1 由推论 2.1 给出的唯一性定理引导出一些如下类型的问题: 设函数

$$
\Phi_i(x,t) \quad \text{在 } \Omega \times (0,T) \text{ 内定义}, \ i = 1, \cdots, q
$$

满足下面方程:

$$\Phi_i'' - \Delta\Phi_i = 0 \tag{4.1}$$

及边界条件

$$\alpha_i \frac{\partial \Phi_i}{\partial \nu} + \beta_i \Phi_i = 0 \quad \text{在 } \Sigma = \Gamma \times (0,T) \text{ 上}. \tag{4.2}$$

在 (4.2) 中, 不是关于下标 i 的相加. α_i 及 β_i 是些定义在 Γ 上的适当函数.

假设存在另外 p $(p < q)$ 个连接 $\dfrac{\partial \Phi_i}{\partial \nu}$ 及 Φ_i (在 Σ 或者 $\Sigma_0 \subset \Sigma$ 上) 的附加关系式.

什么时候我们会有 $\Phi_i \equiv 0$, $\forall i$?

对这类问题的讨论缺乏文献记录. 这方面的最初结果好像是由 J.-L. LIONS [3] 给出, 并且在推论 2 中对 $T(x^0)$ 的估计作了改进. 但仍然不是最优的 (参见附录 1).

我们也可针对第3节中的结果提出同样的问题.

4.2 考虑另一类型的问题. 记 $y_i, i = 1, \cdots, q$ 满足如下方程

$$y_i'' - \alpha_i \Delta y_i = 0 \quad \text{在 } \Omega \times (0,T) \text{ 内}. \tag{4.3}$$

这里方程彼此不同, 即

$$\alpha_i > 0, \quad \text{所有 } \alpha_i \text{ 不相等}. \tag{4.4}$$

用一个相同的控制 (Dirichlet 或 Neumann 等类型) 作用于每一个方程系统上, 能够得到对整个系统 (4.3) 精确能控性吗?

此类系统的一个内部控制问题已经由 A. HARAUX [1] 解决.

4.3 在第 2 节中, 我们讨论了两个波动方程的同时精确能控性, 其中一个方程带有 Dirchlet 型边界条件, 而另一个则具有 Neumann 型边界条件以及部分边界上的齐 Dirichlet 条件. 这显然不是纯粹的 Neumann 边界条件, 对这种情形的研究需要使用大量附加的技巧. 我们建议读者参阅 E. ZUAZUA [3] 的工作.

4.4 上面的一些未解决的问题同样适用于由两个 (或两个以上) Petrowski 型方程组成的系统. 在第3节中我们已经讨论了一个.

这样的情形, 还有很多问题以及其他不同类型的边界条件有待研究和解决.

4.5 再介绍下面一个问题. 考虑方程组

$$\begin{cases} y_1'' - \Delta y_1 = 0 & \text{在 } \Omega \times (0,T) \text{ 内}, \\ y_2'' - \Delta^2 y_2 = 0 & \text{在 } \Omega \times (0,T) \text{ 内}. \end{cases} \tag{4.5}$$

我们选择控制

$$y_1 = \begin{cases} v & \text{在其 } \Sigma = \Gamma \times (0,T) \text{ 的全部或局部上}, \\ 0 & \text{其他}, \end{cases} \tag{4.6}$$

以及

$$
\begin{cases} y_2 = 0 & \text{在 } \Sigma \text{ 上}, \\ \Delta y_2 = \begin{cases} w & \text{在 } \Sigma \text{ 的全部或局部上}, \\ 0 & \text{其他}. \end{cases} \end{cases} \tag{4.7}
$$

可否通过满足一定相关性的 v 及 w (比如 $v = w$) 来精确地控制系统?

4.6 现在考虑一个耦合系统, 比如弹性系统. 能否只对某些分量加以作用来达到对整个系统的精确控制? 能否用相同的方式来作用于每个状态分量而使系统精确能控? 这类问题已经开始被关注. 参见 E. ZUAZUA [3].

第六章　传输问题的精确能控性

1　引言

在前面几章中, 我们讨论了常系数的发展方程组的精确能控性.

变系数尤其是带有间断系数的系统的精确能控性问题仍然尚未解决.

在本章中, 我们将研究双曲传输系统的精确能控性. 这是一个带有间断系数的系统模型.

如同前面各章, 我们也会在本章结尾介绍一系列的未解决的问题.

2　问题的提出

设 Ω 及 Ω_1 是 $\mathbb{R}^n(n \geqslant 1)$ 中的两个有界区域, 其边界分别记为 Γ 及 Γ_1, 均为 C^2 光滑的. 并且有

$$\overline{\Omega}_1 \subset \Omega. \tag{2.1}$$

我们假设

$$\Omega_1 \text{ 是单连通的} \tag{2.2}$$

并且记 (参见图 6.1)

$$\Omega_2 = \Omega \setminus \overline{\Omega}_1 \tag{2.3}$$

(Ω_2 是图 6.1 中画有斜线部分).

于是有

$$\partial\Omega_2 = \Gamma \cup \Gamma_1. \tag{2.4}$$

给定 $T > 0$ 及两个不同的常数 $a_1, a_2 > 0$.

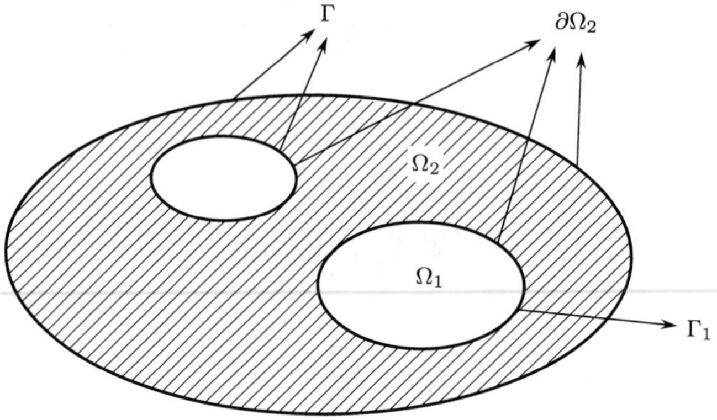

图 6.1

系统的状态记为

$$y_i = y_i(x,t) : \Omega_i \to \mathbb{R}, \quad i = 1,2, \tag{2.5}$$

它们分别满足如下波动方程:

$$y_i'' - a_i \Delta y_i = 0 \quad \text{在 } Q_i = \Omega_i \times (0,T) \text{ 内}, \quad i = 1,2 \tag{2.6}$$

以及初边值条件:

$$\begin{cases} y_i(0) = y_i^0 & \text{在 } \Omega_i \text{ 内}, \ i = 1,2, \\ y_i'(0) = y_i^1 & \text{在 } \Omega_i \text{ 内}, \ i = 1,2, \end{cases} \tag{2.7}$$

$$y_2 = v \quad \text{在 } \Sigma = \Gamma \times (0,T) \text{ 上}. \tag{2.8}$$

另外, 我们还要求满足传输条件

$$\begin{cases} y_1 = y_2 & \text{在 } \Sigma_1 = \Gamma_1 \times (0,T) \text{ 上}, \\ a_1 \dfrac{\partial y_1}{\partial \nu} = a_2 \dfrac{\partial y_2}{\partial \nu} & \text{在 } \Sigma_1 \text{ 上}. \end{cases} \tag{2.9}$$

■

注 2.1　容易看到, 这是如下形式的一般波动方程的一个特例:

$$y'' - \sum_{i,j} \frac{\partial}{\partial x_i}\left(a_{ij}(x) \frac{\partial y}{\partial x_j}\right) = 0 \quad \text{在 } \Omega \times (0,T) \text{ 内}, \tag{2.10}$$

这里间断系数 $a_{ij}(x) \in L^\infty(\Omega),\ i = 1,2,\cdots,n.$

所考虑的特例对应于

$$a_{ij}(x) = \begin{cases} a_1 & \text{如果 } x \in \Omega_1 \text{ 且 } i = j, \\ a_2 & \text{如果 } x \in \Omega_2 \text{ 且 } i = j, \\ 0 & \text{如果 } x \in \Omega \text{ 且 } i \neq j. \end{cases}$$

■

注 2.2 单位法向量场 ν 是指向 Ω_2 外部的. 因此, 在边界 Γ_1 上, 向量场 ν 是指向 Ω_1 内部的 (参见图 6.2).

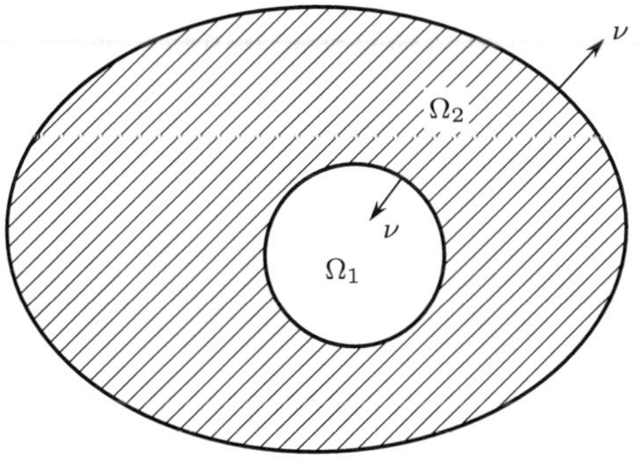

图 6.2

我们要研究系统 (2.6) (2.7) (2.8) (2.9) 的精确能控性. 这就意味着: 对于给定的足够大的时刻 $T>0$, 以及初值条件 $\{y_i^0, y_i^1\}, i=1,2$, 要寻找一个控制 v 使得系统在 T 时刻达到平衡状态, 即

$$y_i(T)=y_i'(T)=0 \quad \text{在 } \Omega_i \text{ 内}, \quad i=1,2. \tag{2.11}$$

控制 ν 仅仅是作用于 Ω 的外边界 Γ 上. 没有任何控制作用于区分 Ω_1 及 Ω_2 的内边界 Γ_1. 作用于 Γ 上的控制是通过传输条件 (2.9) 来对状态 y_1 产生作用. ■

所研究的系统是双曲型的. 因此系统只有当 T 充分大时才有可能是精确能控的. 精确能控性的发生时间依赖于波的传输速度 ($1/\sqrt{a_1}$ 在 Ω_1 中, $1/\sqrt{a_2}$ 在 Ω_2 中) 以及开区域 Ω_1, Ω_2 的 “直径”. ■

像通常一样, 我们也会保留仅对边界面 Σ 的一部分 Σ_0 上施加控制的可能性, 也就是说, 在下面约束下的控制:

$$v=0 \quad \text{在 } \Sigma\setminus\Sigma_0 \text{ 上}. \tag{2.12}$$

我们将会关注某些具有 $\Sigma_0=\Sigma(x^0), x^0\in\Omega_1$ 形式的集合并且在下面两个假设条件下证明系统的精确能控性:

$$\Omega_1 \text{ 是关于 } x \text{ 的星形区域}, \tag{2.13}$$

$$a_1>a_2 \tag{2.14}$$

(这两个假设条件仅从第 4.2 节起才被使用).

本章的组织如下:

——第 3 节回顾变分公式的一些经典结果以及传输问题的求解;

——第 4 节建立正向及反向不等式;

——第 5 节证明精确能控性问题的主要结果, 并且简要地介绍非齐性问题 (2.6) (2.7) (2.8) (2.9) 的解的存在性、唯一性及正则性结果;

——第 6 节介绍用通常变换范数技巧推导出的一些不同结果;

——第 7 节给出一些讨论和注解;

——第 8 节提出一系列的未解决的问题.

3 基本结果

考虑如下系统

$$\begin{cases} \theta_i'' - a_i\Delta\theta_i = f_i & \text{在 } Q_i \text{ 内}, \ i=1,2, \\ \theta_i(0) = \theta_i^0, \ \theta_i'(0) = \theta_i' & \text{在 } \Omega_i \text{ 内}, \ i=1,2, \\ \theta_2 = 0 & \text{在 } \Sigma \text{ 上}, \\ \theta_1 = \theta_2 & \text{在 } \Sigma_1 \text{ 上}, \\ a_1\dfrac{\partial\theta_1}{\partial\nu} = a_2\dfrac{\partial\theta_2}{\partial\nu} & \text{在 } \Sigma_1 \text{ 上}, \end{cases} \tag{3.1}$$

其中 $\{f_i,\theta_i^0,\theta_i^1\} \in L^1(0,T;L^2(\Omega_i)) \times H^1(\Omega_i) \times L^2(\Omega_i), \ i=1,2$, 并且满足自然的边界相容性条件, 即

$$\begin{cases} \theta_1^0 = \theta_2^0 & \text{在 } \Gamma_1 \text{ 上}, \\ \theta_2^0 = 0 & \text{在 } \Gamma \text{ 上}. \end{cases} \tag{3.2}$$

此问题的变分公式是: 如果函数

$$\theta = \begin{cases} \theta_1 & \text{在 } Q_1 \text{ 内}, \\ \theta_2 & \text{在 } Q_2 \text{ 内} \end{cases} \tag{3.3}$$

满足

$$\theta \in C(0,T;H_0^1(\Omega)) \cap C^1(0,T;L^2(\Omega)), \tag{3.4}$$

$$-\int_0^T\int_\Omega \theta'\phi'\mathrm{d}x\mathrm{d}t + \sum_{i=1,2} a_i\int_0^T\int_{\Omega_i} \nabla\theta\cdot\nabla\phi\mathrm{d}x\mathrm{d}t$$

$$= \sum_{i=1,2}\int_0^T\int_{\Omega_i} f_i\phi\mathrm{d}x\mathrm{d}t, \qquad \forall\phi\in\mathcal{D}\ (\Omega\times(0,T)) \tag{3.5}$$

以及初值条件:

$$\theta(0) = \begin{cases} \theta_1^0 & \text{在 } \Omega_1 \text{ 内}, \\ \theta_2^0 & \text{在 } \Omega_2 \text{ 内} \end{cases} \qquad \theta'(0) = \begin{cases} \theta_1^1 & \text{在 } \Omega_1 \text{ 内}, \\ \theta_2^1 & \text{在 } \Omega_2 \text{ 内}, \end{cases} \tag{3.6}$$

那么我们称 $\{\theta_1,\theta_2\}$ 为所考虑系统的一个弱解.

注 3.1 条件 (3.3) (3.4) 等价于

$$\begin{cases}\theta_i\in C(0,T;H^1(\Omega_i))\cap C^1(0,T;L^2(\Omega_i)), \quad i=1,2,\\ \theta_1=\theta_2 \quad \text{在 } \Sigma_1 \text{ 上},\\ \theta_2=0 \quad \text{在 } \Sigma \text{ 上}.\end{cases}$$

我们也能看出条件 (3.5) 隐含了相容性条件:

$$a_1\frac{\partial\theta_1}{\partial\nu}=a_2\frac{\partial\theta_2}{\partial\nu} \qquad \text{在 } \Sigma_1 \text{ 上}.$$

实际上, 在 (3.5) 中取 $\phi_i\in\mathcal{D}(Q_i)=\mathcal{D}(\Omega_i\times(0,T))$, 就有

$$\theta_i''-a_i\Delta\theta_i=f_i \quad \text{在 } Q_i \text{ 内}.$$

于是对于 $\phi\in\mathcal{D}(\Omega)$, 我们有

$$\begin{aligned}&-\int_0^T\int_\Omega\theta'\phi'\mathrm{d}x\mathrm{d}t+\sum_{i=1,2}a_i\int_0^T\int_{\Omega_i}\nabla\theta_i\nabla\phi\mathrm{d}x\mathrm{d}t\\ =&\sum_{i=1,2}\int_0^T\int_\Omega(\theta_i''-a_i\Delta\theta_i)\phi\mathrm{d}x\mathrm{d}t+a_2\int_{\Sigma_1}\frac{\partial\theta_2}{\partial\nu}\phi\mathrm{d}\Sigma-a_1\int_\Sigma\frac{\partial\theta_1}{\partial\nu}\phi\mathrm{d}\Sigma\\ =&\sum_{i=1,2}\int_0^T\int_\Omega f_i\phi\mathrm{d}x\mathrm{d}t+\int_{\Sigma_1}(a_2\frac{\partial\theta_2}{\partial\nu}-a_1\frac{\partial\theta_1}{\partial\nu})\phi\mathrm{d}\Sigma,\end{aligned}$$

再结合 (3.5) 式给出

$$\int_{\Sigma_1}(a_2\frac{\partial\theta_2}{\partial\nu}-a_1\frac{\partial\theta_1}{\partial\nu})\phi\mathrm{d}\Sigma=0.$$ ■

关于解的存在性、唯一性及正则性, 我们有如下结果.

引理 3.1 (a) 假设

$$\{\theta_i^0,\theta_i^1,f_i\}\in H^1(\Omega_i)\times L^2(\Omega_i)\times L^1(0,T;L^2(\Omega_i)), \quad i=1,2 \tag{3.7}$$

满足

$$\begin{cases}\theta_1^0=\theta_2^0 \quad \text{在 } \Gamma_1 \text{ 上},\\ \theta_2^0=0 \quad \text{在 } \Gamma \text{ 上},\end{cases} \tag{3.8}$$

那么问题 (3.1) 存在唯一的解 $\{\theta_1,\theta_2\}$

$$\theta_1\in C(0,T;H^1(\Omega_i))\cap C^1(0,T;L^2(\Omega_i)), \quad i=1,2 \tag{3.9}$$

满足

$$\begin{cases} \theta_1 = \theta_2 & \text{在 } \Sigma_1 \text{ 上}, \\ \theta_2 = 0 & \text{在 } \Sigma \text{ 上}. \end{cases} \tag{3.10}$$

另外,

$$\begin{aligned} &\text{映射 } \{\theta_i^0, \theta_i^1, f_i\}_{i=1,2} \longrightarrow \{\theta_i, \theta_i'\}_{i=1,2} \\ &\text{在所对应的空间拓扑下是线性连续的}. \end{aligned} \tag{3.11}$$

(b) 如果数值满足

$$\{\theta_i^0, \theta_i^1, f_i\} \in H^2(\Omega_i) \times H^1(\Omega_i) \times L^1(0,T;H^1(\Omega_i)), \quad i=1,2 \tag{3.12}$$

且

$$\begin{cases} \theta_1^j = \theta_2^j & \text{在 } \Gamma_1 \text{ 上}, \quad j=0,1, \\ f_1 = f_2 & \text{在 } \Sigma_1 \text{ 上}, \\ \theta_2^j = 0 & \text{在 } \Gamma \text{ 上}, \quad j=0,1, \\ f_2 = 0 & \text{在 } \Gamma \text{ 上}, \\ a_1 \dfrac{\partial \theta_1^0}{\partial \nu} = a_2 \dfrac{\partial \theta_2^0}{\partial \nu} & \text{在 } \Gamma_1 \text{ 上}, \end{cases} \tag{3.13}$$

那么, 问题 (3.1) 的解属于

$$\theta_i \in C(0,T;H^2(\Omega_i)) \cap C^1(0,T;H^1(\Omega_i)), \quad i=1,2, \tag{3.14}$$

其满足 (3.10) 及

$$a_1 \frac{\partial \theta_1}{\partial \nu} = a_2 \frac{\partial \theta_2}{\partial \nu} \qquad \text{在 } \Gamma_1 \text{ 上}. \tag{3.15}$$

其次,

$$\begin{aligned} &\text{映射 } \{\theta_i^0, \theta_i^1, f_i\}_{i=1,2} \longrightarrow \{\theta_i, \theta_i'\}_{i=1,2} \\ &\text{在所对应的空间拓扑下是线性连续的}. \end{aligned} \tag{3.16}$$

注 3.2　上述引理的结果是标准的, 只需使用常用的证明方法即可获得. 引理的 (a) 部分, 在 Ω_1, Ω_2 是 Lipschitz 边界的条件下仍然成立.

引理的 (b) 部分实际上是一个正则性结果. 为此需要提高区域边界的光滑性. 本章中均考虑具有 C^2 光滑边界的区域, 引理的 (b) 部分成立. ■

注 3.3　对于引理 (a) 的结果, 容易看到函数

$$\theta = \begin{cases} \theta_1 & \text{在 } Q_1 \text{ 内}, \\ \theta_2 & \text{在 } Q_2 \text{ 内} \end{cases}$$

满足

$$\theta \in C(0,T;H_0^1(\Omega)) \cap C^1(0,T;L^2(\Omega)),$$

这是因为相容性条件 (3.10) 被满足的关系.

然而, 在引理 (b) 的结论下, 尽管有

$$\theta_i \in C(0,T;H^2(\Omega_i)), \quad i=1,2,$$

但不一定成立

$$\theta \in C(0,T;H^2(\Omega)).$$

因为, 由 (3.15) 我们得到

$$\frac{\partial \theta_1}{\partial \nu} = \frac{a_1}{a_2}\frac{\partial \theta_2}{\partial \nu} \quad 在\ \Sigma_1\ 上,$$

这里 $\frac{a_1}{a_2} \neq 1$. 这就证明了 θ 的梯度在穿越 Σ_1 边界时具有 "跳跃". ■

在下面引理中, 我们给出一个基础等式, 它将在后面被用来证明正向及反向不等式.

引理 3.2 设 $q=(q_k)_{k=1}^n$ 是属于 $(W^{1,\infty}(\Omega))^n$ 的一个向量场.

对于问题 (3.1) 的任何一个解 $\{\theta_1,\theta_2\}$, 如果它在引理 3.1 (b) 的意义下光滑, 那么我们有

$$\begin{aligned}
&\sum_{i=1,2}((\theta_i'(t), q_k\frac{\partial \theta_i}{\partial x_k}(t))_{\Omega_i}|_0^T + \frac{1}{2}\int_{Q_i}\frac{\partial q_k}{\partial x_k}(|\theta_i'|^2 - a_i|\nabla\theta_i|^2)\mathrm{d}x\mathrm{d}t\\
&+a_i\int_{Q_i}\frac{\partial \theta_i}{\partial x_j}\frac{\partial q_k}{\partial x_j}\frac{\partial \theta_i}{\partial x_k}\mathrm{d}x\mathrm{d}t)\\
&+a_1(1-\frac{a_1}{a_2})\int_{\Sigma_1} q_k\nu_k|\frac{\partial \theta_1}{\partial \nu}|^2\mathrm{d}\Sigma - \frac{a_1}{2}\int_{\Sigma_1} q_k\nu_k|\nabla\theta_1|^2\mathrm{d}\Sigma\\
&+\frac{a_2}{2}\int_{\Sigma_1} q_k\nu_k|\nabla\theta_2|^2\mathrm{d}\Sigma - \frac{a_2}{2}\int_{\Sigma_1} q_k\nu_k|\frac{\partial\theta_2}{\partial\nu}|^2\mathrm{d}\Sigma\\
=&\sum_{i=1,2}\int_{Q_i} f_j q_k\frac{\partial\theta_i}{\partial x_k}\mathrm{d}x\mathrm{d}t.
\end{aligned} \tag{3.17}$$

注 3.4 记号 $(\cdot,\cdot)_{\Omega_i}$ 表示 $L^2(\Omega_i)$ 空间上的内积, $i=1,2$, 也就是说

$$(u,v)_{\Omega_i} = \int_{\Omega_i} u(x)\cdot v(x)\mathrm{d}x, \quad \forall u,v\in L^2(\Omega_i),\ i=1,2. \quad ■$$

引理 3.2 的证明

采用分步骤证明方法.

步骤 1　用 $q_k\dfrac{\partial\theta_1}{\partial x_k}$ 乘以关于 θ_1 的方程. 通过在 Q_1 上的分部积分, 得到:

$$
\begin{aligned}
&(\theta_1'(t), q_k\frac{\partial\theta_1(t)}{\partial x_k})_{\Omega_1}|_0^T+\frac{1}{2}\int_{Q_1}\frac{\partial q_k}{\partial x_k}(|\theta_1'|^2-a_1|\nabla\theta_1|^2)\mathrm{d}x\mathrm{d}t\\
&+a_1\int_{Q_1}\frac{\partial q_k}{\partial x_j}\frac{\partial\theta_1}{\partial x_j}\frac{\partial\theta_1}{\partial x_i}\mathrm{d}x\mathrm{d}t+\int_{\Sigma_1}q_k\nu_k|\theta_1'|^2\mathrm{d}\Sigma\\
&+a_1\int_{\Sigma_1}\frac{\partial\theta_1}{\partial\nu}q_k\frac{\partial\theta_1}{\partial x_k}\mathrm{d}\Sigma-\frac{a_1}{2}\int_{\Sigma_1}q_k\nu_k|\nabla\theta_1|^2\mathrm{d}\Sigma\\
=&\int_{Q_1}f_1q_k\frac{\partial\theta_1}{\partial x_k}\mathrm{d}x\mathrm{d}t.
\end{aligned}\tag{3.18}
$$

注意到在边界 Γ_1 上, 外法向向量场 ν 是指向 Ω 内部区域.

应用第三章中的记号, 有

$$\nabla\theta_1=\frac{\partial\theta_1}{\partial\nu}\nu+\nabla_\sigma\theta_1\quad 在\ \Gamma_1\ 上.$$

于是我们有

$$\int_{\Sigma_1}\frac{\partial\theta_1}{\partial\nu}q_k\frac{\partial\theta_1}{\partial x_k}\mathrm{d}\Sigma=\int_{\Sigma_1}(q_k\nu_k(\frac{\partial\theta_1}{\partial\nu})^2+\frac{\partial\theta_1}{\partial\nu}q\cdot\nabla_\sigma\theta_1)\mathrm{d}\Sigma,\tag{3.19}$$

这里 $q\cdot\nabla_\sigma\theta_1$ 表示向量 q 与向量 $\nabla_\sigma\theta_1$ 的内积.

步骤 2　用 $q_k\dfrac{\partial\theta_2}{\partial x_k}$ 乘以关于 θ_2 的方程并且在 Q_2 上积分后得到:

$$
\begin{aligned}
&(\theta_2'(t), q_k\frac{\partial\theta_2(t)}{\partial x_k})_{\Omega_2}|_0^T+\frac{1}{2}\int_{Q_2}\frac{\partial q_k}{\partial x_k}(|\theta_2'|^2-a_2|\nabla\theta_2|^2)\mathrm{d}x\mathrm{d}t\\
&+a_2\int_{Q_2}\frac{\partial\theta_2}{\partial x_j}\frac{\partial q_k}{\partial x_j}\frac{\partial\theta_2}{\partial x_k}\mathrm{d}x\mathrm{d}t-\int_{\Sigma_1}q_k\nu_k|\theta_2'|^2\mathrm{d}\Sigma\\
&-a_2\int_{\Sigma_2}\frac{\partial\theta_2}{\partial\nu}q_k\frac{\partial\theta_2}{\partial x_k}\mathrm{d}\Sigma+\frac{a_2}{2}\int_{\Sigma_1}q_k\nu_k|\nabla\theta_2|^2\mathrm{d}\Sigma\\
&-\frac{a_2}{2}\int_{\Sigma}q_k\nu_k\left|\frac{\partial\theta_2}{\partial\nu}\right|^2\mathrm{d}\Sigma=\int_{Q_2}f_2q_k\frac{\partial\theta_2}{\partial x_k}\mathrm{d}x\mathrm{d}t.
\end{aligned}\tag{3.20}
$$

在上式中, 我们利用了条件

$$\theta_2=\theta_2'=0\quad 在\ \Sigma\ 上$$

并由此导出的

$$\nabla\theta_2=\frac{\partial\theta_2}{\partial\nu}\nu\quad 在\ \Sigma\ 上.$$

另一方面有

$$\int_{\Sigma_1}\frac{\partial\theta_2}{\partial\nu}q_k\frac{\partial\theta_2}{\partial x_k}\mathrm{d}\Sigma=\int_{\Sigma_1}(q_k\nu_k|\frac{\partial\theta_2}{\partial\nu}|^2+\frac{\partial\theta_2}{\partial\nu}q\cdot\nabla_\sigma\theta_2)\mathrm{d}\Sigma.\tag{3.21}$$

步骤 3 将 (3.18) 和 (3.20) 相加并利用下述条件后即可获得 (3.17) 式.

(i) 在 Σ_1 上 $\theta_1=\theta_2$, 并且由此导出在 Σ_1 上 $\theta_1'=\theta_2'$. 那么

$$\int_{\Sigma_1} q_k\nu_k(|\theta_1'|^2-|\theta_2'|^2)\mathrm{d}\Sigma=0.$$

(ii) 在 Σ_1 上 $a_1\dfrac{\partial\theta_1}{\partial\nu}=a_2\dfrac{\partial\theta_2}{\partial\nu}$, 利用 (3.19) 及 (3.21), 可以推导出

$$\begin{aligned}
&a_1\int_{\Sigma_1}\frac{\partial\theta_1}{\partial\nu}q_k\frac{\partial\theta_1}{\partial x_k}\mathrm{d}\Sigma-a_2\int_{\Sigma_1}\frac{\partial\theta_2}{\partial\nu}q_k\frac{\partial\theta_2}{\partial x_k}\mathrm{d}\Sigma\\
=&a_1\int_{\Sigma_1}\frac{\partial\theta_1}{\partial\nu}q_k\frac{\partial}{\partial x_k}(\theta_1-\theta_2)\mathrm{d}\Sigma\\
=&a_1\int_{\Sigma_1}\frac{\partial\theta_1}{\partial\nu}q_k\nu_k\frac{\partial}{\partial\nu}(\theta_1-\theta_2)\mathrm{d}\Sigma\\
=&a_1(1-\frac{a_1}{a_2})\int_{\Sigma_1}q_k\nu_k\left|\frac{\partial\theta_1}{\partial\nu}\right|^2\mathrm{d}\Sigma.
\end{aligned}$$

■

现在考虑齐性方程

$$\begin{cases}\Phi_i''-\Delta\Phi_i=0 & 在\ Q_i\ 内,\ i=1,2,\\ \Phi_i(0)=\Phi_i^0;\Phi_i'(0)=\Phi_i^1 & 在\ \Omega_i\ 内,\ i=1,2,\\ \Phi_1(0)=\Phi_2 & 在\ \Sigma_1\ 上,\\ a_1\dfrac{\partial\Phi_1}{\partial\nu}=a_2\dfrac{\partial\Phi_2}{\partial\nu} & 在\ \Sigma_1\ 上,\\ \Phi_2=0 & 在\ \Sigma\ 上,\end{cases}\tag{3.22}$$

以及相关的能量函数:

$$E(t)=\frac{1}{2}\sum_{i=1,2}(|\Phi_i'|_{\Omega_i}^2+a_i|\nabla\Phi_i(t)|_{\Omega_i}^2),\quad\forall t\in[0,T],\tag{3.23}$$

其中 $|\cdot|_{\Omega_i}$ 代表 $L^2(\Omega_i)$ 或者 $(L^2(\Omega_i))^n$ 空间的范数, $i=1,2$. 于是, 我们有下面的能量守恒定律:

引理 3.3 对于齐性问题 (3.22) 的所有弱解 $\{\Phi_1,\Phi_2\}$

$$E(t)=E_0=\frac{1}{2}\sum_{i=1,2}(|\Phi_i^1|_{\Omega_i}^2+a_i|\nabla\Phi_i(t)|_{\Omega_i}^2),\quad\forall t\in[0,T]\tag{3.24}$$

成立.

4 不等式估计

在本段落中, 我们将给出一些先验估计式. 它们对使用 HUM 方法来说是必不可少的.

4.1 正向不等式

对于问题 (3.1), 我们有如下结果.

定理 4.1 假设 $T>0$. 那么存在一个常数 $C>0$ 使得对于所有的问题 (3.1) 的弱解 $\{\theta_1,\theta_2\}$ 满足

$$\int_\Sigma |\frac{\partial\theta_2}{\partial\nu}|^2 \mathrm{d}\Sigma \leqslant C(T+1)\sum_{i=1,2}(\|\theta_i^0\|_{H^1(\Omega_i)}^2+|\theta_i^1|_{\Omega_i}^2+\|f_i\|_{L^1(0,T;L^2(\Omega_i))}^2). \tag{4.1}$$

■

定理 4.1 的证明

我们利用等式 (3.17) 并且在其中取 $q=h\in(C^1(\overline{\Omega}))^n$

$$\begin{cases} h=\nu & \text{在 } \Gamma \text{ 上},\\ h=0 & \text{在 } \Omega_1 \text{ 内}\end{cases} \tag{4.2}$$

(此向量场的存在性已经在第一章3.1节中被证明过了).

我们于是得到

$$\frac{a_2}{2}\int_\Sigma |\frac{\partial\theta_2}{\partial\nu}|^2\mathrm{d}\Sigma=\sum_{i=1,2}((\theta_i'(t),h_k\frac{\partial\theta_i}{\partial x_k}(t))_{\Omega_i}|_0^T+\frac{1}{2}\int_{Q_i}\frac{\partial h_k}{\partial x_k}(|\theta_i'|^2-a_i|\nabla\theta_i|^2)\mathrm{d}x\mathrm{d}t \tag{4.3}$$
$$+a_i\int_{Q_i}\frac{\partial\theta_i}{\partial x_j}\frac{\partial h_k}{\partial x_j}\frac{\partial\theta_i}{\partial x_k}\mathrm{d}x\mathrm{d}t-\int_{Q_i}f_ih_k\frac{\partial\theta_i}{\partial x_k}\mathrm{d}x\mathrm{d}t).$$

由此可以容易地推导出

$$\frac{a_2}{2}\int_\Sigma |\frac{\partial\theta_2}{\partial\nu}|^2\mathrm{d}\Sigma\leqslant C(T+1)\sum_{i=1,2}(\|\theta_i'\|_{L^\infty(0,T;L^2(\Omega_i))}^2+\|\nabla\theta_i\|_{L^\infty(0,T;(L^2(\Omega_i))^n)}^2 \tag{4.4}$$
$$+\|f_i\|_{L^1(0,T;L^2(\Omega_i))}\|\nabla\theta_i\|_{L^\infty(0,T;(L^2(\Omega_i))^n)}),$$

再利用解的线性连续性性质 (3.11), 可以导出 (4.1) 对正则解成立. ■

通过标准致密性原理, 可以证明 (4.1) 对弱解亦成立.

注 4.1 上述定理证明了对于所有的弱解 $\{\theta_1,\theta_2\}$ 有 $\dfrac{\partial\theta_2}{\partial\nu}\in L^2(\Sigma)$. 显然这是一个解的正则性的结果. ■

注 4.2 不等式 (4.1) 中的常数 $C>0$ 是与 T 无关的, 它仅依赖于 $\|h\|_{W^{1,\infty}(\Omega_2)}$ 及系数值 a_1,a_2. ■

作为定理 4.1 的一个直接推论, 我们有下面正向不等式估计.

推论 4.1 (正向不等式) 设 $T>0$, 那么存在一个常数 $C>0$ 使得对于方程 (3.22) 的所有弱解 $\{\Phi_1,\Phi_2\}$, 不等式

$$\int_\Sigma |\frac{\partial\Phi_2}{\partial\nu}|^2\mathrm{d}\Sigma\leqslant C(T+1)E_0 \tag{4.5}$$

成立. ■

4.2 反向不等式

为了获得反向不等式, 我们需要两个附加的假设条件:

$$\Omega_1 \text{ 是关于 } x^0 \in \Omega_1 \text{ 的星形区域} \tag{4.6}$$

以及

$$a_1 > a_2. \tag{4.7}$$

定义 $m(x) = x - x^0$. 注意到条件 (4.6) 是等价于

$$m \cdot \nu = m_k \nu_k \leqslant 0 \quad \text{在 } \Gamma_1 \text{ 上}, \tag{4.8}$$

这是因为 ν 是指向 Ω_1 内部的.

记

$$\begin{aligned} R_1(x^0) &= \max_{x \in \overline{\Omega}_1} |m(x)|, \\ R_2(x^0) &= \max_{x \in \overline{\Omega}_2} |m(x)|, \\ R(x^0) &= \max_{x \in \overline{\Omega}} |m(x)|. \end{aligned}$$

由于 $x^0 \in \Omega_1, \Omega_2 = \Omega \setminus \overline{\Omega}_1$, 于是我们有

$$R_1(x^0) \leqslant R_2(x^0) = R(x^0). \tag{4.9}$$

再记

$$\begin{aligned} &\Gamma(x^0) = \{x \in \Gamma | m(x) \cdot \nu(x) > 0\}, \\ &\Sigma(x^0) = \Gamma(x^0) \times (0, T), \\ &\Gamma_*(x^0) = \Gamma \diagdown \Gamma(x^0), \quad \Sigma_*(x^0) = \Gamma_*(x^0) \times (0, T). \end{aligned} \tag{4.10}$$

我们有下面结果.

定理 4.2 (反向不等式) 假设 (4.6) 及 (4.7) 两个条件满足, 并且有 $T > T(x^0) = 2\dfrac{R(x^0)}{\sqrt{a_2}}$, 那么对于问题 (3.22) 的任何弱解 $\{\Phi_1, \Phi_2\}$, 估计式

$$(T - T(x^0))E_0 \leqslant \frac{a_2 R(x^0)}{2} \int_{\Sigma(x^0)} |\frac{\partial \Phi_2}{\partial \nu}|^2 \mathrm{d}\Sigma \tag{4.11}$$

成立. ■

定理 4.2 的证明

在等式 (3.17) 中取 $q(x)=m(x)=x-x^0$, 于是我们得到

$$\begin{aligned}
&X_1+X_2+\sum_{i=1}^{2}(\frac{n}{2}\int_{Q_i}(|\Phi_i'|^2-a_i|\nabla\Phi_i|^2)\mathrm{d}x\mathrm{d}t+a_i\int_{Q_i}|\nabla\Phi_i|^2\mathrm{d}x\mathrm{d}t)\\
&+a_1(1-\frac{a_1}{a_2})\int_{\Sigma_1}m_k\nu_k|\frac{\partial\Phi_1}{\partial\nu}|^2\mathrm{d}\Sigma\\
&-\frac{a_1}{2}\int_{\Sigma_1}m_k\nu_k|\nabla\Phi_1|^2\mathrm{d}\Sigma+\frac{a_2}{2}\int_{\Sigma_1}m_k\nu_k|\nabla\Phi_2|^2\mathrm{d}\Sigma\\
=&\frac{a_2}{2}\int_{\Sigma}m_k\nu_k|\frac{\partial\Phi_2}{\partial\nu}|^2\mathrm{d}\Sigma,
\end{aligned}\tag{4.12}$$

其中

$$X_i=(\Phi_i'(t),m_k\frac{\partial\Phi_i}{\partial x_k}(t))_{\Omega_i}|_0^T,\quad i=1,2.\tag{4.13}$$

另一方面, 我们有

$$|\nabla\Phi_i|^2=|\frac{\partial\Phi_i}{\partial\nu}|^2+|\nabla_\sigma\Phi_i|^2\quad 在\ \Sigma_1\ 上,\ i=1,2$$

以及

$$\begin{aligned}
|\nabla_\sigma\Phi_1|^2=|\nabla_\sigma\Phi_2|^2\qquad &在\ \Sigma_1\ 上,\\
(\frac{a_1}{a_2})^2|\frac{\partial\Phi_1}{\partial\nu}|^2=|\frac{\partial\Phi_2}{\partial\nu}|^2\quad &在\ \Sigma_1\ 上.
\end{aligned}$$

再利用 (4.7) 及 (4.8), 我们得到

$$\begin{aligned}
&a_1(1-\frac{a_1}{a_2})\int_{\Sigma_1}m_k\nu_k|\frac{\partial\Phi_1}{\partial\nu}|^2-\frac{a_1}{2}\int_{\Sigma_1}m_k\nu_k|\nabla\Phi_1|^2\mathrm{d}\Sigma+\frac{a_2}{2}\int_{\Sigma_1}m_k\nu_k|\nabla\Phi_2|^2\mathrm{d}\Sigma\\
=&-\frac{1}{2}(a_1-a_2)\int_{\Sigma_1}m_kv_k|\nabla_\sigma\Phi_1|^2+\frac{a_1}{2}(1-\frac{a_1}{a_2})\int_{\Sigma_1}m_k\nu_k|\frac{\partial\Phi_1}{\partial\nu}|^2\geqslant 0.
\end{aligned}\tag{4.14}$$

由 (4.12) 及 (4.14) 导出

$$\begin{aligned}
&X_1+X_2+\sum_{i=1,2}(\frac{n}{2}\int_{Q_i}(|\Phi_i'|^2-a_i|\nabla\Phi_i|^2)\mathrm{d}x\mathrm{d}t+a_i\int_{Q_i}|\nabla\Phi_i|^2\mathrm{d}x\mathrm{d}t)\\
\leqslant&\frac{a_2R(x^0)}{2}\int_{\Sigma(x^0)}|\frac{\partial\Phi_2}{\partial\nu}|^2\mathrm{d}\Sigma.
\end{aligned}\tag{4.15}$$

上式第三项可以写成

$$\begin{aligned}
&\frac{n}{2}\int_{Q_i}(|\Phi_i'|^2-a_i|\nabla\Phi_i|^2)\mathrm{d}x\mathrm{d}t+a_i\int_{Q_i}|\nabla\Phi_i|^2\mathrm{d}x\mathrm{d}t\\
=&\frac{1}{2}\int_{Q_i}(|\Phi_i'|^2+a_i|\nabla\Phi_i|^2)\mathrm{d}x\mathrm{d}t+\frac{(n-1)}{2}\int_{Q_i}(|\Phi_i'|^2-a_i|\nabla\Phi_i|^2)\mathrm{d}x\mathrm{d}t.
\end{aligned}$$

再利用能量守恒原理得到

$$X_1+X_2+\frac{(n-1)}{2}(Y_1+Y_2)+TE_0\leqslant\frac{a_2R(x^0)}{2}\int_{\Sigma(x^0)}|\frac{\partial\Phi_2}{\partial\nu}|^2\mathrm{d}\Sigma,\tag{4.16}$$

其中

$$Y_i=\int_{Q_i}(|\Phi_i'|^2-a_i|\nabla\Phi_i|^2)\mathrm{d}x\mathrm{d}t,\quad i=1,2.\tag{4.17}$$

用 Φ_1 (或 Φ_2) 乘关于 Φ_1 (或 Φ_2) 的方程并且在 Q_1 (或 Q_2) 上积分, 得到

$$Y_1=(\Phi_1'(t),\Phi_1(t))_{\Omega_1}|_0^T+a_1\int_{\Sigma_1}\frac{\partial\Phi_1}{\partial\nu}\Phi_1\mathrm{d}\Sigma\tag{4.18}$$

及

$$Y_2=(\Phi_2'(t),\Phi_2(t))_{\Omega_2}|_0^T+a_2\int_{\Sigma_2}\frac{\partial\Phi_2}{\partial\nu}\Phi_2\mathrm{d}\Sigma,\tag{4.19}$$

再利用传输条件, 有

$$Y_1+Y_2=\sum_{i=1,2}((\Phi_i'(t),\Phi_i(t))_{\Omega_i}|_0^T).\tag{4.20}$$

于是得到

$$Z_1+Z_2+TE_0\leqslant\frac{a_2R(x^0)}{2}\int_{\Sigma(x^0)}|\frac{\partial\Phi_2}{\partial\nu}|^2\mathrm{d}\Sigma,\tag{4.21}$$

其中

$$Z_i=(\Phi_i'(t),m_k\frac{\partial\Phi_i}{\partial x_k}(t)+\frac{(n-1)}{2}\Phi_i(t))_{\Omega_i}|_0^T,\quad i=1,2.\tag{4.22}$$

接着用通常的方法可以证明

$$\begin{aligned}|Z_1|\leqslant&\frac{R_1(x^0)}{2\sqrt{a_1}}(|\Phi_1'(0)|_{\Omega_1}^2+|\Phi_1'(T)|_{\Omega_1}^2+a_1(|\nabla\Phi_1(0)|_{\Omega_1}^2+|\nabla\Phi_1(T)|_{\Omega_1}^2))\\&-\frac{(n-1)\sqrt{a_1}}{4R_1(x^0)}\int_{\Gamma_1}(|\Phi_1(0)|^2+|\Phi_1(T)|^2)\mathrm{d}\Gamma\end{aligned}\tag{4.23}$$

及

$$\begin{aligned}|Z_2|\leqslant&\frac{R_2(x^0)}{2\sqrt{a_2}}(|\Phi_2'(0)|_{\Omega_2}^2+|\Phi_2'(T)|_{\Omega_2}^2+a_2(|\nabla\Phi_2(0)|_{\Omega_2}^2+|\nabla\Phi_2(T)|_{\Omega_2}^2))\\&-\frac{(n-1)\sqrt{a_2}}{4R_2(x^0)}\int_{\Gamma_1}(|\Phi_2(0)|^2+|\Phi_2(T)|^2)\mathrm{d}\Gamma.\end{aligned}\tag{4.24}$$

注意到 $R_1(x^0)<R_2(x^0)$ 以及 $a_1>a_2$, 我们可以推导出

$$\begin{aligned}|Z_1+Z_2|\leqslant&\frac{2R_2(x^0)}{\sqrt{a_2}}E_0\\&-\frac{(n-1)}{4}(\frac{\sqrt{a_1}}{R_1(x^0)}-\frac{\sqrt{a_2}}{R_2(x_0)})\int_{\Gamma_1}(|\Phi_2(0)|^2+|\Phi_2(T)|^2)\mathrm{d}\Gamma\\\leqslant&\frac{2R_2(x^0)}{\sqrt{a_2}}E_0=\frac{2R(x^0)}{\sqrt{a_2}}E_0.\end{aligned}\tag{4.25}$$

综合 (4.21) 及 (4.25) 就可得到反向估计式 (4.11). ■

下面的唯一性结果可以作为定理 4.2 的一个直接推论.

推论 4.2　假设定理 4.2 的前提条件满足 $T > T(x^0) = \dfrac{2R(x^0)}{\sqrt{a_2}}$ 并且 $\{\Phi_1, \Phi_2\}$ 是问题 (3.22) 的弱解并且满足

$$\Phi_2 = 0 \quad 在\ \Sigma(x^0)\ 上,$$

那么 $\Phi_1 = \Phi_2 = 0$. ■

注 4.3　这个唯一性结果的一般情形将会在第7节中利用 Holmgren 定理来证明得到. ■

5　精确能控性的主要结果

考虑发展系统

$$\begin{cases} y_i'' - a_i \Delta y_i = 0 & 在\ Q_i\ 内,\ i = 1, 2, \\ y_i(0) = y_i^0,\ y_i'(0) = y_i^1 & 在\ \Omega_i\ 内,\ i = 1, 2, \\ y_2 = \begin{cases} v & 在\ \Sigma(x^0)\ 上, \\ 0 & 在\ \Sigma_*(x^0)\ 上, \end{cases} \\ y_1 = y_2 & 在\ \Sigma_1\ 上, \\ a_1 \dfrac{\partial y_1}{\partial \nu} = a_2 \dfrac{\partial y_2}{\partial \nu} & 在\ \Sigma_1\ 上. \end{cases} \tag{5.1}$$

用前一小节中得到的估计式以及 HUM 方法可以给出精确能控性的结果.
在介绍精确能控性的主要结果之前, 有必要先作一些讨论. ■

注 5.1　记

$$H_\Gamma^1(\Omega_2) = \{\phi \in H^1(\Omega_2) | \phi = 0\ 在\ \Gamma\ 上\}, \tag{5.2}$$

并且装备有空间 $H^1(\Omega_2)$ 的范数. 在下面的讨论中, 我们需要引入空间 V,

$$V = \{\{\phi_1, \phi_2\} \in H^1(\Omega_1) \times H_\Gamma^1(\Omega_2) | \phi_1 = \phi_2 \quad 在\ \Gamma\ 上\}. \tag{5.3}$$

很容易验证

$$V\ 是\ H^1(\Omega_1) \times H_\Gamma^1(\Omega_2)\ 的一个闭子空间. \tag{5.4}$$

映射

$$V \to H_0^1(\Omega) | \{\phi_1, \phi_2\} \to \phi = \begin{cases} \phi_1 & 在\ \Omega_1\ 内, \\ \phi_2 & 在\ \Omega_2\ 内 \end{cases} \tag{5.5}$$

是一个 V 到 $H_0^1(\Omega)$ 上的同构算子.

记 V' 为 V 的对偶空间 (不等同于 V). 按照等同性 $V = H_0^1(\Omega)$, 我们就有

$$V' = H^{-1}(\Omega). \tag{5.6}$$

另一方面, 我们也可以将 V' 表达为一个乘积空间.

由于 V 是 $H^1(\Omega_1) \times H_\Gamma^1(\Omega_2)$ 的一个闭子空间, 我们能够说

$$V' \text{ 是 } (H^1(\Omega_1))' \times (H_\Gamma^1(\Omega_2))' \text{ 的元素在 } V \text{ 上的限制}, \tag{5.7}$$

这就意味着

$$\forall S \in V', \quad \exists \{S_1, S_2\} \in (H^1(\Omega_1))' \times (H_\Gamma^1(\Omega_2))'$$

满足

$$< S, \{\phi_1, \phi_2\} >=< S_1, \phi_1 > + < S_2, \phi_2 >, \quad \forall \{\phi_1, \phi_2\} \in V, \tag{5.8}$$

并且

$$\forall \{S_1, S_2\} \in (H^1(\Omega_1))' \times (H_\Gamma^1(\Omega_2))',$$

映射 S 定义为

$$< S, \{\phi_1, \phi_2\} >=< S_1, \phi_1 > + < S_2, \phi_2 >, \quad \forall \{\phi_1, \phi_2\} \in V, \tag{5.9}$$

定义了 V' 的一个元素: $S \in V'$.

很明显地, 由于 V 不是 $H^1(\Omega_1) \times H_\Gamma^1(\Omega_2)$ 的稠密子空间, 所以映射

$$(H^1(\Omega_1))' \times (H_\Gamma^1(\Omega_2))' \to V' \text{定义为} \{S_1, S_2\} \to S \tag{5.10}$$

不是单射.

事实上 V' 是 $(H^1(\Omega_1))' \times (H_\Gamma^1(\Omega_2))'$ 关于映射 (5.10) 核的商空间. ■

注 5.2 我们将对问题 (5.1) 的弱解进行研究. 它们是通过常规的转置方法来定义的.

考虑转置问题:

$$\begin{cases} \theta_i'' - a_i \Delta \theta_i = f_i & \text{在 } Q_i \text{ 内}, \ i = 1, 2, \\ \theta_i(T) = 0, \ \theta_i'(T) = 0 & \text{在 } \Omega_i \text{ 内}, \ i = 1, 2, \\ \theta_1 = \theta_2, \ a_1 \dfrac{\partial \theta_1}{\partial \nu} = a_2 \dfrac{\partial \theta_2}{\partial \nu} & \text{在 } \Sigma_1 \text{ 上}, \\ \theta_2 = 0 & \text{在 } \Sigma \text{ 上}. \end{cases} \tag{5.11}$$

我们记 $\{y_1, y_2\}$ 是问题 (5.1) 的一个光滑解. 用 θ_1 (或 θ_2) 乘以对应 y_1 (或 y_2) 的方程并且在 Q_1 (或 Q_2) 上积分, 我们由此可以得到

$$\int_{Q_1} y_1 f_1 \mathrm{d}x\mathrm{d}t = (y_1'(t), \theta_1(t))_{\Omega_1}|_0^T \tag{5.12}$$
$$-(y_1(t), \theta_1'(t))_{\Omega_1}|_0^T + a_1 \int_{\Sigma_1} \frac{\partial y_1}{\partial \nu} \theta_1 \mathrm{d}\Sigma - a_1 \int_{\Sigma_1} y_1 \frac{\partial \theta_1}{\partial \nu} \mathrm{d}\Sigma$$

及

$$\int_{Q_2} y_2 f_2 \mathrm{d}x\mathrm{d}t = (y_2'(t), \theta_2(t))_{\Omega_2}|_0^T \tag{5.13}$$
$$-(y_2(t), \theta_2'(t))_{\Omega_2}|_0^T - a_2 \int_{\Sigma_1} \frac{\partial y_2}{\partial \nu} \theta_2 \mathrm{d}\Sigma + a_2 \int_{\Sigma_1} y_2 \frac{\partial \theta_2}{\partial \nu} \mathrm{d}\Sigma$$
$$+a_2 \int_{\Sigma} v \frac{\partial \theta_2}{\partial \nu} \mathrm{d}\Sigma.$$

将 (5.12), (5.13) 相加后得到

$$\sum_{i=1,2} \int_{Q_i} y_i f_i \mathrm{d}x\mathrm{d}t = \sum_{i=1,2} (-(y_i^1, \theta_i(0))_{\Omega_i} + (y_i^0, \theta_i'(0))_{\Omega_i}) + a_2 \int_{\Sigma} v \frac{\partial \theta_2}{\partial \nu} \mathrm{d}\Sigma. \tag{5.14}$$

(5.14) 即为问题 (5.1) 弱意义下的表达形式.

我们将考虑的初值条件为

$$y_i^0 \in L^2(\Omega_i), \quad i = 1, 2, \quad y_1^1 \in (H^1(\Omega_1))', \quad y_2^1 \in (H_\Gamma^1(\Omega_2))'.$$

在此情形下, $(y_1^1, \theta_1(0))_{\Omega_1}$ (或 $(y_2^1, \theta_2(0))_{\Omega_2}$) 表示 y_1^1 和 $\theta_1(0)$ (或 y_2^1 和 $\theta_2(0)$) 在空间 $(H^1(\Omega_1))'$ 和 $H^1(\Omega_1)$ (或 $(H_\Gamma^1(\Omega_2))'$ 和 $H_\Gamma^1(\Omega_2)$) 间的对偶.

由于在 Γ_1 上 $\theta_1(0) = \theta_2(0)$, 那么对于每一个符合 V' 意义下的初始值 $\{y_1^1, y_2^1\}$, 我们会有一个相同的解 $\{y_1, y_2\}$, 并且有解对初始值在拓扑

$$L^2(\Omega) \times L^2(\Omega) \times V'$$

下的连续依赖性. ■

现在, 精确能控性结果可以表述如下:

定理 5.1　设 Ω 和 Ω_1 是 $\mathbb{R}^n (n \geqslant 1)$ 中的有界区域, 它们边界分别记为 Γ 及 Γ_1, 均是 C^2 光滑的, $\overline{\Omega}_1 \subset \Omega$, 并假设 Ω_1 是关于 $x^0 \in \overline{\Omega}_1$ 的星形区域. 设 $\Omega_2 = \Omega \setminus \overline{\Omega}_1$. 方程组的系数 $a_1, a_2 > 0$ 并且 $a_1 > a_2$. 时间参数 $T > T(x^0) = \dfrac{2R(x^0)}{\sqrt{a_2}}$. 那么, 对于每一个初始条件

$$y_i^0 \in L^2(\Omega_i), \quad i = 1, 2, \quad y_1^1 \in (H^1(\Omega_1))', \quad y_2^1 \in (H_\Gamma^1(\Omega_2))' \tag{5.15}$$

都存在一个控制

$$v \in L^2(\Sigma(x^0)) \tag{5.16}$$

使得系统 (5.1) 的解 $\{y_1, y_2\} = \{y_1(v), y_2(v)\}$ 满足

$$y_1(T) = y_2(T) = y_1'(T) = y_2'(T) = 0.$$ ■

定理 5.1 的证明

使用 HUM 方法来证明定理 5.1.

首先考虑下面的齐性系统

$$\begin{cases} \Phi_i'' - a_i\Delta\Phi_i = 0 & \text{在 } Q_i \text{ 内}, \quad i = 1, 2, \\ \Phi_i(0) = \Phi_i^0,\ \Phi_i'(0) = \Phi_i^1 & \text{在 } \Omega_i \text{ 内}, \quad i = 1, 2, \\ \Phi_1 = \Phi_2,\ a_1\dfrac{\partial\Phi_1}{\partial\nu} = a_2\dfrac{\partial\Phi_2}{\partial\nu} & \text{在 } \Sigma_1 \text{ 上}, \\ \Phi_2 = 0 & \text{在 } \Sigma \text{ 上}, \end{cases} \tag{5.17}$$

其中 $\{\Phi_i^0, \Phi_i^1\} \in C^\infty(\overline{\Omega}_i) \times C^\infty(\overline{\Omega}_i),\ i = 1, 2$ 并且满足边界上的相容性条件:

$$\begin{cases} \Phi_1^0 = \Phi_2^0 & \text{在 } \Gamma_1 \text{ 上}, \\ \Phi_2^0 = 0 & \text{在 } \Gamma \text{ 上}. \end{cases} \tag{5.18}$$

引入范数

$$\|\{\Phi_1^0, \Phi_1^1, \Phi_2^0, \Phi_2^1\}\|_F = \left(\int_{\Sigma(x^0)} \left|\frac{\partial\Phi_2}{\partial\nu}\right|^2 \mathrm{d}\Sigma\right)^{\frac{1}{2}} \tag{5.19}$$

并且构造 Hilbert 空间

$$F = \text{所有函数 } \{\Phi_i^0, \Phi_i^1\} \in C^\infty(\overline{\Omega}_i) \times C^\infty(\overline{\Omega}_i),\ i = 1, 2 \tag{5.20}$$

并且满足 (5.18) 在范数 $\|\cdot\|_F$ 下的完备空间.

利用前面证明的正向及反向不等式 (参见推论 4.1 及定理 4.2), 我们有

$$F = \{\{\Phi_1^0, \Phi_1^1, \Phi_2^0, \Phi_2^1\} \in H^1(\Omega_1) \times L^2(\Omega_1) \times H^1(\Omega_2) \times L^2(\Omega_2) \tag{5.21}$$

使得 $\Phi_1^0 = \Phi_2^0$ 在 Γ_1 上及 $\Phi_2^0 = 0$ 在 Γ 上$\}$.

记 F' 是 F 的对偶空间. 于是我们有

$$F' = \{\{\xi_1^0, \xi_1^1, \xi_2^0, \xi_2^1\} \text{ 满足 } \{\xi_1^0, \xi_2^0\} \in V' \text{ 以及 } \xi_i^1 \in L^2(\Omega_i), \quad i = 1, 2\}, \tag{5.22}$$

其中 V' 是在注 2.1 中定义的空间.

接着, 我们考虑逆问题:

$$\begin{cases} \psi_i'' - a_i\Delta\psi_i = 0 & \text{在 } Q_i \text{ 内, } i=1,2, \\ \psi_i(T) = \psi_i'(T) = 0 & \text{在 } \Omega_i \text{ 内, } i=1,2, \\ \psi_1 = \psi_2,\ a_1\dfrac{\partial\psi_1}{\partial\nu} = a_2\dfrac{\partial\psi_2}{\partial\nu} & \text{在 } \Sigma_1 \text{ 上,} \\ \psi_2 = \begin{cases} \dfrac{\partial\Phi_2}{\partial\nu} \\ 0 \end{cases} & \begin{matrix} \text{在 } \Sigma(x^0) \text{ 上,} \\ \text{在 } \Sigma_*(x^0) \text{ 上.} \end{matrix} \end{cases} \tag{5.23}$$

对于每一个初始条件取值于 F 空间的 (5.17) 的解 $\{\Phi_1, \Phi_2\}$, 问题 (5.23) 存在一个唯一的弱解 ψ 满足

$$\psi_i(0) \in L^2(\Omega_i), \quad i=1,2, \quad \{\psi_1'(0), \psi_2'(0)\} \in V'. \tag{5.24}$$

问题 (5.23) 的解 ψ 可以由转置方法给出. 在下面的定理 5.2 中, 我们将要证明解满足 (5.24) 性质.

为此, 引入算子

$$\Lambda\{\Phi_1^0, \Phi_1^1, \Phi_2^0, \Phi_2^1\} = \{\psi_1'(0), -\psi_1(0), \psi_2'(0), -\psi_2(0)\}, \tag{5.25}$$

它满足

$$< \Lambda\{\Phi_1^0, \Phi_1^1, \Phi_2^0, \Phi_2^1\} >= \{\Phi_1^0, \Phi_1^1, \Phi_2^0, \Phi_2^1\} \int_{\Sigma(x^0)} |\frac{\partial\Phi_2}{\partial\nu}|^2 \mathrm{d}\Sigma. \tag{5.26}$$

按照一般的理论, Λ 是一个从 F 到 F' 上的同构算子 (这是理所当然的, 因为空间 F 及其对偶 F' 以及逆问题 (5.23) 的构造保证了等式 (5.26) 成立).

设 $\{y_i^0, y_i^1\}_{i=1,2}$ 满足 (5.15) 条件. 那么, 由 (5.22) 可以推导出

$$\{y_1^1, -y_1^0, y_2^1, -y_2^0\} \in F'. \tag{5.27}$$

于是方程

$$\Lambda\{\Phi_1^0, \Phi_1^1, \Phi_2^0, \Phi_2^1\} = \{y_1^1, -y_1^0, y_2^1, -y_2^0\} \tag{5.28}$$

存在一个唯一的解: $\{\Phi_1^0, \Phi_1^1, \Phi_2^0, \Phi_2^1\} \in F$.

这样, 我们就可以定义控制函数:

$$v = \frac{\partial\Phi_2}{\partial\nu} \quad \text{在 } \Sigma(x^0) \text{ 上,}$$

由 F 的构造可知, 这样定义的控制还满足

$$v \in L^2(\Sigma(x^0))$$

并且有 $\{y_1(v), y_2(v)\} = \{\psi_1, \psi_2\}$ 使得 $y_1(T) = y_1'(T) = y_2(T) = y_2'(T) = 0$. ■

下面我们简要地研究一下问题 (5.1) 及问题 (5.23) 的存在性、唯一性及解的正则性.

由于所讨论的问题具有关于时间 t 的可逆性, 所以仅限考虑下面形式的问题就可以了

$$\begin{cases} z_i'' - a_i \Delta z_i = 0 & \text{在 } Q_i \text{ 内},\ i = 1, 2, \\ z_i(0) = z_i^0,\ z_i'(0) = z_i^1 & \text{在 } \Omega_i \text{ 内},\ i = 1, 2, \\ z_1 = z_2,\ a_1 \dfrac{\partial z_1}{\partial \nu} = a_2 \dfrac{\partial z_2}{\partial \nu} & \text{在 } \Sigma_1 \text{ 上}, \\ z_2 = \begin{cases} v & \\ 0 & \end{cases} & \begin{matrix} \text{在 } \Sigma(x^0) \text{ 上}, \\ \text{在 } \Sigma_*(x^0) \text{ 上}, \end{matrix} \end{cases} \tag{5.29}$$

其中

$$\begin{cases} z_i^0 \in L^2(\Omega_i), & i = 1, 2, \\ \{z_1^1, z_2^1\} \in V', \\ v \in L^2(\Sigma(x^0)). \end{cases} \tag{5.30}$$

考虑转置问题 (5.11) 并称 $\{z_1, z_2\}$ 为 (5.29) 的弱解, 如果下面条件满足:

$$\sum_{i=1,2} \int_{Q_i} z_i f_i \mathrm{d}x\mathrm{d}t = \sum_{i=1,2} \{- < z_i^1, \theta_i(0) >_{\Omega_i} + < z_i^0, \theta_i'(0) >_{\Omega_i}\} + a_2 \int_{\Sigma} v \frac{\partial \theta_2}{\partial \nu} \mathrm{d}\Sigma,$$
$$\forall \{\theta_i^0, \theta_i^1, f_i\} \in H^1(\theta_i) \times L^2(\Omega_i) \times L^1(0, T; L^2(\theta_i)),\ i = 1, 2 \tag{5.31}$$

且 $\theta_1^0 = \theta_2^0$ 在 Γ_1 上成立, $\theta_2^0 = 0$ 在 Γ 上成立.

这里记号 $< \cdot, \cdot >_{\Omega_1}$ (或 $< \cdot, \cdot >_{\Omega_2}$) 表示 $(H^1(\Omega_1))'$ 与 $H^1(\Omega_1)$ (或 $(H_\Gamma^1(\Omega_2))'$ 与 $H_\Gamma^1(\Omega_2)$) 间的对偶. ■

我们有下面的结果.

定理 5.2 设 Ω 及 Ω_1 是 $\mathbb{R}^n (n \geqslant 1)$ 中的两个有界区域, 其边界分别记为 Γ 及 Γ_1, 均为 C^2 光滑的. 记 $\Omega_2 = \Omega \setminus \overline{\Omega}_1$ 并设 $a_1, a_2, T > 0$.

那么, 对于任何满足 (5.30) 的函数组 $\{z_1^0, z_1^1, z_2^0, z_2^1, v\}$, 系统 (5.29) 存在一个唯一的解 $\{z_1, z_2\} = \{z_1(x,t), z_2(x,t)\}$ (在 (5.31) 意义下) 并且使得

$$z_i \in C(0, T; L^2(\Omega_i)), \quad i = 1, 2 \tag{5.32}$$

以及

$$\{z_1', z_2'\} \in C(0, T; V'). \tag{5.33}$$

此外,

$$\text{映射 } \{z_1^0, z_1^1, z_2^0, z_2^1, v\} \to \{z_1, z_1', z_2, z_2'\} \text{ 在对应空间拓扑下线性连续.} \tag{5.34}$$

■

注 5.3 性质 (5.33) 等价于 (参见注解 5.1) 由

$$< z'(t), \phi > = < z_1'(t), \phi|_{\Omega_1} >_{\Omega_1} + < z_2'(t), \phi|_{\Omega_2} >_{\Omega_2}, \quad \forall t \in [0, T], \quad \forall \phi \in H_0^1(\Omega) \tag{5.35}$$

定义的 $z'(t)$ 满足

$$z' \in C(0, T; H^{-1}(\Omega)). \tag{5.36}$$

由此可见定理 5.2 推广了第一章中定理 4.2 的结果, 在那里我们有 $a_1 = a_2$. ■

注 5.4 定理 5.2 的结果不需要假设 $a_1 > a_2$ 及 Ω_1 是星形区域. 因为, 我们仅利用了正向不等式估计. ■

定理 5.2 的证明思路

证明的方法类似于第一章定理 4.2 的证明方法.

从定理 4.1 的估计式 (4.1) 出发, 我们直接获得 (5.31) 唯一解 $\{z_1, z_2\}$ 的存在性

$$z_i \in L^\infty(0, T; L^2(\Omega_i)), \quad i = 1, 2, \tag{5.37}$$

并且这个解是连续依赖于已知数值的.

使用标准的致密性讨论并利用对于光滑数值的解 $\{z_1, z_2\}$ 是光滑的这一事实, 我们能够证明

$$z_i \in C(0, T; L^2(\Omega_i)), \quad i = 1, 2. \tag{5.38}$$

接着, 用第一章定理 4.2 的方法可以推导出下面估计式:

$$\sum_{i=1,2} (\|\theta_i(0)\|_{H^1(\Omega_i)} + \|\theta_i'(0)\|_{L^2(\Omega_i)} + \|\frac{\partial \theta_2}{\partial \nu}\|_{L^2(\Sigma)}) \leqslant C\|f\|_{W^{-1,1}(0,T;H_0^1(\Omega))}, \tag{5.39}$$

这里 $\{\theta_1, \theta_2\}$ 是问题 (5.11) 的解, 对应的右边项为:

$$f_i = f|_{\Omega_i}, \quad i = 1, 2 \quad \text{及} \quad f = \frac{\mathrm{d}g}{\mathrm{d}t}, \quad g \in L^1(0, T; H_0^1(\Omega)).$$

从估计式 (5.39) 出发, 我们推导出

$$\{z_1', z_2'\} \in L^\infty(0, T; V'), \tag{5.40}$$

再由致密性

$$\{z_1', z_2'\} \in C(0, T; V'). \tag{5.41}$$

■

6 一些其他结果

在本小节中, 我们将使用通常的变换范数技巧来给出其他一些精确能控性的结果.

6.1 更强的范数

考虑下面范数

$$\|\{\Phi_1^0,\Phi_1^1,\Phi_2^0,\Phi_2^1\}\|_F=(\int_{\Sigma(x^0)}(|\frac{\partial\Phi_2'}{\partial\nu}|^2+|\frac{\partial\Phi_2}{\partial\nu}|^2)\mathrm{d}\Sigma)^{1/2}. \tag{6.1}$$

借助于正向及反向不等式估计, 我们可以容易地验证范数 $\|\cdot\|_F$ 是等价于

$$(\|\Phi_1^0\|_{H^2(\Omega_1)}^2+\|\Phi_1^1\|_{H^1(\Omega_1)}^2+\|\Phi_2^0\|_{H^2(\Omega_2)}^2+\|\Phi_2^1\|_{H^1(\Omega_2)}^2)^{1/2}. \tag{6.2}$$

于是, 我们可以定义空间

$$F\ 是\ \{\Phi_i^0,\Phi_i^1\}\in C^\infty(\overline{\Omega}_i)\times c^\infty(\overline{\Omega}_i),\quad i=1,2 \tag{6.3}$$

的完备空间, 其中

$$\begin{cases}\Phi_1^j=\Phi_2^j & 在\ \Gamma_1\ 上\quad j=0,1,\\ a_1\dfrac{\partial\Phi_1^0}{\partial\nu}=a_2\dfrac{\partial\Phi_2^0}{\partial\nu} & 在\ \Gamma_1\ 上,\\ \Phi_2^j=0 & 在\ \Gamma\ 上,\quad j=0,1\end{cases}$$

并且有

$$\begin{aligned}F=\{&\{\Phi_1^0,\Phi_1^1,\Phi_2^0,\Phi_2^1\}\in H^2(\Omega_1)\times H^1(\Omega_1)\times H^2\cap H_\Gamma^1(\Omega_2)\times H_\Gamma^1(\Omega_2)|\\ &\Phi_1^j=\Phi_2^j\ 在\ \Gamma_1\ 上,\ \Phi_2^j=0\ 在\ \Gamma\ 上,\ j=0,1;\\ &a_1\frac{\partial\Phi_1^0}{\partial\nu}=a_2\frac{\partial\Phi_2^0}{\partial\nu}\ 在\ \Gamma_1\ 上\}.\end{aligned} \tag{6.4}$$

在此情形下, 我们可以推导出 (参见注 5.1)

$$\begin{aligned}&F'=(H^2(\Omega_1))'\times(H^1(\Omega_1))'\times(H^2\cap H_\Gamma^1(\Omega_2))'\times(H_\Gamma^1(\Omega_2))'\\ &中的元素在\ F\ 上的限制空间.\end{aligned} \tag{6.5}$$

应用 HUM 方法, 可以容易地得到下面结果:

定理 6.1 在定理 5.1 的假设下, 对于任意的数值

$$\{y_1^0,y_1^1,y_2^0,y_2^1\}\in(H^1(\Omega_1))'\times(H^2(\Omega_1))'\times(H_\Gamma^1(\Omega_2))'\times(H^2\times H_\Gamma^1(\Omega_2))' \tag{6.6}$$

存在一个控制

$$v\in(H^1(0,T;L^2(\Gamma(x^0))))' \tag{6.7}$$

使得 (5.1) 的解 $\{y_1,y_2\}$ 满足 $y_1(T)=y_1'(T)=y_2(T)=y_2'(T)=0$. ■

定理 6.1 的证明思路

与定理 5.1 的证明相似, 我们使用 HUM 方法来证明定理 6.1. 现在要考虑的逆问题是

$$\begin{cases}\psi_i'' - a_i\Delta\psi_i = 0 & \text{在 } Q_i \text{ 内},\ i=1,2,\\ \psi_i(T) = \psi_i'(T) = 0 & \text{在 } \Omega_i \text{ 内},\ i=1,2,\\ \psi_1 = \psi_2,\ a_1\dfrac{\partial\psi_1}{\psi\nu} = a_2\dfrac{\partial\psi_2}{\psi\nu} & \text{在 } \Sigma_1 \text{ 上},\\ \psi_2 = -\dfrac{\partial}{\partial t}(\dfrac{\partial\Phi_2'}{\partial\nu}) + \dfrac{\partial\Phi_2}{\partial\nu} & \text{在 } \Sigma(x^0) \text{ 上},\\ \psi_2 = 0 & \text{在 } \Sigma_*(x^0) \text{ 上},\end{cases} \tag{6.8}$$

这里的导数 $\dfrac{\partial}{\partial t}$ 不是在广义函数意义下的导数, 而是空间 $H^1(0,T;L^2(\Gamma(x^0)))$ 和 $(H^1(0,T;L^2(\Gamma(x^0))))'$ 间对偶意义下导数. ■

6.2 更弱的范数

我们有下面结果:

定理 6.2 在定理 5.1 的假设下, 对于任意的数值 $\{y_1^0, y_1^1, y_2^0, y_2^1\}$ 满足

$$\begin{cases}\{y_1^0, y_2^0\} \in H^1(\Omega_1)\times H_\Gamma^1(\Omega_2),\\ y_1^0 = y_2^0 \quad \text{在 } \Gamma_1 \text{ 上},\\ y_1^1 \in L^2(\Omega_i), \quad i=1,2,\end{cases} \tag{6.9}$$

那么存在一个控制

$$v \in H_0^1(0,T;L^2(\Gamma(x^0))) \tag{6.10}$$

使得 (5.1) 的解 $\{y_1, y_2\}$ 满足 $y_1(T) = y_1'(T) = y_2(T) = y_2'(T) = 0$. ■

定理 6.2 的证明思路

现在, 我们要使用在第一章的定理 6.3 及定理 6.4 使用过的技巧.

选取

$$F = \{\{\Phi_1^0, \Phi_1^1, \Phi_2^0, \Phi_2^1\} | \Phi_i^0 \in L^2(\Omega_i), \quad i=1,2; \ \ \{\Phi_1^1, \Phi_2^1\} \in V'\}. \tag{6.11}$$

那么有

$$F' = \{\{\xi_1^0, \xi_1^1, \xi_2^0, \xi_2^1\} | \xi_i^0 \in L^2(\Omega_i), \quad i=1,2; \ \ \{\xi_1^1, \xi_2^1\} \in V\}. \tag{6.12}$$

定义空间

$$G = \text{由所有 } \frac{\partial\Phi_2}{\partial\nu}|_{\Sigma(x^0)} \text{ 构成的空间, 当 } \{\Phi_1^0, \Phi_1^1, \Phi_2^0, \Phi_2^1\} \text{ 取遍 } F \text{ 时} \tag{6.13}$$

及其上的一个 Hilbert 范数:

$$\|\frac{\partial \Phi_2}{\partial \nu}|_{\Sigma(x^0)}\|_G = \|\{\Phi_1^0, \Phi_1^1, \Phi_2^0, \Phi_2^1\}\|_F. \tag{6.14}$$

应用 HUM 方法, 我们可以由此导出对于如下数值的精确能控性:

$$\{y_1^1, -y_1^0, y_2^1, -y_2^0\} \in F' \tag{6.15}$$

及控制

$$v \in G'. \tag{6.16}$$

因此, 下面我们只需证明

$$G' = H_0^1(0,T;L^2(\Gamma(x^0))) \tag{6.17}$$

就行了, 也就是说要证明

$$G = H^{-1}(0,T;L^2(\Gamma(x^0))). \tag{6.18}$$

为此, 记 $\{\chi, \chi_2\}$ 为如下问题的解

$$\begin{cases} a_1\Delta\chi_1 = \Phi_1^1 & 在\ \Omega_1\ 内, \\ a_2\Delta\chi_2 = \Phi_2^1 & 在\ \Omega_2\ 内, \\ \chi_1 = \chi_2,\ a_1\dfrac{\partial \chi_1}{\partial \nu} = a_2\dfrac{\partial \chi_2}{\partial \nu} & 在\ \Gamma_1\ 上, \\ \chi_2 = 0 & 在\ \Gamma\ 上. \end{cases} \tag{6.19}$$

我们有

$$\chi_1 \in H^1(\Omega_1), \quad \chi_2 \in H_\Gamma^1(\Omega_2), \quad \chi_1 = \chi_2 \quad 在\ \Gamma_1\ 上. \tag{6.20}$$

如果 $\{\Phi_1, \Phi_2\}$ 是问题 (5.17) 对应 $\{\Phi_1^0, \Phi_1^1, \Phi_2^0, \Phi_2^1\} \in F$ 的解, 那么函数

$$\begin{aligned} w_1(t) &= \int_0^t \Phi_1(\sigma)\mathrm{d}\sigma + \chi_1, \\ w_2(t) &= \int_0^t \Phi_2(\sigma)\mathrm{d}\sigma + \chi_2 \end{aligned} \tag{6.21}$$

就是下面方程组的解

$$\begin{cases} w_i'' - a_i\Delta w_i = 0 & 在\ Q_i\ 内,\ i=1,2, \\ w_i(0) = \chi_i,\ w_i'(0) = \Phi_i^0 & 在\ \Omega_i\ 内,\ i=1,2, \\ w_1 = w_2,\ a_1\dfrac{\partial w_1}{\partial \nu} = a_2\dfrac{\partial w_2}{\partial \nu} & 在\ \Sigma_1\ 上, \\ w_2 = 0 & 在\ \Sigma\ 上. \end{cases} \tag{6.22}$$

此外, 当 $\{\Phi_1^0,\Phi_1^1,\Phi_2^0,\Phi_2^1\}$ 跑遍 F 时, $\{\chi_1,\Phi_1^0,\chi_2,\Phi_2^0\}$ 覆盖 $H^1(\Omega_1)\times L^2(\Omega_1)\times H^1_\Gamma(\Omega_2)\times L^2(\Omega)$ 满足在 Γ_1 上 $\chi_1=\chi_2$ 成立条件的函数空间. 再由正向及反向不等式可以知道, $\dfrac{\partial w_2}{\partial\nu}$ 覆盖 $L^2(\Sigma(x^0))$ 空间.

另一方面, 我们有

$$\frac{\partial\Phi_2}{\partial\nu}=\frac{\partial}{\partial t}\Big(\frac{\partial w_2}{\partial\nu}\Big)\quad 在\ \Sigma\ 上, \tag{6.23}$$

因此 $\dfrac{\partial\Phi_2}{\partial\nu}$ 覆盖 $H^{-1}(0,T;L^2(\Gamma(x^0)))$ 空间.

这样我们就证明了 $G=H^{-1}(0,T;L^2(\Gamma(x^0)))$, 并因此完成定理 6.2 的证明. ■

7 一些评注

7.1 控制的无穷性

根据第一章注 6.2 的讨论, 我们可以证明对于前面讨论过的每一精确能控性情形, 都存在无数个可将系统带到平衡状态的控制. ■

例如在定理 5.1 的情形下, 我们有

$$\begin{aligned}&\text{对于任意的初始值}\\&\{y_1^0,y_1^1,y_2^0,y_2^1\}\in L^2(\Omega_1)\times(H^1(\Omega_1))'\times L^2(\Omega_2)\times(H^1_\Gamma(\Omega_2))',\\&\text{存在无穷多个控制 } v\in L^2(\Sigma(x^0)) \text{ 使得系统在时刻}\\&T>T(x^0)=\frac{2R(x^0)}{\sqrt{a_2}}\ \text{达到平衡状态.}\end{aligned}\tag{7.1}$$

换句话说, 对于任意给定的初值

$$\{y_1^0,y_1^1,y_2^0,y_2^1\}\in L^2(\Omega_1)\times(H^1(\Omega_1))'\times L^2(\Omega_2)\times(H^1_\Gamma(\Omega_2))'$$

可允许控制的全体:

$$\mathcal{U}_{\rm ad}=\{v\in L^2(\Sigma(x^0))|y_1(T;v)=y_1'(T;v)=y_2(T;v)=y_2'(T;v)=0\} \tag{7.2}$$

包含无穷多个元素.

由 HUM 方法导出的控制使得二次泛函

$$J(v)=\frac12\int_{\Sigma(x^0)}|v|^2\mathrm{d}\Sigma \tag{7.3}$$

在可允许控制集合 $\mathcal{U}_{\rm ad}$ 上达到最小值 (参见第八章). ■

7.2 Holmgren 定理的延伸

在前面的章节中, 我们已经提到了如何用 Holmgren 定理来得到精确能控性的一些结果.

原则上说, Holmgren 定理适用于解析系数的偏微分方程组. 因此, 不能直接套用 Holmgren 定理来解决本章的模型问题. 尽管如此, 我们将看到借助于传输条件, Holmgren 定理仍能给出唯一性的判别. ■

考虑下面的情形:

$$\Omega, \Omega_1 \text{ 是 } \mathbb{R}^n\ (n \geqslant 1) \text{ 的有界区域, 其边界分别记为 } \Gamma \text{ 及 } \Gamma_1,$$

$$\text{为 } C^2 \text{ 光滑, } \overline{\Omega}_1 \subset \Omega, \quad \Omega_2 = \Omega \diagdown \overline{\Omega}_1.$$

设 $a_1, a_2 > 0$.

于是我们有如下结果:

定理 7.1 存在一个只依赖于 Ω, Ω_1, a_1 及 a_2 的时刻 T, 使得如果 Γ_0 是 Γ 的一个非空开集, $T > T_0$ 及 $\{\Phi_1, \Phi_2\}$, 满足

$$\begin{cases} \Phi_i'' - a_i \Delta \Phi_i = 0 & \text{在 } \Omega_i \text{ 内, } i = 1, 2, \\ \Phi_1 = \Phi_2,\ a_1 \dfrac{\partial \Phi_1}{\partial \nu} = a_2 \dfrac{\partial \Phi_2}{\partial \nu} & \text{在 } \Sigma_1 \text{ 上,} \\ \Phi_2 = 0 & \text{在 } \Sigma \text{ 上,} \end{cases} \tag{7.4}$$

并且

$$\frac{\partial \Phi_2}{\partial \nu} = 0 \quad \text{在 } \Sigma_0 = \Gamma_0 \times (0, T) \text{ 上,} \tag{7.5}$$

那么 $\Phi_1 = \Phi_2 = 0$. ■

定理 7.1 的证明思路

证明过程类同于第一章中定理 8.2.

首先对关于 Φ_2 的方程使用 Holmgren 定理. 从 (7.5) 出发, 当 T 充分大时, 我们有

$$\Phi_2 = 0 \quad \text{在 } \Omega_2 \times (T_2, T - T_2) \text{ 内,} \tag{7.6}$$

这里 $T_2 > 0$ 只依赖于 Ω_2 及 a_2.

由 (7.6) 及传输条件, 我们得到

$$\Phi_1 = \frac{\partial \Phi_1}{\partial \nu} = 0 \quad \text{在 } \Gamma_1 \times (T_2, T - T_2) \text{ 上,} \tag{7.7}$$

再对关于 Φ_1 的方程使用 Holmgren 定理, 我们将得到

$$\Phi_1 = 0 \quad \text{在 } \Omega_1 \times (T_1 + T_2, T - (T_1 + T_2)) \text{ 内,} \tag{7.8}$$

这里 $T_1 > 0$ 只依赖于 Ω_1 及 a_1.

只需取 $T_0 = T_1 + T_2$ 就可得到所求结果. ■

注 7.1 当 Ω 是凸区域时, 我们能够证明

$$T_0 \leqslant \frac{2 \times \Omega \text{ 的直径}}{\min(\sqrt{a_1}, \sqrt{a_2})}. \tag{7.9}$$

显然这一估计式还可以改进. 事实上, T_0 仅依赖于 Ω_1 及局部边界 Γ_0. ■

定理 7.1 的结果表明了

$$\|\{\Phi_1^0, \Phi_1^1, \Phi_2^0, \Phi_2^1\}\|_F = \left(\int_{\Sigma_0} \left|\frac{\partial \Phi_2}{\partial \nu}\right|^2 \mathrm{d}\Sigma\right)^{\frac{1}{2}} \tag{7.10}$$

在 $T > T_0$ 时是一个范数. 这一结果是不依赖于 Γ 的局部非空开集 Γ_0 的选取.

应用 HUM 方法, 我们得到

定理 7.2 在定理 7.1 的同样假设下, 对于任意的初始值

$$\{y_1^1, -y_1^0, y_2^1, -y_2^0\} \in F', \tag{7.11}$$

这里 F' 是 F 的对偶空间 (F 是满足自然的边界条件及相容性条件的光滑函数在范数 $\|\cdot\|_F$ 下的完备空间), 存在一个控制

$$v \in L^2(\Sigma_0) \tag{7.12}$$

使得如下系统

$$\begin{cases} y_i'' - a_i \Delta y_i = 0 & \text{在 } Q_i \text{ 内}, \ i = 1, 2, \\ y_i(0) = y_i^0, \ y_i'(0) = y_i^1 & \text{在 } \Omega_i \text{ 内}, \ i = 1, 2, \\ y_1 = y_2, \ a_1 \dfrac{\partial y_1}{\partial \nu} = a_2 \dfrac{\partial y_2}{\partial \nu} & \text{在 } \Sigma_1 \text{ 上}, \\ y_2 = \begin{cases} v \\ 0 \end{cases} & \begin{matrix} \text{在 } \Sigma_0 \text{ 上}, \\ \text{在 } \Sigma \setminus \Sigma_0 \text{ 上} \end{matrix} \end{cases} \tag{7.13}$$

的解 $\{y_1(v), y_2(v)\}$ 满足 $y_1(T) = y_1'(T) = y_2(T) = y_2'(T) = 0$. ■

我们从上述定理中发现: 在没有假设条件

$$a_1 > a_2 \quad \text{及} \quad \Omega_1 \text{ 是星形区域}$$

的情况下, 系统仍然对于属于 F' 的初始值是精确能控的.

在定理 5.1 中, 我们证明了在 $a_1 > a_2 > 0$, Ω_1 是关于 x^0 的星形区域, $\Gamma_0 = \Gamma(x^0)$ 及 $T > T(x^0) = \dfrac{2R(x^0)}{\sqrt{a_2}}$ 条件下, 有

$$F = \{\{\Phi_1^0, \Phi_1^1, \Phi_2^0, \Phi_2^1\} \in H^1(\Omega_1) \times L^2(\Omega_1) \times H_\Gamma^1(\Omega_2) \times L^2(\Omega_2) | \Phi_1^0 = \Phi_2^0 \quad \text{在 } \Gamma_1 \text{ 上}\}.$$

对于 F 空间的进一步刻画以及对于参数 a_1, a_2, T 及 Γ_0 的依赖关系仍有待解决.

8 未解决的问题

8.1 在定理 5.1 中, 如果 $a_1 < a_2$ 并且其他假设不变, 那么情况会是怎么样的?

第 7.2 节中的注解给出了在这种条件下的某种可能性, 然而, 可控空间究竟是怎样的呢?

8.2 问题 8.1 的第二个疑问事实上可以推广为: 在第 7.2 节的唯一性框架下, 我们能够得到有关空间 F 的多少信息? (即第 7 节结尾部分提到的问题.)

8.3 如果没有 Ω_1 是星形区域的假设, 情况又会是怎样? 在此, 我们注意到这一假设条件并没有在由 Holmgren 定理导出唯一性结果的证明过程中被使用. 因此, 它也不涉及空间 F 的定义.

8.4 我们也可以讨论具有 Γ 上 Neumann 型控制的类似问题. 显然, 这一问题要比前面的未解决的问题容易得多. 仅仅是还没有被书写出来而已.

下面的问题也是如此.

8.5 研究 Petrowsky 型方程的传输问题的精确能控性.

8.6 附录 2 (C. BARDOS, G. LEBEAU 和 J. RAUCH) 中的方法能够给出什么结果?

8.7 问题 8.1 是下面问题的一个非常特殊的例子. 考虑状态方程:

$$y'' - \frac{\partial}{\partial x_i}(a_{ij}(x)\frac{\partial y}{\partial x_j}) = 0, \tag{8.1}$$

其中 $a_{ij} = a_{ji} \in L^\infty(\Omega), a_{ij}(x)\xi_i\xi_j \geqslant \alpha|\xi|^2,\ \forall \xi \in \mathbb{R}^n$,

$$y(x,0) = y^0(x), \quad y'(x,0) = y^1(x), \tag{8.2}$$

以及

$$y = v \quad \text{在 } \Sigma \text{ (或者 } \Sigma \text{ 的一部分) 上}. \tag{8.3}$$

当 y^0, y^1 及 v 属于适当的函数空间时, 能否得到精确能控性 (当然在 T 充分大时)?

在本著作的第二卷中, 我们将会重新讨论这类方程以及齐性化问题.

第七章 内部控制

1 问题的一般提法及 HUM 方法

本章将集中研究具有内部控制的精确能控性问题, 为了便于区别, 在此之前的控制被称为边界控制.

所使用的方法在于套用第二章中对边界控制引入的 HUM 方法. 这一方法已经在前面几章中用来研究一些不同的特殊模型.

在第 1 节中, 我们要介绍 HUM 方法的变通.

在第 2 节中, 我们将研究波动方程具有 Dirichlet 边界条件的问题模型. 所介绍的技巧及结果可直接推广到本卷中所讨论的其他问题模型. 为了避免冗赘, 我们仅简要地阐述对这一问题模型的研究想法及主要技巧.

按照惯例, 我们会在本章的结尾罗列一系列问题. ■

设 Ω 是 $\mathbb{R}^n(n \geqslant 1)$ 中的有界区域, 其边界 Γ 充分光滑. 又设 $T > 0$.

我们考虑一个发展系统, 其状态函数 $y = y(x,t)$ 是由下面方程决定的:

$$y'' + Ay = v \quad 在 \quad Q = \Omega \times (0,T) 内 \tag{1.1}$$

并具有初值条件

$$y(0) = y^0, \quad y'(0) = y^1 \quad 在 \Omega 内 \tag{1.2}$$

及齐次边界条件

$$B_j y = 0, \quad j = 1, \cdots, m \quad 在 \Sigma \times (0,T) 上. \tag{1.3}$$

如同第二章一样, 我们假设算子 A 是 $2m$ 阶的, 具有不依赖于时间 t 的光滑系数, 并且在 Ω 上是一致椭圆算子. 我们还假设边界算子 $\{B_j\}_{1 \leqslant j \leqslant m}$ 是使得 $\{A, B_j\}_{1 \leqslant j \leqslant m}$

是对称的并且在一些适当 Hilbert 空间中是有定义的 (参见 J.-L. LIONS 和 E. MAGENES[1]).

方程 (1.1) 中的函数 v 是系统的控制. 这是一个作用于 Ω 上的控制, 因此称之为内部控制. 这个控制可以是分布型或者是点状的, 这要看控制 v 关于 x 的支撑集是具有正测度的或是由有限的点组成.

系统 (1.1) (1.2) (1.3) 的精确能控性问题可以类同于边界控制情形被定义.

给定一个时间 $T>0$, 对于属于一个适当的 Hilbert 空间中的初值 $\{y^0,y^1\}$, 要寻找一个控制 v 使得系统的解 $y=y(v)$ 满足 $y(T;v)=y'(T;v)=0$. ■

值得特别感兴趣的是当控制 v 仅作用于 Q 的一部分柱形区域 $\omega\times(0,T)$ 上. 于是会有下面的约束条件

$$v=0 \quad 在\ (\Omega\setminus\omega)\times(0,T)\ 上, \tag{1.4}$$

这里 $\omega\subset\Omega$ 是非空开区域. ■

首先考虑下面的齐性系统

$$\begin{cases}\Phi''+A\Phi=0 & 在\ Q\ 内,\\ \Phi(0)=\Phi^0,\Phi'(0)=\Phi^1 & 在\ \Omega\ 内,\\ B_j\Phi=0 & 在\ \Sigma\ 上,\quad j=1,\cdots,m,\end{cases} \tag{1.5}$$

附带有初值条件

$$\{\Phi^0,\Phi^1\}\in[C^\infty(\overline{\Omega})\times C^\infty(\overline{\Omega}),B_j]=\{\overline{\Omega}\ 上的\ C^\infty\ 函数空间并且满足$$
$$在\ \Gamma\ 上\ B_j\Phi^0=B_j\Phi^1=0,\ j=1,\cdots,m\}.$$

设 $\chi_{\omega\times(0,T)}$ 为 $\omega\times(0,T)$ 上的特征函数并且求解反向问题

$$\begin{cases}\psi''+A\psi=-\Phi\chi_{\omega\times(0,T)} & 在\ Q\ 内,\\ \psi(T)=\psi'(T)=0 & 在\ \Omega\ 内,\\ B_j\psi=0 & 在\ \Sigma\ 上,\quad j=1,\cdots,m.\end{cases} \tag{1.6}$$

我们定义如下算子

$$\Lambda\{\Phi^0,\Phi^1\}=\{\psi'(0),-\psi(0)\}, \tag{1.7}$$

由其构造可以证明

$$<\Lambda\{\Phi^0,\Phi^1\},\{\Phi^0,\Phi^1\}>=\int_0^T\int_\omega|\Phi|^2\mathrm{d}x\mathrm{d}t. \tag{1.8}$$

假设我们有下面唯一性的结果:

$$\begin{cases}如果\ \Phi\ 是\ (1.5)\ 的解并且\\ \Phi\equiv 0 \qquad\qquad 在\ \omega\times(0,T)\ 内,\\ 那么\\ \Phi\equiv 0 \qquad\qquad 在\ Q\ 内.\end{cases} \tag{1.9}$$

在此情况下，半范数

$$||\{\Phi^0, \Phi^1\}||_F := (\int_0^T \int_\omega |\Phi|^2 \mathrm{d}x\mathrm{d}t)^{1/2} \tag{1.10}$$

成为在 $[C^\infty(\overline{\Omega}) \times C^\infty(\overline{\Omega}), B_j]$ 上的一个范数.

于是我们可以构造空间:

$$F = [C^\infty(\overline{\Omega}) \times C^\infty(\overline{\Omega}), B_j] \text{ 在范数 (1.10) 下的完备空间.} \tag{1.11}$$

从 (1.8) 可知 Λ 是一个从 F 到 F' (F 的对偶空间) 上的同构, 并且可以由此推导出下述精确能控性:

$$\{y^1, -y^0\} \in F', \tag{1.12}$$

相应的控制 $v \in L^2(\omega \times (0,T))$ 是由下列方程给出的,

$$\Lambda\{\Phi^0, \Phi^1\} = \{y^1, -y^0\}, \tag{1.13}$$

$$v = -\Phi\chi_\omega \times (0,T), \tag{1.14}$$

其中 Φ 是带有满足 (1.13) 的初值 $\{\Phi^0, \Phi^1\} \in F$ 的方程组 (1.5) 的解.

我们又一次发现我们所需要的最主要结果是关于解的唯一性. 其次, 就是要尽可能地使用经典的概念来刻画函数空间 F 及 F'. ■

我们已经知道系统的唯一性性态是与系统是否是双曲型有关的. 在双曲型情况下, 当 $\omega \subset \Omega, \omega \neq \Omega$ 时, 为了获得类似 (1.9) 的唯一性结果, 至少需要 T 是充分大才行. 所以, 只有当 T 是足够大时, 才会有精确能控性. 相反, 当系统不是双曲型时(例如在第四章第 3 节及第 4 节中列举的一些模型), 我们能够得到一些唯一性的条件并由此得到在充分小时间上的精确能控性.

在第 2 节中介绍的技巧也可以应用于第四章第 3 节及第 4 节中讨论过的系统并取得任意小时间上的内部精确能控性.

很明显地, 如同边界控制情形一样, 从 (1.9) 型的唯一性结果出发, 我们可以通过变换范数 $||\cdot||_F$ (参见 (1.10)) 来得到一些不同的精确能控性结果. 存在无数个可能的选择! ■

这些问题将在第 2 节中被逐一研究. ■

2　带有 Dirichlet 型边界的波动方程

2.1　问题的提出

设 Ω 是 $\mathbb{R}^n$ 中的有界区域, 其边界 Γ 是 Lipschitz 连续的.

考虑方程

$$y'' - \Delta y = v \quad 在\ Q = \Omega \times (0, T)\ 内 \tag{2.1}$$

具有初始条件

$$y(0) = y^0, \quad y'(0) = y^1 \quad 在\ \Omega\ 内 \tag{2.2}$$

及边值条件

$$y = 0 \quad 在\ \Sigma = \Gamma \times (0, T)\ 上. \tag{2.3}$$

我们要研究系统 (2.1) (2.2) (2.3) 的精确能控性.

我们希望用各种方式来减少控制 v 对系统的作用, 尤其是 "极小化":

——能控性时间 T;

——控制 v 关于空间变量 x 的支撑集. ■

这是一个双曲系统. 按照波的有限传播速度 (=1), 控制时间 T 是依赖于 v 的支撑集大小, 更确切地说, 依赖于 Ω 上点到 v 的支撑集的最大距离. 这是很显然的, 因为要控制系统, 必须使得控制 v 的作用能够传播到整个 Ω 上. ■

我们应用前一节中介绍的 HUM 方法.

首先考虑一个齐次系统:

$$\begin{cases} \Phi'' - \Delta\Phi = 0 & 在\ Q\ 内, \\ \Phi(0) = \Phi^0,\ \Phi'(0) = \Phi^1 & 在\ \Omega\ 内, \\ \Phi = 0 & 在\ \Sigma\ 上. \end{cases} \tag{2.4}$$

对此系统, 我们需要找寻 (1.9) 型的唯一性条件并建立一些有助于弄清 F 及 F' 的先验估计式.

为此, 我们将使用乘子方法.

2.2 作用于整个开区域 Ω

在本节中, 我们将介绍一个最初的结果, 它将会在后面的研究中被扩展. 在此, 我们考虑作用于整个 Ω 区域上的控制.

沿用第一章中的记号. 特别地, 用 $|\cdot|$ 表示 $L^2(\Omega)$ 及 $(L^2(\Omega))^n$ 的范数.

与系统 (2.4) 相关的能量函数定义为

$$E_0 = \frac{1}{2}(|\nabla\Phi^0|^2 + |\Phi^1|^2)^{1/2}. \tag{2.5}$$

引理 2.1 设 $T > 0$, 半范数

$$||\{\Phi^0, \Phi^1\}||_F := (\int_0^T \int_\Omega |\Phi'|^2 \mathrm{d}x\mathrm{d}t)^{1/2} = ||\Phi'||_{L^2(Q)} \tag{2.6}$$

是 $H_0^1(\Omega) \times L^2(\Omega)$ 上的一个范数并且与 $E_0^{1/2}$ 等价. ■

证明 1) 说明 $||\cdot||_F$ 是一个范数.

如果 $\Phi'=0$ 在 Q 上成立, 那么 $\Phi^1=0$ 及 $\Phi(t,x)=\Phi^0(x),\ \forall(t,x)\in Q$. 由于 Φ 是 (2.4) 的解, 那么有 $\Delta\Phi^0=0$ 且 $\Phi^0\in H_0^1(\Omega)$. 于是我们有 $\Phi^0=0$.

2) 按照能量守恒定律, 存在一个常数 C 使得

$$||\{\Phi^0,\Phi^1\}||_F\leqslant CE_0^{1/2}. \tag{2.7}$$

实际上可取 $C=\sqrt{2}T$.

3) 我们现在要寻找反向估计式.

在此我们沿用由 A. HARAUX [1] 给出的证明.

用下面函数乘 (2.4) 的方程式,

$$\eta(x,t)=\rho(t)\Phi(x,t),$$

其中

$$\rho(t)=t^2(T-t)^2.$$

在 Q 上积分, 得到

$$\int_Q\rho(t)|\Phi'|^2\mathrm{d}x\mathrm{d}t+\int_Q\rho'(t)\Phi\Phi'\mathrm{d}x\mathrm{d}t=\int_Q\rho(t)|\nabla\Phi|^2\mathrm{d}x\mathrm{d}t \tag{2.8}$$

(注意到 $\rho(0)=\rho(T)=0$ 这一事实).

另外, 对于任何 $\gamma>0$, 有

$$\begin{aligned}|\int_Q\rho'(t)\Phi\Phi'\mathrm{d}x\mathrm{d}t|&\leqslant\gamma\int_Q\rho(t)|\Phi|^2\mathrm{d}x\mathrm{d}t+\frac{1}{4\gamma}\int_Q\frac{\rho'(t)^2}{\rho(t)}|\Phi'|^2\mathrm{d}x\mathrm{d}t,\\&\leqslant\gamma\int_Q\rho(t)|\Phi|^2\mathrm{d}x\mathrm{d}t+C(\gamma)\int_Q|\Phi'|^2\mathrm{d}x\mathrm{d}t,\end{aligned} \tag{2.9}$$

其中 $C(\gamma)=\dfrac{1}{4\gamma}||\dfrac{|\rho'(t)|^2}{\rho(t)}||_{L^\infty(0,T)}$.

设 λ_0^2 是算子 $-\Delta$ 在 $H_0^1(\Omega)$ 中的第一个特征值. 如果 $\gamma<\lambda_0^2$, 由 (2.8) (2.9) 得出

$$(1-\frac{\gamma}{\lambda_0^2})\int_Q\rho(t)|\nabla\Phi|^2\mathrm{d}x\mathrm{d}t\leqslant\int_Q\rho(t)|\Phi'|^2\mathrm{d}x\mathrm{d}t+C(\gamma)\int_Q|\Phi'|^2\mathrm{d}x\mathrm{d}t \tag{2.10}$$

(注意到 $\lambda_0|v|\leqslant|\nabla v|,\ \forall v\in H_0^1(\Omega)$ 成立这一事实).

因此, 当 $C>0$ 充分大时,

$$\int_Q\rho(t)|\nabla\Phi|^2\mathrm{d}x\mathrm{d}t\leqslant C\int_Q|\Phi'|^2\mathrm{d}x\mathrm{d}t \tag{2.11}$$

成立.

于是有

$$\begin{aligned}(\int_0^T \rho(t)\mathrm{d}t)E_0 &= \frac{1}{2}\int_Q \rho(t)(|\Phi'|^2 + |\nabla\Phi|^2)\mathrm{d}x\mathrm{d}t \\ (\text{由 } (2.11)) &\leqslant C\int_Q |\Phi'|^2\mathrm{d}x\mathrm{d}t. \end{aligned} \tag{2.12}$$

再由于 $\int_0^T \rho(t)dt > 0$, (2.12) 给出

$$E_0^{1/2} \leqslant C||\{\Phi^0, \Phi^1\}||_F. \tag{2.13}$$

■

可以使用通常的技巧来减弱范数, 从而得到下面的结果.

引理 2.2　设 $T > 0$, 范数

$$||\{\Phi^0, \Phi^1\}||_{F_1} = (\int_0^T \int_\Omega |\Phi|^2\mathrm{d}x\mathrm{d}t)^{1/2} \tag{2.14}$$

是与 $L^2(\Omega) \times H^{-1}(\Omega)$ 上的范数

$$(|\Phi^0|^2 + ||\Phi^1||^2_{H^{-1}(\Omega)})^{1/2} \tag{2.15}$$

等价的. ■

证明　对 $\{\Phi^0, \Phi^1\} \in L^2(\Omega) \times H^{-1}(\Omega)$, 记 $\chi \in H_0^1(\Omega)$ 是下面问题的唯一解

$$\begin{cases} \Delta\chi = \Phi^1 & \text{在 } \Omega \text{ 内}, \\ \chi = 0 & \text{在 } \Gamma \text{ 上}. \end{cases} \tag{2.16}$$

这样, 当 $\{\Phi^0, \Phi^1\}$ 取遍 $L^2(\Omega) \times H^{-1}(\Omega)$ 时, $\{\chi, \Phi^0\}$ 取值于 $H_0^1(\Omega) \times L^2(\Omega)$ 中. 另一方面, 如果 $\Phi = \Phi(x,t)$ 是 (2.4) 问题带有初始值 $\{\Phi^0, \Phi^1\}$ 的解, 那么函数

$$w(x,t) = \int_0^t \Phi(x,s)\mathrm{d}s + \chi(x) \tag{2.17}$$

就是 (2.4) 对应于初始值 $\{\chi, \Phi^0\}$ 的解.

应用引理 2.1, 范数

$$||w'||_{L^2(Q)} = ||\Phi||_{L^2(Q)}$$

是等价于

$$(||\chi||^2_{H_0^1(\Omega)} + |\Phi^0|^2)^{1/2},$$

它又与 (2.15) 是等价的, 这是由于 $-\Delta$ 是 $H_0^1(\Omega)$ 到 $H^{-1}(\Omega)$ 上的同构. ■

注 2.1 我们还能够证明范数

$$||\{\Phi^0,\Phi^1\}||_{F_2} := ||\Phi''||_{L^2(Q)} \tag{2.18}$$

是与

$$(||\Phi^0||^2_{H^2\cap H^1_0(\Omega)} + ||\Phi^1||^2_{H^1_0(\Omega)})^{1/2} \tag{2.19}$$

等价的. ■

作为引理 2.2 的一个引申, 我们有如下精确能控性的结果.

定理 2.1 设 Ω 是 $\mathbb{R}^n (n \geqslant 1)$ 中的有界区域, 其边界是 Lipschitz 连续的. 那么, 对于任意给定的 $T > 0$ 及任意的初始值

$$\{y^0, y^1\} \in H^1_0(\Omega) \times L^2(\Omega) \tag{2.20}$$

存在一个控制

$$v \in L^2(Q) \tag{2.21}$$

使得 (2.1) (2.2) (2.3) 的解满足 $y(T;v) = y'(T;v) = 0$. ■

定理 2.1 的证明

我们使用 HUM 方法.

首先求解齐性问题

$$\begin{cases} \Phi'' - \Delta\Phi = 0 & \text{在 } Q \text{ 内}, \\ \Phi = 0 & \text{在 } \Sigma \text{ 上}, \\ \Phi(0) = \Phi^0, \Phi'(0) = \Phi^1 & \text{在 } \Omega \text{ 内}, \end{cases} \tag{2.22}$$

其中初始值 $\{\Phi^0, \Phi^1\} \in \mathcal{D}(\Omega) \times \mathcal{D}(\Omega)$. (如果使用第 1 节中的记号并从 $[C^\infty(\overline{\Omega}) \times C^\infty(\overline{\Omega}), B_j]$ 出发来推导, 我们在此也会得到同样的结果.)

我们定义 Hilbert 范数

$$||\{\Phi^0, \Phi^1\}||_{F'} = \left(\int_Q |\Phi^2| \mathrm{d}x\mathrm{d}t\right)^{1/2}. \tag{2.23}$$

设 F_1 是 $\mathcal{D}(\Omega) \times \mathcal{D}(\Omega)$ 在 $||\cdot||_{F_1}$ 下的完备空间. 按照引理 2.2, 我们有

$$F_1 = L^2(\Omega) \times H^{-1}(\Omega). \tag{2.24}$$

接着考虑 "反向" 问题

$$\begin{cases} \psi'' - \Delta\psi = -\Phi & \text{在 } Q \text{ 内}, \\ \psi = 0 & \text{在 } \Sigma \text{ 上}, \\ \psi(T) = \psi'(T) = 0 & \text{在 } \Omega \text{ 内}. \end{cases} \tag{2.25}$$

当 $\Phi \in L^2(Q)$ 时, (2.25) 有一个唯一的解 $\psi \in C(0,T;\ H_0^1(\Omega)) \cap C^1(0,T;\ L^2(\Omega))$ (参见第一章引理 3.6).

于是我们可以定义算子

$$\Lambda\{\Phi^0, \Phi^1\} = \{\psi'(0), -\psi(0)\}, \tag{2.26}$$

它满足

$$< \Lambda\{\Phi^0, \Phi^1\}, \{\Phi^0, \Phi^1\} >= \int_Q |\Phi|^2 \mathrm{d}x\mathrm{d}t. \tag{2.27}$$

这说明 Λ 是一个从 F_1 到它对偶空间 F_1' 上的同构算子, 即

$$\Lambda \text{ 是 } L^2(\Omega) \times H^{-1}(\Omega) \text{ 到 } L^2(\Omega) \times H_0^1(\Omega) \text{ 上的同构.} \tag{2.28}$$

对于任意的初值 $\{y^0, y^1\} \in H_0^1(\Omega) \times L^2(\Omega)$, 方程

$$\Lambda\{\Phi^0, \Phi^1\} = \{y^1, -y^0\} \tag{2.29}$$

有一个唯一的解

$$\{\Phi^0, \Phi^1\} \in L^2(\Omega) \times H^{-1}(\Omega) \tag{2.30}$$

并且控制函数

$$v = -\Phi \in L^2(Q) \tag{2.31}$$

使得 $y(T;v) = y'(T;v) = 0$. (这里 Φ 代表关于满足 (2.29) 初值 $\{\Phi^0, \Phi^1\} \in F_1$ 的 (2.22) 方程组的解.) ■

注 2.2 (2.1) (2.2) (2.3) 的解 $y = y(v)$ 满足

$$y \in C(0,T; H_0^1(\Omega)) \cap C^1(0,T; L^2(\Omega)). \tag{2.32}$$

■

注 2.3 我们已经证明了系统在任意小时间上的精确能控性. 这丝毫不与系统的双曲性产生矛盾, 因为控制作用在整个开区域 Ω 上. ■

注 2.4 至少从形式上讲, 上述结果是显而易见的.

事实上, 我们能够构造一个函数 w, 定义在 $\Omega \times (0,T)$ 内, 满足在 Ω 内 $w(x,0) = y^0(x)$, $w'(x,0) = y'(x)$, $w(x,T) = w'(x,T) = 0$, 及在 $\Gamma \times (0,T)$ 上 $w = 0$.

这是对任意 $T > 0$ 都有可能办到的. 按照常用的一些迹定理 (参见 J.-L. LIONS 及 E. MAGENES [1], 第一卷) 我们可以选取 w 满足

$$\begin{aligned} &w \in L^2(0,T;\ H^{3/2}(\Omega) \cap H_0^1(\Omega)), \\ &w' \in L^2(0,T;\ H^{1/2}(\Omega)), \\ &w'' \in L^2(0,T; H^{-1/2}(\Omega)). \end{aligned}$$

于是

$$v = w'' - \Delta w.$$

然而这样的构造并不能保证 $v \in L^2(Q)$. 因此, 单纯地使用迹定理无法得到我们期待的结果. ■

注 2.5　精确能控性的结果成立除了边界是 Lipschitz 连续外并不需要其他光滑性假设. ■

注 2.6　定理 2.1 是由引理 2.2 连同 HUM 方法推导而来的. 我们也可以利用引理 2.1 来取得下面的结果: ■

定理 2.2　*设 Ω 如同定理 2.1 中所定义, 以及任意 $T > 0$.*
那么对于所有的

$$\{y^0, y^1\} \in L^2(\Omega) \times H^{-1}(\Omega)$$

存在 $v \in (H^1(0,T;L^2(\Omega)))'$ 使得 (2.1) (2.2) (2.3) 的解 $y = y(v)$ 满足 $y(T;v) = y'(T;v) = 0$. ■

注 2.7　使用注解 2.1 中的估计式, 可以证明对于初值

$$\{y^0, y^1\} \in H^{-1}(\Omega) \times (H^2(\Omega) \cap H_0'(\Omega))'$$

所对应的控制满足

$$v \in (H^2(0,T;L^2(\Omega)))'.$$

■

2.3　作用于边界的一个邻域①

本小节的目的在于获得对局部边界或者边界的一个邻域上控制问题的精确能控性结果. ■

取 ω 是 $\Gamma_0 \subset \Gamma$ 的一个邻域 (参见图 7.1) 并且考虑表达式:

$$\left(\int_0^T \int_\omega |\Phi|^2 \mathrm{d}x\mathrm{d}t\right)^{1/2}.$$

如果这一表达式是取 0 值, 那么 $\Phi = 0$ 在 $\omega \times (0,T)$ 内并且

$$\Phi = \frac{\partial \Phi}{\partial \nu} = 0 \quad 在\ \Gamma_0 \times (0,T)\ 上.$$

在此情况下, 如果 T 是充分大时, 由第一章中的唯一性结果得出 $\Phi = 0$. 这就是说上面的表达式是一个范数且我们可以使用 HUM 方法. ■

①本小节介绍的结果取自 E. ZUAZUA 的科研成果.

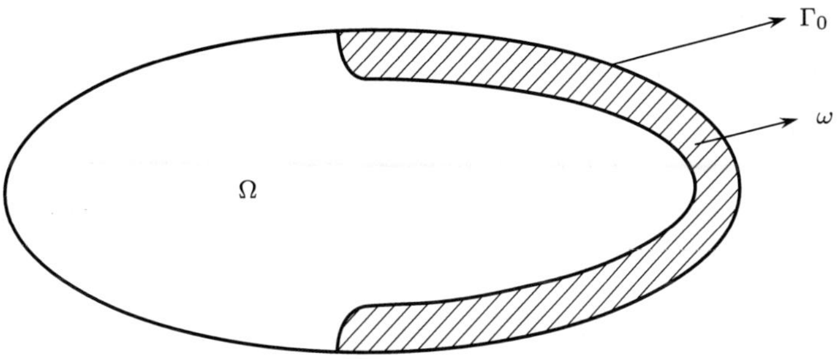

图 7.1

我们假设 Ω 有一个 C^2 光滑的边界 Γ.

沿用前几章中使用过的记号.

对于 $x^0 \in \mathbb{R}^n$, 我们定义

$$\begin{cases} m(x) = x - x^0, & \Gamma(x^0) = \{x \in \Gamma | m(x) \cdot \nu(x) > 0\}, \\ \Gamma_*(x^0) = \Gamma \setminus \Gamma(x^0), & \Sigma(x^0) = \Gamma(x^0) \times (0, T), \\ \Sigma_*(x^0) = \Gamma_*(x^0) \times (0, T), & R(x^0) = \max\limits_{x \in \overline{\Omega}} |m(x)|. \end{cases} \tag{2.33}$$

再考虑对于给定 $\varepsilon > 0$ 构造的集合

$$\mathcal{O}_\varepsilon = \bigcup_{x \in \Gamma(x^0)} B(x, \varepsilon), \quad \omega_\varepsilon = \mathcal{O}_\varepsilon \cap \Omega, \tag{2.34}$$

这里 $B(x, \varepsilon)$ 表示 $\mathbb{R}^n$ 中以 x 为中心, ε 为半径的球 (参见图 7.2).

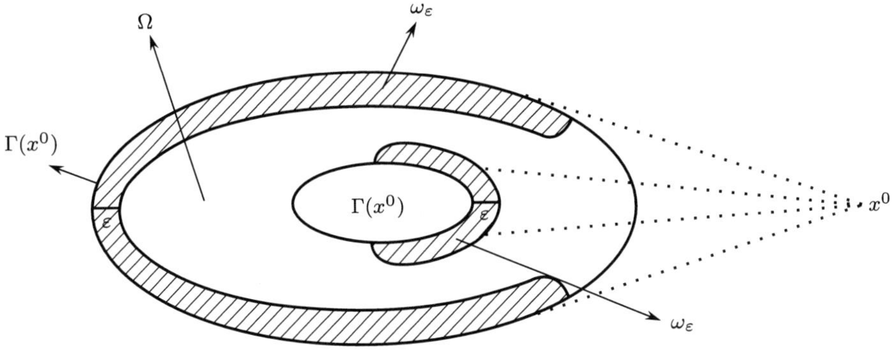

图 7.2

我们现在要证明当 $\varepsilon > 0$ 是给定的任意小值并且 $\omega = \omega_\varepsilon$, 那么对于足够大的时间 $T > 0$ (T 是不依赖于 ε 的, 事实上 $T > 2R(x^0)$), $\left(\int_0^T \int_\omega (|\Phi|^2 + |\Phi'|^2) \mathrm{d}x\mathrm{d}t\right)^{1/2}$ 是一个范数并与 $H_0^1(\Omega) \times L^2(\Omega)$ 中的范数是等价的.

最初的估计式如下:

设 $T > 2R(x^0)$,

$$(T - 2R(x^0))E_0 \leqslant \frac{R(x^0)}{2} \int_{\Sigma(x^0)} |\frac{\partial \Phi}{\partial \nu}|^2 \mathrm{d}\Sigma \tag{2.35}$$

对所有 (2.4) 的解成立, 相应的初值取自

$$\{\Phi^0, \Phi^1\} \in H_0^1(\Omega) \times L^2(\Omega),$$

这一估计式已经在第一章定理 5.1 中被证明了.

从 (2.35) 出发, 我们很容易得到

引理 2.3 设 Ω 是 $\mathbb{R}^n$ 中的有界区域, 其边界 Γ 是 C^2 光滑的. 取 $x^0 \in \mathbb{R}^n$ 且 $T > T(x^0) = 2R(x^0)$. 再设 $\mathcal{O}$ 是 $\overline{\Gamma(x^0)}$ 的邻域及 $\omega = \mathcal{O} \cap \Omega$.

那么, 存在一个常数 $C > 0$ 使得

$$\begin{aligned} &E_0 \leqslant C \int_0^T \int_\omega (|\Phi'|^2 + |\nabla \Phi|^2) \mathrm{d}x\mathrm{d}t, \\ &\forall \{\Phi^0, \Phi^1\} \in H_0^1(\Omega) \times L^2(\Omega) \end{aligned} \tag{2.36}$$

成立. ■

引理 2.3 的证明

取 $\alpha > 0$ 满足 $T - 2\alpha > T(x^0)$. 由 (2.35) 估计式得到当 $C > 0$ 充分大时

$$\begin{aligned} &E_0 \leqslant C \int_\alpha^{T-\alpha} \int_{\Gamma(x^0)} |\frac{\partial \Phi}{\partial \nu}|^2 \mathrm{d}\Gamma \mathrm{d}t, \\ &\forall \{\Phi^0, \Phi^1\} \in H_0^1(\Omega) \times L^2(\Omega) \end{aligned} \tag{2.37}$$

成立.

剩下只要下面估计式成立就可以了.

$$\int_\alpha^{T-\alpha} \int_{\Gamma(x^0)} |\frac{\partial \Phi}{\partial \nu}|^2 \mathrm{d}\Gamma \mathrm{d}t \leqslant C \int_0^T \int_\omega (|\Phi'|^2 + |\nabla \Phi|^2) \mathrm{d}x\mathrm{d}t. \tag{2.38}$$

使用乘子方法并且在第一章中得到的等式 (3.51) 中取

$$\sigma(x, t) = t(T - t)h(x), \tag{2.39}$$

其中 $h \in (C^1(\overline{\Omega}))^n$ 是第一章注 3.2 中引入的向量场, 满足

$$\begin{cases} h \cdot \nu = 1 & \text{在 } \Gamma(x^0) \text{ 上}, \\ h \cdot \nu \geqslant 0 & \text{在 } \Gamma \text{ 上}, \\ \sup\{h\} \subset \omega. \end{cases} \tag{2.40}$$

于是, 我们有

$$\int_{\alpha}^{T-\alpha}\int_{\Gamma(x^0)}|\frac{\partial\Phi}{\partial\nu}|^2\mathrm{d}\Gamma\mathrm{d}t\leqslant C\int_0^T\int_{\Gamma(x^0)}\sigma\cdot\nu|\frac{\partial\Phi}{\partial\nu}|^2\mathrm{d}\Gamma\mathrm{d}t$$
$$\leqslant C(\omega)\int_0^T\int_{\omega}(|\Phi'|^2+|\nabla\Phi|^2)\mathrm{d}x\mathrm{d}t, \tag{2.41}$$

证明完毕. ■

注 2.8 对于给定的 $T>T(x^0)$ 及 $\alpha>0$ 满足 $T-2\alpha>T(x^0)$, (2.41) 中的常数 $C(\omega)$ 只依赖于 ω, 确切地说它依赖于 $||\nabla h||_{L^\infty(\omega)}$.

当 $\omega=\omega_\varepsilon$, ω_ε 是由 (2.34) 定义的, 那么有 $||\nabla h_\varepsilon||_{L^2(\omega)}\sim C/\varepsilon$, 因此有 $C(\omega_\varepsilon)\sim C/\varepsilon$.

可以很容易地证明这样的估计式是不能再改进的. 事实上只需考虑一维的情况, $n=1$, $\Omega=(0,1)\subset\mathbb{R}$. 取 $x^0=1$, 那么 $\Gamma(x^0)=\{0\}$.

设 $\omega_\varepsilon=(0,\varepsilon)$ 并且取一个解函数

$$\Phi(x,t)=\sin\pi t\sin\pi x.$$

这样我们可以计算得到

$$E_0=\frac{\pi^2}{4}.$$

另一方面, 我们就有

$$\int_0^T\int_0^\varepsilon(|\Phi'|^2+|\frac{\partial\Phi}{\partial x}|^2)\mathrm{d}x\mathrm{d}t=\frac{\pi^2T}{2}\varepsilon-\frac{1}{8}\sin^2\pi T\sin(2\pi\varepsilon)$$
$$=O(\varepsilon),\qquad 当\ \varepsilon\to0\ 时.$$

然而, 使得 (2.36) 成立的时间 $T(x^0)$ 是不依赖于 ω_ε 的宽度 (也就是 ε) 的, 它只与 $\Gamma(x^0)$ 有关. ■

注 2.9 显然

$$\exists\, C>0\ 使得\int_0^T\int_\omega(|\Phi'|^2+|\nabla\Phi|^2)\mathrm{d}x\mathrm{d}t\leqslant CE_0. \tag{2.42}$$

我们可以取 $C=2T$.

从 (2.36) 及 (2.42) 可以推导出范数 $E_0^{1/2}$ 与

$$(\int_0^{\mathrm{T}}\int_\omega(|\Phi'|^2+|\nabla\Phi|^2)\mathrm{d}x\mathrm{d}t)^{1/2}$$

当 $T>T(x^0)$ 时的等价性. ■

从前面的引理出发, 我们可以得到下面的估计式.

引理 2.4 设 Ω 是 $\mathbb{R}^n$ 中的有界区域, $n \geqslant 1$, 其边界 Γ 是 C^2 光滑的. 再设 $x^0 \in \mathbb{R}^n$, ω 是 $\overline{\Gamma(x^0)}$ 在 Ω 中的一个邻域, $T > T(x^0)$.

那么, 存在一个常数 $C > 0$ 使得下面估计式成立

$$E_0 \leqslant C \int_0^T \int_\omega (|\Phi'|^2 + |\Phi|^2) \mathrm{d}x\mathrm{d}t, \tag{2.43}$$
$$\forall \{\Phi^0, \Phi^1\} \in H_0^1(\Omega) \times L^2(\Omega).$$ ■

引理 2.4 的证明

考虑 $\omega = \omega_\varepsilon$, 其中 $\varepsilon > 0$ 的情形.

设 $\hat{\omega} = \omega_{\varepsilon/2}$.

取 $\alpha > 0$ 满足 $T - 2\alpha > 2R(x^0)$. 由引理 2.3 知道, 存在一个充分大的常数 C 使得

$$E_0 \leqslant C \int_\alpha^{T-\alpha} \int_{\hat{\omega}} (|\Phi'|^2 + |\nabla\Phi|^2) \mathrm{d}x\mathrm{d}t \tag{2.44}$$

成立 (已经提到过 $C = O(1/\varepsilon)$).

接着我们要定义一个函数

$$\phi_\varepsilon \in W_0^{1,\infty}(\mathcal{O}_\varepsilon)$$

($\mathcal{O}_\varepsilon$ 是由 (2.34) 给出的), 仍记为 ϕ, 它满足下面的条件

$$\begin{cases} 0 \leqslant \phi \leqslant 1 & \text{在 } \mathcal{O}_\varepsilon \text{ 内}, \\ \phi = 1 & \text{在 } \widehat{\omega} = \omega_{\varepsilon/2} \text{ 内}. \end{cases} \tag{2.45}$$

很明显地, 我们能取到这样的函数并且使

$$\|\frac{|\nabla\phi|^2}{\phi}\|_{L^\infty(\mathcal{O}_\varepsilon)} = O(\frac{1}{\varepsilon^2}). \tag{2.46}$$

比如可以选取

$$\phi = \begin{cases} 1 & \text{在 } \mathcal{O}_{\varepsilon/2} \text{ 内}, \\ \dfrac{1}{\varepsilon^2}(\varepsilon - \mathrm{d}(x, \partial\omega_{\varepsilon/2}))^2 & \text{在 } \mathcal{O}_\varepsilon \setminus \mathcal{O}_{\varepsilon/2} \text{ 内}, \end{cases} \tag{2.47}$$

其中 $\mathrm{d}(x, \partial\omega_{\varepsilon/2})$ 表示 x 到边界 $\partial\omega_{\varepsilon/2}$ 的距离.

使用引理 2.2 证明过程中提到的乘子方法并且取

$$\xi(x,t) = t(T-t)\phi(t)\Phi(x,t). \tag{2.48}$$

我们记 $\zeta(t) = t(T-t)$.

用 ξ 乘方程 (2.4) 并在 Q 上积分, 得到

$$\begin{aligned}&\int_0^T\int_\Omega(\zeta(t)\phi(x)|\Phi'|^2+\zeta'(t)\phi(x)\Phi\Phi')\mathrm{d}x\mathrm{d}t\\=&\int_0^T\int_\Omega(\zeta(t)\phi(x)|\nabla\Phi|^2+\zeta(t)\Phi\nabla\phi(x)\cdot\nabla\Phi)\mathrm{d}x\mathrm{d}t.\end{aligned}\tag{2.49}$$

另一方面, 对于任意的 $\gamma>0$

$$\begin{aligned}|\int_0^T\int_\Omega\zeta(t)\Phi\nabla\phi(x)\cdot\nabla\Phi\mathrm{d}x\mathrm{d}t|\leqslant&\gamma\int_0^T\int_\Omega\zeta(t)\phi(x)|\nabla\Phi|^2\mathrm{d}x\mathrm{d}t\\&+\frac{1}{4\gamma}\int_0^T\int_\Omega\zeta(t)\frac{|\nabla\phi(x)|^2}{\phi(x)}|\Phi|^2\mathrm{d}x\mathrm{d}t.\end{aligned}\tag{2.50}$$

综合 (2.44), (2.49) 和 (2.50), 对于 $\gamma<1$ 及 $C>0$ 充分大时估计式 (2.43) 成立, 其中 $C=O(1/\varepsilon^3)$. ■

可以很容易验证, 在与注 2.8 同样的例子中, 估计是最优的.

从引理 2.4 出发, 我们能得到下面的精确能控性结果.

定理 2.3 设 Ω 是 $\mathbb{R}^n(n\geqslant 1)$ 中的一个有界区域, 其边界 Γ 是 C^2 光滑的. 又设 $x^0\in\mathbb{R}^n$, ω 是 $\overline{\Gamma(x^0)}$ 的一个邻域, $T>T(x^0)$.

那么, 对于任意给定的初值条件:

$$\{y^0,y^1\}\in L^2(\Omega)\times H^{-1}(\Omega)\tag{2.51}$$

都存在一个控制

$$v\in(H^1(0,T;L^2(\omega)))'\tag{2.52}$$

使得系统 (2.1) (2.2) (2.3) 的解 $y=y(v)$ 满足 $y(T;v)=y'(T;v)=0$. ■

注 2.10 控制 v 属于定义在 $\omega\times(0,T)$ 上的一个函数空间, 这一事实应该用下面约束来表达

$$v=0\quad 在\ \{\Omega\setminus\omega\}\times(0,T)\ 内.\tag{2.53}$$

■

定理 2.3 的证明

我们使用 HUM 方法来证明这一定理.

首先求解齐性系统

$$\begin{cases}\Phi''-\Delta\Phi=0 & 在\ Q\ 内,\\\Phi=0 & 在\ \Sigma\ 上,\\\Phi(0)=\Phi^0,\quad\Phi'(0)=\Phi^1 & 在\ \Omega\ 内.\end{cases}\tag{2.54}$$

其次考虑“反向”问题

$$
\begin{aligned}
&\psi''-\Delta\psi=(-\Phi+\frac{\partial}{\partial t}(\Phi'))\chi_{\omega\times(0,T)} && \text{在 } Q \text{ 内},\\
&\psi(T)=\psi'(T)=0 && \text{在 } \Omega \text{ 内},\\
&\psi=0 && \text{在 } \Sigma \text{ 上},
\end{aligned}
\tag{2.55}
$$

其中 $\chi_{\omega\times(0,T)}$ 代表 $\omega\times(0,T)$ 上的特征函数.

我们注意到导数 $\frac{\partial}{\partial t}(\Phi')$ 不是在分布意义取的, 而是在从 $H^1(0,T;L^2(\omega))$ 到其对偶空间 $(H^1(0,T;L^2(\omega)))'$ 意义下定义的, 也就是说

$$
<\frac{\partial}{\partial t}(\Phi'),\ w>=-\int_0^T\int_\omega \Phi' w'\mathrm{d}x\mathrm{d}t,\ \forall w\in H^1(0,T;L^2(\omega)). \tag{2.56}
$$

问题 (2.55) 的解 ψ 是由转置方法来定义的. 称函数 ψ 是问题的一个解, 如果

$$
\begin{aligned}
&\int_0^T\int_\Omega \psi f\mathrm{d}x\mathrm{d}t-(\psi'(0),\theta^0)+(\psi(0),\theta^1)=\int_0^T\int_\omega(\Phi\theta+\Phi'\theta)\mathrm{d}x\mathrm{d}t,\\
&\forall\{\theta^0,\theta^1,f\}\in H_0^1(\Omega)\times L^2(\Omega)\times L^1(0,T;L^2(\Omega)),
\end{aligned}
\tag{2.57}
$$

其中 θ 是下面转置问题的解:

$$
\begin{cases}
\theta''-\Delta\theta=f & \text{在 } Q \text{ 内},\\
\theta=0 & \text{在 } \Sigma \text{ 上},\\
\theta(0)=\theta^0,\quad \theta'(0)=\theta^1 & \text{在 } \Omega \text{ 内}.
\end{cases}
\tag{2.58}
$$

使用通常的方法, 我们可以证明问题 (2.55) 有一个唯一的解 $\psi=\psi(x,t)$, 它满足 (2.57) 并且有

$$
\begin{aligned}
&\psi\in L^\infty(0,T;L^2(\Omega)),\\
&\psi(0)\in L^2(\Omega),\quad \psi'(0)\in H^{-1}(\Omega).
\end{aligned}
\tag{2.59}
$$

由此可以定义算子

$$
\Lambda\{\Phi^0,\Phi^1\}=\{\psi'(0),-\psi(0)\} \tag{2.60}
$$

将 $H_0^1(\Omega)\times L^2(\Omega)$ 映射到 $H^{-1}(\Omega)\times L^2(\Omega)$ 内.

在 (2.57) 式中取 $\theta=\Phi$, 得到

$$
<\Lambda\{\Phi^0,\Phi^1\},\{\Phi^0,\Phi^1\}>=\int_0^T\int_\omega(|\Phi|^2+|\Phi'|^2)\mathrm{d}x\mathrm{d}t, \tag{2.61}
$$

由引理 2.4 可知, Λ 是 $H_0^1(\Omega)\times L^2(\Omega)$ 到 $H^{-1}(\Omega)\times L^2(\Omega)$ 上的一个同构算子.

于是, 对于任意一对初始值

$$
\{y^0,y^1\}\in L^2(\Omega)\times H^{-1}(\Omega)
$$

存在唯一一个解 $\{\Phi^0, \Phi^1\} \in H_0^1(\Omega) \times L^2(\Omega)$ 满足

$$\Lambda\{\Phi^0, \Phi^1\} = \{y^1, -y^0\},$$

定义控制如下:

$$v = (-\Phi + \frac{\partial}{\partial l}(\Phi'))\chi_{\omega \times (0,T)},$$

这样选取的控制将系统 (2.1) (2.2) (2.3) 在 T 时刻带到平衡状态. ■

注 2.11 可控性发生的时间 $T(x^0) = 2R(x^0)$ 是与 $\Gamma(x^0)$ 的邻域 ω 的大小无关的. 这一事实符合在第一章中得到的结论: 对于局部边界 $\Gamma(x^0)$ 上的控制问题, 时间 $T(x^0)$ 是一个充分条件. ■

注 2.12 当 Ω 是 $\mathbb{R}^n$ 中的有界凸区域而没有其他的边界光滑性假设下, 定理 2.3 仍然成立. 实际只需借助第一章中的估计式 (2.34) 并且使用上面相同的证明过程即可.

借助第一章中提到的 P. GRISVARD 的结果, 估计式 (2.34) 对 Ω 是 $\mathbb{R}^2$ 的多边形或者 $\mathbb{R}^3$ 的多面体仍然成立. 因此, 定理 2.3 的结论也可以推广到这种情形. ■

注 2.13 定理 2.3 及前面引理所使用的证明方法具有一般性.

假设 Γ_0 是 Γ 的一个非空开集以及 $T_0 > 0$ 使得对于所有的 $T > T_0$ (参见附录 2 中给出的充分条件),

$$\exists C > 0 / E_0 \leqslant \int_0^T \int_{\Gamma_0} |\frac{\partial \Phi}{\partial \nu}|^2 \mathrm{d}\Sigma, \quad \forall \{\Phi^0, \Phi^1\} \in H_0^1(\Omega) \times L^2(\Omega). \tag{2.62}$$

那么, 当 $T > T_0$ 及 ω 是 $\overline{\Gamma_0}$ 在 Ω 中的邻域时, 对于任意的初值条件

$$\{y^0, y^1\} \in L^2(\Omega) \times H^{-1}(\Omega)$$

存在一个控制函数

$$v \in (H^1(0, T; L^2(\omega)))'$$

使得系统的解 $y = y(v)$ 满足 $y(T) = y'(T) = 0$. ■

2.4 范数的转换

使用强化或减弱范数的技巧, 我们可以得到无穷多的精确能控性结果.

在此我们给出两个例子. ■

强化范数

我们有如下结果.

定理 2.4 设 Ω 是 $\mathbb{R}^n (n \geqslant 1)$ 的有界区域, 其边界 Γ 是 C^2 光滑的. 又设 $x^0 \in \mathbb{R}^n$, ω 是 $\overline{\Gamma(x^0)}$ 的邻域并且 $T > T(x^0)$.

那么, 对于任意的初值条件

$$\{y^0, y^1\} \in H^{-1}(\Omega) \times (H^2 \cap H_0^1(\Omega))' \tag{2.63}$$

存在控制

$$v \in (H^2(0,T; L^2(\omega)))' \tag{2.64}$$

使得系统的解 $y = y(v)$ 满足 $y(T; v) = y'(T; v) = 0$. ■

定理 2.4 的证明

使用 HUM 方法.

我们观察到范数

$$\|\{\Phi^0, \Phi^1\}\|_F := (\int_0^T \int_\omega (|\Phi'|^2 + |\Phi''|^2)\mathrm{d}x\mathrm{d}t)^{1/2}, \tag{2.65}$$

在初始值空间上 $\{\Phi^0, \Phi^1\} \in C^\infty(\bar{\Omega}) \times C^\infty(\bar{\Omega})$ 及在 Γ 上 $\Phi^0 = \Phi^1 = 0$ 是等价于

$$(|\Delta\Phi^0|^2 + |\nabla\Phi^1|^2)^{1/2}.$$

由此, 空间 F 可以看作由光滑初始函数且在 Γ 满足 $\Phi^0 = \Phi^1 = 0$ 的全体构成的闭空间, 即 $(H^2 \cap H_0^1(\Omega)) \times H_0^1(\Omega)$.

接下去考虑反向问题:

$$\begin{cases} \psi'' - \Delta\psi = (\dfrac{\partial}{\partial t}(\Phi') - \dfrac{\partial^2}{\partial t^2}(\Phi''))\chi_{\omega\times(0,T)} & \text{在 } Q \text{ 内}, \\ \psi(T) = \psi'(T) = 0 & \text{在 } \Omega \text{ 内}, \\ \psi = 0 & \text{在 } \Sigma \text{ 上}, \end{cases} \tag{2.66}$$

其中导数 $\dfrac{\partial}{\partial t}(\Phi')$ (或者 $\dfrac{\partial^2}{\partial t^2}(\Phi'')$) 是在 $H^1(0,T; L^2(\omega))$ (或者 $H^2(0,T; L^2(\omega))$) 与其对偶空间的对偶意义下定义的.

其他推理如前, 证毕. ■

减弱范数

我们有下面结果.

定理 2.5 设 Ω 是 $\mathbb{R}^n (n \geqslant 1)$ 的有界区域, 其边界 Γ 是 C^2 光滑的. 又设 $x^0 \in \mathbb{R}^n$, ω 是 $\overline{\Gamma(x^0)}$ 的邻域, $T > T(x^0)$.

那么, 对于任意的初值条件

$$\{y^0, y^1\} \in H_0^1(\Omega) \times L^2(\Omega) \tag{2.67}$$

存在一个控制

$$v \in L^2(\varepsilon \times (0,T)) \tag{2.68}$$

使得系统 (2.1) (2.2) (2.3) 的解 $y = y(v)$ 满足 $y(T; v) = y'(T; v) = 0$. ■

定理 2.5 的证明

我们在这里选取

$$F = L^2(\Omega) \times H^{-1}(\Omega). \tag{2.69}$$

设 $\{\Phi^0, \Phi^1\} \in L^2(\Omega) \times H^{-1}(\Omega)$ 及 $\chi \in H_0^1(\Omega)$ 满足下面方程

$$\begin{cases} \Delta\chi = \Phi^1 & \text{在 } \Omega \text{ 内}, \\ \chi \in H_0^1(\Omega). \end{cases} \tag{2.70}$$

我们观察到当 $\{\Phi^0, \Phi^1\}$ 取遍 $L^2(\Omega) \times H^{-1}(\Omega)$ 时, 对应的 $\{\chi, \Phi^0\}$ 填满 $H_0^1(\Omega) \times L^2(\Omega)$.

设 $\Phi = \Phi(x,t)$ 是问题 (2.54) 关于初值 $\{\Phi^0, \Phi^1\}$ 的一个解, 那么

$$w(t) = \int_0^t \Phi(s)\mathrm{d}s + \chi \tag{2.71}$$

就是问题 (2.54) 关于初值 $\{\chi, \Phi^0\}$ 的解.

由引理 2.4 可知, 映射

$$H_0^1(\Omega) \times L^2(\Omega) \to H^1(0,T;L^2(\omega))|\{\chi, \Phi^0\} \to w \tag{2.72}$$

是一个同构算子.

由于 $w' = \Phi$, 我们知道

$$L^2(\Omega) \times H^{-1}(\Omega) \to L^2(\omega \times (0,T))|\{\Phi^0, \Phi^1\} \to \Phi \tag{2.73}$$

也是一个同构算子.

再考虑反向问题

$$\begin{cases} \psi'' - \Delta\psi = -\Phi & \text{在 } Q \text{ 内}, \\ \psi(T) = \psi'(T) = 0 & \text{在 } \Omega \text{ 内}, \\ \psi = 0 & \text{在 } \Sigma \text{ 上} \end{cases} \tag{2.74}$$

并且用通常使用的方法来推导出定理的结论. ■

注 2.14 当 Ω 是有界凸区域且无其他边界光滑假设情况下, 上述的结论仍然是成立的. ■

2.5 一些注解

2.5.1 控制的无穷性

在我们已经证明过的每一个精确能控性情形下, 我们事实上都能够表明对于每一可控的初始值, 存在无穷多的控制将系统带到平衡状态.

由 HUM 方法给出的控制使得能量函数在所有可允许的控制集合上达到最小值.

2.5.2 Holmgren 定理的推论

从第一章第 8 节的结果出发, 我们能够很容易地导出下面唯一性条件.

引理 2.5 设 Ω 是 $\mathbb{R}^n(n \geqslant 1)$ 中的一个有界区域, 其边界 Γ 是 Lipschitz 连续的.

存在时间 $T_0 = T_0(\Omega) > 0$ 使得如果 $T > T_0$, ω 是 Ω 的一个非空开子集并且 $\Phi = \Phi(x,t)$ 是 (2.54) 的解满足

$$\Phi = 0 \quad 在\ \omega \times (o,T)\ 上,$$

那么 $\Phi \equiv 0$. ■

我们注意到 $T_0(\Omega)$ 是不依赖于 ω, 而只与 Ω 有关的.

我们因此可以看到半范数:

$$\|\{\Phi^0, \Phi^1\}\|_F := (\int_0^T \int_\omega |\Phi|^2 \mathrm{d}x\mathrm{d}t)^{1/2}$$

定义了初始值空间 $\{\Phi^0, \Phi^1\} \in \mathcal{D}(\Omega) \times \mathcal{D}(\Omega)$ 上的一个范数.

设 F 是 $\mathcal{D}(\Omega) \times \mathcal{D}(\Omega)$ 在此范数下的完备化.

使用 HUM 方法, 我们获得如下结果.

定理 2.6 设 Ω 是 $\mathbb{R}^n(n \geqslant 1)$ 的一个有界区域, 其边界 Γ 是 Lipschitz 连续的. 又设 ω 是 Ω 的一个非空开子集并且 $T > T_0(\Omega)$.

那么, 对于任意的初始条件

$$\{y^1, -y^0\} \in F' \tag{2.75}$$

存在一个控制

$$v \in L^2(\omega \times (0,T)) \tag{2.76}$$

使得 (2.1) (2.2) (2.3) 的解 $y = y(v)$ 满足 $y(T) = y'(T) = 0$. ■

注 2.15 我们以往知道当 ω 是 $\overline{\Gamma(x^0)}$ 的一个邻域且 $T > 2R(x^0)$ 时, $F = L^2(\Omega) \times H^{-1}(\Omega)$.

研究空间 F 以及它对 T 及 ω 的依赖关系在前面定理的一般情形下仍然是一个未解决的问题. 参见下面问题 3.3 及 3.6.

当 Ω 是 $\mathbb{R}^2$ 中的一个方形区域情形 (参见 A. HARAUX[2]) 以及 Ω 是一个球形区域情形 (参见 J. LAGNESE [4]) 均已被研究讨论过了. ■

2.5.3 点控制

点控制是一个令人十分感兴趣然而尚未解决的问题.

在前面的定理中, 我们已经看到了在某个 Hilbert 空间 F' 中的精确能控性. 如果用一个点 $b \in \Omega$ 或者有限的点 $\{b_j\}_{1 \leqslant j \leqslant m} \subset \Omega$ 来替代 ω 区域, 那么情况会怎样?■

在 $n=1$ 的场合, 答案是简单的.

设 $\Omega = (0,1) \subset \mathbb{R}$. 考虑齐性问题.

$$\begin{cases} \Phi'' - \dfrac{\partial^2 \Phi}{\partial x^2} = 0 & 在\ (0,1)\times(0,T)\ 内, \\ \Phi(0,t) = \Phi(1,t) = 0 & \forall t \in (0,T), \\ \Phi(0) = \Phi^0, \quad \dfrac{\partial \Phi}{\partial t}(0) = \Phi^1 & 在\ (0,1)\ 内. \end{cases} \tag{2.77}$$

我们将初始函数展开成 Fourier 级数:

$$\begin{cases} \Phi^0(x) = \displaystyle\sum_{k=1}^{\infty} a_k \sin k\pi x, \\ \Phi^1(x) = \displaystyle\sum_{k=1}^{\infty} b_k \sin k\pi x. \end{cases} \tag{2.78}$$

于是解 $\Phi = \Phi(x,t)$ 由下式给出:

$$\Phi(x,t) = \sum_{k=1}^{\infty} (a_k \cos k\pi t + \frac{b_k}{\pi k} \sin k\pi t) \sin k\pi x. \tag{2.79}$$

设 $b \in (0,1)$ 是一个决策点, 即

$$\sin k\pi b \neq 0, \quad \forall k \in \mathbb{N}, \tag{2.80}$$

这等价于 b 是一个无理数. 于是有

$$\Phi(b,t) = \sum_{k=1}^{\infty} \sin k\pi b (a_k \cos k\pi t + \frac{b_k}{\pi k} \sin k\pi t). \tag{2.81}$$

在这一表达式中, Fourier 级数项是互相正交的. 由 J. BALL 及 M. SLEMROD [1] 的研究结果得出: 对于任意给定的 $T > 2$, 有

$$\int_0^T |\Phi(b,t)|^2 dt \sim \sum_{k=1}^{\infty} (a_k^2 + (\frac{b_k}{\pi k})^2) |\sin k\pi b|^2. \tag{2.82}$$

于是我们可以看到半范数

$$\|\{\Phi^0, \Phi^1\}\|_{F_b} := (\int_0^T |\Phi(b,t)|^2 \mathrm{d}t)^{1/2} \tag{2.83}$$

是 $\mathcal{D}((0,1)) \times \mathcal{D}((0,1))$ 上的一个范数.

设

$$F_b := \mathcal{D}((0,1)) \times \mathcal{D}((0,1)) \text{ 在范数 } \|\cdot\|_{F_b} \text{ 下的完备化.} \tag{2.84}$$

很明显地有

$$F_b = \{\{\Phi^0, \Phi^1\} \text{ 的全体} | \sum_{k=1}^{\infty}(|<\Phi^0, \sin k\pi x>|^2 + (\frac{<\Phi^1, \sin k\pi x>}{k\pi})^2)|\sin k\pi b|^2 < +\infty\}, \tag{2.85}$$

并且它的对偶空间

$$F_b' = \{\{\xi^0, \xi^1\} \text{ 的全体} | \sum_{k=1}^{\infty}(|<\xi^0, \sin k\pi x>|^2 + |<\xi^1, \sin k\pi x>|^2 |k\pi|^2)|\sin k\pi b|^{-2} < +\infty\}. \tag{2.86}$$

使用 HUM 方法, 我们得到如下精确能控性结果.

定理 2.7 设 $\Omega = (0,1) \subset \mathbb{R}$ 及 $b \in \Omega \setminus \mathbb{Q}$. 又设 $T > 2$. 那么, 对任意的初始值

$$\{y^1, y^0\} \in F_b' \quad (\text{见 (2.86) 中定义}) \tag{2.87}$$

存在一个控制

$$v = v(t) \in L^2(0,T) \tag{2.88}$$

使得下述系统

$$\begin{cases} y'' - \dfrac{\partial^2 y}{\partial x^2} = v(t)\delta_b & \text{在 } (0,1) \times (0,T) \text{ 上}, \\ y(0,t) = y(1,t) = 0 & t \in (0,T), \\ y(x,0) = y^0(x), \quad y'(x,0) = y^1(x), & x \in (0,1) \end{cases} \tag{2.89}$$

的解 $y = y(v)$ 满足 $y(T) = y'(T) = 0$.

在 (2.89) 中, δ_b 是关于 b 点的 Dirac 函数. ■

注 2.16 我们能够验证使用下面范数

$$\|\{\Phi^0, \Phi^1\}\| := (\int_0^T (|\Phi'(b,t)|^2 + |\frac{\partial \Phi}{\partial x}(b,t)|^2) \mathrm{d}t)^{1/2}$$

所得到的完备化空间是

$$F = H_0^1(0,1) \times L^2(0,1).$$

这是对所有的 $b \in \Omega$ 均成立的. ■

3 未解决的问题

3.1 点控制

在第 2.5.3 节中我们已经给出了一些这方面的信息. 那就是在空间维数 $n>1$ 的情况下, 会导致一些研究上的困难.

设 Φ 是下述问题的解:

$$\begin{cases} \Phi''-\Delta\Phi=0 & \text{在 } \Omega\times(0,T) \text{ 内},\\ \Phi(0)=\Phi^0,\quad \Phi'(0)=\Phi' & \text{在 } \Omega \text{ 内},\\ \Phi=0 & \text{在 } \Sigma \text{ 上}. \end{cases} \tag{3.1}$$

上述问题中的 Dirichlet 条件仅仅是为了便于讨论. 我们引入特征值及特征函数

$$\begin{cases} -\Delta w_j=\lambda_j w_j, & j=1,\cdots\\ w_j\in H_0^1(\Omega), & j=1,\cdots\\ 0<\lambda_1\leqslant\lambda_2\leqslant\cdots \end{cases} \tag{3.2}$$

并假设

$$\text{所有的特征值是单重的.} \tag{3.3}$$

于是有

$$\Phi=\sum_{j=1}^{\infty}((\Phi^0,w_j)\cos t\sqrt{\lambda_j}+(\Phi^1,w_j)\frac{\sin t\sqrt{\lambda_j}}{\sqrt{\lambda_j}})w_j. \tag{3.4}$$

现在要回答一个首要的问题: 何时下面表达式

$$(\int_0^T\Phi(b,t)^2\mathrm{d}t)^{1/2} \tag{3.5}$$

定义一个范数?

一个必要条件是

$$w_j(b)\neq 0,\quad \forall_j. \tag{3.6}$$

换句话说 b 是决策点. 在此情况下, 如果还有 T 取值充分大, 那么 (3.5) 能否成为一个范数? 一个十分有趣的反例已经由 Y. MEYER [1] 给出, 他的这一结果似乎具有一般性.

在 J.-L. LIONS [3] 的 §7 中也含了一些这样的观点, 虽然只是停留在形式上的, 但是 "本质上" 也是对的.

3.2 很自然的, 当特征值是多重 ($\leqslant k$) 时, 我们可以尝试带有 k 个控制 $v_1,\cdots,v_k$ (作用于 k 点 $b_1,\cdots,b_k$) 的精确控制问题.

3.3 考虑 b 点的一个邻域 ω. 作用于 ω 上的控制情形已经在注 2.16 中被提到过了.

值得研究的是当一列邻域 $\omega_\varepsilon \to b$ 时 (比如一列以 b 为中心, ε 为半径的球, $\varepsilon \to 0$), 情况会怎样?

3.4　另一个值得研究的问题是第 2.2 节中的边界邻域上的作用. 当邻域的 "厚度"$\to$ 0 时, 情况会怎样?

3.5　我们也能够系统地研究 k 个系统的瞬时控制问题, 即同一内部控制作用于 k 个系统上. 对此可以参看 A. HARAUX [1] 的工作. 对于点控制的类似讨论会引导出一些十分有趣的问题.

3.6　研究由 $(\int_0^T \int_\omega \Phi^2 \mathrm{d}x\mathrm{d}t)^{1/2}$ 定义的空间 F 亦是十分有趣的. 一些正反例子已经由 A. HARAUX [2] 及 J. LAGNESE [4] 给出. 这些例子还应该与其他的一些结果进行比较, 比如与应用附录 2 (C. BARDOS, G. LEBEAU 和 J. RAUCH) 中的方法可能获得的研究结果比较.

第八章　由 HUM 方法给出的控制特征. 优化系统及对偶方法

1　引言

正如我们在本书引论中看到的, HUM 方法的导出是基于一个很自然的想法.

这一想法的中心点在于: 如果系统是精确能控的, 那么可以用一个优化系统 (S.O.) 来刻画使得相关的值函数达到最小值的那个控制函数. 所谓的优化系统可以通过罚函数方法来找到.

一旦找到优化系统, 我们就拥有了 “一个提升算子”. 它是一个由初值条件到使得系统达到平衡状态的控制间的对应关系. 这里所谓的控制是使得代价函数达到最小值的控制.

如此得到的 HUM 方法已经被广泛地应用于本书中.

这最后一章的目的在于简要地介绍 HUM 方法对波动方程 Dirichlet 边界条件这一典型例子的应用.

下面的所有论述可以毫无困难地被推广到前面几章考虑过的不同模型, 也包括内部控制问题.

本章安排如下:

—— 第 2 节. 研究由罚函数方法导出的优化系统.

—— 第 3 节. 通过对偶方法来重新认识 HUM 方法, 也就是研究求解最小化代价函数的控制的对偶问题.

—— 第 4 节. 应用罚函数方法去求解第一章第 9 节中研究过的扩大的精确能控性问题 (C.E.E.).

—— 在最后一节中, 如同其他各章一样, 我们会介绍一些未解决的问题.

2 精确能控性和罚函数方法

2.1 问题的提法

我们考虑第一章中研究过的模型例子.

设 Ω 是 $\mathbb{R}^n$ $(n \geqslant 1)$ 的一个有界区域, 其边界 Γ 是 C^2 光滑的.

考虑波动方程

$$y'' - \Delta y = 0 \quad \text{在 } Q = \Omega \times (0,T) \text{ 内}, \tag{2.1}$$

其中给定 $T > 0$.

假设我们能够通过一个定义在边界 $\Sigma = \Gamma \times (0,T)$ 上的控制 $v = v(x,t)$ 来对系统产生作用, 有

$$y = v \quad \text{在 } \Sigma \text{ 上}. \tag{2.2}$$

另设初值条件

$$y(x,0) = y^0(x), \quad y'(x,0) = y^1(x) \quad \text{在 } \Omega \text{ 内}. \tag{2.3}$$

设 $x^0 \in \mathbb{R}^n, \quad m(x) = x - x^0$ 及 $R(x^0) = \max\limits_{x\in\bar\Omega} |m(x)|$.

考虑边界的一个通常分割:

$$\begin{cases} \Gamma(x^0) = \{x \in \Gamma | m(x)\cdot\nu(x) > 0\}, \\ \Gamma_*(x^0) = \Gamma \setminus \Gamma(x^0) \end{cases} \tag{2.4}$$

以及

$$\begin{cases} \Sigma(x^0) = \Gamma(x^0) \times (0,T) \\ \Sigma_*(x^0) = \Sigma \setminus \Sigma(x^0). \end{cases} \tag{2.5}$$

在第一章的定理 6.1 中, 我们已经证明了如下精确能控性的结果:

$$\begin{aligned} &\text{如果 } T > T(x^0) = 2R(x^0), \text{ 那么} \\ &\text{对于任何初始值 } \{y^0, y^1\} \in L^2(\Omega) \times H^{-1}(\Omega) \\ &\text{存在一个控制 } v \in L^2(\Sigma(x^0)) \\ &\text{使得方程组 (2.1) (2.2) (2.3) 的解 } y = y(v) \text{ 满足 } y(T;v) = y'(T;v) = 0. \end{aligned} \tag{2.6}$$

控制 v 在 $\Sigma(x^0)$ 有定义意味着

$$y = \begin{cases} v & \text{在 } \Sigma(x^0) \text{ 上}, \\ 0 & \text{在 } \Sigma_*(x^0) \text{ 上}. \end{cases} \tag{2.7}$$

结果 (2.6) 是借助于 HUM 方法得到的. 从第一章注 6.2 中, 可以看到对于任意一对初始值存在无限个可以将系统带到平衡状态的控制函数.

换句话说, 对于每一对初始值

$$\{y^0, y^1\} \in L^2(\Omega) \times H^{-1}(\Omega),$$

可允许的控制集

$$\mathcal{U}_{\text{ad}} = \{v \in L^2(\Sigma(x^0)) | y(T; v) = y'(T; \nu) = 0 \quad \text{在 } \Omega \text{ 内}\} \tag{2.8}$$

包含无限个元素.

现在我们要证明由 HUM 方法得到的控制是使得函数

$$J(v) = \frac{1}{2}\int_{\Sigma(x^0)} |v|^2 \mathrm{d}\Sigma \tag{2.9}$$

在可允许控制集 $\mathcal{U}_{\text{ad}}$ 上达到最小值的控制.

我们将在后面利用优化系统来刻画所得到的控制 v.

2.2 控制的特征. 优化系统

定理 2.1 对任意一对初始值

$$\{y^0, y^1\} \in L^2(\Omega) \times H^{-1}(\Omega)$$

由 HUM 给出的控制 $v \in L^2(\Sigma(x^0))$ 使得代价函数 $J(v)$ 在可允许控制集 $\mathcal{U}_{\text{ad}}$ 上达到最小值. ■

证明 **步骤 1** 考虑极小值问题

$$\inf_{v \in \mathcal{U}_{\text{ad}}} J(v). \tag{2.10}$$

问题 (2.10) 是一个带有状态约束条件的最优控制问题. 解决这类问题的一个有效方法是罚函数方法. (我们在此以更加准确的方式重新描述在本书引论中构造过的框架.)

定义泛函

$$J_\varepsilon(v, z) = \frac{1}{2}\int_{\Sigma(x^0)} |v|^2 \mathrm{d}\Sigma + \frac{1}{2\varepsilon}\int_Q (z'' - \Delta z)^2 \mathrm{d}x\mathrm{d}t, \tag{2.11}$$

其中 $\varepsilon > 0$, $v \in L^2(\Sigma(x^0))$ 及 $z = z(x, t)$ 满足

$$\begin{cases} z'' - \Delta z \in L^2(Q), \\ z(0) = y^0, \quad z'(0) = y^1 & \text{在 } \Omega \text{ 内}, \\ z = \begin{cases} v & \text{在 } \Sigma(x^0) \text{ 上}, \\ 0 & \text{在 } \Sigma_*(x^0) \text{ 上}, \end{cases} \\ z(T) = z'(T) = 0 & \text{在 } \Omega \text{ 内}. \end{cases} \tag{2.12}$$

很明显地, 对于任何 $v \in \mathcal{U}_{\mathrm{ad}}$, 问题 (2.1) (2.2) (2.3) 的解 $y = y(v)$ 满足上面条件. (2.11) 的右边第二项 $\dfrac{1}{2\varepsilon}\displaystyle\int_Q (z'' - \Delta z)^2 \mathrm{d}x\mathrm{d}t$ 是罚项.

我们考虑最优控制问题

$$\inf_{v,z} \ J_\varepsilon(v, z). \tag{2.13}$$

我们能够容易地得到: 对于任意的 $\varepsilon > 0$, 存在一个唯一的解 $(u_\varepsilon, z_\varepsilon)$, 即

$$J_\varepsilon(u_\varepsilon, z_\varepsilon) = \inf_{v,z} J_\varepsilon(v, z). \tag{2.14}$$

■

步骤 2　注意到函数列 $(u_\varepsilon)_{\varepsilon>0}$ 是 $L^2(\Sigma(x^0))$ 中有界的.

设 $v \in \mathcal{U}_{\mathrm{ad}}$ 以及相应问题 (2.1) (2.2) (2.3) 的解 $y = y(v)$. 那么对于任意的 $\varepsilon > 0$, $\{v, y(v)\}$ 均属于极小值问题 (2.13) 的可允许集, 于是有

$$J_\varepsilon(u_\varepsilon, z_\varepsilon) \leqslant J_\varepsilon(v, y(v)). \tag{2.15}$$

然而, 由于 $y(v)$ 满足

$$y'' - \Delta y = 0 \quad 在\ Q\ 内, \tag{2.16}$$

我们得到

$$J_\varepsilon(v, y(v)) = J(v), \quad \forall \varepsilon > 0. \tag{2.17}$$

于是就有

$$J_\varepsilon(u_\varepsilon, z_\varepsilon) \leqslant J(v), \quad \forall \varepsilon > 0, \tag{2.18}$$

并且这一不等式对所有的 $v \in \mathcal{U}_{\mathrm{ad}}$ 成立. 这样我们得到

$$J_\varepsilon(u_\varepsilon, z_\varepsilon) \leqslant \inf_{v \in \mathcal{U}_{\mathrm{ad}}} J(v), \quad \forall \varepsilon > 0. \tag{2.19}$$

特别地

$$J(u_\varepsilon) \leqslant \inf_{v \in \mathcal{U}_{\mathrm{ad}}} J(v), \quad \forall \varepsilon > 0 \tag{2.20}$$

成立. 如果我们设

$$f_\varepsilon = \frac{1}{\sqrt{\varepsilon}}(z''_\varepsilon - \Delta z_\varepsilon), \tag{2.21}$$

那么

$$\{f_\varepsilon\}\ 是\ L^2(\Omega)\ 有界的. \tag{2.22}$$

■

步骤 3　存在子序列使得

$$u_\varepsilon \xrightarrow[\varepsilon \to 0]{} \widehat{v} \quad 在\ L^2(\Sigma(x^0))\ 中弱收敛. \tag{2.23}$$

另外, 我们有估计式

$$\|z_\varepsilon'' - \Delta z_\varepsilon\|_{L^2(Q)} \leqslant C\sqrt{\varepsilon}, \quad \forall \varepsilon > 0. \tag{2.24}$$

按照第一章的定理 4.2 得到

$$(z_\varepsilon)_{\varepsilon>0} \text{ 是 } L^\infty(0,T;L^2(\Omega)) \cap W^{1,\infty}(0,T;H^{-1}(\Omega)) \text{ 中有界的.} \tag{2.25}$$

于是有

$$\|z_\varepsilon\|_{L^2(Q)} \leqslant C, \quad \forall \varepsilon > 0 \tag{2.26}$$

及存在子序列

$$z_\varepsilon \underset{\varepsilon\to 0}{\longrightarrow} \widehat{y} \quad \text{在 } L^2(Q) \text{ 中弱收敛.} \tag{2.27}$$

由 (2.12) 和 (2.24) 导出

$$\begin{cases} \hat{y}'' - \Delta \hat{y} = 0, & \\ \hat{y} = \begin{cases} \hat{v} & \text{在 } \Sigma(x^0) \text{ 上,} \\ 0 & \text{在 } \Sigma_*(x^0) \text{ 上,} \end{cases} & \\ \hat{y}(T) = \hat{y}'(T) = 0 & \text{在 } \Omega \text{ 内,} \\ \hat{y}(0) = y^0, \quad \hat{y}'(0) = y^1 & \text{在 } \Omega \text{ 内.} \end{cases} \tag{2.28}$$

于是得到 $\hat{v} \in \mathcal{U}_{\rm ad}$. 此外

$$J_\varepsilon(u_\varepsilon, z_\varepsilon) \geqslant J(u_\varepsilon) \tag{2.29}$$

并按照 J 的弱下半连续性, 我们有

$$J(\hat{v}) \leqslant \liminf J(u_\varepsilon) \leqslant \liminf J_\varepsilon(u_\varepsilon, z_\varepsilon). \tag{2.30}$$

综合 (2.19) 及 (2.30), 我们得到

$$J(\widehat{v}) = \inf_{v\in\mathcal{U}_{\rm ad}} J(v). \tag{2.31}$$

我们同时也证明了

$$\lim_{\varepsilon\to 0} J(u_\varepsilon) = J(\hat{v}), \tag{2.32}$$

这一结果连同 (2.23) 给出

$$u_\varepsilon \underset{\varepsilon\to 0}{\longrightarrow} \widehat{v} \quad \text{在 } L^2(\Sigma(x^0)) \text{ 中强收敛.} \tag{2.33}$$

■

步骤 4 现在考虑序列

$$p_\varepsilon = \frac{1}{\varepsilon}(z_\varepsilon'' - \Delta z_\varepsilon), \quad \forall \varepsilon > 0. \tag{2.34}$$

明显地有

$$p_\varepsilon = \frac{1}{\sqrt{\varepsilon}} f_\varepsilon, \quad \forall \varepsilon > 0. \tag{2.35}$$

我们知道 $(f_\varepsilon)_{\varepsilon>0}$ 是 $L^2(Q)$ 中有界的, 但是我们暂且还没有对 $(p_\varepsilon)_{\varepsilon>0}$ 的估计式.

对极小值问题 (2.13) 的 Euler 方程组表达如下:

$$\int_{\Sigma(x^0)} u_\varepsilon v \mathrm{d}\Sigma - \int_Q p_\varepsilon(\zeta'' - \Delta\zeta)\mathrm{d}x\mathrm{d}t = 0, \tag{2.36}$$

它对所有的满足下述方程组的解 ζ 成立.

$$\begin{cases} \zeta'' - \Delta\zeta \in L^2(Q), \\ \zeta(0) = \zeta'(0) - \zeta(T) = \zeta'(T) = 0, \\ \zeta = \begin{cases} v & 在\ \Sigma(x^0)\ 上, \\ 0 & 在\ \Sigma_*(x^0)\ 上, \end{cases} \end{cases}$$

其中 $v \in L^2(\Sigma(x^0))$.

使用 Green 公式, 我们得到

$$\begin{cases} p_\varepsilon'' - \Delta p_\varepsilon = 0 & 在\ Q\ 内, \\ p_\varepsilon = 0 & 在\ \Sigma\ 上, \\ \dfrac{\partial p_\varepsilon}{\partial \nu} = u_\varepsilon & 在\ \Sigma(x^0)\ 上. \end{cases} \tag{2.37}$$

这是因为

$$\begin{aligned} \int_Q p_\varepsilon(\zeta'' - \Delta\zeta)\mathrm{d}x\mathrm{d}t &= \int_Q (p_\varepsilon'' - \Delta p_\varepsilon)\zeta \mathrm{d}x\mathrm{d}t - \int_\Sigma p_\varepsilon \frac{\partial \zeta}{\partial \nu}\mathrm{d}\Sigma + \int_\Sigma \frac{\partial p_\varepsilon}{\partial \nu}\zeta \mathrm{d}\Sigma \\ &= \int_Q (p_\varepsilon'' - \Delta p_\varepsilon)\zeta \mathrm{d}x\mathrm{d}t - \int_\Sigma p_\varepsilon \frac{\partial \zeta}{\partial \nu}\mathrm{d}\Sigma + \int_{\Sigma(x^0)} \frac{\partial p_\varepsilon}{\partial \nu} v \mathrm{d}\Sigma \end{aligned} \tag{2.38}$$

再利用 (2.36) 得到

$$\int_Q (p_\varepsilon'' - \Delta p_\varepsilon)\zeta \mathrm{d}x\mathrm{d}t - \int_\Sigma p_\varepsilon \frac{\partial \zeta}{\partial \nu} d\Sigma + \int_{\Sigma(x^0)} \frac{\partial p_\varepsilon}{\partial \nu} v \mathrm{d}\Sigma = \int_{\Sigma(x^0)} u_\varepsilon v \mathrm{d}\Sigma, \tag{2.39}$$

这一等式等价于 (2.37). ■

步骤 5 我们接着要使用第一章定理 5.1 中证明的反向不等式并得到

$$\begin{aligned} \frac{(T - 2R(x^0))}{2}(|\nabla p_\varepsilon(0)|^2 + |p_\varepsilon'(0)|^2) &\leqslant \frac{R(x^0)}{2} \int_{\Sigma(x^0)} \left|\frac{\partial p_\varepsilon}{\partial \nu}\right|^2 \mathrm{d}\Sigma \\ &= \frac{R(x^0)}{2} \int_{\Sigma(x^0)} |u_\varepsilon|^2 \mathrm{d}\Sigma. \end{aligned} \tag{2.40}$$

由序列 $(u_\varepsilon)_{\varepsilon>0}$ 是 $L^2(\Sigma(x^0))$ 中有界的, 于是

$$|\nabla p_\varepsilon(0)|^2+|p'_\varepsilon(0)|^2 \leqslant C, \quad \forall \varepsilon>0, \tag{2.41}$$

再根据能量守恒定理, 我们得到

$$(p_\varepsilon)_{\varepsilon>0} \quad 在\ L^\infty(0,T;H_0^1(\Omega))\cap W^{1,\infty}(0,T;L^2(\Omega))\ 中有界. \tag{2.42}$$

这样就存在一个子序列满足当 $\varepsilon\to 0$ 时

$$p_\varepsilon \to p \quad 在\ L^\infty(0,T;H_0^1(\Omega))\ 中弱\ *\ 收敛, \tag{2.43}$$

$$p'_\varepsilon \to p' \quad 在\ L^\infty(0,T;L^2(\Omega))\ 中弱\ *\ 收敛, \tag{2.44}$$

$$\{p_\varepsilon(0),p'_\varepsilon(0)\}\to\{p(0),p'(0)\} \quad 在\ H_0^1(\Omega)\times L^2(\Omega)\ 中弱收敛. \tag{2.45}$$

于是极限函数 $p=p(x,t)$ 就是下面方程组的解:

$$\begin{cases} p''-\Delta p=0 & 在\ Q\ 内, \\ p=0 & 在\ \Sigma\ 上, \\ \dfrac{\partial p}{\partial\nu}=\widehat{v} & 在\ \Sigma(x^0)\ 上, \\ p(0)=p^0, \quad p'(0)=p^1 & 在\ \Omega\ 内. \end{cases} \tag{2.46}$$

■

步骤 6 设 $\Phi=p$, $\Phi^0=p^0$, $\Phi^1=p^1$, 及 $\psi=\hat{y}$.
由 (2.28) 和 (2.46) 得到

$$\begin{cases} \Phi''-\Delta\Phi=0 & 在\ Q\ 内, \\ \Phi=0 & 在\ \Sigma\ 上, \\ \Phi(0)=\Phi^0,\ \Phi'(0)=\Phi^1 & 在\ \Omega\ 内 \end{cases} \tag{2.47}$$

和

$$\begin{cases} \psi''-\Delta\psi=0 & 在\ Q\ 内, \\ \psi(T)=\psi'(T)=0 & 在\ \Omega\ 内, \\ \psi=\begin{cases} \dfrac{\partial\Phi}{\partial\nu} \\ 0 \end{cases} & \begin{matrix} 在\ \Sigma(x^0)\ 上, \\ 在\ \Sigma_*(x^0)\ 上. \end{matrix} \end{cases} \tag{2.48}$$

另一方面, 由于

$$\psi(0)=y^0, \quad \psi'(0)=y^1,$$

于是我们有

$$\Lambda\{\Phi^0,\Phi^1\}=\{y^1,-y^0\}, \tag{2.49}$$

这里 Λ 是空间 $H_0^1(\Omega)\times L^2(\Omega)$ 和空间 $H^{-1}(\Omega)\times L^2(\Omega)$ 间的同构, 它曾经在使用 HUM 方法时被提到.

我们可以看到通过构造使得 $J(\cdot)$ 在 $\mathcal{U}_{\rm ad}$ 上达到最小的控制 $\widehat{v}$ 正是由 HUM 方法给出的那个控制. 这是因为

$$\widehat{v}=\frac{\partial p}{\partial\nu}=\frac{\partial\Phi}{\partial\nu}.$$

■

注 2.1　我们在证明定理 2.1 中的分析及展开在某种意义上给出了 HUM 方法的构造方式. 通过寻找最小化代价函数的控制, 我们发现了可以导致 HUM 方法的优化系统. 然而, 必须注意到罚函数方法的收敛性只有在精确能控的假设下才成立. ■

注 2.2　所证明的结果具有一般性. 它也适用于本书中所研究过的其他不同情形. 这样表明由 HUM 方法给出的控制是使得对应于不同情形下的代价函数达到最小值的控制. ■

注 2.3　鉴于所考虑情况的可逆特性, 我们也可以由第一章定理 5.1 推导出

$$|\nabla p_\varepsilon(T)|^2+|p_\varepsilon'(T)|^2\leqslant \text{常数}, \tag{2.50}$$

这一估计式与 (2.41) 式是等同的.

在不可逆的情形下, 上述提到的两个估计式就不再等同了. 在此场合, 必须使用类似 (2.50) 的估计式. 这就是所谓的 RHUM 方法, 即反向 HUM 方法, 参见 J.-L. LIONS [14] 及本著作的第二卷. ■

3　对偶问题

3.1　问题的提出

我们仍将考虑第一章中的问题:

$$\begin{cases} y''-\Delta y=0 \quad \text{在 } Q \text{ 内}, & (3.1)\\ y(0)=y^0,\quad y'(0)=y^1, & (3.2)\\ y=\begin{cases} v & \text{在 } \Sigma(x^0) \text{ 上},\\ 0 & \text{在 } \Sigma_*(x^0) \text{ 上}.\end{cases} & (3.3)\end{cases}$$

设

$$\mathcal{U}_{\rm ad}=\{v|v\in L^2(\Sigma(x^0)),\quad y(T;v)=y'(T;v)=0\}. \tag{3.4}$$

已经知道 HUM 方法给出下面极值问题的解:

$$\inf\frac{1}{2}\int_{\Sigma(x^0)}v^2{\rm d}\Gamma{\rm d}t,\quad v\in\mathcal{U}_{\rm ad}. \tag{3.5}$$

按照凸函数的对偶性意义, 我们将找寻 (3.5) 的对偶问题, 并且获得多方位的结果, 以此来增加对 HUM 方法的新认识.

3.2 对偶性理论的一个应用

引入记号 $\eta = \eta(t, v)$ 代表下面问题的解:

$$\begin{cases} \eta'' - \Delta\eta = 0, \\ \eta(0) = \eta'(0) = 0, \\ \eta = \begin{cases} v & 在\ \Sigma(x^0)\ 上, \\ 0 & 在\ \Sigma_*(x^0)\ 上, \end{cases} \end{cases} \tag{3.6}$$

再设 $y(t; v = 0) = y_0(t)$, 它满足

$$y_0'' - \Delta y_0 = 0, \quad y_0(0) = y^0, \quad y_0'(0) = y^1, \quad y_0 = 0 \quad 在\ \Sigma\ 上. \tag{3.7}$$

于是, 我们可以写

$$y(v) = \eta(v) + y_0. \tag{3.8}$$

定义算子 L

$$Lv = \{\eta(T; v), \eta'(T; v)\}, \tag{3.9}$$

我们有

$$L \in \mathcal{L}(L^2(\Sigma(x^0)); L^2(\Omega) \times H^{-1}(\Omega)), \tag{3.10}$$

并且有等价关系

$$v \in \mathcal{U}_{\mathrm{ad}} \Leftrightarrow v \in L^2(\Sigma(x^0)), \quad Lv + \{y_0(T), y_0'(T)\} = 0. \tag{3.11}$$

引入特征凸函数 (参见 T. R. ROCKAFELLAR [1], I. EKELAND 和 R. TEMAM [1])

$$F(v) = \frac{1}{2}\int_{\Sigma(x^0)} v^2 \mathrm{d}\Gamma \mathrm{d}t,$$

$$G(\rho) = \begin{cases} 0 & 如果\ \rho = (\rho^0, \rho^1),\ \rho^0 + y_0(T) = 0, \quad \rho^1 + y_0'(T) = 0, \\ +\infty & 其他情况, \end{cases}$$

其中 $\rho \in L^2(\Omega) \times H^{-1}(\Omega)$.

采用上述记号后, 问题 (3.5) 就等价于

$$\inf F(v) + G(Lv), \quad v \in L^2(\Sigma(x^0)). \tag{3.12}$$

■

再利用 ROCKAFELLAR 在上述引文中的对偶性定理, 有

$$\inf(F(v)+G(Lv)) = -\inf(F^*(L^*q)+G^*(-q)), \tag{3.13}$$

其中 $q=\{q^0,q^1\}\ \in L^2(\Omega)\times H_0^1(\Omega), H^*$ 是 H 的共轭函数, L^* 为 L 的伴随算子.

通常情况下,

$$H^*(q)=\sup((q,\hat{q})-H(\hat{q})),$$

这里 q 及 $\hat{q}$ 互为对偶.

于是有

$$\begin{aligned}&F^*(v)=F(v),\\&G^*(q)=(q^0,-y_0(T))+(q^1,-y_0'(T))\end{aligned}$$

以及

$$\inf(F(v)+G(Lv)) = -\inf_q\left(\frac{1}{2}\int_{\Sigma(x^0)}(L^*q)^2\mathrm{d}\Sigma+(q^0,y_0(T))+(q^1,y_0'(T))\right). \tag{3.14}$$

■

现在我们要计算 L^*. 考虑

$$\begin{cases}w''-\Delta w=0,\\ w(T)=-q^1,\quad w'(T)=q^0,\quad q^1\in H_0^1(\Omega),\quad q^0\in L^2(\Omega),\\ w=0\quad 在\ \Sigma\ 上.\end{cases} \tag{3.15}$$

在 (3.15) 的方程两边乘以 $\eta(v)$ 并且分部积分后得到

$$(q^0,\eta(T;v))+(q^1,\eta'(T;v))-\int_{\Sigma(x^0)}\frac{\partial w}{\partial\nu}\eta(v)=0.$$

于是有

$$L^*q=\frac{\partial w}{\partial\nu}\quad 在\ \Sigma(x^0)\ 上. \tag{3.16}$$

■

引入下面记号

$$\sigma^0=-q^1,\quad \sigma^1=q^0. \tag{3.17}$$

求解方程

$$\begin{cases}\theta''-\Delta\theta=0,\\ \theta(T)=\sigma^0,\quad \theta'(T)=\sigma^1,\quad \sigma^0\in H_0^1(\Omega),\quad \sigma^1\in L^2(\Omega),\\ \theta=0\quad 在\ \Sigma\ 上.\end{cases} \tag{3.18}$$

于是, 我们证明了

定理 3.1

$$\inf_{v\in\mathcal{U}_{\rm ad}}\frac{1}{2}\int_{\Sigma(x^0)}v^2{\rm d}\Gamma{\rm d}t=-\inf_{\sigma}\Big(\frac{1}{2}\int_{\Sigma(x^0)}\Big(\frac{\partial\theta}{\partial\nu}\Big)^2+(\sigma^1,y_0(T))-(\sigma^0,y_0'(T))\Big),\tag{3.19}$$

其中 $\sigma=\{\sigma^0,\sigma^1\}\in H_0^1(\Omega)\times L^2(\Omega)$. ■

注 3.1 极小化代价函数 $\frac{1}{2}\int_{\Sigma(x^0)}v^2{\rm d}\Gamma{\rm d}t$ 的精确能控性问题是一个带有约束条件的优化控制, 其约束条件表达为

$$y(T;v)=y'(T;v)=0.$$

由对偶性, 对状态的约束条件变成一些线性加权, 即 $(\sigma^1,y_0(T))-(\sigma^0,y_0'(T))$. ■

注 3.2 我们已经讨论了作用于 $\Sigma(x^0)$ 上的控制. 用同样的方式, 我们也可以考虑其他的情形, 可以通过改变 σ^0 和 σ^1 所属的函数空间. ■

3.3 对偶性的另一观点

我们能够直接地 (即不使用对偶性的一般性理论) 来建立定理 3.1.

让我们回到 HUM 方法, 它在于求解

$$\Lambda\{\Phi^0,\Phi^1\}=\{y^1,-y^0\}.\tag{3.20}$$

(3.20) 的解 $\{\Phi^0,\Phi^1\}$ 是与下面问题的解相对应的:

$$\inf_{\{\rho^0,\rho^1\}}\Big(\frac{1}{2}<\Lambda\{\rho^0,\rho^1\},\{\rho^0,\rho^1\}>-(y^1,\rho^0)+(y^0,\rho^1)\Big),\tag{3.21}$$

其中

$$\{\rho^0,\rho^1\}\in H_0^1(\Omega)\times L^2(\Omega).$$

然而如果我们定义 ρ 满足

$$\rho''-\Delta\rho=0,\quad \rho(0)=\rho^0,\quad \rho'(0)=\rho^1,\quad \rho=0\quad 在\ \Sigma\ 上,\tag{3.22}$$

那么

$$<\Lambda\{\rho^0,\rho^1\},\{\rho^0,\rho^1\}>=\int_{\Sigma(x^0)}\Big(\frac{\partial\rho}{\partial\nu}\Big)^2{\rm d}\Gamma{\rm d}t$$

并且 $\{\Phi^0,\Phi^1\}$ 就是

$$\inf_{\{\rho^0,\rho^1\}}\Big(\frac{1}{2}\int_{\Sigma(x^0)}\Big(\frac{\partial\rho}{\partial\nu}\Big)^2{\rm d}\Gamma{\rm d}t-(y^1,\rho^0)+(y^0,\rho^1)\Big)\tag{3.23}$$

的解.

用 y_0 乘以 (3.22) 并分部积分, 得到

$$(\rho'(T),y_0(T))-(\rho(T),y_0'(T))=(\rho^1,y^0)-(\rho^0,y^1),$$

于是 (3.23) 等同于

$$\inf(\frac{1}{2}\int_{\Sigma(x^0)}(\frac{\partial\rho}{\partial\nu})^2\mathrm{d}\Gamma\mathrm{d}t+(\rho^1(T),y_0(T))-(\rho(T),y_0'(T))). \tag{3.24}$$

如果记

$$\rho(T)=\sigma^0,\rho^1(T)=\sigma^1, \tag{3.25}$$

由于对时间的可逆性, 我们有

$$\rho(\rho^0,\rho^1)=\theta(\sigma^0,\sigma^1),$$

这样 (3.24) 就变为

$$\inf_{\sigma^0,\sigma^1}(\frac{1}{2}\int_{\Sigma(x^0)}(\frac{\partial\theta}{\partial\nu})^2+(\sigma^1,y_0(T))-(\sigma^0,y_0'(T))), \tag{3.26}$$

除了一个符号之差, 这就是出现在 (3.19) 式中的右边项.

(3.26) 的最小值也就是 (3.21) 的最小值, 即 Φ^0,Φ^1 满足

$$\inf(\frac{1}{2}\int_{\Sigma(x^0)}(\frac{\partial\Phi}{\partial\nu})^2\mathrm{d}\Gamma\mathrm{d}t-(y^1,\Phi^0)+(y^0,\Phi^1)). \tag{3.27}$$

然而, 如果 $\{\Phi,\psi\}$ 是 HUM 方法给出的解, 那么

$$\int_{\Omega\times(0,T)}(\psi''-\Delta\psi)\Phi\mathrm{d}x\mathrm{d}t=0=-(\psi'(0),\Phi^0)+(\psi(0),\Phi^1)+\int_{\Sigma(x^0)}(\frac{\partial\Phi}{\partial\nu})^2\mathrm{d}\Gamma\mathrm{d}t,$$

由于 $\psi(0)=y^0,\psi'(0)=y^1$, 那么 (3.27) 等于

$$-\frac{1}{2}\int_{\Sigma(x^0)}(\frac{\partial\Phi}{\partial\nu})^2\mathrm{d}\Gamma\mathrm{d}t.$$

我们由此得到 (3.26) 的最小值, 从而印证了定理 3.1.

3.4 对偶性和罚函数方法

本段落带有习题性质, 主要针对对特征凸函数 $G(\rho)$ 的用途仍感到迷惑不解的读者.

想法在于惩罚对状态的约束条件.

对任何的 $k>0$, 引入泛函

$$J_k(v)=\frac{1}{2}\int_{\Sigma(x^0)}v^2\mathrm{d}\Gamma\mathrm{d}t+\frac{k}{2}(|y(T;v)|^2_{L^2(\Omega)}+\|y'(T;v)\|^2_{H^{-1}(\Omega)}). \tag{3.28}$$

设 u_k 是下面极值问题的解.

$$\inf J_k(v),\quad v\in L^2(\Sigma(x^0)). \tag{3.29}$$

我们知道当 $k \to +\infty$ 时, 有

$$u_k \to v = \text{HUM 方法的解} = \frac{\partial \Phi}{\partial \nu} \quad \text{在 } \Sigma(x^0) \text{ 上} \quad v \in L^2(\Sigma(x^0)). \tag{3.30}$$

对泛函 (3.28) 应用上面3.2节中的对偶性理论. 如果记

$$F(v) = \frac{1}{2}\int_{\Sigma(x^0)} v^2 \mathrm{d}\Gamma \mathrm{d}t,$$

$$G_k(\rho) = \frac{k}{2}(|\rho^0 + y_0(T)|^2 + \|\rho^1 + y_0'(T)\|^2_{H^{-1}(\Omega)}),$$

那么当 $k \to +\infty$, $G_k(\rho)$ 在某种意义下收敛于先前引入的特征凸函数 $G(\rho)$.

问题 (3.29) 等同于

$$\inf(F(v) + G_k(Lv))$$

并且由对偶性的一般定理, 我们得到

$$\inf(F(v) + G_k(Lv)) = -\inf(F^*(L^*q) + G_k^*(-q)), \tag{3.31}$$

其中 $q = \{q^0, q^1\} \in L^2(\Omega) \times H_0^1(\Omega)$.

在此, 我们有表达式

$$G_k^*(q) = \frac{1}{2k}(|q^0|^2 + \|q^1\|^2_{H_0^1(\Omega)}) - (q^0, y_0(T)) - (q^1, y_0'(T)), \tag{3.32}$$

于是

$$\inf J_k(v) = -\inf_{\sigma}(\frac{1}{2}\int_{\Sigma(x^0)}(\frac{\partial \theta}{\partial \nu})^2 + (\sigma^1, y_0(T)) - (\sigma^0, y_0'(T)) \tag{3.33}$$

$$+\frac{1}{2k}(\|\sigma^0\|^2_{H_0^1(\Omega)} + \|\sigma^1\|^2_{L^2(\Omega)})).$$

如果在 (3.33) 中令 k 趋于 $+\infty$, 那么我们就得到 (3.19).

注 3.3 极值问题 (3.29) 总有一个唯一的解 u_k, 无论 $\Sigma(x^0)$ 及 T 如何. 我们可以在 (3.28) 中用 $\Gamma \times (0,T)$ 上的任意部分 Γ_0 来取代 $\Sigma(x^0)$ 并且总有 (3.33). 所以这些是以 k 有限为前提的. 然而, 只有在精确能控的情形下, 才有可能取极限值. ■

3.5 对偶性及其他边界条件

我们将对 Neumann 型控制问题解释对偶方法. 一般的情况将会是显而易见的. 考虑

$$\begin{cases} y'' - \Delta y = 0 & \text{在 } \Omega \times (0,T) \text{ 内}, \\ y(0) = y^0,\ y'(0) = y^1 & \text{在 } \Omega \text{ 内}, \\ \dfrac{\partial y}{\partial \nu} = v & \text{在 } \Sigma = \Gamma \times (0,T) \text{ 上}. \end{cases} \tag{3.34}$$

我们可以对函数空间 $\{\Phi^0,\Phi^1\}\in H^1(\Omega)\times L^2(\Omega)$ 定义下面的范数 (T 必须充分大)

$$\|\{\Phi^0,\Phi^1\}\|_F=(\int_{\Gamma\times(0,T)}\Phi^2\mathrm{d}\Gamma\mathrm{d}t)^{1/2}, \tag{3.35}$$

这里 Φ 满足

$$\begin{cases}\Phi''-\Delta\Phi=0 & \text{在 } \Omega\times(0,T) \text{ 内},\\ \Phi(0)=\Phi^0,\quad \Phi'(0)=\Phi^1,\quad \dfrac{\partial\Phi}{\partial\nu}=0 & \text{在 } \Sigma \text{ 上}.\end{cases} \tag{3.36}$$

定义

$$\mathcal{U}_{\mathrm{ad}}=\{v|v\in L^2(\Sigma),\ y(T;v)=y'(T;v)=0\}, \tag{3.37}$$

其中我们假设在 (3.34) 中

$$\{y^1,-y^0\}\in F'. \tag{3.38}$$

那么

$$\inf\frac{1}{2}\int_\Sigma v^2\mathrm{d}\Gamma\mathrm{d}t=\frac{1}{2}\int_\Sigma\Phi^2\mathrm{d}\Gamma\mathrm{d}t, \tag{3.39}$$

这里 Φ 是由 HUM 方法给出的. 于是, 由 (3.36) 先计算出 Φ, 再定义 ψ 为

$$\begin{cases}\psi''-\Delta\psi=0, & \psi(T)=\psi'(T)=0,\\ \dfrac{\partial\psi}{\partial\nu}=-\Phi & \text{在 } \Sigma \text{ 上},\end{cases} \tag{3.40}$$

以及 $\{\Phi^0,\Phi^1\}$ 作为下述问题的唯一解

$$\Lambda\{\Phi^0,\Phi^1\}=\{\psi'(0),-\psi(0)\}=\{y^1,-y^0\}. \tag{3.41}$$

一旦 $\{\Phi^0,\Phi^1\}$ 由 (3.41) 确定, Φ 就可以由 (3.36) 来确定. ■

我们要用上面 3.2 节中的方法来寻找对偶问题. 这样可以获得如下结果: 定义 θ 满足

$$\theta''-\Delta\theta=0,\quad \theta(T)=\sigma^0,\quad \theta'(T)=\sigma^1,\quad \frac{\partial\theta}{\partial\nu}=0\quad \text{在 } \Sigma \text{ 上}. \tag{3.42}$$

那么

$$\inf_{v\in\mathcal{U}_{\mathrm{ad}}}\frac{1}{2}\int_\Sigma v^2\mathrm{d}\Gamma\mathrm{d}t=-\inf(\frac{1}{2}\int_\Sigma\theta^2\mathrm{d}\Gamma\mathrm{d}t+(\sigma^1,y_0(T))-(\sigma^0,y_0'(T))), \tag{3.43}$$

这里右边项的下界是对

$$\{\sigma^0,\sigma^1\}\in F \tag{3.44}$$

取的.

函数空间 F 在 (3.44) 中的介入是具有本质性的. 因为, 类似于3.2节我们可以引入 η

$$\begin{cases}\eta''-\Delta\eta=0,\\ \eta(0)=\eta'(0)=0, \quad \dfrac{\partial\eta}{\partial\nu}=v \quad \text{在 } \Sigma \text{ 上},\end{cases} \tag{3.45}$$

随后定义算子 L

$$Lv=\{\eta(T;v),\eta'(T;v)\}. \tag{3.46}$$

为了更加方便起见, 我们将 L 写成

$$Lv=\{\eta'(T;v),-\eta(T;v)\}, \tag{3.47}$$

这样就有

$$L\in\mathcal{L}(L^2(\Sigma);F'). \tag{3.48}$$

■

注 3.4 我们本应该在 3.2 节中用 (3.47) 来定义算子 L . 但这无关本质, 仅仅是技术上的处理而已. ■

定义 G

$$G(q)=\begin{cases}0 & \text{如果 } q^1+y_0'(T)=0,\ q^0-y_0(T)=0,\\ +\infty & \text{其他情况},\end{cases}$$

这样一来, $\mathcal{U}_{\rm ad}$ 就是使 $G(Lv)$ 取有限值的元素全体. 再应用对偶性的一般定理, 我们得到 (3.43). ■

注 3.5 在 (3.43) 的右边项中, 泛函关于 σ^0,σ^1 的强制性是由 $\dfrac{1}{2}\displaystyle\int\theta^2{\rm d}\Gamma{\rm d}t$ 来承担的, 通过 F 的定义加在 F 上. ■

注 3.6 前面在第 3.3 节及 3.4 节中的讨论也适用于现在的情况. ■

4 扩大的精确能控性及罚函数方法

考虑第一章第 9 节中提出的问题: 状态方程满足

$$y''-\Delta y=0 \quad \text{在 } \Omega\times(0,T) \text{ 内}, \tag{4.1}$$

$$y(0)=y^0, \qquad y'(0)=y^1, \tag{4.2}$$

这里 y^0,y^1 属于 $L^2(\Omega)\times H^{-1}(\Omega)$, 并且有边界条件

$$y=\begin{cases}v & \text{在 } \Sigma_0 \text{ 上},\\ 0 & \text{在 } \Sigma\setminus\Sigma_0 \text{ 上}.\end{cases} \tag{4.3}$$

我们给出

$$G = L^2(\Omega) \times H^{-1}(\Omega) \text{ 的闭子空间.} \tag{4.4}$$

称所考虑的问题是关于 G 精确能控的, 如果

$$\forall y^0, y^1 \in L^2(\Omega) \times H^{-1}(\Omega)$$

能够找到 $v \in L^2(\Sigma_0)$ 使得

$$\{y(T;v), y'(T;v)\} \in G. \tag{4.5}$$

更精确地说, 我们要求解

$$\inf \frac{1}{2} \int_{\Sigma_0} v^2 \mathrm{d}\Gamma \mathrm{d}t, \quad v \in \mathcal{U}_{\mathrm{ad}}, \tag{4.6}$$

这里 $\mathcal{U}_{\mathrm{ad}}$ 表示 $v \in L^2(\Sigma_0)$ 并且满足 (4.5) 的全体 (假设非空). ■

我们可以引入下面的惩罚问题: 对 $\varepsilon > 0$, 定义

$$J_\varepsilon(v,z) = \frac{1}{2} \int_{\Sigma_0} v^2 \mathrm{d}\Gamma \mathrm{d}t + \frac{1}{2\varepsilon} \|z'' - \Delta z\|^2_{L^2(Q)}, \tag{4.7}$$

其中 v 及 z 满足

$$\begin{cases} v \in L^2(\Sigma_0), \quad z'' - \Delta z \in L^2(Q), \\ z(0) = y^0, \quad z'(0) = y^1, \quad z = v \quad \text{在 } \Sigma_0 \text{ 上}, \\ z = 0 \quad \text{在 } \Sigma \setminus \Sigma_0 \text{ 上}, \quad \{z(T), z'(T)\} \in G. \end{cases} \tag{4.8}$$

我们要求解极值问题

$$\inf J_\varepsilon(v,z), \quad \{v,z\} \text{ 满足 (4.8)}. \tag{4.9}$$

这一极值问题允许有一个唯一的解 $\{u_\varepsilon, y_\varepsilon\}$. ■

注意到

$$J_\varepsilon(v,z) = J(v) \ (= \frac{1}{2} \int_{\Sigma_0} v^2 \mathrm{d}\Gamma \mathrm{d}t) \quad \text{如果 } v \in \mathcal{U}_{\mathrm{ad}} \ z = y(v), \tag{4.10}$$

于是有

$$J_\varepsilon(u_\varepsilon, y_\varepsilon) = \inf J_\varepsilon(v,z) \leqslant \inf J(v), \quad v \in \mathcal{U}_{\mathrm{ad}}. \tag{4.11}$$

当 $\varepsilon \to 0$ 时,

$$\begin{aligned} & u_\varepsilon \text{ 是在 } L^2(\Sigma_0) \text{ 中有界的}, \\ & y''_\varepsilon - \Delta y_\varepsilon = \sqrt{\varepsilon} f_\varepsilon, \quad \|f_\varepsilon\|_{L^2(Q)} \leqslant C. \end{aligned} \tag{4.12}$$

我们可以取到子序列, 仍旧记为 u_ε, 使得

$$\begin{aligned} u_\varepsilon &\longrightarrow u \quad L^2(\Sigma_0) \text{ 弱收敛}, \\ y_\varepsilon &\longrightarrow y \quad L^2(Q) \text{ 弱收敛}. \end{aligned} \tag{4.13}$$

于是我们有

$$\liminf J_\varepsilon(u_\varepsilon, y_\varepsilon) \geqslant \liminf J(u_\varepsilon) \geqslant J(u) \quad \text{并且} \quad u \in \mathcal{U}_{\mathrm{ad}}.$$

所以

$$J(u) = \inf J(v), \quad u \in \mathcal{U}_{\mathrm{ad}} \tag{4.14}$$

并且事实上 $u_\varepsilon \to u$ 是 $L^2(\Sigma_0)$ 上强收敛. ■

现在我们要介绍对 (4.9) 问题引入的优化系统.

定义

$$p_\varepsilon = -\frac{1}{\varepsilon}(y_\varepsilon'' - \Delta y_\varepsilon). \tag{4.15}$$

我们有

$$\int_{\Sigma_0} u_\varepsilon v \mathrm{d}\Gamma \mathrm{d}t - \iint_Q p_\varepsilon(\zeta'' - \Delta\zeta)\mathrm{d}x\mathrm{d}t = 0,\ \forall \zeta, v \tag{4.16}$$

满足下面条件:

$$\begin{cases} \zeta(0) = \zeta'(0) = 0, \quad \{\zeta(T), \zeta'(T)\} \in G,\ \zeta'' - \Delta\zeta \in L^2(Q), \\ \zeta = v \quad \text{在 } \Sigma_0 \text{ 上}, \quad \zeta = 0 \quad \text{在 } \Sigma \setminus \Sigma_0 \text{ 上}. \end{cases} \tag{4.17}$$

由此可以推导出

$$\begin{cases} p_\varepsilon'' - \Delta p_\varepsilon = 0 & \text{在 } Q \text{ 内}, \\ p_\varepsilon = 0 & \text{在 } \Gamma \times (0, T) \text{ 上}, \\ \dfrac{\partial p_\varepsilon}{\partial \nu} = u_\varepsilon & \text{在 } \Sigma_0 \text{ 上} \end{cases} \tag{4.18}$$

及

$$-(p_\varepsilon(T), \zeta'(T)) + (p_\varepsilon'(T), \zeta(T)) = 0, \quad \forall (\zeta(T), \zeta'(T)) \in G.$$

因此有

$$\{p_\varepsilon'(T), -p_\varepsilon(T)\} \in G^0. \tag{4.19}$$

利用 (4.13) 及第一章第 9 节的结果知道, 如果 (4.19) 成立, 那么当 $\varepsilon \to 0$ 时

$$\{p_\varepsilon(T), p_\varepsilon'(T)\} \text{ 仍是 } F_G \text{ 的一个有界集合}. \tag{4.20}$$

在优化系统中对 ε 取极限后得到

$$\begin{cases} y'' - \Delta y = 0, \\ p'' - \Delta p = 0, \\ y(0) = y^0, \quad y'(0) = y^1, \\ y = u & \text{在 } \Sigma_0 \text{ 上}, \quad y = 0 \quad \text{在 } \Sigma \setminus \Sigma_0 \text{ 上}, \\ p = 0 & \text{在 } \Sigma \text{ 上}, \\ \dfrac{\partial p}{\partial \nu} = u & \text{在 } \Sigma_0 \text{ 上}, \\ \{p'(T), -p(T)\} \in G^0. \end{cases} \tag{4.21}$$

经验证这是等价于求解 $\Lambda_G\{\Phi^0, \Phi^1\} = \{y^1, -y^0\}$ (参见第一章第 9 节中的记号). ■

注 4.1 上述的讨论证明了 HUM 方法 (适用于扩大的精确控制场合) 给出的控制 u 使得代价函数

$$\int_{\Sigma_0} v^2 \mathrm{d}\Gamma \mathrm{d}t$$

达到最小值. ■

5 未解决的问题

5.1 非线性问题 (参见第一章问题 10.6)

对于非线性分布系统来说, 精确能控性的问题从根本上来说仍然是一个未解决的问题. 罚函数方法或许能为研究这类问题提供一种构造性的方法. 比如, 在开区域 Ω 上考虑下述系统:

$$y'' - \Delta y + y^3 = \chi v, \tag{5.1}$$

这里 χ 是关于 $\omega \subset \Omega$ 的特征函数, $v = v(x,t)$ 是控制函数, 并且初边值条件为

$$y = 0 \quad \text{在 } \Sigma \text{ 上} \tag{5.2}$$

及

$$y(x,0) = y^0(x), \quad y'(x,0) = y^1(x) \quad \text{在 } \Omega \text{ 内}. \tag{5.3}$$

假设 T 是正值并且充分大. 当 v 取遍 $L^2(\omega \times (0,T))$ 时, 所对应的 T 时刻状态 $y(x,T)$, $y'(x,T)$ 构成什么样的函数空间?

有一种方法至少可以帮助我们分析问题, 虽然还谈不上解决问题. 这种方法就是如下罚函数方法 (参见第1节). 设

$$J_\varepsilon(v,z) = \frac{1}{2}\int_{\omega \times (0,T)} v^2 \mathrm{d}x\mathrm{d}t + \frac{1}{2\varepsilon}\int_{\Omega \times (0,T)} (z'' - \Delta z - z^3 - \chi v)^2 \mathrm{d}x\mathrm{d}t, \tag{5.4}$$

$$\begin{cases} v \in L^2(\omega \times (0,T)), \quad z'' - \Delta z - z^3 \in L^2(\Omega \times (0,T)), \\ z = 0 & \text{在 } \Sigma \text{ 上}, \\ z(0) = y^0, \quad z'(0) = y^1, \quad z(T) = z^0, \quad z'(T) = z^1 & \text{在 } \Omega \text{ 上}. \end{cases} \tag{5.5}$$

我们因此有序列 $u_\varepsilon, y_\varepsilon$ 使得 $J_\varepsilon(v,z)$ 在 (5.5) 的条件下达到最小值. 取极限后会怎样?

对非线性波动方程边值问题的精确能控性已经有所研究 (W. C. CHEWNING [1]). 得到的结果基本上是局部的. 这就是说, 当初值 $\{y^0, y^1\}$ 充分小时, 存在边界控制 v 使得系统的解 y 满足 $y(T;v) = y'(T;v) = 0$ (当然 $T > 0$ 是足够大的).

当非线性项 $f(y)$ 在无穷远处是次线性时, 我们仍将有通常意义下的精确能控性 (参见 E. ZUAZUA [5]).

在一般情况下, 精确能控性问题仍然是未解决的问题.

5.2 如同已经指出的那样, 本章中介绍的对偶方法是一个具有一般性的研究工具. 这一方法将会在第二卷中被系统地应用来解决精确能控性和奇摄动问题. 因此我们可以尝试对前面各章列举的未解决的问题使用对偶公式.

举个例子, 对点控制的精确能控性问题给出对偶公式.

状态方程式为

$$\begin{cases} \Phi'' - \Delta\Phi = 0 & \text{在 } \Omega \times (0,T) \text{ 内}, \\ \Phi(x,0) = \Phi^0(x), \quad \Phi'(x,0) = \Phi^1 & \text{在 } \Omega \text{ 内}, \\ \Phi = 0, & \text{在 } \Sigma = \Gamma \times (0,T) \text{ 上} \end{cases} \tag{5.6}$$

(取这一边界条件是为固定思路).

我们考虑泛函

$$J(\Phi^0, \Phi^1) = \frac{1}{2}\int_0^T \Phi(b,t)^2 \mathrm{d}t - \int_\Omega (y^1\Phi^0 - y^0\Phi^1)\mathrm{d}x \tag{5.7}$$

并且寻找

$$\inf J(\Phi^0, \Phi^1) \tag{5.8}$$

的解.

解决这一问题的难度之一是明确 Φ^0, Φ^1 的变动范围: Φ^0, Φ^1 所属的空间必须使得 $\displaystyle\int_0^T \Phi(b,t)^2 \mathrm{d}t < +\infty$, 我们从一个不同的角度, 又发现了前几章中的问题.

参考文献

AVELLANEDA, M. & LIN, F.H.

[1] Homogenization of elliptic problems with L^p boundary data. Applied Math. and Optimization 15 (1987), 93–107.

[2] Counter examples related to high frequency oscillation of Poisson's Kernel. Applied Math. and Optimization 15 (1987), 109–119.

[3] Compactness methods in the theory of homogenization. A paraître.

[4] Homogenization of Poisson's kernel and applications to boundary control. A paraître.

BALL, J. & SLEMROD, M.

[1] Non harmonic Fourier series and stabilization of distributed semilinear control systems. C.P.A.M.XXXII (1979), 555–587.

BREZIS, H.

[1] *Analyse fonctionnelle: théorie et applications.* Masson, 1983.

CHEN, G.

[1] Energy decay estimates and exact boundary value controllability for the wave equation in a bounded domain. J.M.P.A (9) 58 (1979), 249–274.

[2] Control and stabilization for the wave equation in a bounded domain. Part I. SIAM J. Control and Optimization 17 (1) (1979), 66–81.

[3] Control and stabilization for the wave equation in a bounded domain. Part II. SIAM J. Control and Optimization 19 (1) (1981), 114–122.

CHEWNING, W.C.

[1] Controllability of the non linear wave equation in several space variables. SIAM J. Control and Optimization 14 (1) (1976), 19–25.

CIARLET, P.G.

[1] A justification of the Von Karman equations. A.R.M.A. 75 (1980), 349–389.

CIORANESCU, D. & DONATO, P.

[1] Exact internal controllability in perforated domains. A paraître.

DAUTRAY, R. & LIONS, J.-L.

[1] *Analyse mathématique et calcul numérique pour les sciences et les techniques*, Vol.3. Masson, Paris, 1985.

DUVAUT, G. & LIONS, J.-L.

[1] *Les Inéquations en Mécanique et en Physique.* Dunod, Paris, 1972.

EKELAND, I. & TEMAM, R.

[1] *Analyse convexe et problèmes variationnels.* Dunod, Gauthier-Villars, 1974.

FATTORINI, H.O.

[1] Boundary control systems. SIAM J. Control 6 (1968), 349–388.

GLOWINSKI, R., LI, C. & LIONS, J.-L.

[1] A paraître.

GRISVARD, P.

[1] *Elliptic problems in non smooth domains.* Pitman, 1985.

[2] Contrôlabilité exacte dans les polygones et les polyèdres. C.R. Acad. Sc. Paris. t. 304, Série I, n° 13, 1987.

[3] Contrôlabilité exacte des solutions de l'équation des ondes en présence de singularités. Preprint n° 153, Université de Nice, 1987.

[4] Contrôlabilité exacte avec conditions aux limites mêlées. C.R. Acad. Sc. Paris, t. 305, Série I, 1987, 363–366.

HARAUX, A.

[1] On a completion problem in the theory of distributed control of wave equations. A paraître dans "Nonlinear partial differential equations and their applications, Collège de France, Seminar 87/88". (H. BREZIS & J.-L. LIONS, Editors), Research Notes in Math. Pitman.

[2] Contrôlabilité exacte d'une membrane rectangulaire au moyen d'une fonctionnelle analytique localisée. A paraître dans C.R. Acad. Sc. Paris, 1987.

[3] Une remarque sur la stabilisation de certains systèmes du deuxième ordre en temps. A paraître.

HO, L.F,.

[1] Observabilité frontière de l'équation des ondes. C.R. Acad. Sc. Paris, t. 302, 1986, 443–446.

[2] Exact Controllability of second order hyperbolic systems with control in the Dirichlet boundary conditions. J.M.P.A. A paraître.

HÖRMANDER, L.

[1] *Linear partial differential operators.* Springer-Verlag, 1976.

KOMORNIK, V.

[1] Contrôlabilité exacte en un temps minimal, C.R. Acad. Sc. Paris, t. 304, Série I, 1987, 223–225.

KOMORNIK, V. & ZUAZUA, E.

[1] Stabilisation frontière de l'équation des ondes: Une méthode directe. C.R. Acad. Sc. Paris, t. 305, série I, 1987, 605–608.

KRABS, W., LEUGERING, G. & SEIDMAN, T.I.

[1] On boundary controllability of a vibrating plate. Applied Math. Optimization 13 (1985), 205–229.

LAGNESE, J.

[1] Decay of solutions of wave equations in a bounded region with boundary dissipation. J. Diff. Equations 50 (2) (1983), 163–182.

[2] Boundary stabilization of linear elastodynamic systems. SIAM J. Control and Optimization 21 (6) (1983), 968–984.

[3] Stabilization of plates. To appear.

[4] Control of wave processes with distributed controls supported on a subregion. SIAM J. Control and Optimization 21 (1) (1983), 68–85.

LAGNESE, J. & LIONS, J.-L.

[1] *Modelling, analysis and control of thin plates.* Masson, 1988. Collection RMA.

LASIECKA, I., LIONS, J.-L. & TRIGGIANI, R.

[1] Non homogeneous boundary value problems for second order hyperbolic operators. J.M.P. A. 65 (1986), 149–192.

LASIECKA, I., & TRIGGIANI, R.

[1] Uniform exponential energy decay in a bounded region with $L_2(0,T;L_2(\Omega))$ feedback control in the Dirichlet boundary conditions. J.Diff. Eq. A paraître.

[2] Exact controllability for wave equation with Neumann boundary control. A paraître.

[3] Exact controllability of the Euler-Bernoulli equation with $L^2(\Sigma)$-control only in the Dirichlet boundary conditions. Atti de la Accademia Nazionali dei Lincci, Rondiconti Classe di Scienze fisiche, matematiche e naturali, Vol. LXXXI (1987), Roma.

[4] Exact controllability of the Euler-Bernoulli equation with controls in the Dirichlet and Neumann boundary conditions: A non-conservative case. A paraître.

LEUGERING, G.

[1] Exact Boundary Controllability of an Integrodifferential Equation. Applied Math. and Optimization 15 (1987), 223–250.

[2] Optimal Controllability in Viscoelasticity of Rate Type. Math. in the Appl. Sci. 8 (1986), 368–386.

LIONS, J.-L.

[1] *Contrôle optimal des systèmes gouvernés par des équations aux dérivées partielles.* Dunod, Paris, 1968.

[2] Contrôlabilité exacte des systèmes distribués. C.R. Acad. Sc. Paris, t. 302, 1986, 471–475.

[3] Exact controllability, stabilization and pertubations for distributed systems. J. Von Neumann Lecture, Boston 1986. SIAM Review, March 1988.

[4] *Contrôlabilité exacte des systèmes distribués*, Vol. 2 Pertubations. Masson, 1988. Collection RMA.

[5] *Contrôlabilité exacte des systèmes distribués*, Vol. 3 Stabilisation. Masson. En préparation.

[6] Exact controllability, stabilization and singular perturbations. Colloque P. Lax, Berkeley, 1986.

[7] Contrôlabilité exacte et pertubations singulières (II). La méthode de dualité. Dans *Applications of Multiple Scaling in Mechanics*, Ed. par P. G. CIARLET et E. SANCHEZ PALENCIA. Collection RMA, Masson, 1987.

[8] Function spaces and optimal control of distributed systems. Conférence à l'Université Fédérale de Rio de Janeiro, 1980.

[9] *Some methods in the mathematical analysis of systems and their control.* Science Press, Beijing et Gordon and Breach, 1981.

[10] Some remarks on the optimal control of singular distributed systems. Berkeley.

[11] *Equations Différentielles Opérationnelles et Problèmes aux Limites.* Springer-Grundlehren, t. 111, 1961.

[12] *Contrôle des systèmes distribués singuliers.* Gauthier-Villars, Collection M.M.I. t. 13, 1983.

[13] Un résultat de régularité pour l'opérateur $\frac{\partial^2}{\partial t^2} + \Delta^2$, dans *Current Topics in Partial Differential Equations,* papers dedicated to S. MIZOHATA, ed. by Y. OHYA et al. Kinokuniya Company, Tokyo, 1986.

[14] Some remarks on uniqueness properties. Edinburgh, 1986.

[15] Colloque de Tbilissi, 1987.

LIONS, J.-L. & E. MAGENES

[1] *Problèmes aux limites non homogènes et applications*, Vol. 1 et 2. Dunod, Paris, 1968.

W. LITTMAN

[1] Boundary control theory for hyperbolic and parabolic equations with constant coefficients. Annali Sc. N. Sup. Pisa. IV. (1978), 567–580.

W. LITTMAN & L. MARKUS

[1] Exact boundary controllability of a hybrid system of elasticity. Univ. of Minnesota Tech. Report, 1987.

Y. MEYER

[1] Travail à paraître sur le contrôle ponctuel.

K. NARUKAWA

[1] Boundary value control of thermoelastic systems. Hiroshima Math. J. 13 (1983), 227–272.

A. PAZY

[1] *Semi-groups of linear operators and applications to partial differential equations.* Springer-Verlag, 1983.

T.R. ROCKAFELLAR

[1] Duality and stability in extremum problems involving convex functionals. Pac. J. Math. 21 (1967), 167–187.

D.L. RUSSELL

[1] Controllability and stabilization theory for linear partial differential equations. Recent progress and open questions. SIAM Rev. 20 (1978), 639–739.

[2] A unified boundary controllability theory. Studies in applied Math. 52 (1973), 189–211.

[3] The Dirichlet-Neumann boundary control problem associated with Maxwell's equations in a cylindrical region. SIAM J. Control and Optimization. 24 (2) (1986), 199–229.

S. TIMOSHENKO, D.H. YOUNG, & W. WEAVER Jr.

[1] *Vibration problems in engineering.* John Wiley, 1974 (4eme édition).

K. YOSIDA

[1] *Functional analysis.* Springer-Verlag, Grundlehren, t. 123, 1974 (4eme édition).

E. ZUAZUA

[1] Contrôlabilité exacte d'un modèle de plaques vibrantes en un temps arbitrairement petit. C.R. Acad. Sc. Paris, t. 304, Série I, n° 7, 1987, 173–176.

[2] Contrôle simultané de deux équations des ondes. A paraître.

[3] Contrôle simultané de systèmes couplés. A paraître.

[4] Exact controllability of distributed systems for arbitrarily small time. Proceedings of the 26th IEEE Conference on Decision and Control, Los Angeles, 1987.

[5] Contrôlabilité exacte de systèmes d'évolution non-linéaires. C.R. Acad. Sc. Paris. A paraître.

附录 1　一些平板模型在任意小时间内的精确能控性 (E. ZUAZUA)

1　引言

根据我们对系统的作用方式, 算出能控性的最小时间, 这是在发展系统的精确能控性研究中提出的重要的问题之一.

当系统是双曲型的时候, 精确能控性只有在充分长的时间后才能实现. 有鉴于此, 当相关于一个非双曲系统时, 期盼在任意小时间内的精确能控性, 就是很自然的了.

本附录的目的是, 对本卷第四、五章中已经考虑过的一些模型, 证明在任意小时间内的精确能控性.

为了演示我们证明的结论并将它们与前面得到的结论作比较, 考察下面的典型问题 (在第 2 节中将做详细研究).

设 Ω 是 $\mathbb{R}^n$ 中的区域, 其边界 Γ 是 C^∞ 阶的; 设 $T>0$.

我们考察下面的发展系统

$$y''-\Delta^2 y=0 \qquad 在\ Q=\Omega\times(0,T)\ 内 \tag{1.1}$$

以及初始条件和边界条件

$$y(0)=y^0,\ y'(0)=y^1 \qquad 在\ \Omega\ 内, \tag{1.2}$$

$$y=u,\ \frac{\partial y}{\partial\nu}=v \qquad 在\ \Sigma=\Gamma\times(0,T)\ 上. \tag{1.3}$$

它所关联的系统, 在维数 $n=2$ 的情形, 以非常简化的方式, 描述了一个平板 Ω 的振动. (参见 J. LAGNESE 和 J.-L. LIONS [4] 中其他模型的研究.)

我们关心这个系统的精确能控性，也就是说，对给定的 $T>0$ 和已知的初始条件 $\{y^0,y^1\}$, 是否有可能找到一对控制 $\{u,v\}$, 使得

$$y(T)=y'(T)=0 \quad \text{在 } \Omega \text{ 内}.$$

在本卷的第四章第 3 节中, 对我们仅有一个控制的情形, 已经考察过这个问题了, 也即, 在下面的约束下

$$u=0, \tag{1.4}$$

并且此处 v 仅与部分边界相交.

简要回顾一下已有的结论. 对 $x^0\in\mathbb{R}^n$, 记 $m(x)=x-x^0$. 我们考察侧边界 Σ 的通常的划分:

$$\begin{aligned}&\Sigma(x^0)=\Gamma(x^0)\times(0,T),\\&\Sigma_*(x^0)=\Sigma\backslash\Sigma(x^0)=\Gamma_*(x^0)\times(0,T),\end{aligned} \tag{1.5}$$

其中

$$\begin{aligned}&\Gamma(x^0)=\{x\in\Gamma\,|\,m(x)\cdot\nu(x)>0\},\\&\Gamma_*(x^0)=\Gamma\backslash\Gamma(x^0),\end{aligned} \tag{1.6}$$

此处 "$\nu(x)$" 记为 Ω 在 $x\in\Gamma$ 处的单位外法向量.

本卷第四章定理 3.4 中证明的结论如下:

$$\begin{aligned}&\text{存在 } T(x^0)>0 \text{ 使得当 } T>T(x^0) \text{ 时，对所有的 } \{y^0,y^1\}\in L^2(\Omega)\times H^{-2}(\Omega)\\&\text{存在控制 } v\in L^2(\Sigma(x^0)) \text{ 使得 (1.1)(1.2)(1.3) 的解}\\&y=y(v) \text{ 满足 } y(T)=y'(T)=0.\end{aligned} \tag{1.7}$$

这个结论证明了, 对充分大的 T, 在空间 $L^2(\Omega)\times H^{-2}(\Omega)$ 中系统的能控性, 其中边界条件的形式为

$$y=0 \text{ 在 } \Sigma \text{ 上},\quad \frac{\partial y}{\partial\nu}=\begin{cases}v & \text{在 } \Sigma(x^0) \text{ 上},\\ 0 & \text{在 } \Sigma_*(x^0) \text{ 上},\end{cases}\quad v\in L^2(\Sigma(x^0)). \tag{1.8}$$

同时, 正像我们已经指出的，系统的非双曲性允许我们预期在任意小时间内的精确能控性.

[9] 中证明了这方面的第一个结论, 但是采用的是两个控制 $\{u,v\}$ 而不是仅一个控制. 在 [9] 中实际上证明了系统 (1.1) (1.2) (1.3) 的精确能控性, 时间是任意小的, 空间是 $L^2(\Omega)\times H^{-2}(\Omega)$, 而 $v\in L^2(\Sigma(x^0))$, 同时控制 u 可以选取得任意正则, 并且支撑集可以任意小.

这个结论的证明, 关键之处在于利用下面的唯一性准则, 它对任意小的 $T>0$ 以及 Σ 的任意非空开子集 Σ_1 都成立:

$$\begin{cases}\Phi''+\Delta^2\Phi=0 & \text{在 } Q \text{ 内},\\ \Phi=\dfrac{\partial\Phi}{\partial\nu}=0 & \text{在 } \Sigma \text{ 上},\\ \Delta\Phi=\dfrac{\partial\Delta\Phi}{\partial\nu}=0 & \text{在 } \Sigma_1 \text{ 上},\end{cases}\quad\Rightarrow\quad \Phi\equiv 0. \tag{1.9}$$

这个唯一性结论是用 Holmgren 定理证明的 (参见 L. HÖRMANDER [3], 定理 5.3.3, 在本卷的第四章引理 3.6 中有回顾).

在后面的第二节中我们将证明, 第二个控制 u 的作用实际上并不是必须的, 取 $u=0$ 我们仍有在任意小时间内的精确能控性.

这个结论已经发布在 [10] 中了.

这个结论的证明依靠本卷第四章定理 3.7 的使用, 它将问题归结于得到下面的唯一性准则:

$$\begin{cases}T>0 \text{ 任意},\\ \Phi''+\Delta^2\Phi=0 & \text{在 } Q \text{ 内},\\ \Phi=\dfrac{\partial\Phi}{\partial\nu}=0 & \text{在 } \Sigma \text{ 上},\\ \Delta\Phi=0 & \text{在 } \Sigma(x^0) \text{ 上},\end{cases}\quad\Rightarrow\quad \Phi\equiv 0. \tag{1.10}$$

必须指出, (1.10) 的结论不是 Holmgren 唯一性定理的推论, 为了证明它, 我们采用了由 C. BARDOS, G. LEBEAU 和 J. RAUCH 在 [1] 中为了研究波动方程的精确能控性引进的一个技巧.

我们将介绍的方法是具有一般性的, 特别地, 它可以用来得到各种非双曲的发展系统在任意小时间内的精确能控性.

在后面的第 3, 4 节我们简要地研究分别在本卷第四章第 4 节和第五章第 3 节中考虑过的模型, 并且证明它们在任意小时间内的精确能控性.

2 Dirichlet 型边界条件

我们考察在引言中介绍的系统 (1.1) (1.2) (1.3), 并加上约束 (1.4).

我们主要的结论如下:

定理 2.1 设 Ω 是 $\mathbb{R}^n$ 中的有界区域, 其边界 Γ 是 C^3 阶的. 设 $x^0\in\mathbb{R}^n$ 及 $T>0$ 均为任意的.

那么, 对所有的初始值

$$\{y^0,y^1\}\in L^2(\Omega)\times H^{-2}(\Omega) \tag{2.1}$$

存在控制

$$v\in L^2(\Sigma(x^0)) \tag{2.2}$$

使得下面方程组的解 $y=y(v)$

$$\begin{cases} y''+\Delta^2 y=0 & \text{在 } Q \text{ 内},\\ y=0 & \text{在 } \Sigma \text{ 上},\\ \dfrac{\partial y}{\partial\nu}=\begin{cases} v & \text{在 } \Sigma(x^0) \text{ 上},\\ 0 & \text{在 } \Sigma_*(x^0) \text{ 上},\end{cases} \\ y(0)=y^0,\ y'(0)=y^1 & \text{在 } \Omega \text{ 内}\end{cases} \tag{2.3}$$

满足 $y(T)=y'(T)=0$ 在 Ω 内.

证明 正如我们已经在引言中所说的, 由本卷第四章定理 3.7, 只需证明下面的唯一性准则:

命题 2.1 设 Ω 是 $\mathbb{R}^n$ 中的有界区域，其边界 Γ 是 C^3 阶的. 设 $x^0\in\mathbb{R}^n$ 及 $T>0$.

那么, 若

$$\Phi\in X=L^\infty(0,T;H_0^2(\Omega))\cap W^{1,\infty}(0,T;L^2(\Omega)) \tag{2.4}$$

是下面方程的解

$$\Phi''+\Delta^2\Phi=0 \qquad \text{在 } Q \text{ 内} \tag{2.5}$$

使得

$$\Delta\Phi=0 \qquad \text{在 } \Sigma(x^0) \text{ 上} \tag{2.6}$$

则有 $\Phi\equiv 0$.

证明 显然只要证明，下面定义的 Hilbert 空间 Y

$$Y=\{\Phi\in X \text{ 满足 } (2.5)(2.6)\}$$

赋予由 X 引进的范数，满足

$$Y=\{0\}. \tag{2.7}$$

我们分成两步进行.

步骤 1 我们先证明下面的

引理 2.1 向量空间 Y 是有限维的.

引理 2.1 的证明

1) 由本卷第四章估计式 (3.127), 存在常数 $C>0$ 使得

$$E_0 \leqslant C(||\Delta\Phi||^2_{L^2(\Sigma(x^0))} + ||\Phi||^2_{L^\infty(0,T;H_0^1(\Omega))}), \quad \forall\Phi\in X \text{ 为 (2.5) 的解}, \tag{2.8}$$

其中

$$E_0 = \frac{1}{2}(|\Delta\Phi(0)|^2 + |\Phi'(0)|^2), \tag{2.9}$$

此处 $|\cdot|$ 记为 $L^2(\Omega)$ 的范数.

我们很容易地证明

$$\begin{aligned}&\exists C>0 \quad \forall\Phi\in X \text{ 为 (2.5) 的解}\\ &||\Phi||^2_{L^\infty(0,T;H_0^1(\Omega))} \leqslant C(||\Delta\Phi||^2_{L^2(\Sigma(x^0))} + ||\Phi||^2_{L^\infty(0,T;L^2(\Omega))}),\end{aligned} \tag{2.10}$$

因而

$$E_0 \leqslant C(\int_{\Sigma(x^0)} |\Delta\Phi|^2 \mathrm{d}\Sigma + ||\Phi||^2_{L^\infty(0,T;L^2(\Omega))}), \quad \forall\Phi\in X \text{ 为 (2.5) 的解} \tag{2.11}$$

对足够大的 $C>0$ 成立.

事实上, 我们用反证法. 若 (2.10) 不成立, 则存在一串 (2.4) (2.5) 的解 Φ_n, 使得

$$\int_{\Sigma(x^0)} |\Delta\Phi_n|^2 \mathrm{d}\Sigma + ||\Phi_n||^2_{L^\infty(0,T;L^2(\Omega))} \xrightarrow{n\to+\infty} 0 \tag{2.12}$$

且

$$||\Phi_n||_{L^\infty(0,T;H_0^1(\Omega))} = 1. \tag{2.13}$$

但是由 (2.8) 以及能量守恒定律, 可推出

$$\Phi_n \text{ 在 } X \text{ 中有界}, \tag{2.14}$$

因而, 由 $X\to L^\infty(0,T;H_0^1(\Omega))$ 的嵌入的紧性 (参见 J. SIMON [8])

$$\Phi_n \text{ 在 } L^\infty(0,T;H_0^1(\Omega)) \text{ 中是相对紧的}. \tag{2.15}$$

必要时可抽取一个子列, 我们有

$$\Phi_n \xrightarrow{n\to+\infty} \Phi \text{ 在 } L^\infty(0,T;H_0^1(\Omega)) \text{ 中强收敛}. \tag{2.16}$$

而由 (2.13)

$$||\Phi||_{L^\infty(0,T;H_0^1(\Omega))} = 1. \tag{2.17}$$

但是 $||\Phi_n||^2_{L^\infty(0,T;L^2(\Omega))} \xrightarrow{n\to+\infty} 0$; 因而 $\Phi\equiv 0$, 这与 (2.17) 矛盾.

2) 由 (2.11) 出发, 引理的证明可以很容易地推出. 就是在这个地方, 我们采用 [1] 中的方法.

我们注意到, 若 $\Phi \in Y$, 那么 $\zeta = \Phi'$, 满足 (2.5) (2.6) 且 $\zeta \in L^\infty(0,T;L^2(\Omega))$. 由 (2.11) 我们因而有

$$\{\zeta(0),\zeta'(0)\} \in H_0^2(\Omega) \times L^2(\Omega),$$

由能量守恒定律 $\zeta \in X$. 我们因而有

$$\Phi \to \Phi' \text{ 是 } Y \to Y \text{ 的连续映射}. \tag{2.18}$$

由 J. SIMON [8] 中的结论, 我们可以很容易地证明

$$\text{嵌入 } \{\Phi \in Y, \Phi' \in Y\} \to Y \text{ 是紧的}. \tag{2.19}$$

所以由 (2.18) (2.19), 我们推出, Y 的维数是有限的. 这就完成了引理的证明. ■

步骤 2 现在说明实际上可推出空间 Y 是 $\{0\}$.

设 $Y \neq \{0\}$.

由 (2.18), 我们将事情 "复化", 存在 $\lambda \in \mathbb{C}$ 及 $\Phi \in Y - \{0\}$ 使得

$$\Phi' = \lambda\Phi. \tag{2.20}$$

因而 (2.20) 意味着

$$\Phi(x,t) = \exp(\lambda t)\Phi(x,0). \tag{2.21}$$

由 (2.5) (2.6) 和 (2.21) 我们推出

$$\begin{cases} \Phi \in L^\infty(\mathbb{R};H_0^2(\Omega)) \cap W^{1,\infty}(\mathbb{R};L^2(\Omega)), & \\ \Phi'' + \Delta^2\Phi = 0 & \text{在 } \Omega \times (-\infty,+\infty) \text{ 内}, \\ \Delta\Phi = 0 & \text{在 } \Gamma(x^0) \times (-\infty,+\infty) \text{ 上}. \end{cases} \tag{2.22}$$

但是由本卷第四章推论 3.2 证明中的唯一性准则, 我们知道 (2.22) 意味着 $\Phi \equiv 0$. 于是我们推出矛盾, 这就完成了命题 2.1 的证明. ■

正如我们已经指出过的, 定理 2.1 现在是本卷第四章定理 3.7 和命题 2.1 的推论.

事实上, 从估计式 (2.11) (或 (2.8)) 和命题 2.1 出发, 我们可建立估计式

$$\forall T > 0, \exists C > 0 \text{ 使得 } E_0 \leqslant C\int_{\Sigma(x^0)} |\Delta\Phi|^2 \mathrm{d}\Sigma, \qquad \forall\Phi \in X \text{ 为 (2.5) 的解}, \tag{2.23}$$

然后我们再应用 HUM. ■

3 边界条件加在 y 和 Δy 上

在这一节里我们研究下述系统的精确能控性

$$\begin{cases} y''+\Delta^2 y=0 & \text{在 } Q \text{ 内}, & (3.1)\\ y(0)=y^0,\ y'(0)=y^1 & \text{在 } \Omega \text{ 内}, & (3.2)\\ y=\begin{cases} v_0 & \text{在 } \Sigma(x^0) \text{ 上},\\ 0 & \text{在 } \Sigma_*(x^0) \text{ 上},\end{cases} & & \\ \Delta y=\begin{cases} v_1 & \text{在 } \Sigma(x^0) \text{ 上},\\ 0 & \text{在 } \Sigma_*(x^0) \text{ 上}.\end{cases} & & (3.3)\end{cases}$$

这个问题已经在本卷第四章第 4 节中考察过了, 并得到了下面的结论:

$$\begin{aligned}&\forall x^0\in\mathbb{R}^n\ \exists T(x^0)>0 \text{ 使得当 } T>T(x^0) \text{ 时, 则}\\ &\forall\{y^0,y^1\}\in H^{-1}(\Omega)\times V',\\ &\text{其中} V=\{\phi\in H^3\cap H_0^1(\Omega)\,|\,\Delta\phi=0 \text{ 在 } \Gamma \text{ 上}\},\\ &\exists\{v_0,v_1\}\in L^2(\Sigma(x^0))\times(H^1(0,T;L^2(\Gamma(x^0))))'\\ &\text{使得 (3.1)(3.2)(3.3) 的解 } y=y(v) \text{ 满足}\\ &y(T)=y'(T)=0.\end{aligned}\tag{3.4}$$

在此, 我们将证明这个系统对任意 $T>0$ 的精确能控性, 更加明确地, 我们有如下的结论, 曾被发布在 [9] 中.

定理 3.1 设 Ω 是 $\mathbb{R}^n$ 中的有界区域, 其边界 Γ 是 C^4 阶的. 设 $x^0\in\mathbb{R}^n$ 和 $T>0$ 均是任意的.

那么对所有的初始值

$$\{y^0,y^1\}\in H^{-1}(\Omega)\times V'\tag{3.5}$$

存在一对控制

$$\{v_0,v_1\}\in L^2(\Sigma(x^0))\times(H^1(0,T;L^2(\Gamma(x^0))))'\tag{3.6}$$

使得系统 (3.1) (3.2) (3.3) 的解 y 满足

$$y(T)=y'(T)=0.$$

证明 运用 HUM 后, 定理的证明归结到下面估计式的取得

$$\begin{aligned}&\exists C>0 \text{ 使得 } E_0\leqslant C\int_{\Sigma(x^0)}\Big(\Big|\frac{\partial\Phi'}{\partial\nu}\Big|^2+\Big|\frac{\partial\Delta\Phi}{\partial\nu}\Big|^2\Big)\mathrm{d}\Sigma,\\ &\forall\Phi\in X=L^\infty(0,T;V)\cap W^{1,\infty}(0,T;H_0^1(\Omega)) \text{ 为下面的解}\end{aligned}\tag{3.7}$$

$$\begin{cases}\Phi'' + \Delta^2\Phi = 0 & \text{在 } Q \text{ 内},\\ \Phi(0) = \Phi^0 \in V,\ \Phi'(0) = \Phi^1 \in H_0^1(\Omega), & \\ \Phi = \Delta\Phi = 0 & \text{在 } \Sigma \text{ 上},\end{cases} \tag{3.8}$$

其中

$$E_0 = \frac{1}{2}(|\nabla\Delta\Phi^0|^2 + |\nabla\Phi^1|^2), \tag{3.9}$$

此处 $|\cdot|$ 记为 $(L^2(\Omega))^n$ 的范数.

证明的方法与第 2 节中引进的方法类似.

步骤 1 由本卷第四章的恒等式 (4.75), 我们有

$$2TE_0 \leqslant C\int_{\Sigma(x^0)}(|\frac{\partial\Phi'}{\partial\nu}|^2 + |\frac{\partial\Delta\Phi}{\partial\nu}|^2)\mathrm{d}\Sigma + |(\Phi'(t), m_k\frac{\partial\Delta\Phi}{\partial x_k}(t) + \frac{n}{2}\Delta\Phi(t))|_0^T|, \tag{3.10}$$
$\forall\Phi \in X$ 为 (3.8) 的解,

此处 $(\cdot,\cdot)$ 记为 $L^2(\Omega)$ 的数量积.

对 $C > 0$ 充分大, 我们有

$$\begin{aligned}\big|(\Phi'(t), m_k\frac{\partial\Delta\Phi}{\partial x_k}(t) + \frac{n}{2}\Delta\Phi(t))|_0^T\big| &= \big|(\Delta\Phi(t), \frac{\partial}{\partial x_k}(m_k\Phi'(t)) - \frac{n}{2}\Delta\Phi'(t))|_0^T\big|\\ &\leqslant TE_0 + C||\Delta\Phi||^2_{L^\infty(0,T;L^2(\Omega))}.\end{aligned} \tag{3.11}$$

因而联合 (3.10) 和 (3.11) 我们得到, 对充分大的 $C > 0$,

$$E_0 \leqslant C(\int_{\Sigma(x^0)}(|\frac{\partial\Phi'}{\partial\nu}|^2 + |\frac{\partial\Delta\Phi}{\partial\nu}|^2)\mathrm{d}\Sigma + ||\Delta\Phi||^2_{L^\infty(0,T;L^2(\Omega))}), \tag{3.12}$$
$\forall\Phi \in X$ 为 (3.8) 的解.

步骤 2 采用前面引理 2.1 证明的步骤 1 中使用的紧性推理, 我们可得

$$||\Delta\Phi||^2_{L^\infty(0,T;L^2(\Omega))} \leqslant C(\int_{\Sigma(x^0)}(|\frac{\partial\Phi'}{\partial\nu}|^2 + |\frac{\partial\Delta\Phi}{\partial\nu}|^2)\mathrm{d}\Sigma + ||\Phi||^2_{L^\infty(0,T;L^2(\Omega))}), \tag{3.13}$$
$\forall\Phi \in X$ 为 (3.8) 的解,

即有

$$E_0 \leqslant C(\int_{\Sigma(x^0)}(|\frac{\partial\Phi'}{\partial\nu}|^2 + |\frac{\partial\Delta\Phi}{\partial\nu}|^2)\mathrm{d}\Sigma + ||\Phi||^2_{L^\infty(0,T;L^2(\Omega))}), \tag{3.14}$$
$\forall\Phi \in X$ 为 (3.8) 的解.

步骤 3 我们接着证明下面的唯一性准则:

引理 3.1 在定理 3.1 的假设下，若 $\Phi \in X$ 是 (3.8) 的一个解且

$$\frac{\partial \Phi'}{\partial \nu} = \frac{\partial \Delta \Phi}{\partial \nu} = 0 \qquad \text{在 } \Sigma(x^0) \text{ 上}, \tag{3.15}$$

那么 $\Phi \equiv 0$.

这个引理可以用两种不同的方法证明.

证明 1 这完全与命题 2.1 的证明类似.

我们首先证明，从估计式 (3.14) 出发，向量空间

$$Y = \{\Phi \in X \text{ 满足 (3.8) 和 (3.15)}\}$$

是有限维的.

利用本卷第四章推论 4.2 的唯一性准则，我们接着证明，事实上 $Y = \{0\}$. ■

证明 2 引理 3.1 同样也是 Holmgren 唯一性定理的直接推论 (参见本卷第四章 4.8 节). ■

步骤 4 由 (3.14), 为了得到估计式 (3.7), 只要证明对充分大的 $C > 0$

$$\begin{aligned}&||\Phi||^2_{L^\infty(0,T;L^2(\Omega))} \leqslant C \int_{\Sigma(x^0)} \left(\left|\frac{\partial \Phi'}{\partial \nu}\right|^2 + \left|\frac{\partial \Delta \Phi}{\partial \nu}\right|^2\right) \mathrm{d}\Sigma,\\ &\forall \Phi \in X \text{ 为 (3.8) 的解}.\end{aligned} \tag{3.16}$$

我们用反证法. 若 (3.16) 不成立，则存在一串 (3.8) 的解 Φ_n, 使得

$$\int_{\Sigma(x^0)} \left(\left|\frac{\partial \Phi'_n}{\partial \nu}\right|^2 + \left|\frac{\partial \Delta \Phi_n}{\partial \nu}\right|^2\right) \mathrm{d}\Sigma \xrightarrow{n \to +\infty} 0. \tag{3.17}$$

$$||\Phi_n||^2_{L^\infty(0,T;L^2(\Omega))} = 1, \qquad \forall n \in \mathbb{N}. \tag{3.18}$$

从 (3.14)(3.17)(3.18) 可得

$$\Phi_n \text{ 在 } X \text{ 中有界}, \tag{3.19}$$

再由紧性 (参见 J. SIMON [8])

$$\Phi_n \text{ 在 } L^\infty(0,T;L^2(\Omega)) \text{ 中是相对紧的}. \tag{3.20}$$

必要时可抽取子列, 我们因而有

$$\begin{aligned}&\Phi_n \xrightarrow{n \to +\infty} \Phi \qquad \text{在 } L^\infty(0,T;V) \text{ 中} \qquad \text{弱 * 收敛},\\ &\Phi'_n \xrightarrow{n \to +\infty} \Phi' \qquad \text{在 } L^\infty(0,T;H^1_0(\Omega)) \text{ 中} \qquad \text{弱 * 收敛},\end{aligned} \tag{3.21}$$

$$\Phi_n \xrightarrow{n \to +\infty} \Phi \qquad \text{在 } L^\infty(0,T;L^2(\Omega)) \text{ 中} \qquad \text{强收敛}, \tag{3.22}$$

因而，由 (3.18),

$$||\Phi||^2_{L^\infty(0,T;L^2(\Omega))}=1. \tag{3.23}$$

从 (3.17) 和 (3.21) 我们推出, $\Phi\in X$ 是 (3.8) 的解且满足 (3.15), 而由引理 3.1 有, $\Phi\equiv 0$. 因而我们引出矛盾.

这就完成了估计式 (3.7) 和定理 3.1 的证明. ■

注 3.1 为了精确控制系统 (3.1) (3.2) (3.3), 我们采用了两个控制 (而不是前一节中考察的一个控制的情形). 也就是说, 必须注意这两个控制不是独立的 (它们的联系在应用 HUM 时就可以清楚地看出来了, 参见本卷第四章 4.7 节).

事实上, 我们有

$$\begin{aligned} v_0&=-\frac{\partial\Delta\Phi}{\partial\nu},\\ v_1&=\frac{\partial}{\partial t}\Big(\frac{\partial\Delta\Phi'}{\partial\nu}\Big), \end{aligned} \tag{3.24}$$

此处 Φ 记为 (3.8) 的解 $\Phi\in X$ (它由 HUM 给出). 我们指出, $(3.24)_2$ 中的导数 $\dfrac{\partial}{\partial t}$, 不是取在广义函数的意义下的，而是取在 $H^1(0,T;L^2(\Gamma(x^0)))$ 和它的对偶空间 $(H^1(0,T;L^2(\Gamma(x^0))))'$ 之间的对偶意义下的.

这个系统仅在一个控制的作用下的精确能控性基本上还是一个未解决的问题.

这个方向上的一个正面的结论属于 J. BALL (参见本卷第四章第 4.8 节). 这些结论相应于 Ω 是 $\mathbb{R}^n$ 中的一个矩形. 一般的情形还是一个未解决的问题. ■

4 同时精确能控性

在本节中我们研究下述系统的精确能控性

$$\begin{cases} y_i''+\Delta^2 y_i=0 & \text{在 } Q \text{ 内}, i=1,2,\\ y_1=0, \dfrac{\partial y_1}{\partial\nu}=v_1 & \text{在 } \Sigma \text{ 上},\\ y_2=\begin{cases} v_2 \\ 0\end{cases} & \begin{matrix}\text{在 } \Sigma(x^0) \text{ 上},\\ \text{在 } \Sigma_*(x^0) \text{ 上},\end{matrix}\\ \Delta y_2=v_1' & \text{在 } \Sigma \text{ 上},\\ y_i(0)=y_i^0, y_i'(0)=y_i^1 & \text{在 } \Omega \text{ 内}, i=1,2. \end{cases} \tag{4.1}$$

这个问题已经在本卷第五章第 3 节中考察过了. 我们取得了下面的结果:

$$\begin{aligned}&\forall x^0 \in \mathbb{R}^n\ \exists T(x^0) > 0 \text{ 使得当 } T > T(x^0) \text{ 时, 则}\\&\forall \{y_1^0, y_1^1, y_2^0, y_2^1\} \in L^2(\Omega) \times H^{-2}(\Omega) \times H^{-1}(\Omega) \times V',\\&\text{其中 } V = \{\phi \in H^3 \cap H_0^1(\Omega) \,|\, \Delta\phi = 0 \text{ 在 } \Gamma \text{ 上}\},\\&\exists \{v_1, v_2\} \in L^2(\Sigma) \times L^2(\Sigma(x^0))\\&\text{使得 (4.1) 的解 } \{y_1, y_2\} \text{ 满足}\\&y_i(T) = y_i'(T) = 0 \text{ 在 } \Omega \text{ 中}, i = 1, 2.\end{aligned} \tag{4.2}$$

本节的目的是证明, 事实上这个结论对任意的 $T > 0$ 都是正确的.

我们主要的结论如下:

定理 4.1 设 Ω 是 $\mathbb{R}^n$ 中的有界区域, 其边界 Γ 是 C^4 阶的. 设 $x^0 \in \mathbb{R}^n$ 和 $T > 0$ 均是任意的.

那么对所有的初始条件集

$$\{y_1^0, y_1^1, y_2^0, y_2^1\} \in L^2(\Omega) \times H^{-2}(\Omega) \times H^{-1}(\Omega) \times V' \tag{4.3}$$

存在一对控制

$$\{v_1, v_2\} \in L^2(\Sigma) \times L^2(\Sigma(x^0)) \tag{4.4}$$

使得系统 (4.1) 的解 $\{y_1, y_2\}$ 满足

$$y_i(T) = y_i'(T) = 0 \quad \text{在 } \Omega \text{ 内}, i = 1, 2.$$

证明 我们应用 HUM (细节参见本卷第五章第 3.3 节). 因而这就归结为研究下面的齐次系统

$$\begin{cases}\Phi_i'' + \Delta^2\Phi_i = 0 & \text{在 } Q \text{ 内}, i = 1, 2,\\ \Phi_1 = \dfrac{\partial\Phi_1}{\partial\nu} = 0 & \text{在 } \Sigma \text{ 上},\\ \Phi_2 = \Delta\Phi_2 = 0 & \text{在 } \Sigma \text{ 上},\\ \Phi_i(0) = \Phi_i^0,\ \Phi_i'(0) = \Phi_i^1 & \text{在 } \Omega \text{ 内}, i = 1, 2.\end{cases} \tag{4.5}$$

更明确地, 归结为得到下面的估计式

$$\begin{aligned}&E_0 \leqslant C\Big(\int_\Sigma \Big(\Delta\Phi_1 + \frac{\partial\Phi_2'}{\partial\nu}\Big)^2 \mathrm{d}\Sigma + \int_{\Sigma(x^0)} \Big|\frac{\partial\Delta\Phi_2}{\partial\nu}\Big|^2 \mathrm{d}\Sigma\Big),\\&\forall \{\Phi_1, \Phi_2\} \in X \text{ 为 (4.5) 的解},\end{aligned} \tag{4.6}$$

其中

$$X = (L^\infty(0, T; H_0^2(\Omega)) \cap W^{1,\infty}(0, T; L^2(\Omega))) \times (L^\infty(0, T; V) \cap W^{1,\infty}(0, T; H_0^1(\Omega))).$$

$$
\begin{aligned}
&E_0 = E_{01} + E_{02},\\
&E_{01} = \frac{1}{2}(|\Phi_1^1|^2 + |\Delta\Phi_1^0|^2),\\
&E_{02} = \frac{1}{2}(|\nabla\Phi_2^1|^2 + |\nabla\Delta\Phi_2^0|^2),
\end{aligned} \tag{4.7}
$$

此处用 $|\cdot|$ 既记为 $L^2(\Omega)$ 的范数也记为 $(L^2(\Omega))^n$ 的范数.

证明这个估计的方法依赖于本卷第五章以及前面几节中介绍的技术.

我们分几步进行.

步骤 1 由 (2.23) 和 (3.7) 我们有如下的估计:

$$
\begin{aligned}
&\forall T > 0, \exists C > 0 \text{ 使得}\\
&E_0 \leqslant C\int_{\Sigma(x^0)}\Big((\Delta\Phi_1)^2 + \Big(\frac{\partial\Phi_2'}{\partial\nu}\Big)^2 + \Big(\frac{\partial\Delta\Phi_2}{\partial\nu}\Big)^2\Big)\mathrm{d}\Sigma,\\
&\forall\{\Phi_1,\Phi_2\}\in X \text{ 为 (4.5) 的解}.
\end{aligned} \tag{4.8}
$$

步骤 2 由本卷第五章的恒等式 (3.23), 我们有:

$$
\int_\Sigma \Delta\Phi_1\frac{\partial\Phi_2'}{\partial\nu}\mathrm{d}\Sigma = ((\Phi_1'(t),\Phi_2'(t)) + (\Delta\Phi_1(t),\Delta\Phi_2(t)))|_0^T, \tag{4.9}
$$

因而对所有的 $\varepsilon > 0$, 存在 $C_\varepsilon > 0$ 使得

$$
\Big|\int_\Sigma \Delta\Phi_1\frac{\partial\Phi_2'}{\partial\nu}\mathrm{d}\Sigma\Big| \leqslant \varepsilon E_{01} + C_\varepsilon\big(||\Phi_2'||^2_{L^\infty(0,T;L^2(\Omega))} + ||\Delta\Phi_2||^2_{L^\infty(0,T;L^2(\Omega))}\big). \tag{4.10}
$$

我们指出为了得到 (4.9), 只需要将与 Φ_1(或与 Φ_2) 相应的方程乘以 Φ_2' (或乘以 Φ_1'), 并分部积分然后相加.

联合 (4.8) 和 (4.10), 取 $\varepsilon > 0$ 充分地小, 可得

$$
\begin{aligned}
E_0 \leqslant\ & C\Big(\int_\Sigma\Big(\Delta\Phi_1 + \frac{\partial\Phi_2'}{\partial\nu}\Big)^2\mathrm{d}\Sigma + \int_{\Sigma(x^0)}\Big(\frac{\partial\Delta\Phi_2}{\partial\nu}\Big)^2\mathrm{d}\Sigma\\
&+ ||\Phi_2'||^2_{L^\infty(0,T;L^2(\Omega))} + ||\Delta\Phi_2||^2_{L^\infty(0,T;L^2(\Omega))}\Big),\\
&\forall\{\Phi_1,\Phi_2\}\in X \text{ 为 (4.5) 的解}.
\end{aligned} \tag{4.11}
$$

步骤 3 利用前一节的推理方法, 我们证明实际上有

$$
\begin{aligned}
&||\Phi_2'||^2_{L^\infty(0,T;L^2(\Omega))} + ||\Delta\Phi_2||^2_{L^\infty(0,T;L^2(\Omega))}\\
\leqslant\ & C\Big(\int_\Sigma\Big(\Delta\Phi_1 + \frac{\partial\Phi_2'}{\partial\nu}\Big)^2\mathrm{d}\Sigma + \int_{\Sigma(x^0)}\Big(\frac{\partial\Delta\Phi_2}{\partial\nu}\Big)^2\mathrm{d}\Sigma + ||\Phi_2||^2_{L^\infty(0,T;L^2(\Omega))}\Big),
\end{aligned} \tag{4.12}
$$

因而

$$
\begin{aligned}
&E_0 \leqslant C\Big(\int_\Sigma\Big(\Delta\Phi_1 + \frac{\partial\Phi_2'}{\partial\nu}\Big)^2\mathrm{d}\Sigma + \int_{\Sigma(x^0)}\Big(\frac{\partial\Delta\Phi_2}{\partial\nu}\Big)^2\mathrm{d}\Sigma + ||\Phi_2||^2_{L^\infty(0,T;L^2(\Omega))}\Big),\\
&\forall\{\Phi_1,\Phi_2\}\in X \text{ 为 (4.5) 的解}.
\end{aligned} \tag{4.13}
$$

步骤 4 利用命题 2.1 的证明中提出的方法, 我们接着建立下面的唯一性准则.

引理 4.1 *在定理 4.1 的假设下, 若 $\{\Phi_1, \Phi_2\} \in X$ 是 (4.5) 的解且*

$$\begin{cases} \Delta\Phi_1 + \dfrac{\partial \Phi_2'}{\partial \nu} = 0 & 在 \ \Sigma \ 上, \\ \dfrac{\partial \Delta\Phi_2}{\partial \nu} = 0 & 在 \ \Sigma(x^0) \ 上, \end{cases} \tag{4.14}$$

我们有 $\Phi_1 \equiv \Phi_2 \equiv 0$.

步骤 5 利用定理 3.1 的证明中的步骤 4 的推理方法可从 (4.13) 和 (4.14) 出发得到 (4.6).

这就完成了定理的证明. ■

注 4.1 (4.1) 中的导数 v_1' 不是取在广义函数意义下的, 而是取在 $H^1(0,T;L^2(\Gamma))$ 和它的对偶空间的对偶意义下的. 因而 $v_1' \in (H^1(0,T;L^2(\Gamma)))'$. ■

5 一些注解

注 5.1 前几节中提出的结论说明了, 我们所考察的系统在任意小时间里的精确能控性, 其所在的空间是独立于 $x^0 \in \mathbb{R}^n$ 的选取的. 那么, 从应用的角度来看, 并且为了 "极小化" 控制的支撑集 $\Sigma(x^0)$, 我们可以设法取 $x^0 \in \mathbb{R}^n$, 使得 $\Gamma(x^0)$ 的 "尺寸" 达到 "最小". 同时, 显然以 $\Gamma(x^0)$ 形式出现的集合, 无论 $x^0 \in \mathbb{R}^n$ 如何取, 都是 Γ 的一个 "足够大的" 子集.

在已考察的三个情形中都有一个问题基本上还是未解决的, 控制的支撑集是在 Γ 的一个不包含任何 $\Gamma(x^0)$ 形式的子集内时的精确能控性. ■

注 5.2 我们所研究的非齐次系统的解是借助于转置的方法 (参见本卷第四、五章中相应的章节) 定义的. 这是些弱解. ■

注 5.3 本附录中证明的定理 3.1, 4.1 和 5.1 提供了精确能控性的 "典型" 结论. 借助于通常的改变范数的技术, 我们能够证明其他的变化形式. ■

注 5.4 在每一个我们证明了精确能控性的情形中, 我们实际上可以证明, 对给定的初始条件, 存在无穷多个控制, 将系统带到平衡状态. 由 HUM 给出的控制, 它是允许控制集中使得相应的二次函数达到最小的那个. 例如, 在第 2 节中的情形, 由 HUM 给出的控制, 它极小化了泛函

$$J(v) = \frac{1}{2}\int_{\Sigma(x^0)} |v|^2 \mathrm{d}\Sigma,$$

允许控制集为

$$\mathcal{U}_{\mathrm{ad}} = \{v \in L^2(\Sigma(x^0)) \,|\, y(T;v) = y'(T;v) = 0\}. \qquad ■$$

注 5.5 利用同样的证明方法, 我们证明的结论可以推广到下面形式的方程的情形

$$y'' + (-\Delta)^p y = 0 \qquad 在\ Q\ 内, \tag{5.1}$$

其中 $p \in \mathbb{N}$, $p > 2$ 并加上各种边界条件. ■

注 5.6 在 [10] 中我们证明了下面系统的内部精确能控性

$$\begin{cases} y'' + \Delta^2 y = h & 在\ Q\ 内, \\ y = \dfrac{\partial y}{\partial \nu} = 0 & 在\ \Sigma\ 上, \\ y(0) = y^0,\ y'(0) = y^1 & 在\ \Omega\ 内, \end{cases} \tag{5.2}$$

所用的时间是任意小的.

更加明确地, 我们建立了下面的结论.

在定理 2.1 的假设下, 设 ϑ 是 $\overline{\Gamma(x^0)}$ 在 Ω 中的任意一个邻域. 那么对所有的数值

$$\{y^0, y^1\} \in H_0^2(\Omega) \times L^2(\Omega) \tag{5.3}$$

存在控制 $h \in L^2(Q)$, h 的支撑集 $\subset \vartheta \times (0, T)$, 使得 (5.2) 的解 $y = y(h)$ 满足

$$y(T) = y'(T) = 0.$$

对 $y = \Delta y = 0$ 的边界条件, 可以证明一个类似的结论. ■

注 5.7 考察系统

$$\begin{cases} y'' + \Delta^2 y = 0 & 在\ Q\ 内, \\ y = v_1 & 在\ \Sigma\ 上, \\ \dfrac{\partial y}{\partial \nu} = \begin{cases} 0 \\ v_2 \end{cases} & \begin{matrix} 在\ \Sigma(x^0)\ 上, \\ 在\ \Sigma_*(x^0)\ 上, \end{matrix} \\ y(0) = y^0,\ y'(0) = y^1 & 在\ \Omega\ 内. \end{cases} \tag{5.4}$$

我们有下面的精确能控性:

"设 Ω 是 $\mathbb{R}^n$ 中的有界区域, 其边界 Γ 是 C^4 阶的. 设 $x^0 \in \mathbb{R}^n$, $T > 0$ 及

$$\{y^0, y^1\} \in H^{-1}(\Omega) \times (H^3 \cap H_0^2(\Omega))'.$$

那么, 存在一对控制

$$\{v_1, v_2\} \in L^2(\Sigma) \times L^2(0, T; (H^1(\Gamma_*(x^0)))')$$

使得 (5.4) 的解 $y(x, t)$ 满足

$$y(T) = y'(T) = 0."$$

我们指出这个结论和定理 2.1 是互补的. 在第 2 节中, 我们证明了, 在仅有一个加在 $\frac{\partial y}{\partial \nu}|_{\Sigma(x^0)}$ 上的控制, 而 $\frac{\partial y}{\partial \nu}|_{\Sigma_*(x^0)} = y|_\Sigma = 0$ 时, 系统的精确能控性. 本结论证明在约束 $\frac{\partial y}{\partial \nu}|_{\Sigma(x^0)} = 0$ 下的精确能控性.

我们指出, 当 Ω 关于 x^0 是星形区域时, 仅有一个加在 $y|_\Sigma$ 上的控制 v_1 时的精确能控性是可以实现的.

这个结论推广了先前 I. LASIECKA 和 R. TRIGGIANI [5], [6] 的结论, 由于技术的原因及其证明的复杂性, 它们必须要求 Ω 是严格星形的. 此外, 在一般的情形下, 在 [5], [6] 中, 控制 v_2 取成以整个 Σ 为支撑集.

证明的方法基本上就是我们在前面的章节中使用的方法. 我们分几步进行:

步骤 1 应用 HUM 后, 归结为建立下面的估计式:

$$||\Phi^0||^2_{H^3(\Omega)} + ||\Phi^1||^2_{H^1_0(\Omega)} \leqslant C\left(\int_\Sigma \left|\frac{\partial \Delta\Phi}{\partial \nu}\right|^2 \mathrm{d}\Sigma + \int_{\Sigma_*(x^0)} |\nabla_\sigma \Delta\Phi|^2 \mathrm{d}\Sigma\right) \tag{5.5}$$

对所有的 $\{\Phi^0, \Phi^1\} \in (H^3 \cap H^2_0(\Omega)) \times H^1_0(\Omega)$ 成立, 此处 $\Phi = \Phi(x,t)$ 记为下面的解

$$\begin{cases} \Phi'' + \Delta^2\Phi = 0 & \text{在 } Q \text{ 内}, \\ \Phi = \dfrac{\partial \Phi}{\partial \nu} = 0 & \text{在 } \Sigma \text{ 上}, \\ \Phi(0) = \Phi^0,\ \Phi'(0) = \Phi^1 & \text{在 } \Omega \text{ 内}. \end{cases}$$

步骤 2 利用通常的乘子法, 我们得到 (与本卷第四章第 4 节中一样, 这次我们使用的乘子为 $m \cdot \nabla\Delta\Phi$ 和 $\Delta\Phi$):

$$\begin{aligned} &\int_0^T \int_\Omega (|\nabla\Phi'|^2 + |\nabla\Delta\Phi|^2)\mathrm{d}x\mathrm{d}t \\ \leqslant &\int_\Sigma \frac{\partial \Delta\Phi}{\partial \nu} m \cdot \nabla\Delta\Phi \mathrm{d}\Sigma - \frac{1}{2}\int_\Sigma m\cdot\nu|\nabla\Delta\Phi|^2\mathrm{d}\Sigma + \frac{n}{2}\left|\int_\Sigma \frac{\partial\Delta\Phi}{\partial\nu}\Delta\Phi\mathrm{d}\Sigma\right| \\ &+ \left|\left(\Delta\Phi, \frac{\partial}{\partial x_k}(m_k\Phi') - \frac{n}{2}\Phi'\right)\Big|_0^T\right|. \end{aligned} \tag{5.6}$$

步骤 3 我们证明, 存在常数 $\gamma > 0$ 使得对所有的 $T > 0$, 我们有 (参见 [5], [6])

$$\gamma T(||\Phi^0||^2_{H^3(\Omega)} + ||\Phi^1||^2_{H^1_0(\Omega)}) \leqslant \int_0^T \int_\Omega (|\nabla\Phi'|^2 + |\nabla\Delta\Phi|^2)\mathrm{d}x\mathrm{d}t. \tag{5.7}$$

为此我们引进算子

$$A = \Delta^2 : H^2_0(\Omega) \to H^{-2}(\Omega),\ D(A) = H^4 \cap H^2_0(\Omega).$$

能量

$$E(t) = \frac{1}{2}(|A^{3/4}\Phi(t)|^2 + |A^{1/4}\Phi'(t)|^2)$$

沿着所有的轨道都是守恒的, 此外, 按照 P. GRISVARD [2], $(E(t))^{1/2}$ 在 $(H^3 \cap H_0^2(\Omega)) \times H_0^1(\Omega)$ 上定义了一个与 $H^3(\Omega) \times H^1(\Omega)$ 引出的范数等价的范数. 如此我们得到了 (5.7).

步骤 4 由本卷第四章第 3 节中的正向不等式，我们有

$$\int_\Sigma |\Delta\Phi|^2 \mathrm{d}\Sigma \leqslant C(||\Phi'||^2_{L^\infty(0,T;L^2(\Omega))} + ||\Delta\Phi||^2_{L^\infty(0,T;L^2(\Omega))}),$$

因而我们有，对充分大的 $C > 0$,

$$\begin{aligned}&\frac{n}{2}\Big|\int_\Sigma \frac{\partial\Delta\Phi}{\partial\nu}\Delta\Phi \mathrm{d}\Sigma\Big| + \Big|(\Delta\Phi, \frac{\partial}{\partial x_k}(m_k\Phi') - \frac{n}{2}\Phi')\Big|_0^T\Big|\\ \leqslant &\frac{\gamma T}{4}(||\Phi^0||^2_{H^3(\Omega)} + ||\Phi^1||^2_{H_0^1(\Omega)}) + C(||\Phi'||^2_{L^\infty(0,T;L^2(\Omega))} + ||\Delta\Phi||^2_{L^\infty(0,T;L^2(\Omega))}).\end{aligned} \tag{5.8}$$

此外, 按照 J.-L. LIONS [7], 我们有

$$\int_\Sigma |\nabla_\sigma\Delta\Phi|^2 \mathrm{d}\Sigma \leqslant C(||\Phi^0||^2_{H^3(\Omega)} + ||\Phi^1||^2_{H_0^1(\Omega)}).$$

因此，对于充分大的 $C > 0$,

$$\begin{aligned}&\int_\Sigma \frac{\partial\Delta\Phi}{\partial\nu} m\cdot\nabla\Delta\Phi \mathrm{d}\Sigma - \frac{1}{2}\int_\Sigma m\cdot\nu|\nabla\Delta\Phi|^2 \mathrm{d}\Sigma\\ \leqslant &\frac{1}{2}\int_\Sigma m\cdot\nu\Big|\frac{\partial\Delta\Phi}{\partial\nu}\Big|^2 \mathrm{d}\Sigma + \int_\Sigma \frac{\partial\Delta\Phi}{\partial\nu} m\cdot\nabla_\sigma\Delta\Phi \mathrm{d}\Sigma - \frac{1}{2}\int_{\Sigma_*(x^0)} m\cdot\nu|\nabla_\sigma\Delta\Phi|^2 \mathrm{d}\Sigma\\ \leqslant &\frac{\gamma T}{4}(||\Phi^0||^2_{H^3(\Omega)} + ||\Phi^1||^2_{H_0^1(\Omega)}) + C\Big(\int_\Sigma \Big|\frac{\partial\Delta\Phi}{\partial\nu}\Big|^2 \mathrm{d}\Sigma + \int_{\Sigma_*(x^0)} |\nabla_\sigma\Delta\Phi|^2 \mathrm{d}\Sigma\Big).\end{aligned} \tag{5.9}$$

联合 (5.6) (5.7) (5.8) (5.9), 我们得到

$$\begin{aligned}\frac{\gamma T}{2}(||\Phi^0||^2_{H^3(\Omega)} + ||\Phi^1||^2_{H_0^1(\Omega)}) \leqslant C\Big(&\int_\Sigma \Big|\frac{\partial\Delta\Phi}{\partial\nu}\Big|^2 \mathrm{d}\Sigma + \int_{\Sigma_*(x^0)} |\nabla_\sigma\Delta\Phi|^2 \mathrm{d}\Sigma\\ &+||\Phi'||^2_{L^\infty(0,T;L^2(\Omega))} + ||\Delta\Phi||^2_{L^\infty(0,T;L^2(\Omega))}\Big).\end{aligned} \tag{5.10}$$

步骤 5 由估计式 (5.10) 并且用前面章节中的推理方法, 我们就可得到下面的唯一性准则:

$$\begin{cases}\Phi'' + \Delta^2\Phi = 0 & 在\ Q\ 内,\\ \Phi = \dfrac{\partial\Phi}{\partial\nu} = \dfrac{\partial\Delta\Phi}{\partial\nu} = 0 & 在\ \Sigma\ 上,\\ \nabla_\sigma\Delta\Phi = 0 & 在\ \Sigma_*(x^0)\ 上,\end{cases} \quad\Longrightarrow \Phi \equiv 0.$$

从估计式 (5.10) 出发, 并采用前面章节中的方法, 就可以证明这个唯一性准则. 这个结论的一个详细的证明将在 [11] 中给出. ■

参考文献

[1] C. BARDOS, G. LEBEAU et J. RAUCH. Contrôle et stabilisation dans les problèmes hyperboliques, Appendice II de ce volume.

[2] P. GRISVARD. Une caractérisation de quelques espaces d'interpolation. Arch. Rat. Mech. Anal., 25 (1967), 40–63.

[3] L. HÖRMANDER. *Linear partial differential operators.* Springer-Verlag, 1976.

[4] J. LAGNESE et J.-L. LIONS. *Modelling, analysis and control of thin plates.* Masson, 1988. Collection RMA.

[5] I. LASIECKA et R. TRIGGIANI. Exact controllability of the Euler-Bernoulli equation with $L^2(\Sigma)$-control only in the Dirichlet boundary conditions, Atti de la Accademia Nazionali dei Lincei, Rendiconti Classe di Scienze fisiche, matematiche e naturali, Vol. LXXXI (1987), Roma.

[6] I. LASIECKA et R. TRIGGIANI. Exact controllability of the Euler-Bernoulli equation with controls in the Dirichlet and Neumann boundary conditions: A non-conservative case. A paraître.

[7] J.-L. LIONS. Un résultat de régularité pour l'opérateur $\frac{\partial^2}{\partial t^2} + \Delta^2$, dans *Current Topics in Partial Differential Equations*, papers dedicated to S. MIZOHATA, ed. by Y. OHYA et al. Kinokuniya Company, Tokyo, 1986.

[8] J. SIMON. Compact sets in the space $L^p(0, T; B)$. Annali di Matematica pura ed applicata. (IV), Vol. CXLVI (1987), 65–96.

[9] E. ZUAZUA. Contrôlabilité exacte d'un modèle de plaques vibrantes en un temps arbitrairement petit. C.R. Acad. Sc. Paris, t. 304, Série I, n° 7, 1987, 173–176.

[10] E. ZUAZUA. Exact controllability of distributed systems for arbitrarily small time. Proceedings of the 26th IEEE Conference on Decision and Control, Los Angeles, 1987.

[11] E. ZUAZUA. A paraître.

附录 2 双曲问题中的控制和镇定 (C. BARDOS, G. LEBEAU, J. RAUCH)

(由 C. BARDOS 根据现时的工作编辑)

1 引言

我们试图说明, 如何利用传播的概念来处理双曲方程解的控制和镇定问题. 非常特别地, 我们将给出实际上是充分和必要的条件, 使得我们施加作用的范围满足这些条件后, 我们就有精确能控性和镇定. 对于精确能控性, 我们采用本书演示的 HUM 方法. 但是, 此处我们得到的估计是这个方法的最优补充, 以便得到 (在与双曲问题有关的方面) 最精细的结论. 这项工作的主要部分专注于常系数波动方程的 Dirichlet 问题, 但是读者将注意到下面几点.

(i) 系数是常数这个事实, 可使记号明显地简化, 但是假如方程是变系数的, 只要这些系数是 C^∞ 或在有些情形是解析的, 证明仍然是完全成立的. 此外, 下面描述的一些证明步骤, 需要做局部的调整, 以变成一个半空间中的问题, 需要对 d'Alembert 算子做变换, 以变成用由 SJOSTRAND [31] 给出的典范形式的算子. 在这个层面上, 我们就不能只讨论常系数问题. 相反地, 在我们实际的工作中, 我们并没有涉及在具有 "角点" 区域上的问题或混合问题, 因为这已经由 P. GRISVARD [10] 完成了 (在特殊的几何性质下).

(ii) 能控性和镇定的必要的几何条件在此并不是第一次出现; 正文中对它们的

描述, 仅仅是重复一下有关散射理论或奇性传播理论的经典结论. 这种形式的第一个结论属于 RALSTON [29] (1969). 得到这个结论, 没有用到波前集的概念. 然而这个概念的使用, 特别在由 SJOSTRAND [32] (1980) 引进的解析传播的框架下, 能得到更快的证明、更精细的表述.

(iii) 精确能控性的证明基于 HUM 方法, 这需要证明一个先验不等式. 这个不等式的推导, 组成了我们的工作的主要部分, 它包含几个步骤:

(1) 得到局部或微局部正则性以及这个正则性的传播, 其中借助了 MELROSE 和 SJOSTRAND [25] 的结果.

(2) 唯一性定理的证明, 用了有限维数法.

(3) 闭图像定理的使用. 像我们将会看到的那样, 这最后一步并非平凡; 当然方法也是标准的. 我们描述并证明一个抽象的定理, 我们将称之为迹空间中的闭图像定理.

因而, 我们记算子 $\square$: $\square u = \partial_t^2 u - \Delta u$, 记 Ω 为 $\mathbb{R}^d$ 中的有界开集, 其边界 $\partial\Omega = \Gamma$ 是解析的. 我们记 ν 为这个开集的边界的外法向量, ∂_ν 为沿着这个法方向的导数. 我们引进 Γ 的子集 Γ_0, 以及数 T (为了确定起见, 是正的, 虽然有些情况下是可反转的), 我们主要考察下面两个典型问题.

问题 1 Dirichlet 问题的精确能控性

给出必要和充分条件, 使得我们能对所有的 Cauchy 值 (u_0, u_1), 相应给出一个控制 $g(x,t)$, 定义在 $\Gamma_0 \times (0,T)$ 上, 使得下面问题的解

$$\square u = 0 \quad 在\ \Omega \times (0,T)\ 内, \qquad (u(x,0), \partial_t u(x,0)) = (u_0(x), u_1(x)), \tag{1}$$

$$u|_{(\Gamma\setminus\Gamma_0)\times(0,T)} = 0, \quad u|_{\Gamma_0\times(0,T)} = g(x,t) \tag{2}$$

在 $t = T$, 满足关系式: $(u(x,T), \partial_t u(x,T)) = 0$.

那么, 我们称有精确能控性.

问题 2 位于边界的镇定

我们考察发展问题

$$\square u = 0 \quad 在\ \Omega \times \mathbb{R}_{t+}\ 内, \qquad (u(x,0), \partial_t u(x,0)) = (u_0(x), u_1(x)), \tag{3}$$

$$u|_{(\Gamma\setminus\Gamma_0)} = 0, \quad \partial_\nu u + \lambda(t)\partial_t u|_{\Gamma_0} = 0, \quad 对\ t \geqslant 0. \tag{4}$$

在 (4) 中, $\lambda(t)$ 记为一个正函数, 我们知道, 对正的 t 这个问题是适定的, 且若 Γ_0 是 Γ 的非空子集, 解的能量趋于零. 这个结果属于 IWASAKI [17], 出于完整性的考虑, 我们将给出一个简短的证明. 然而, 这个能量的衰减, 在某些情形下, 可能非常缓慢. 同样, 我们称镇定, 当我们对所有能量有限的初始值能够保证一个能量的指数衰减 (或者还要求是一致的).

我们打算证明的结果, 大致如下:

假如所有的光线遵循几何光学定律传播, 在 Ω 的边界反射 (同样遵循几何光学定律), 在时间段 $(0,T)$ 内, 至少与 Γ_0 相交一次, 那么有精确能控性. 反之, 若存在光线, 它不与 Γ_0 的闭包相交, 那么没有精确能控性. 假如存在时刻 T, 使得在时间段 $(0,T)$ 内, 所有的光线与 Γ_0 相交, 那么问题 (3) (4) 可镇定. 反之, 假如对所有的时刻 T, 至少存在一条光线, 在时间段 $(0,T)$ 内, 不与 Γ_0 相交, 那么不可镇定.

LASIECKA 和 TRIGGIANI [19] (同样参见 LIONS [21]) 证明了, 精确能控性意味着一个镇定化子的存在性. 此处, 我们分开处理这两个问题. 当然, 我们证明, 在类似的条件下, 它们两个都是可解的. 对于镇定, 我们采用了一个受精确能控性启发的方法, 但是它同时也是 "直接的" 方法. 代替证明镇定化子的存在性, 我们证明, 在 Ω 的部分边界上的边界条件 $\partial_t u+\lambda(t)\partial_\nu u=0$, 使这个问题得到了有效的镇定化. 所采用的证明同样能够用来分析采用下面的其他关系式的镇定 $\partial_t u+K(t)\partial_\nu u=0$, 其中 $K(x)$ 为一个合适的正的算子. 通过对定理的阅读我们将能够注意到, 推广到非线性算子是可随时实现的 (也可参见 KOMORNIK 和 ZUAZUA [18]).

传播和镇定的关系已经在 RAUCH 和 TAYLOR [30] 中指出了, 他们考察了, 要么是一个没有边界的集合 (代替 $\mathbb{R}^d$ 中的有界开集), 采用一个形式为 $b(x)\partial_t u$ 的项做出的镇定, 要么是一个边界条件, 而此时, Ω 退化成 $\mathbb{R}$ 中的有界区间. 基本的问题当然来自于边界, 更具体地, 来自于滑行光线, 这需要一个更加精细的定义. 这是后面几节的内容.

2　局部和微局部分析的记号和回顾

经验告诉我们, 忽略特别是时间变量所起的作用, 这经常是有益的. 按此想法, 在控制框架下, 我们记 $M=\Omega\times\mathbb{R}_t$, $\partial M=\Gamma\times\mathbb{R}_t$ (在镇定框架下, $M=\Omega\times\mathbb{R}_{t+}$, $\partial M=\Gamma\times\mathbb{R}_{t+}$). 对下面方程的解

$$\Box u=0 \tag{5}$$

我们考察可延拓分布 (DP, distributions prolongeables), 也就是说, $\mathbb{R}^d\times\mathbb{R}_t$ 上的分布在 M 上的限制所得到的分布.

我们称一个解是属于 Sobolev 空间 H^s (s 是正的或负的), 若对一个有限非零的数 L, 我们就有 $u\in H^s(\Omega\times(0,L))$ (我们忽略关于 t 趋于无穷大时的不可积性). 这个性质显然不依赖于 L. 特别地, 我们看出, 对边界条件为 Dirichlet 型的或 Neumann 型的, 空间 H^1 在代数和拓扑上, 与解空间恰好一样. 这些解在某一个任意给定的时刻 (特别对 $t=0$), 具有有限的能量, 也就是说, 满足经典的关系

$$\int_\Omega(|\partial_t u(x,0)|^2+|\nabla_x u(x,0)|^2)\mathrm{d}x<+\infty. \tag{6}$$

由于 M 的边界不是 d'Alembert 算子的特征面, 而所有的分布在局部都是有限

阶的. 我们能够将 (5) 的解在 M 的外面做零延拓, 我们将总是记 $\underline{u}$ 为 u 在 M 外用零延拓的唯一延拓, 它满足方程:

$$\square \underline{u} = \partial_\nu u \otimes \delta_{\partial M} + u \otimes \partial_\nu(\delta_{\partial M}). \tag{7}$$

在 (7) 中, u 和 $\partial_\nu u$ 是定义为, 在一些合适的分布空间中, u 在 ∂M 上的迹 (参见 HÖRMANDER [16], 更特别地, 第 3 卷附录 B 及定理 B.2.7).

我们将利用波动方程解的奇性的传播. 在算子 $\partial_t^2 - \Delta$ 的情形, 这些奇性沿着特征锥传播, 在 $\partial\Omega$ 上按照几何光学定律反射. 为了阐明这些概念, 在 $\mathbb{R}_x^d \times \mathbb{R}_t \times ((\mathbb{R}_\xi^d \times \mathbb{R}_t)\backslash\{0\})$ 中, 我们引进特征锥 C, 其定义为:

$$(p, q) = ((x, t), (\xi, \tau)) \,|\, |\tau|^2 = |\xi|^2. \tag{8}$$

我们将记 C_M 为由 C 中点 (p, q) 组成的集合, 满足关系式 $p \in M$. 记 $C_{\partial M}$ 为满足关系式 $p \in \partial M$ 的点. 我们要引进这样的光线, 它们按照几何光学定律进行反射, 我们将 ∂M 上满足下面关系式的点 (p, q) 和 (p, q^*) 视为同一点

$$q - q^* = 2(q \cdot \nu(x))\nu(x). \tag{9}$$

如此, 我们构造了 $C_{\partial M}$ 上的一个等价关系 R. $C_{\partial M}/R \cup C_M$ 等同于 $T^*(M)\backslash\{0\} \cup T^*(\partial M)\backslash\{0\}$ 的一个子集, 记为 Σ_b. 如此, Σ_b 典范地赋予了集合 C^∞ 的结构. 在 Σ_b 上我们定义一族参数曲线 $s \to \gamma(s)$, 采用如下的公式: (变量).

(i) 在 $T^*(M)$ 上, 它是下述 Hamilton 系统的解:

$$\mathrm{d}_s t = -\tau, \quad \mathrm{d}_s x = \xi, \quad \mathrm{d}_s \tau = 0, \quad \mathrm{d}_s \xi = 0. \tag{10}$$

(ii) 在 $T^*(\partial M)$ 上, 它是下述 Hamilton 系统的解:

$$\mathrm{d}_s t = -\tau, \quad \mathrm{d}_s x' = \nabla_{\xi'} g(x', \xi'), \quad \mathrm{d}_s \tau = 0, \quad \mathrm{d}_s \xi = -\nabla_{x'} g(x', \xi'), \tag{11}$$

其中 $g(x', \xi')$ 记为由 $\mathbb{R}^d \times \mathbb{R}_t$ 的欧几里得度量在 ∂M 上诱导的度量.

然后, 我们构造 C^∞ 光线, 它是将曲线 γ_j, γ_{j+1} 做有限合成, 假如这些曲线具有下面的性质:

(i) 反射: γ_j 和 γ_{j+1} 分别在 $s < s_0$ 和 $s > s_0$ 时是 (10) 的解, 在 $s = s_0$ 处, 它们满足下面的关系:

$$\gamma_j(s_0) = \gamma_{j+1}(s_0) \in \partial M, \quad q_j(s_0) - q_{j+1}(s_0) = 2(q_j(s_0) \cdot \nu(x))\nu(x).$$

(ii) 接触: γ_j 在 $s < s_0$ 时是 (10) 的解, 而 γ_{j+1} 在 $s > s_0$ 时是 (11) 的解, 在 $s = s_0$ 处, 有:

$$\gamma_j(s_0) = (p_j(s_0), q_j(s_0)) \in \partial M \times \mathbb{R}^d \text{ 且 } q_j(s_0) \cdot \nu(s_0) = 0.$$

如此, $\gamma_j(s_0)$ 等同于 $T^*(\partial M)$ 上的一个点, 且有:

$$\gamma_j(s_0)=\gamma_{j+1}(s_0),\quad \gamma_j'(s_0)=\gamma_{j+1}'(s_0).$$

最后, 我们除去一些曲线, 它们合成时所在的点 $\gamma_j(s_0)$, 那里的切向量完全包含在 $M\cup\{\gamma_j(s_0)\}$ 内 (参见图 A2.1).

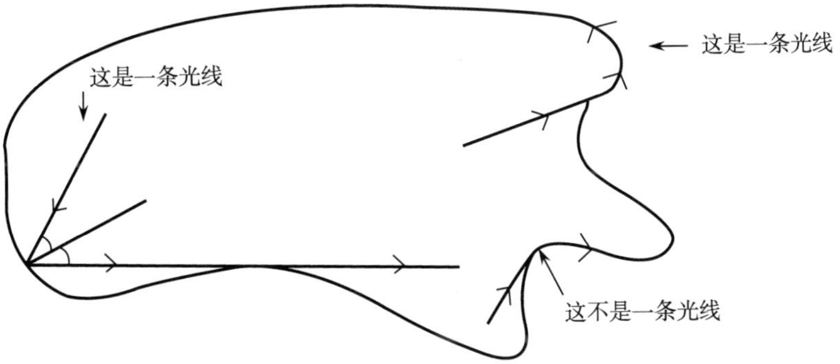

图 A2.1

另外, 一个点 $m_0=(p_0,q_0)$ 将称为绕射的, 若对 s 足够小但非零, 线段 (p_0+sq_0,q_0) 包含在 M 内. 一个介于 C^∞ 光线和 ∂M 间的接触点将称为是 "坏点", 假如它是绕射点, 在其他情形下, 称为 "好点". 在图 A2.2 中, 标记了一些好的和坏的点. 通过 Σ_b 上的每一点, 都有唯一一条 C^∞ 光线 (它当然完全落在 Σ_b 内).

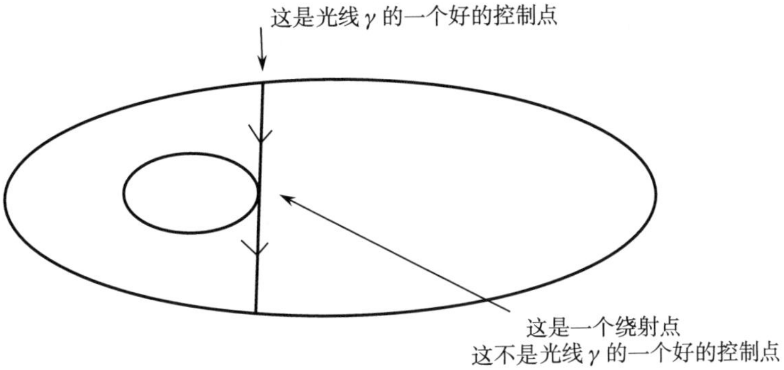

图 A2.2

由 C^∞ 光线组成的集合, 如此定义了 Σ_b 上的一个变换群. 我们称 Σ_b 被 Hamilton 流弄成层状. 当然, 所有这些构造对变系数算子也可以做出. (一个完整的演示可参见 HÖRMANDER [16] 第 3 卷第 24.3 节). 这个流的意义在于这样一个事实, 它承载了所有可延拓分布的微局部奇性, 这些函数是 $\Box u=0$ 的解, 满足 Dirichlet 型边界条件、Neumann 型边界条件 (或所有的 Kreiss 型边界条件; 在我们改变边界条件的情形, 例如从 Dirichlet 型变成 Neumann 型, 不适用这个分析). 更精确地, 我们

引进关于变量 x 和 t 的 Fourier 变换 F, 我们定义一个分布的波前集 $WF(u)$, 它是 $T^*(M)\backslash 0$ 中点的子集. 我们称 $T^*(M)\backslash 0$ 中的一个点

$$m_0 = (p_0 = (x_0, t_0), \quad q_0 = (\xi_0, \tau_0))$$

不属于 u 的波前集, 如果存在一个无穷次可微的紧支撑集的函数 ϕ, 在 (x_0, t_0) 的一个锥形邻域内等于 1, 使得函数 $F(\phi u)$ 在 q_0 的一个邻域内是速降的. 我们可以验证这个定义 (参见 HÖRMANDER [16]) 与 ϕ 的选取无关. 因而, 波前集的定义意味着, 在实空间和 Fourier 空间的一个同时的局部化; 当然, 我们可以定义微局部 Sobolev 空间. 特别地, 我们称一个函数 u 在点 $m_0 = (p_0 = (x_0, t_0), q_0 = (\xi_0, \tau_0))$ 的一个微局部邻域内属于 H^s, 若存在一个无穷次可微的函数 ϕ, 在 p_0 的一个邻域内等于 1, 以及函数 $\theta(\frac{q}{|q|})$, 在 q_0 的一个邻域内等于 1, 使得我们有:

$$\int (1 + |q|^{2s}) |\theta(\frac{q}{|q|}) F(\phi u)(q)|^2 \mathrm{d}q < +\infty.$$

那么, 我们将记 $u \in H^s_{m_0}$. 当然, 这个定义同样是内在的, 也就是说, 与函数 ϕ 和 θ 的选取无关.

由于我们将需要直到边界的一致估计, 我们将同样需要利用边界上的波前集的定义, 这由 MELROSE 和 SJOSTRAND [25] 引进.

定义 1 我们称一个点 $p \in T^*(M)\backslash 0 \cup T^*(\partial M)\backslash 0$ 不属于直到边界的波前集, 记为 $WF_b(u)$, 其中 u 是 $\Box u = 0$ 的一个解, 若:

(i) 当 $m_0 \in T^*(M)\backslash 0$, m_0 不属于前面定义的 u 的波前集.

(ii) 当 $m_0 \in T^*(\partial M)\backslash 0$, 存在:

(1) 一个坐标变换, 它化到这样一种情形, 其中, 在 p_0 附近, ∂M 与超平面 $y_n = 0$ 重合, 同时 M 与集合 $y_n > 0$ 重合.

(2) 一个一阶拟微分算子 $B'(y_n, y', \xi')$, 关于变量 y', ξ' 是微局部椭圆的, 最终作为一个系数而依赖于 y_n, 在 (y_n, y') 的一个邻域外无限次正则, 使得对一个 $a > 0$, 我们有 $B'(y_n, y', \xi')u \in C^\infty(0, a, \mathbb{R}^d)$.

当然, 若在点 m_0 的一个邻域内 (直到边界一致地, 若 p_0 属于 ∂M), u 是无限次可导的, 则 m_0 永远不属于 u 的直到边界的波前集.

反之, 我们可证明 (这不是平凡的, 参见 MELROSE 和 SJOSTRAND [25] 命题 1.2, 第 595 页), 对所有的 $\Box u = 0$ 的可延拓分布解 u, 上面的定义与坐标变换的选取、与椭圆算子 B 的选取均无关.

"直到边界" 的奇性包含在 Σ_b 内, 并沿着 Hamilton 流传播. 更加精确地, 我们将需要下面经典的陈述, 我们将它整理到下面的命题中.

命题 1 我们设 Ω 的边界是两个不相交的连通集合的并 $\Gamma = \Gamma_1 \cup \Gamma_2$. 其中一

个最终可以是空集. 我们考察问题 $\Box u=0$ 在 M 中的可延拓分布解 u, 边界条件为

$$(\mathrm{C}_1)u|_{\Gamma_1}=0 \quad \text{且} \quad (\mathrm{C}_2)\partial_\nu u|_{\Gamma_2}=0.$$

那么, 我们有下面的陈述

(i) $WF_b(u)$ 包含在 Σ_b 内.

(ii) 对所有包含在 Σ_b 内的 C^∞ 光线 γ, 它只能产生下述两种情况之一:

(1) γ 所有的点属于 $WF_b(u)$.

(2) γ 没有点属于 $WF_b(u)$.

(iii) 对所有包含在 Σ_b 内的 C^∞ 光线 γ, 且具有至少一个内点, 我们能够相应得到一个下面问题的可延拓分布解 u

$$\Box u=0 \quad \text{在 } \Omega\times\mathbb{R}_t \text{ 内}, \qquad u|_{\partial M}=0 \tag{12}$$

满足关系式 $WF_b(u)=\gamma$.

注 1 点 (i) 和点 (ii) 在 MELROSE 和 SJOSTRAND [25] 有证明. 要得到点 (iii), 只要在 γ 内部的一点 $m_0=(x_0,t_0,\xi_0,\tau_0)$ 的一个邻域内, 利用 HÖRMANDER [16] 第 1 卷第 278 页定理 8.3.8 (对常系数算子, 这本书的例 8.34 就足够了). 如此, 我们得到了在全空间中定义的解 $\underline{u}$, 它在 m_0 的附近, 在 γ 上具有奇性. 当然, $\underline{u}$ 不再满足边界条件. 那么, 我们引进下面的解 v

$$\Box v=0 \quad \text{在 } \Omega\times\mathbb{R}_t \text{ 内}, v(x,t_0)=\partial_t v(x,t_0)\equiv 0, v|_{\partial M\times\mathbb{R}_t}=\underline{u}, \tag{13}$$

利用传播定理, 我们看到, $u=\underline{u}-v$ 满足点 (iii).

为了理解精确能控性, 同样要用到解析波前集的概念. 我们知道, 一个函数的解析性理解为它的 Fourier 变换的指数衰减. 将这个概念微局部化是可以带来方便的, 当然会产生困难, 这源于下面的事实. 我们不能用一个具有紧支撑集的函数做乘法, 这会严重影响解析性质. 我们进行下面的处理.

定义 2 我们称, 一个 $T^*(M)\backslash 0$ 的点 $m_0=(p_0,q_0)$, 不属于一个可延拓分布 u 的解析波前集, 假如表达式

$$e^{-\frac{\lambda}{2}|q|^2}\iint e^{-\frac{\lambda}{2}(p+iq-y)^2}u(y)\mathrm{d}y \tag{14}$$

关于 λ, 在 (p_0,q_0) 的一个邻域内对 (p,q) 一致地指数衰减 (当这个实参数 λ 趋于无穷大). 为了看出这个定义推广了通常的解析概念, 我们注意到, (14) 也可写成:

$$\iint e^{-\frac{\lambda}{2}(p-y)^2-\lambda i(p-y)q}u(y)\mathrm{d}y.$$

关于 p 在 p_0 的一个任意小的邻域之外, 因子 $e^{-\frac{\lambda}{2}(p-y)^2}$ 引进了指数衰减, 同时 $e^{-\lambda i(p-y)q}$ 的作用就如通常 Fourier 变换的那个项. 特别地, 若 u 关于 p_0 是解析

的 (在通常的意义下), 则没有 $T^*(M)\backslash 0$ 的点 (p_0, q) 属于解析波前集, 反之, 若对所有的 q, (p_0, q) 都不属于 u 的解析波前集, 则 u 在 p_0 附近, 按通常的意义, 是解析的. 变换

$$u \to \iint e^{-\frac{\lambda}{2}(p+iq-y)^2} u(y)\mathrm{d}y$$

称为 Bros 和 Iagolnitzer Fourier 变换. 上面的概念也可用传播的性质加以印证, 虽然这些性质会变得特别复杂, 当那个开集不是凸的时候. 我们仅仅提及下面的结论.

命题 2 我们设 Ω 是严格凸的, 那么:

(i) 对所有不包含在 $T^*(\partial M)$ 内的 C^∞ 光线 γ, 它只能产生下述两种情况之一:

(1) γ 所有的点属于 u 的解析波前集.

(2) γ 没有点属于 u 的解析波前集.

(ii) 对所有不包含在 $T^*(\partial M)$ 内的 C^∞ 光线 γ, 我们能够相应得到一个下面问题的可延拓分布解 u

$$\Box u = 0 \quad 在\ \Omega \times \mathbb{R}_t\ 内, \qquad u|_{\partial M} = 0 \tag{15}$$

使其解析波前集与 γ 重合.

(i) 在 SJOSTRAND [23] 中得到证明, 为了证明 (ii), 我们像注 1 中那样处理, 先去到全空间.

3 Dirichlet 问题的精确能控性

我们因而记 Γ_0 为 $\Gamma = \partial\Omega$ 的一个开子集, 记 K 为 ∂M 的开集 $\Gamma_0 \times (0, T)$. 我们要证明下面两个定理.

定理 A 下面五个断言, 每一个都可从前一个推出.

(i) 所有的光线 γ 与 $K = \Gamma_0 \times (0, T)$ 至少在一个非绕射的点相交一次.

(ii) 下面的可延拓分布解

$$\Box u = 0 \quad 在\ \Omega \times \mathbb{R}_t\ 内, \qquad u|_{\partial M} = 0 \tag{16}$$

假如还满足关系式

$$\partial_\nu u|_K \in L^2(K), \tag{17}$$

则必定属于空间 H^1.

(iii) 存在常数 C, 使得对所有属于 H^1 的解 u, 我们有:

$$\|u\|_{H^1} \leqslant C\|\partial_\nu u\|_{L^2(K)}. \tag{18}$$

(iv) 对所有的 Cauchy 值 $u(x,0), \partial_t u(x,0)$, 属于

$$L^2(\Omega) \times H^{-1}(\Omega),$$

存在一个函数 g, 属于 $L^2(K)$, 使得非齐次 Dirichlet 问题的解:

$$\partial_t^2 u - \Delta u = 0 \text{ 在 } M \text{ 内}, \quad u|_K = g, \quad u|_{\Gamma \setminus K} = 0, \tag{19}$$

加上这同样的 Cauchy 值, 满足:

$$u(x,T) = \partial_t u(x,T) \equiv 0.$$

(v) 对所有的 Cauchy 值 $u(x,0), \partial_t u(x,0)$, 属于

$$(\mathcal{D}'(\Omega))^2,$$

存在分布 g, 支撑集落在 K 内, 使得下面问题的解:

$$\partial_t^2 u - \Delta u = 0 \text{ 在 } M \text{ 内}, \quad u|_{\partial M} = g \tag{20}$$

加上这同样的 Cauchy 值, 满足

$$u(x,T) = \partial_t u(x,T) \equiv 0.$$

定理 B 我们假设存在光线 γ, 不与 $\overline{K}$ (K 在 ∂M 内的闭包) 相交, 且至少有一点落在 M 的内部, 那么, 定理 A 的断言 (v), 更不必说其他的断言, 都不成立.

定理 A 中的假设 (i) 将称为几何能控性假设.

注 2 定理 A 和 B 的陈述说明, 大致说来, 定理 A 的所有断言与下面说法等价. 所有的光线 γ 与 K 相交. 就像证明的叙述中将证明的那样, 唯一使这个等价性不成立的情形, 相应于具有奇性的光线 γ 与 $\overline{K}$ 相交, 但不与 K 相交, 或者相应于光线与 K 相交于绕射点 (当 Ω 是凸的时候, 没有这种点). 事实上, 在这些情况下, 我们不能构造一个解, 在 K 上是正则的, 但在 γ 上是奇异的. 反之, 若假设每个奇异的光线是一组与 $\overline{K}$ 不相交的光线的极限, 那么断言 (i), $\cdots$, (v) 与下面的断言等价: 所有的光线 γ 与 K 相交.

我们开始先承认定理 A, 而证明定理 B (这样的开始能使我们理解, 为什么在定理 A 的证明中出现的完备性结论并不是平凡的).

定理 B 的证明 若在 $\Omega \times [0,T]$ 中的一条光线 γ, 不与 $\overline{K}$ 相交, 且有一点落在 M 的内部, 我们能够构造一个解 u, 在 γ 外是 C^∞ 的, 且在这条光线上的每一点都是奇异的. 设 v 是下面问题的解:

$$\partial_t^2 v - \Delta v = 0 \text{ 在 } M \text{ 内}, \quad v|_{\partial M} = g \tag{21}$$

满足 $\operatorname{supp} g$ 包含在 K 内, 且 Cauchy 值均为零; 那么, 由奇性的传播结论, v 沿着 γ 将总是正则的. 如此, 不存在 g, 在加上相应的解 v 时, 能够将 $u+v$ 和它关于 t 的导数在时刻 T 带到 0. 如此, 定理 A 的最后一个断言 (断言 (v)) 是不成立的, 其他的也是同样如此.

注 3 在同样的想法下, 我们能够直接证明, 假如存在一条光线不与 $\overline{K}$ 相交, 定理 A 的断言 (iii) 不成立. 为此, 只要采用 RALSTON [29] 的证明, 他构造了一个解, 其能量在一个 (任意) 有限的时间段里, 被局部化在一条光线周围. 就像 M. TAYLOR 指出的那样 (一直没发表), RALSTON 的证明可以推出奇性传播的结论, 这只要将一个在 γ 上奇异的解, 在时间上做正则化.

注 4 存在简单的情况, 使得表达式

$$\|\partial_\nu u\|_{L^2(K)}$$

在 H^1 上定义了一个范数, 即使几何能控性假设未被满足. 只要选取 Γ_0 非空, T 足够大, 并应用 Holmgren 定理 (特别地, 对一个常系数算子, 我们能够利用 HÖRMANDER [15] 第 312 页的定理 8.6.8). 在这种情况下, HUM 方法能够定义一类精确能控的解, 就是 F 的对偶 (F 是 H^1 关于范数 $\|\partial_\nu u\|_{L^2(K)}$ 的完备化). 在这些情况下, 假设存在一条光线, 它与 ∂M 相交的地方是 Ω 严格凸的地方且不与 K 的闭包相交. 在 T 时刻, 可控的解将为零, 因而在 γ 附近 (按经典意义) 是解析的. 在这个简单的情况下, 微局部解析性 (用 Bros 和 Iagolnitzer Fourier 变换定义) 沿着 γ 传播. 由此可推出 (与定理 B 的证明一样地推理) 所有精确能控的解, 沿着 γ 应该是微局部解析的; 如此, F 似乎是一个解析函数空间. 此外, 在特别的几何条件下, 我们能够阐明这个空间某些性质 (参见 HARAUX [13]).

定理 A 的证明 (iii) 意味着 (iv), 要得到这个事实, 只要用对偶性, 更加特别地, 用 HUM 方法. (iv) 意味着 (v), 这个事实来自于下面的几点. 局部地 (因而在 $M\cap\{(x,t),0\leqslant t\leqslant T\}$ 的附近) 所有可延拓的分布都是有限阶的. 此外, 算子

$$R(t)=(1-\partial_t^2)^{-1}$$

与 d'Alembert 算子可交换, 并且保持边界条件不变. 对 u 应用这个算子足够多次, 我们能够到达这样的情形, 那时 $R(t)^k u$ 的 Cauchy 值落在 $L^2(\Omega)\times H^{-1}(\Omega)$ 内. 那么, 我们构造出了相应的控制 g, 并且, 我们得到了 u 的控制, 只要对 g 应用算子 $(1-\partial_t^2)^k$.

对 (i) 意味着 (ii) 这个事实的证明, 代表着我们的主要的贡献; 我们从中得出, 在几何能控性条件得到满足时, 表达式 $\|\partial_\nu u\|_{L^2(K)}$ 在 H^1 上定义了一个范数, 也就是 (i) 意味着 (ii) 这个事实. 如此, 我们说明了, 若存在时间 T, 使得 $K=\Gamma_0\times(0,T)$ 几何地控制了这个问题, 则这个时间总是大于或等于最小的唯一性时间 T'. 这个时间使得下面问题

$$\partial_t^2 v-\Delta v=0 \text{ 在 } M \text{ 内},\quad v|_{\Gamma\times(0,T)}=0,\quad \partial_\nu v|_{\Gamma_0\times(0,T)}=0 \tag{22}$$

的解 v 恒等于零; 属于 CAZENAVE [3] 的一些例子似乎指出, 在所有的维数下, 我们能够构造开集, 使得这两个时间恰好相等; 当然, 在很多几何例子中, 这两个时间是不同的. 断言 (ii) 意味着断言 (iii), 这说明, 在这种情形下, 表达式 $\|\partial_\nu u\|_{L^2(\Gamma_0\times(0,T))}$ 在 H^1 上定义了一个范数, 因而, F 与 H^1 重合. 考虑到注 3, 这一点不是显然的. 事实上, 若唯一性假设得到满足, 而几何能控性假设不成立, 则 F 的完备化不是一个分布空间.

证明定理 A 中 (i) 意味着 (ii) 的事实

主要点是

命题 3 设 u 是下面问题的可延拓分布解

$$\partial_t^2 u - \Delta u = 0 \text{ 在 } M \text{ 内}. \tag{23}$$

另外, 设 $m_0 = (p_0, q_0) \in C_{\partial M}$. 设在 p_0 的一个邻域 U 内, u 满足下面的关系

$$u|_{\partial M\cap U} \in H^1(\partial M \cap U), \tag{24}$$

$$\partial_\nu u|_{\partial M\cap U} \in L^2(\partial M \cap U), \tag{25}$$

那么, 局部地 (在 p_0 的一个邻域 $V \subset U$ 内) u 可写成这样的形式 $u = v + w$, 此处, w 是一个函数属于 $H^1(\partial M \cap U)$, 而 v 是方程 $\Box v = 0$ 在 M 内的解, 在 $\partial M \cap V$ 上为零, 它有下面的正则性质:

(i) 对 $m_0 = (p_0, q_0) \notin C_{\partial M}$ $(|\tau_0|^2 - |\xi_0|^2 \neq 0)$

$$\underline{v} \in H^{3/2-\varepsilon}_{m_0}. \tag{26}$$

(ii) 对 $m_0 = (p_0, q_0) \in C_{\partial M}$ $(|\tau_0|^2 - |\xi_0|^2 = 0)$

$$\underline{v} \in H^1_{m_0}. \tag{27}$$

注 5 事实上, 命题 3 是下面这个很容易得到的局部结论的逆命题:

命题 4 设 u 是方程 $\partial_t^2 u - \Delta u = 0$ 在 M 内的可延拓分布解. 设 U 是点 $m_0 \in M$ 的有界开邻域. 假设我们有

$$u|_{M\cap U} \in H^1(M\cap U) \text{ 及 } u|_{\partial M\cap U} \in H^1(\partial M \cap U). \tag{28}$$

那么, 在 m_0 的某个邻域内, u 的法向导数属于 L^2, (也即) 满足

$$\partial_\nu u|_{\partial M\cap U} \in L^2(\partial M \cap U). \tag{29}$$

证明 (证明可以在课本里找到, 为了完整起见, 我们做一个回顾)

我们引进一个向量场 (关于 x, 系数依赖于 x 和 t, $\sum \phi_i(x,t)\partial_{x_i}$), 其中 $\phi(x,t) = \theta(x,t)\nu$, 此处 θ 是一个正则函数, 支撑集为 U, 且有下面的性质:

$$\theta \geqslant 0 \text{ 在 } \partial M \text{ 上, 且 } \theta = 1 \text{ 在 } p_0 \text{ 的一个邻域内.}$$

那么, 我们有 (其中的记号是显然的):

$$\begin{aligned}
0 = (\partial_t^2 u - \Delta u, \phi\nabla u) &= -(\partial_t u, \partial_t(\phi\nabla u)) - \int_{\partial M} \partial_\nu u.\phi\nabla u \mathrm{d}\sigma\mathrm{d}t + (\nabla u, \nabla(\phi\nabla u)) \\
&= -(\partial_t u, (\partial_t\phi)\nabla u) - (\partial_t u, \phi\nabla\partial_t u) - \int_{\partial M} \theta|\partial_\nu u|^2 \mathrm{d}\sigma\mathrm{d}t \\
&\quad + (\nabla u, (\nabla\phi)\nabla u) + (\nabla u, \phi.\nabla(\nabla u))
\end{aligned} \tag{30}$$

或进一步

$$\begin{aligned}
\int_{\partial M} \phi.\nu|\partial_\nu u|^2 \mathrm{d}\sigma\mathrm{d}t = &-(\partial_t u, (\partial_t\phi)\nabla u) + (\nabla u, (\nabla\phi)\nabla u) \\
&-(\partial_t u, \phi\nabla\partial_t u) + (\nabla u, \phi.\nabla(\nabla u)).
\end{aligned} \tag{31}$$

(31) 的第二部分的前两项被 H^1 范数控制. 对后面两项分部积分后, 给出

$$\begin{aligned}
-(\partial_t u, \phi\nabla\partial_t u) + (\nabla u, \phi.\nabla(\nabla u)) = &-\frac{1}{2}\int_{\partial M} \phi.\nu|\partial_\nu u|^2 \mathrm{d}\sigma\mathrm{d}t + \frac{1}{2}\int_{\partial M} \phi.\nu|\nabla u|^2 \mathrm{d}\sigma\mathrm{d}t \\
&+ \frac{1}{2}\int_M (|\nabla u|^2 - |\partial_t u|^2)\mathrm{d}x\mathrm{d}t.
\end{aligned} \tag{32}$$

我们将 (32) 的第二部分的第二项写成下面的形式

$$\frac{1}{2}\int_{\partial M} \phi.\nu|\nabla u|^2 \mathrm{d}\sigma\mathrm{d}t = \frac{1}{2}\int_{\partial M} \phi.\nu|\partial_\nu u|^2 \mathrm{d}\sigma\mathrm{d}t + \frac{1}{2}\int_{\partial M} \phi.\nu|\nabla' u|^2 \mathrm{d}\sigma\mathrm{d}t, \tag{33}$$

此处 ∇' 记为沿着与 ∂M 相切方向的梯度. 将上述的关系式组合起来, 我们就得到了命题 4.

命题 3 的证明分成好几个步骤. 在步骤 1, 我们推导当 u 在 ∂M 上为零的情形的陈述, 并且我们接着就把自己限制在这种情形中. 在步骤 2, 我们研究分布 $\partial_\nu u \otimes \delta_{\partial M}$ 的微局部正则性. 在步骤 3, 我们证明, 对所有非特征的 m, 我们有

$$\underline{u} \in H_m^{3/2-\varepsilon}, \quad \forall \varepsilon > 0$$

而对所有特征的但非绕射的 m, 我们有

$$\underline{u} \in H_m^{1/2}.$$

因而, 剩下步骤 4 要赢得 $\frac{1}{2}$ 阶正则性.

步骤 1 我们引进函数 $\phi(x,t)$, 其无穷次可微, 支撑集在 U 内, 在 $p_0=(x_0,t_0)$ 点的一个小邻域内等于 1, 我们记 w 为下面问题的解

$$\partial_t^2 w - \Delta w = 0 \quad 在\ M\ 内, \quad w(x,t_0)=\partial_t w(x,t_0)\equiv 0 \quad w|_{\partial M}=\phi u. \tag{34}$$

由求解混合双曲问题的经典理论 (参见 CHAZARAIN 和 PIRIOU [5], 或更加特别地, 仅就这个波动方程本身参见 LIONS 和 MAGENES [22]), 我们有:

$$w\in H^1, \tag{35}$$

并继续像命题 4 的证明那样处理, 我们证明, w 满足下面的关系式

$$\partial_\nu w\in L^2(\partial M\cap U). \tag{36}$$

如此, 用 $u-w$ 替换 u, 我们到达了这样一个情形, 其中 u 在 ∂M 上为零, 并满足 $\partial_\nu u\in L^2(\partial M\cap U)$. 因而, 函数 $\underline{u}$ 是下面方程的解:

$$\square\underline{u}=\partial_\nu u\otimes\delta_{\partial M}. \tag{37}$$

在后续的命题 3 的证明中, 我们局限于这样的情形, 其中 u 在 ∂M 上为零, 并因而满足方程 (37).

步骤 2 我们引进新的变量 $y=y(x,t)=(y_n,y')$, 以某个方式选取, 使得在 $m_0=(0,0)$ 的附近, ∂M 等同于超平面 $y_n=0$. 我们记 $\zeta=(\zeta_n,\zeta')$ 为 Fourier 空间中的对偶变量, $g(y')$ 为函数 $\partial_n u$ 在 $\partial M\cap U$ 上的限制. 我们有

引理 1 对所有的 $\varepsilon>0$, 分布 $\partial_\nu u\otimes\delta_{\partial M}|_{\partial M\cap U}$ 属于 $H^{-1/2-\varepsilon}(\mathbb{R}^n\times\mathbb{R}_t)$.

证明 在新的变量下, 这个函数可用 Fourier 以下面的形式写成:

$$S(\zeta_n,\zeta')=\int e^{i\zeta'y'}g(y')\mathrm{d}y' \tag{38}$$

并有

$$\begin{aligned}\iint(1+|\zeta|)^{-1-2\varepsilon}|S(\zeta')|^2\mathrm{d}\zeta'\mathrm{d}\zeta_n &\leqslant \int \mathrm{d}\zeta_n(1+|\zeta_n|)^{-(1+2\varepsilon)}\int|S(\zeta')|^2\mathrm{d}\zeta'\\ &\leqslant C\int|S(\zeta')|^2\mathrm{d}\zeta'\leqslant C\int|g(y')|^2\mathrm{d}y'.\end{aligned} \tag{39}$$

这个正则性在法向量之外的微局部可以得到改善.

引理 2 对所有的 $m=(p,q)\in C_{\partial M}$, 且满足 $q\neq\nu$, 我们有:

$$\partial_\nu u\otimes\delta_{\partial M}|_{\partial M\cap U}\in H_m^{-1/2}. \tag{40}$$

证明 我们重新考察引理 1 的证明, 在 q 的一个锥形邻域内, 那是一个包含在形式为 $|\zeta_n| < C|\zeta'|$ 的锥内的区域, 我们对表达式 $(1+|\zeta|)^{-1}|S(\zeta')|^2$ 积分, 如此得到

$$\begin{aligned}\iint_{|\zeta_n|<C|\zeta'|}(1+|\zeta|)^{-1}|S(\zeta')|^2\mathrm{d}\zeta'\mathrm{d}\zeta_n &\leqslant \int \mathrm{d}\zeta'|S(\zeta')|^2\int_{|\zeta_n|<C|\zeta'|}(1+|\zeta|)^{-1}\mathrm{d}\zeta_n\\ \leqslant \int \mathrm{d}\zeta'|S(\zeta')|^2\int_{|\zeta_n|<C|\zeta'|}(1+|\zeta'|)^{-1}\mathrm{d}\zeta_n &\leqslant 2C\int |S(\zeta')|^2\mathrm{d}\zeta'. \end{aligned}\tag{41}$$

步骤 3 算子 □ 的象征为 $\tau^2-|\zeta|^2$ (当系数是变量时, 要做一些显然的调整). 特别地, 在特征锥 $\tau^2-|\zeta|^2=0$ 的外面, 它是微局部二阶椭圆的. 由微局部的通常做法可推出, 对所有的非特征 q, 我们有:

$$\underline{u}\in H^{3/2-\varepsilon}_{(p,q)}\subset H^1_{(p,q)}.\tag{42}$$

步骤 4 我们关注除去 $\zeta'=0$ 的情形的特征方向, 因而, 我们已经知道, 由引理 2, 对所有的特征点 m, 有关系式 (39). 在 m 点有 $\tau=|\zeta|$ 或 $\tau=-|\zeta|$ (为了固定思路, 我们取 $\tau=|\zeta|$), 利用特征都是简单的事实, 在 m 的附近, 我们将方程 (37) 写成下面的形式:

$$(\tau-|\zeta|)\underline{u}=(\tau+|\zeta|)^{-1}(\partial_\nu u\otimes\delta_{\partial M})\in H^{1/2}.\tag{43}$$

如此, 在这个邻域内, $\underline{u}$ 是下面方程的解

$$(\partial_t-i|\zeta|)\underline{u}\in H^{1/2};\tag{44}$$

现在, 若 m 不是绕射点, 特征 $p+sq$ 离开 M. 例如对 $s<0$ ($s>0$ 的情形是一样的) 从 $-\delta$ 到 $\dfrac{\delta}{2}$ 将方程 (44) 积分, 我们由此推出, $\underline{u}$ 属于 $H^{1/2}_m$. 因而, 总之我们证明了

命题 5 *在所有的非特征点 m, 我们有 $u\in H^{3/2-\varepsilon}_m$, 在所有的非绕射的特征点 m, 我们有 $u\in H^{1/2}_m$.*

注 6 若 M 在点 m_0 的附近是凸的, 则对常系数方程不存在绕射点, 在定理 1 的假设下, 由命题 5 我们推出, 在 m_0 附近, $\underline{u}$ 属于常义的 Sobolev 空间 $H^{1/2}$.

步骤 5 这一步专注于计算正则性, 在一个非绕射的特征点附近. 为此, 我们将利用微局部乘子. 这个乘子的构造启发自 MELROSE 和 SJOSTRAND [25] 的工作, 因而同样也启发自 MORAWETZ, RALSTON 和 STRAUSS [26] 的工作. 它是 CHEN [6,7] 或 L. F. HO [14] 中引进的乘子 (参见 LIONS [21]) 的微局部版本. 但是, 甚至是对最简单的情形: 常系数及 M 在 p_0 附近是凸的, 只用局部而非微局部乘子, 好像是不可能得到一个局部的证明的. 总是使用变量 (y_n,y') 和 (ζ_n,ζ'), 同样在 m_0 的附近, 将 M 等同于半空间 $y_n>0$, 我们引进下面形式的算子 P:

$$P=A_0(\zeta',y',y_n)D_n+A_1(\zeta',y',y_n),\tag{45}$$

此处, $A_i(\zeta', y', y_n)$, $i=1,2$ 是关于变量 ζ', y' 的, 切方向的拟微分算子以参数的方式依赖于 y_n. A_0 是零阶算子, 而 A_1 是一阶算子; D_n 记为 y_n 方向的导数.

我们将要使用这样的概念, 一个算子的本性支撑集 (参见 TAYLOR [33], 第 127 页), 记为 ES. 我们同样要记 Π 为从 $T^*(\mathbb{R}^n \times \mathbb{R}_t)$ 到 $\mathbb{R}^n \times \mathbb{R}_t$ 的典则投影. 最后, 我们稍许特别指明一下坐标 $y=(y', y_n)$ 的选取. 坐标的构造方式使得在相应的基下, 算子 $\sqcup$ 将写成下面的形式:

$$\Box u = a(x,t)^{-1}(D_n^2 + r(y', \zeta', y_n))a(x,t)u, \tag{46}$$

此处, $a(x,t)$ 记为一个恒正且无穷次可微的函数 ($a(x,t)u(x,t)$ 具有同样的局部和微局部正则性; 因而每次, 我们都只用那个合适的来代替 u), $r(y', \zeta', y_n)$ 记为自共轭算子, 关于变量 (y', ζ') 为二阶的, 以参数形式依赖于变量 y_n. 这样做是可能的 (参见 SJOSTRAND [31]). 在这个变量代换下, $C_{\partial M}$ 是这些点的集合 $(y', 0, \xi', \xi_n) \,|\, \xi_n^2 + r(y', \xi', y_n) = 0$, 而 $C_{\partial M}/R$ 等同于 $T^*(\partial M)$ 的一个子集, 它恰好就是满足下面关系式的点 (y', ξ') 的集合

$$r(y', \xi', 0) \leqslant 0. \tag{47}$$

横截的光线相应于 $r(y', \xi', 0) < 0$, 而切向的光线相应于 $r(y', \xi', 0) = 0$. 一个主要的估计由下面的引理给出:

引理 3 设 u 是 $\Box u = 0$ 在 M 中的一个 DP 解, 在 m_0 的一个邻域 U 内, 满足关系式:

$$u|_{\partial M \cap U} = 0, \quad \partial_\nu u|_{\partial M \cap U} \in L^2(\partial M \cap U). \tag{48}$$

此外, 设有一个 (45) 形式的算子 P, 具有下面的性质:

$$A_i(\zeta', y', y_n) = 0 \quad 对\ y_n \geqslant \delta > 0,\ i = 0, 1, \tag{49}$$

$$\Pi\, ES'(A_i) \subset \{(y', y_n) \,|\, |y'| < \rho\},\ i = 0, 1. \tag{50}$$

那么, 我们有

$$\begin{aligned} &|\int_{y_n>0} (P\Box u)\bar{u}\mathrm{d}y_n\mathrm{d}y' - \int_{y_n>0} (\Box P u)\bar{u}|\mathrm{d}y_n\mathrm{d}y' \\ \leqslant & C(\int_{y_n=0\cap U} |D_n u(y')|^2 dy' + \|u\|_{H^{-s}}^2), \end{aligned} \tag{51}$$

此处 s 记为正的实数, 并最终取很大的值.

(在 (49) 和 (50) 中, δ 和 ρ 是两个适当选取的小的数, 而 ES' 记为算子 A_i 关于变量 (y', ξ') 的本性支撑集.)

证明 (51) 式第一部分的第一项显然为零. 为了计算第二项, 我们利用这样的事实, 正则解在可延拓分布解空间中 (赋予合适的局部范数), 并且, 我们用分部积分.

注意到 P 的支撑集性质, 边界 $y_n=0$ 上仅有的贡献, 不足以被 $\|u\|^2_{H^{-s}}$ 这一项补偿. 利用这样的事实, u 在 $y_n=0$ 处为零, 我们有

$$\begin{aligned}&\int_{y_n>0}(\Box Pu)\bar{u}\mathrm{d}y_n\mathrm{d}y'=\int_{y_n>0}((D_n^2+r(y',\zeta',y_n))Pu)\bar{u}\mathrm{d}y_n\mathrm{d}y'\\=&\int_{y_n=0\cap U}A_0(\zeta',y',0)D_nuD_n\bar{u}dy'+\int_{y_n>0}PuD_n^2\bar{u}\mathrm{d}y_n\mathrm{d}y'\\&+\int_{y_n>0}(r(y',\zeta',y_n)Pu)\bar{u}\mathrm{d}y_n\mathrm{d}y'=\int_{y_n=0\cap U}A_0(\zeta',y',0)D_nuD_n\bar{u}dy'\\&+\int_{y_n>0}Pu(D_n^2\bar{u}+r(y',\zeta',y_n)\bar{u})\mathrm{d}y_n\mathrm{d}y'=\int_{y_n=0\cap U}A_0(\zeta',y',0)D_nuD_n\bar{u}dy'.\end{aligned}\tag{52}$$

这就证得引理 3.

引理 4 对所有的下面形式的算子 P:

$$P=A_0(\zeta',y',y_n)D_n+A_1(\zeta',y',y_n)\tag{53}$$

以及 $\Box u=0$, 在 M 内的所有可延拓分布解, 在 m 的一个邻域内满足关系式:

$$u|_{\partial M\cap U}=0,\quad \partial_\nu u|_{\partial M\cap U}\in L^2(\partial M\cap U),\tag{54}$$

我们有下面的上界控制:

$$|(P\Box\underline{u}-\Box P\underline{u},\underline{u})|\leqslant C(\int_{y_n=0\cap U}|D_nu(y')|^2dy'+\|u\|^2_{H^{-s}}).\tag{55}$$

证明 我们回顾, 由于 $y_n=0$ 是非特征的, u 属于 $C^\infty([0,\rho],\mathcal{D}'_{y'})$ 而 $\underline{u}$ 是它在 $y_n<0$ 处用零的延拓. 我们由此推得有:

$$[P,\Box]\underline{u}-\underline{[P,\Box]u}=-2\partial_{y_n}A_0D_nu\otimes\delta_{y_n=0}\tag{56}$$

($\mathcal{D}'_{y'}$ 记为关于切向变量 y' 的分布).

利用引理 1 和 2 以及关系式 (42), 我们注意到, 在方向 $\zeta'=0$ 之外, $\partial_{y_n}A_0D_nu\otimes\delta_{y_n=0}$ 微局部地属于空间 $H^{-1/2}$, 且 u 微局部地属于空间 $H^{1/2}$. 此外, 在方向 $\zeta'=0$ 的附近, $\partial_{y_n}A_0D_nu\otimes\delta_{y_n=0}$ 属于空间 $H^{-1/2-\varepsilon}$, 但是, 在这个方向的附近, $\underline{u}$ 属于空间 $H^{2/3-\varepsilon}$, 而在这些空间中的半范数的上界可以被下面的量控制

$$C(\int_{y_n=0\cap U}|D_nu(y')|^2dy'+\|u\|^2_{H^{-s}})^{1/2}.$$

在方向 $\zeta'=0$ 的附近分别地局部化, 而在这个方向的外面, 我们因而得到下面的上界控制:

$$\begin{aligned}&|([P,\Box]\underline{u}-\underline{[P,\Box]u},\underline{u})|=|(D_nu\otimes\delta_{y_n=0},u)|\\\leqslant&C(\int_{y_n=0\cap U}|D_nu(y')|^2dy'+\|u\|^2_{H^{-s}}).\end{aligned}\tag{57}$$

命题 3 证明的结束

现在设 $m_0=(p_0,q_0)$ 为 $C_{\partial M}$ 中的点. 我们引进自共轭算子 C, 在 m_0 附近是微局部二阶椭圆的. 例如, 我们可以以如下形式选取 C:

$$Cu=\{\phi(p)\bar{F}\theta(\frac{q}{|q|})|q|^2Fu\}, \tag{58}$$

$C(p,q)=\phi(p)\theta(\dfrac{q}{|q|})$ 是 C 的象征.

为了结束命题 3 的证明, 必须证明, 在这个定理的假设下, 量 $(C\underline{u},\underline{u})$ 是有限的.

引理 5 存在一阶的拟微分算子, 具有下面的性质

$$[\Box,S]=C \tag{59}$$

$$\Pi(ES(C))\cap M\subset U\cap M. \tag{60}$$

在 (60) 中, U 记为 p_0 的一个足够小的邻域 (但是包含 $\Pi(ES(C))$, 它同样选取得很小).

证明 这个构造既是经典的也是基本的 (参见 NIRENBERG [27], CHARAZAIN [4] 或 HÖRMANDER [16]). 通过求解下面的转移方程, 我们构造 S 的 (一阶) 主象征:

$$\sum_{1\leqslant i\leqslant u+1}\partial_{p_i}d.\partial_{q_i}s_1-\partial_{q_i}d.\partial_{p_i}s_1=C. \tag{61}$$

在 (61) 中 d 表示 $\Box$ 的象征. 由于 m_0 不是绕射的, 存在一个方向, 沿着这个方向, $\Box$ 的双特征将离开 M, 沿着这个方向积分, 我们能够构造 (61) 的一个解, 在 $M\backslash(U\cap M)$ 中为零; 利用类似的方程, 可得到下面 S 的展开的项. 因而, S 可写成形式 $S=S_1+S_0$, 其中 S_0 为零阶算子, S_1 为一阶算子, 象征为 S_1, 我们有

$$(\underline{u},C\underline{u})=(\underline{u},[\Box,S]\underline{u})=(\underline{u},[\Box,S_1]\underline{u})+(\underline{u},[\Box,S_0]\underline{u}). \tag{62}$$

$[\Box,S_0]$ 是一个一阶算子, 就像我们已经知道的, $\underline{u}$ 在 m_0 的附近属于 $H^{1/2}$, (62) 的最后一部分的第二项是有限的. 因而, 还需要证明的是, 项 $(\underline{u},[\Box,S_1]\underline{u})$ 同样也是有限的. 我们利用坐标系统 (y,ζ), 它是在引理 1 中引进的; 我们同样利用波动算子的典则形式, 它是由 SJOSTRAND 引进的. 在 $(0,\xi_n)$ 的一个小的锥形邻域之外, 我们将函数 $s_1(p,q)=s(y,\zeta)$ 写成下面的形式:

$$s_1(y,\zeta)=a_1(y',y_n,\zeta')+a_0(y',y_n,\zeta')\zeta_n+a_{-1}(y,\zeta)(\zeta_n^2+r(y,\zeta')). \tag{63}$$

在 (63) 中, a_1 是一个关于 ζ' 一阶的齐次函数, a_0 是一个关于 ζ' 零阶的齐次函数. 为了得到 (63), 我们在接近 $\zeta_n^2+r(y,\zeta')$ 的地方, 利用除法定理 (参见 HÖRMANDER

[16] 第一卷第 7.5 节, 或 MALGRANGE [23]), 并区分相切的情形和横截的情形. 此外, 我们置

$$a_{-1} = (s_1(y,\zeta) - a_1(y',y_n,\zeta') + a_0(y',y_n,\zeta')\zeta_n)/(\zeta_n^2 + r(y,\zeta')). \tag{64}$$

我们用 $A_i(y',y_n,\zeta')$ 记象征为 $a_i(y',y_n,\zeta')$ 的算子 $(i=1,2)$, 而 P 为算子

$$P = A_0(\zeta',y',y_n)D_n + A_1(\zeta',y',y_n). \tag{65}$$

P 是一个满足引理 3 和引理 4 的假设的算子. 在 $(0,\xi_n)$ 的一个任意小的锥形邻域之外, 我们有

$$S_1 = P + A_{-1}\Box + S_0', \tag{66}$$

其中, A_{-1} 为 -1 阶的拟微分算子, 而 S_0' 为零阶的拟微分算子. 因而, 我们引进投影算子 E, 阶数为零, 在 $(0,\xi_n)$ 的一个小邻域内起截断作用. 就像我们知道的, $\underline{u}$ 属于 $H^{1/2}$, 自此以后, 我们用常数 C_i 记所有形式为 $(\underline{u}, L\underline{u})$ 的项, 其中, L 为阶数小于或等于 1 的算子, 或更一般地, 所有的已经被估计 (且有界) 的量, 它们是下面量的函数

$$\int_{\partial M\cap U} |\partial_\nu u|^2 \mathrm{d}\sigma \mathrm{d}t. \tag{67}$$

从 (66) 出发, 我们最后能够写出

$$\begin{aligned}
(\underline{u}, C\underline{u}) =& (\underline{u}, [\Box, S_1]\underline{u}) + (\underline{u}, [\Box, S_0]\underline{u}) = (\underline{u}, [\Box, S_1]\underline{u}) + C_1 \\
=& (E\underline{u}, [\Box, S_1]\underline{u}) + ((I-E)\underline{u}, [\Box, S_1]\underline{u}) + C_1 \\
=& (E\underline{u}, [\Box, S_1]E\underline{u}) + (E\underline{u}, [[\Box, S_1], E]\underline{u}) \\
&+ ((I-E)\underline{u}, [\Box, S_1](I-E)\underline{u}) + ((I-E)\underline{u}, [[\Box, S_1], (I-E)]\underline{u}) + C_1 \\
=& (E\underline{u}, [\Box, S_1]E\underline{u}) + ((I-E)\underline{u}, [\Box, S_1](I-E)\underline{u}) + C_2.
\end{aligned} \tag{68}$$

在这最后一个表达式中, 我们一方面利用了关系式 (42), 来处理 $(I-E)$ 这一项, 另一方面, 我们利用了 (66). 因而, 我们得到:

$$\begin{aligned}
(\underline{u}, C\underline{u}) =& (E\underline{u}, [\Box, P]E\underline{u}) + (E\underline{u}, [\Box, A_{-1}]E\Box\underline{u}) + (E\underline{u}, [\Box, A_{-1}][\Box, E]\underline{u}) + C_3 \\
=& (E\underline{u}, [\Box, P]E\underline{u}) + (E\underline{u}, [\Box, A_{-1}]E(D_n u \otimes \delta)) + C_4.
\end{aligned} \tag{69}$$

由引理 2, $E(D_n u\otimes\delta)$ 属于 $H^{-1/2}$, 又因为 $\underline{u}$ 属于 $H^{1/2}$, 我们从 (69) 得到关系式

$$(\underline{u}, C\underline{u}) = (E\underline{u}, [\Box, P]E\underline{u}) + C_5 = (\underline{u}, [\Box, P]\underline{u}) + ((E-I)\underline{u}, [\Box, P](E-I)\underline{u}) + C_6. \tag{70}$$

在非特征方向 $(0,\xi_n)$ 的附近, $\underline{u}$ 属于 $H^{3/2-\varepsilon}$, 由此得到, (70) 第二部分的第二项是有界的. 因而, 我们得到

$$(\underline{u}, C\underline{u}) = (\underline{u}, [\Box, P]\underline{u}) + C_7, \tag{71}$$

注意到引理 3 和引理 4, 这就完成了命题 3 的证明.

定理 A 中 (i) 意味着 (ii) 的事实的证明的结束

注意到命题 3, 这一点是 MELROSE 和 SJOSTRAND 的结论的结果, 对于他们的结论我们以命题 1 的名义做了回顾. 只要证明对固定的 η, 我们有 $u \in H^1([-\eta,\eta]\times\Omega)$. 我们记 $Q=[-\eta,\eta]\times\Omega$, 将看到 u 可写成 u_1+v 的形式, 其中 $v\in H^1(Q)$ 且 $WF_b(u_1)=\varnothing$. 由于 Q 是紧的, $WF_b(u_1)$ 是闭的, 只要证明, 在 $T^*(Q)\cup T^*(\partial Q)$ 内的任意一点附近, 这个关系成立就行, 我们接着将利用单位分解. 设 $m_1\in T^*(Q)\cup T^*(\partial Q)$ 而 γ 为一条过 $m_1=(x_1,t_1)$ 的 C^∞ 光线. 由几何能控性假设, 至少存在一点 $m_0=(x_0,t_0)$ 属于 $\gamma\cap\Gamma_0$. 若 $\partial\Omega$ 在 x_0 附近是严格凸的, 不存在绕射的光线, 且由定理 1, $\underline{u}$ 在 (x_0,t_0) 附近属于 H^1. 那么, 我们引进无穷次可微函数 $\phi(x,t)$, 支撑集落在 (x_0,t_0) 的一个小邻域内, 且在这一点的一个更小的邻域内等于 1. 则 ϕu 在 ∂M 总是为零, 且满足关系

$$\Box\phi u=2\partial_t\phi\partial_t u-2\nabla\phi\nabla u+u\Box\phi. \tag{72}$$

那么, 我们引进函数 w, 下面方程的解

$$\Box w=2\partial_t\phi\partial_t u-2\nabla\phi\nabla u+u\Box\phi \tag{73}$$

加上边界条件 $w|_{\partial M}=0$ 以及 t_0 时刻的零 Cauchy 值:

$$w(x,t_0)=\partial_t w(x,t_0)=0. \tag{74}$$

w 是落在 H^1 内的, 因为 (60) 的第二部分是落在 L^2 内的; 此外, 我们指出, (72) 的第二部分在 (x_0,t_0) 的一个邻域内是零. 由于传播的有限速度性质, w 也同样如此. 那么, 我们将 u 写成下面的形式

$$u=(u-\phi u+w)+(\phi u-w)=u_1+v, \tag{75}$$

其中 $v\in H^1(Q)$ 且在 m_0 附近 $WF_b(u_1)=\varnothing$ (事实上, 在 (x_0,t_0) 附近, $(u-\phi u+w)$ 恒等于零). 利用命题 1, 我们推出, 在点 m_1 附近, u 可写成两个函数的和, 一个函数 $v\in H^1(Q)$, 另一个函数的直到边界的波前集在 m_1 点是空集.

绕射的光线的存在 (只要 Ω 在 x_0 点不是严格凸的, 就会有), 就要求微局部化. 我们重新选取坐标系统 $y=(y_n,y')$, $m_0=(p_0,q_0)=(0,(0,q_0'))$. 我们设 $(0,q_0')\in T^*(\partial M)$ 是一个非绕射点. 我们引进切向算子, $Z(\xi',y',y_n)$ 在绕射的锥附近无穷次正则, 阶数为零, 且在 $(0,q_0')$ 附近微局部地为 1. Zu 满足边界条件, 在 p_0 附近属于 H^1. 我们还有:

$$\Box Zu=[Z,\Box]u=g\in L^2. \tag{76}$$

像前面一样, 我们记 w 为下面问题的解

$$\Box w=g,\quad w|_{\partial M}=0,\ w(x,t_0)\equiv\partial_t w(x,t_0)\equiv 0, \tag{77}$$

我们将 u 写成下面的形式

$$u = u - Zu + w + Zu - w.$$

$Zu - w$ 属于 H^1. 采用 MELROSE 和 SJOSTRAND [25] 中 (§2) 的微局部部分, 可证明, 我们有

$$(I - Z)w \in C^\infty([0, \varepsilon]; \mathbb{R}^d_{y'}). \tag{78}$$

由此, $(0, q_0')$ 不属于 $WF_b(u - Zu + w)$. 那么, 就像前面一样, 我们完成了证明.

定理 A 的断言 (ii) 意味着断言 (iii) 的事实的证明

这是下面命题的目标

命题 6 *若定理 A 的断言 (ii) 成立, 则表达式 $\|\partial_\nu u\|_{(L^2(\Gamma_0\times[0,T]))}$, 在下面问题的具有有限能量的解集上, 定义了一个范数:*

$$\partial_t^2 u - \Delta u = 0 \text{ 在 } M \text{ 内}, \ u|_{\partial M} = 0. \tag{79}$$

证明 唯一需要证明的是下面的关系式:

$$\partial_\nu u|_{(L^2(\Gamma_0\times[0,T]))} = 0 \tag{80}$$

意味着 u 为零. 为此, 我们记 N 为 (79) 的满足 (80) 的解空间, 记 E 为具有有限能量的解空间. 由于命题 4, N 是个闭空间, 但是若 u 属于 N, 那么 $\partial_t u$ 同样也属于 N. 我们由此推出, N 被包含于空间 $H^2(\Omega \times (0,T))$ 中. 如此, (利用 H^2 在 H^1 中的紧性)N 是一个有限维空间. 导数是一个从 N 到它自身的线性映射. 由于 N 是有限维的, 假如它不是空的, ∂_t 在那里将有一个非平凡的特征向量. 因而, 存在一个函数 $u \in N$, 满足关系式 $\partial_t u = \lambda u$ (其中 λ 关于 x, t 是常数). 我们因而有:

$$\lambda^2 u - \Delta u = 0. \tag{81}$$

由于在 $\Gamma_0 \times (0,T)$ 上, 我们有 u 和 $\partial_\nu u$ 均为零, 由此, 我们推出, u 在柱体 $\Omega \times (0,T)$ 内为零. 由于 u 是带有 Dirichlet 数据的波动方程的解, 它到处为零.

定理 A 的断言 (ii) 意味着断言 (iii) 的事实的证明

我们记 W 为下面的可延拓分布解 u 的空间

$$\Box u = 0 \text{ 在 } M \text{ 内}, \ u|_{\partial M} = 0, \tag{82}$$

它满足下面的关系式:

$$\partial_\nu u \in L^2(\Gamma_0 \times (0,T))$$

赋予相应的范数. 我们记 E 为具有有限能量的解空间, 记 F 为属于下面空间的解的空间

$$L^2(\Omega \times [0,T]) \times H^{-1}(\Omega \times [0,T]).$$

我们记 G 为空间 $L^2(K)$. 我们引进几乎不具正则性的分布空间 H (例如 $H = H^{-132}(\Gamma_0 \times (0,T)))$. 映射 $T: u \to \partial_\nu u$ 是从 F 到 H 的连续的单射. T 是从 E 到 $G \cap T(F) \subset H$ 的连续双射. 从 E 到 H 的嵌入是紧的. 总之, 只要证明下面的

命题 7 (迹空间里的闭图像定理)

我们考察下面的可交换图:

$$\begin{array}{ccc} E & \xrightarrow{\ i\ } & F \\ {\scriptstyle T}\downarrow & & \downarrow{\scriptstyle T} \\ G \cap T(E) & \xrightarrow{\ i'\ } & T(F) \subset H \end{array}$$

我们设, E, F, G 和 H 均是 Hilbert 空间. (E 在代数意义和拓扑意义下包含在 F 中, 而 G 在代数意义和拓扑意义下包含在 H 中.) 我们记 $\|\cdot\|$, $(\cdot,\cdot)$ 为 E 和 F 中的范数和数量积, 记 $\|\cdot\|'$, $(\cdot,\cdot)'$ 为 G 和 H 中的范数和数量积. 映射 i 和 i' 记为典则嵌入. 我们假设, i 是 H 中的紧映射. 设映射 T 是从 F 到 H 的连续单射, 而其在 E 上的限制是从 E 到 G 连续的. 那么, 在下面关于 E 的假设下:

$$\forall u \in F,\ T(F) \in G \Rightarrow u \in E \tag{83}$$

范数 $\|e\|$ 与 $\|Te\|'$ 是等价的.

证明 注意到通常的闭图像定理, 唯一要证明的事是, 空间 E 赋予范数 $\|Te\|'$ 后是完备的, 或换用同样的话, 空间 $G \cap T(E)$ 在 G 内是闭的. 我们记 W 为这个空间. 我们首先证明

引理 6 从 W 到 F 的嵌入是连续的.

假设从 W 到 F 的嵌入不是连续的. 那么, 存在 W 中的序列 u_k, 它们在 F 中是标准正交的, 满足

$$\|u_k\|' < Ck^{-2}. \tag{84}$$

事实上, 假设这样一个序列已经构造到了 N 阶, 记

$$G' = \{u \in W,\ (u, u_j)_F = 0,\ j = 1, \cdots, N\}.$$

若存在 C, 使得我们有, 对所有的 $u \in G'$

$$|u| \leqslant C\|u\|', \tag{85}$$

那么 G' 在 G 中是闭的; 事实上, 若 G' 中的元素序列 u_l 在 W 中收敛, 由 (84), 它也在 F 中收敛到一个元素 u. 由于映射 T 是从 F 到 H 连续的, 我们有

$$T(u) = \lim T(i(u_l)) = \lim(T(u_l)). \tag{86}$$

由于 (86) 的最后一部分属于 G ($T(u_l)$ 在 G 内是 Cauchy 的), 我们由此得出, u 也属于 E. 最后, 我们同样由 (85) 推得, u 满足关系式:

$$(u, u_j)_F = 0,\ j = 1, \cdots, N. \tag{87}$$

这证明了 u 属于 G'. 如此, 在 (85) 的假设下, G' 是闭的, 而 W 可分解成两个子空间的和, 一个子空间是有限维的, 一个子空间是闭的, 且从其上到 F 的嵌入 i 是连续的. 如此, 从 W 到 F 的嵌入也同样是连续的, 这与假设矛盾. (85) 不成立, 因而, 存在 G' 中的元素 u_{N+1}, 满足

$$\|u_{N+1}\|' < C(N+1)^{-2} \text{ 且 } |u_{N+1}| = 1.$$

那么, 我们考察 F 中的闭子空间 $\underline{F}$, 它是由用这些 u_k 组成的 Hilbert 基产生的. 这个空间的所有元素可写成形式 $u = \sum_k \beta_k u_k$, 其中 $(\beta_k) \in l^2$. 在不连续性的假设下, 序列 u_k 满足关系式 (84), 因而, 级数 $u = \sum_k \beta_k u_k$ 在 W 中按范数收敛. 因而, 序列 $T(u_k)$ 在 E 中按范数收敛. 重新利用 T 的连续性以及假设 (83), 我们由此推出, 事实上, $\underline{F}$ 包含在 E 中. 将从 E 到 F 的紧嵌入限制在 $\underline{F}$ 上, 它因而是 Banach 空间之间的同构, 这意味着, F 是有限维的, 而这与假设 (84) 矛盾, 引理 6 的证明就结束了.

我们现在证明命题 7.

因而, 设 g 是 W 中的元素, W 是 $G \cap T(E)$ 在 G 中的闭包. 存在 E 中的序列 u_n, 按照范数 $\|T(u_n)\|'$ 是 Cauchy 的. 由引理 1, 序列 u_n 在 F 也是 Cauchy 的, 因而收敛到一个元素 u. 但是, 由于 T 是从 F 到 H 连续的, $T(u_n)$ 在 H 中收敛到 $T(u)$. 另外, $T(u_n)$ 在 G 中收敛到 g. 由于 G 的拓扑比 H 的拓扑更细, 我们有 $T(u) = g \in G$. 这证明了 u 属于 E 及 $W = G \cap T(E)$ 在 G 中是闭的, 因而, 它是完备的. 定理 A 的证明就完成了.

4 Neumann 问题的精确能控性

上面叙述的很多结论可以转成 Neumann 问题的精确能控性. 相反地, 一些问题仍然是未解决的. 下面我们将简短地将情况总结一下. 我们总是记 Γ_0 为 $\Gamma = \partial\Omega$ 的一个子集, 记 K 为 ∂M 的开集 $\Gamma_0 \times (0, T)$. 我们有下面两个定理.

定理 A′ 下面的四个断言, 每一个可从前一个推出.

(i) 所有的光线 γ 与 K 至少一次在一个非绕射点相交.

(ii) 下面的可延拓分布解

$$\Box u = 0 \text{ 在 } \Omega \times \mathbb{R}_t \text{ 内},\ \partial_\nu u|_{\partial M} = 0 \tag{88}$$

假如还满足下面的关系式:

$$\nabla_{x',t}u|_K \in L^2(K), \tag{89}$$

事实上, 属于空间 H^1, 且存在常数 $C>0$, 使得我们有

$$\|u(0)\|^2_{H^1(\Omega)} + \|u_t(0)\|^2_{L^2(\Omega)} \leqslant C\|u\|^2_{H^1(K)}$$

(在 (89) 中, $\nabla_{x',t}$ 记为关于切方向的导数和时间方向的导数的梯度).

(iii) 对所有的 Cauchy 值 $u(x,0)$, $\partial_t u(x,0)$, 属于

$$H^1(\Omega)\times L^2(\Omega),$$

存在函数 g 属于 $L^2(K)$, 使得非齐次 Neumann 问题的解

$$\partial_t^2 u - \Delta u = 0 \text{ 在 } M \text{ 内} \quad \partial_\nu u|_{(\Gamma/\Gamma_0)\times(0,T)} = 0,\ \partial_\nu u|_{\Gamma_0\times(0,T)} = g \tag{90}$$

并带有上面这些 Cauchy值, 满足:

$$u(x,T) = \partial_t u(x,T) \equiv 0.$$

(iv) 对所有的 Cauchy 值 $u(x,0)$, $\partial_t u(x,0)$, 属于

$$(\mathcal{D}'(\Omega))^2,$$

存在分布 g, 支撑集落在 K 内, 使得下面问题的解

$$\partial_t^2 u - \Delta u = 0 \text{ 在 } M \text{ 内} \quad \partial_\nu u|_{\partial M} = g \tag{91}$$

并带有上面这些 Cauchy 值, 满足

$$u(x,T) = \partial_t u(x,T) \equiv 0.$$

定理 B′ 我们设存在一条光线 γ, 不与 $\overline{K}$ (K 在 ∂M 内的闭包) 相交, 并且至少有点是 M 的内点, 那么, 断言 (iv), 更不必说其他的那些断言, 都不成立.

对 Neumann 问题如同对 Dirichlet 问题一样, 所有传播的结论仍然还是成立的, 显然, 定理 B′ 的证明只要照抄定理 B 的证明.

为了证明定理 A′, 对 Neumann 问题, 主要的困难来自于下面的事实: 对 Neumann 问题, 命题 4 并不是简单地类似, 更加精确地, 下面问题的有限能量解

$$\Box u = 0 \text{ 在 } \Omega\times\mathbb{R}_t \text{ 内} \quad \partial_\nu u|_{\partial M} = 0 \tag{92}$$

一般并不满足下面的关系式

$$u|_{\partial M\cap U} \in H^1(\partial M\cap U). \tag{93}$$

似乎是 (参见 ESKIN [9]) 并且这个事实也是目前的工作的内容, (92) 的解在边界上的正则性应该不是一个局部结论, 而应该是一个微局部的结论. 相反地, 命题 3 总是成立的 (它的陈述既不涉及 Dirichlet 问题, 也不涉及 Neumann 问题), 在几何能控性假设下, 只要照抄 Dirichlet 情形下的证明, 我们可得到对下面问题的解

$$\Box u = 0 \text{ 在 } \Omega \times \mathbb{R}_t \text{ 内} \quad \partial_\nu u|_{\partial M} = 0$$

并满足条件

$$\nabla_{x',t} u|_{\Gamma_0 \times (0,T)} \in L^2(\Gamma_0 \times (0,T)),$$

实际上, 属于有限能量解空间 E. 同时, 应该引进 u 在 $L^2(\Omega)$ 内的范数, 用以控制那些常数解. 因而, 它们组成了 E 的 (一般也是不同的) 一个子空间 F. 就像在第 3 节中一样 (Dirichlet 问题的精确能控性), 我们能够证明

$$\left(\int_{\Gamma_0 \times (0,T)} (|\nabla_{x',t} u|_K|^2 + |u|_K|^2) \mathrm{d}\sigma \mathrm{d}t\right)^{1/2}$$

在这个空间上, 定义了一个范数 (证明中没有什么需要改变的), 且这个空间是完备的. 与算子 $(1-\partial_t^2)^{-1/2}$ 做复合 (并利用引理 7, 它将被证明得更深入), 我们由此推得, 问题在 M 中 $\Box u = 0$, 在 ∂M 上 $\partial_\nu u = 0$, 并满足附加条件 $u|_K \in L^2(K)$ 的解空间 F_0 被包含在空间 (带有落在 $L^2(\Omega) \times (H^1(\Omega))'$ 中的 Cauchy 值的 Neumann 问题的解空间) E_{-1} 中. 在 F_0 上, 表达式

$$\left(\int_K |u|_{\partial M}|^2 \mathrm{d}\sigma \mathrm{d}t\right)^{1/2}$$

定义了一个范数, 且 F_0 关于这个范数是完备的. 像 LIONS [21] 中的定理 5.2 那样处理下去, 我们因而可得到点 (iii). 最后, 像第 3 节中那样, 我们推出, Neumann 问题的所有可延拓分布解都是精确能控的. 如此, 没有关于空间 F 和 F' 的精确的信息, 还是能够推广 LIONS [21] §5 中的结论.

注 7 考察这样的情形, 其中 $\Gamma_0 \times (0,T)$ 满足几何能控性假设. 因而, 我们能够引进空间 F 的带有 Dirichlet 边界条件的波动方程、并满足关系式 $\nabla_{x',t} u \in L^2(\Gamma_0 \times (0,T))$ 的解空间. 这个空间被包含在空间 H^1 (能量有限解空间) 中, 但是与 Dirichlet 问题的情形中相反, 它不与 H^1 相同. 现在, 对所有 ∂M 的子集 K, 满足关系式 $\Gamma_0 \times (0,T) \subset K$, 我们能相应有空间 G 的带有 Neumann 条件的波动方程、满足关系式 $\nabla_{x',t} u \in L^2(K)$ 的解空间. 我们将有 $G \subset F \subset H^1$. 似乎确实有, 但还没有得到证明 (重新采取 ESKIN [9] 的思路), G 与 F 是不同的.

注 8 在这个附录中, 我们不涉及双曲问题的内部控制 (我们将在 BARDOS, LEBEAU 和 RAUCH [2] 中进行报告), 也不涉及方程组, 这将是进行中的另一个工作的内容.

5　分布在边界上的镇定

定理 A 和 B 关心的是控制; 我们当然欢迎一个类似的镇定结论. 为了简单起见, 我们将设 (与命题 1 的叙述比起来, 并参考注 9) 开集 Ω 的边界: Γ 是两个不相交的非空连通子集 Γ_1 和 Γ_0 的并. 我们将考察发展问题:

$$\Box u=0 \quad \text{在 } M_+=\Omega\times\mathbb{R}_t^+ \text{ 内} \tag{94}$$

以及边界条件

$$u|_{\Gamma_1}=0, \quad \partial_t u+\lambda(x)\partial_\nu u|_{\Gamma_0}=0. \tag{95}$$

在 (95)中, $\lambda(x)$ 记为一个无穷次可导的函数, 并在 Γ_0 上严格地为正.

用 $\partial_t u$ 乘方程 (94), 并分部积分, 得到:

$$\frac{1}{2}\mathrm{d}_t\int_\Omega(|\partial_t u|^2+|\nabla u|^2)\mathrm{d}x+\int_{\Gamma_0}\lambda(x)|\partial_\nu u|^2\mathrm{d}\sigma=0. \tag{96}$$

因而, 自然地, 引进下面的数对的空间 E

$$\{(u,v)=(u,\partial_t u)\,|\,u\in H^1(\Omega) \text{ 并满足关系式 } u|_{\Gamma_1}=0,\, v\in L^2(\Omega)\}$$

赋予通常的能量范数:

$$\|(u,v)\|^2=\int_\Omega(|v|^2+|\nabla u|^2)\mathrm{d}x,$$

我们将这个范数记为 $E(u)$. 在这个空间里, 映射

$$(u(x,0),\partial_t u(x,0))\to(u(x,t),\partial_t u(x,t))$$

并没有定义一个群, 而只是定义了一个强连续的收缩半群.

在这个半群和由 LAX 与 PHILLIPS 为 Scattering 而引进的半群之间存在相似之处, 为此, 我们将它记为 $Z(t)$, 而称 B 为它的生成子. 最后, 我们同样引进 $\mathbf{E}$ 为 (94) 和 (95) 的可延拓分布解 $U=(u,\partial_t u)$ 的空间, 它在 $t=0$ 时的 Cauchy 值属于 E, 赋予范数 $\|u\|_{\mathbf{E}}=E(u)(0)$. 这两个空间重合, 我们以后将它们等同.

B 的谱由有限重的特征值 μ_k 组成, 每个特征值相应有特征向量 (u_k,v_k). 对下面的方程

$$\mu_k^2 u_k-\Delta u_k=0 \tag{97}$$

用 u_k 乘, 并在 Ω 上积分, 我们得到公式

$$\mu_k^2\int_\Omega(|u_k|^2+|\nabla u_k|^2)\mathrm{d}x+\int_{\Gamma_0}(\lambda(x)\mu_k)^{-1}|v_k|^2\mathrm{d}\sigma=0 \tag{98}$$

($\mu_k=0$ 的情形已经用 Poincaré 不等式排除了). 从关系式 (98) 我们推出, B 的特征值不能是纯虚数; 因而, 它们位于半平面 $\mathrm{Re}\,z<0$ 内. 这是与边界条件产生的能量吸收相互联系的.

在同样的精神下, 我们将证明

命题 8 对所有具有有限能量的初始值 ϕ, 我们有

$$\lim_{t\to\infty} Z(t)\phi = 0. \tag{99}$$

这是一个经典的结论, 在外问题的情形, 由 LAX 和 PHILLIPS [20] 和 IWASAKI [17] 证明. 在内问题情形, 这更加容易一点, 我们有 DAFERMOS [8] 和 HARAUX [12] (对非线性情形) 的证明. 为了完整起见, 我们给出一个属于 HARAUX 的证明.

证明 因而, 我们记 $E(u)(t)$ 为下面的量:

$$E(u)(t) = \frac{1}{2}\int_\Omega (|\partial_t u|^2 + |\nabla u|^2)\mathrm{d}x.$$

对所有的解, 这是一个正的且减小的表达式. 为了证明 $Z(t)\phi$ 强收敛到零, 只要在 ϕ 属于一个稠密的子空间时证明这个结论就可以了, 为了以后方便, 选取这个子空间为 $D(B^2)$. 如此, 若 ϕ 属于 $D(B^2)$, 存在序列 t_k 趋于无穷大, 使得 $Z(t_k)\phi$ 和 $\partial_t Z(t_k)\phi = BZ(t_k)\phi$ 在 E 中强收敛. 我们记 ϕ_∞ 为 $Z(t_k)\phi$ 的极限. 现在 $Z(t)Z(t_k)\phi$ 收敛于初值为 ϕ_∞ 的解. 此外, $E(Z(t_k)\phi)$ 是一个正的、下降的函数.

我们进而有

$$\lim_{t\to\infty} E(Z(t)\phi) = \lim_{t_k\to\infty} E(Z(t_k)\phi) = E(\phi_\infty) = \lim_{t_k\to\infty} E(Z(s+t_k)\phi) = E(Z(s)\phi_\infty), \tag{100}$$

由此得, $(u, \partial_t u) = Z(t)\phi_\infty$ 满足关系式 $E(Z(t)\phi_\infty) = E(\phi_\infty)$, 它也就是下面的关系式:

$$0 = \int_{\Gamma_0} \lambda(x)|\partial_\nu u|^2 \mathrm{d}\sigma = \int_{\Gamma_0} (\lambda(x))^{-1}|\partial_t u|^2 \mathrm{d}\sigma. \tag{101}$$

如此, u 和 $\partial_\nu u$ 两个在 $\Gamma_0\times(0,\infty)$ 上 均为零. 应用 Holmgren 定理 (参见 HÖRMANDER [15], 第 129 页, 定理 5.3.3), 我们由此推出, u 并且因而 ϕ_∞ 恒等于零. 这个就能很快地结束命题 8 的证明. 相反, 这个命题没有说到收敛速度, 这个情况依赖于问题的几何特性.

我们将称集合 Γ_0 在几何意义上使问题镇定化, 假如存在有限的时间 T, 使得 $\Gamma_0\times(0,T)$ 在几何意义下控制了这个问题.

那么, 我们有

定理 C 我们假设, 存在一条光线 γ 不与 $\Gamma_0\times\mathbb{R}_t^+$ 相交, 并至少有一点在 M 的内部. 那么, 当 t 趋于无穷大时, $Z(t)$ 任意慢地趋于零. 更加精确地, 对所有的 $\varepsilon>0$ 以及所有的有限 T, 存在初始值 $\phi=(u(x,0),\partial_t u(x,0))$, 使得我们有

$$\|\phi\|_{\mathbf{E}} = 1, \quad \|Z(t)\phi\| > 1-\varepsilon, \quad \forall t, 0\leqslant t<T. \tag{102}$$

证明 我们固定 T, 以及一个 $\gamma\cap\{(x,t)\,|\,0<t<T\}$ 的与 $\Gamma_0\times(0,T)$ 不相交的邻域 U. 根据 RALSTON [29] 和 TAYLOR, 对所有的 $\varepsilon>0$, 存在函数 u_ε 为下面问题的解

$$\Box u_\varepsilon=0 \text{ 在 } M \text{ 内} \quad u_\varepsilon|_{\partial M}=0 \tag{103}$$

并且局部在 γ 的附近; 也就是说, 满足关系式

$$\|u_\varepsilon\|_{H^1(\Omega\times(0,T))}=1,\quad \|u_\varepsilon\|_{H^1((\Omega\times(0,T))\backslash(U\cap(\Omega\times(0,T))))}<\varepsilon. \tag{104}$$

由此可得, 它在法线方向的导数在 $\Gamma_0\times(0,T)$ 上的限制, 在 $L^2(\Gamma_0\times(0,T))$ 中被 $C\varepsilon$ 控制了上界 (利用命题 4). 那么, 我们引进 v_ε 为下面问题的解:

$$\Box v_\varepsilon=0 \quad \text{在 } M \text{ 内},\quad v_\varepsilon|_{\partial M\backslash\Gamma_0\times(0,T)}=0,\quad \partial_t v_\varepsilon+\lambda(x)\partial_\nu v_\varepsilon|_{\Gamma_0\times(0,T)}=\lambda(x)\partial_\nu u_\varepsilon \tag{105}$$

以及作为 Cauchy 值:

$$v_\varepsilon(x,0)=0,\ \partial_t v_\varepsilon(x,0)=0. \tag{106}$$

方程 (105) 乘以 $\partial_t v_\varepsilon$, 并在 $\Omega\times(0,t)$ 上积分, 我们得到关系式:

$$\begin{aligned}&\Big(\int_\Omega(|\partial_t v_\varepsilon|^2+|\nabla v_\varepsilon|^2)\mathrm{d}x\Big)(t)+2\int_0^t\int_{\Gamma_0}(\lambda(x))^{-1}|\partial_\nu v_\varepsilon|^2\mathrm{d}\sigma\\ \leqslant&2\int_0^t\int_{\Gamma_0}(\lambda(x))^{-1}|\partial_\nu u_\varepsilon\partial_\nu v_\varepsilon|\mathrm{d}\sigma.\end{aligned} \tag{107}$$

利用事实, 在 Γ_0 上, $\lambda(x)$ 的上界、下界都被控, 并利用 Gronwall 引理, 从 (105) 和 (106) 我们推得关系式:

$$\Big(\int_\Omega(|\partial_t v_\varepsilon|^2+|\nabla v_\varepsilon|^2)\mathrm{d}x\Big)(t)\leqslant C\varepsilon. \tag{108}$$

由此可得 (在这个构造中, 将所有的 ε 都换成 ε/C, 其中 C 适当选取), $\phi_\varepsilon=(u_\varepsilon-v_\varepsilon,\partial_t u_\varepsilon-\partial_t v_\varepsilon)/\|\phi_\varepsilon(0)\|$ 即满足下面这些关系式:

$$\|\phi_\varepsilon\|_E=1,\quad \|Z(t)\phi_\varepsilon\|>1-\varepsilon,\quad \forall t,\ 0\leqslant t<T.$$

这就结束了定理 C 的证明.

定理 D 我们假设 Γ_0 在几何意义上镇定化这个问题. 那么, 存在常数 M 以及常数 $\beta>0$, 使得我们有:

$$\|Z(t)\|\leqslant Me^{-\beta t},\quad \forall t>0. \tag{109}$$

证明 证明的组成在于采用第 3 节中的思路.

关键之点在于证明下面的

命题 9 设 T 满足所有的光线 γ 与 $\Gamma_0 \times (0,T)$ 在一个非绕射点至少相交一次, 设 N 为下面的发展方程在 $\Omega \times \mathbb{R}_t^+$ 内的可延拓分布解 u 的空间

$$\Box u = 0 \quad 在\ \Omega \times \mathbb{R}_t^+\ 内 \tag{110}$$

以及边界条件

$$u|_{\Gamma_1} = 0, \quad \partial_t u + \lambda(x)\partial_\nu u|_{\Gamma_0} = 0, \tag{111}$$

它们满足关系式

$$\partial_\nu u|_{\Gamma_0 \times (0,T)} \in L^2(\Gamma_0 \times (0,T))\ 以及\ \partial_t u|_{\Gamma_0 \times (0,T)} \in L^2(\Gamma_0 \times (0,T)), \tag{112}$$

那么, N 与那些有限能量解重合, 且存在常数 C, 使得我们有:

$$\int_\Omega (|\partial_t u(x,T)|^2 + |\nabla u(x,T)|^2)\mathrm{d}x \leqslant C \iint_{\Gamma_0 \times (0,T)} (|\partial_\nu u|^2 + |\partial_t u|^2)\mathrm{d}\sigma\mathrm{d}t. \tag{113}$$

我们首先证明, 这个命题很容易引出定理 D. 事实上, 所有有限能量解满足关系式:

$$\begin{aligned} 0 &= \int_\Omega (|\partial_t u(x,T)|^2 + |\nabla u(x,T)|^2)\mathrm{d}x - \int_\Omega (|\partial_t u(x,0)|^2 + |\nabla u(x,0)|^2)\mathrm{d}x \\ &\quad + 2\iint_{\Gamma_0 \times (0,T)} \lambda(x)|\partial_\nu u|^2 \mathrm{d}\sigma\mathrm{d}t \\ &\geqslant E(T) - E(0) + CE(T), \end{aligned} \tag{114}$$

其中 C 严格为正. 从 (114) 我们推出关系式

$$E(T) \leqslant (1+C)^{-1}E(0),$$

这足够证明定理 D.

命题 9 的证明

这个证明分解成几个引理.

引理 7 设 p_0 是 ∂M 的一个点, 设 u 是一个可延拓分布, 在 m_0 的一个邻域 U 内, 满足关系式

$$\Box u = 0 \quad 在\ \Omega\ 内,\ \partial_t u|_{\partial M \cap U} \in L^2(\partial M \cap U)\ 以及 \partial_\nu u|_{\partial M \cap U} \in L^2(\partial M \cap U), \tag{115}$$

那么存在 p_0 的一个邻域 U, 使得我们有 $u|_{\partial M \cap U} \in H^1(\partial M \cap U)$.

证明 我们回到这样的情形, 在 $p_0 = 0$ 的附近, M 等同于半空间 $y_n > 0$, 我们考察积分

$$\int (|\xi'|^2 + |\tau|^2)|F_{\zeta'}u(\zeta', 0)|^2 \mathrm{d}\xi' \mathrm{d}\tau,$$

$\zeta' = (\xi', \tau)$ 是 y' 的对偶变量, $F_{\zeta'}$ 是关于这些变量的 Fourier 变换.

由于我们有 $\partial_t u|_{\partial M} \in L^2(\partial M)$, 对所有的 $C > 0$ 我们有:

$$\int_{|\xi'|<C|\tau|} (|\xi'|^2 + |\tau|^2)|F_{\zeta'}u(\zeta', 0)|^2 \mathrm{d}\xi' \mathrm{d}\tau < +\infty. \tag{116}$$

因而, 只需证明, 对所有严格小于 1 的 d, 积分

$$\int_{d|\xi'|>|\tau|} (|\xi'|^2 + |\tau|^2)|F_{\zeta'}u(\zeta', 0)|^2 \mathrm{d}\xi' \mathrm{d}\tau$$

是有限的. 但是范围 $d|\xi'| > |\tau|$ 被包含在波动算子的椭圆范围内, TAYLOR [33] 第 204 页的计算证明了, 只要 $\partial_\nu u|_{\partial M} \in L^2(\partial M)$, 则这个量就是有限的.

我们记 W 为下面的可延拓分布解空间

$$\Box u = 0 \quad \text{在 } M_+ = \Omega \times \mathbb{R}_t^+ \text{ 内}, \tag{117}$$

$$u|_{\Gamma_1} = 0, \quad \partial_t u \in L^2(\Gamma_0 \times (0,T)), \partial_\nu u \in L^2(\Gamma_0 \times (0,T)). \tag{118}$$

在 $\partial\Omega \times (0,T)$ 上所有的点 p 的附近, 我们有

$$\text{或者 } u|_{\partial\Omega} = 0, \quad \text{或者 } \partial_t u + \lambda(x)\partial_\nu u|_{\Gamma_0} = 0, \text{ 其中 } \lambda(x) > 0. \tag{119}$$

与半群 $Z(t)$ 相联系的发展问题只对 $t > 0$ 是适定的, 我们可以很方便地采用 MELROSE 和 SJOSTRAND 的结果, 与他们的论文中一样处理 (只有第 2 节这一局部部分需要调整), 我们得到

命题 10 我们设 Ω 的边界是两个不相交的连通子集的并 $\Gamma = \Gamma_1 \cup \Gamma_2$. 它们中的一个最终可能是空的. 我们考察问题在 M 内 $\Box u = 0$ 的可延拓分布解 u, 满足边界条件

$$(\mathrm{C}_1)\, u|_{\Gamma_1} = 0 \quad \text{及} \quad (\mathrm{C}_2)\, \partial_t u + \lambda(x)\partial_\nu u|_{\Gamma_2} = 0,$$

此处, $\lambda(x)$ 为严格正的, 且无穷次可导函数.

那么, 对所有的 C^∞ 光线 γ, 落在 Σ_b 内, 我们有下面的性质:

$$(x_0, t_0, q) \in \Sigma_b \notin WF_b(u) \Rightarrow \{(x, t, q) \in \Sigma_b \cap \gamma \,|\, t > t_0\} \cap WF_b(u) = \{0\}. \tag{120}$$

我们利用 (120) 来证明, 若在 Γ_2 上的一个非绕射点 m_0 的附近, u 可微局部地写成两个函数的和, 一个函数 w 属于 H^1, 另一个函数 w 满足 $m_0 \notin WF_b(w)$, 则这

个性质在以后继续成立, 即使 γ 重新与 Γ_2 在一个绕射点相交. 进一步, 就像定理 8 的证明那样, 我们由此推出, 对于 ρ 足够地小, 我们有, 对所有的 $u \in W$,

$$u|_{\Omega\times(T-\rho,T)} \in H^1(\Omega \times (T-\rho, T)). \tag{121}$$

如此, u 是一个 Cauchy 问题的解, 对一个 $t_0 \in (T-\rho, T)$, 满足

$$(u(x,t_0), \partial_t u(x,t_0)) \in H^1(\Omega) \times L^2(\Omega) \tag{122}$$

以及下面的边界条件 (利用引理 7)

$$u|_{\Gamma_1\times[0,T]} = 0, \quad u|_{\Gamma_0\times[0,T]} \in H^1(\Gamma_0 \times [0,T]). \tag{123}$$

由此, 我们推得, u 属于 $H^1(\Omega \times [0,T])$, 以及 W 从代数意义上和拓扑意义上与 Cauchy 值落在 E 内的那些解重合.

引理 8 *表达式*

$$\left(\iint_{\Gamma_0\times[0,T]} (|\partial_\nu u|^2 + |\partial_t u|^2)\mathrm{d}\sigma\mathrm{d}t\right)^{1/2}$$

在 E 上定义了一个范数.

证明 我们记 N 为满足下式的 u 的空间:

$$\iint_{\Gamma_0\times[0,T]} (|\partial_\nu u|^2 + |\partial_t u|^2)\mathrm{d}\sigma\mathrm{d}t = 0. \tag{124}$$

利用关系式

$$\frac{1}{2}\mathrm{d}_t \int_\Omega (|\partial_t u|^2 + |\nabla u|^2)\mathrm{d}x + \int_{\Gamma_0} \lambda(x)|\partial_\nu u|^2 \mathrm{d}\sigma = 0$$

我们看到, N 是 E 中闭子空间. 此外, 若 u 属于 N, 那么 $\partial_t u$ 同样也属于其中, 我们由此推出, u 事实上属于 $H^2(\Omega \times (0,T))$. 因而, N 是一个有限维空间, ∂_t 在其中有作用. 因而, 存在一个不恒等于零的 ∂_t 的特征函数 u. 这个函数在 $\Omega \times (0,T)$ 内满足关系式:

$$\mu^2 u - \Delta u = 0, \quad u|_{\Gamma_1\times(0,T)} = 0 \text{ 且} u|_{\Gamma_0\times(0,T)} = \partial_\nu u|_{\Gamma_0\times(0,T)} = 0. \tag{125}$$

我们由此推出, 它在 $\Omega \times (0,T)$ 内恒等于零, 因而, 它的 Cauchy 值为零.

为了结束命题 9 的证明, 现在, 只需利用命题 7 (在迹空间中的闭图像定理). 本叙述中的空间 E, 当然, 重合于同样也记为 E 的具有有限能量 Cauchy 值的解空间. 空间 F 是 (94), (95) 的解空间, 这些解在 $\Omega \times (0,T)$ 内的限制落在 $H^{-1}(\Omega \times (0,T))$ 内. T 为这些解在 $\Gamma_0 \times (0,T)$ 上的限制. G 是空间 $H^1_{x',t}(\Gamma_0 \times (0,T))$, 而 H 是, 例如, $H^{-351}(\Gamma_0 \times (0,T))$.

注 9 与注 1 中一样, 在没有病态的光线存在时, 通过专注于边界光线上的奇性, 我们能证明, 定理 C 和 D 给出了镇定的必要和充分条件.

注 10 在这一节的叙述和证明中, 我们已经考察了一种情形, 其中边界 Γ_0 和 Γ_1 是不相交的. 对一个更加一般的情形, 主要的困难, 当然, 源自那些边界条件改变类型的点. 对于下面的边界条件

$$\lambda(x)\partial_\nu u + \mu(x)\partial_t u = 0 \tag{126}$$

位于全部的 $\partial\Omega$, 对于正的时间, 问题是适定的, 只要 $\lambda(x)$ 和 $\mu(x)$ 都是正的. 然而, 若 λ 在 $\partial\Omega$ 的一个点 p 处到二阶为零, 则奇性传播定理在这一点不再成立. 我们能够构造解, 对所有 $t > 0$, 它在这点附近具有奇性. 利用 TAYLOR 的推理方法, 我们就可证明, 不可能镇定化这种解. 我们可以用两种方法补救这个困难.

(i) 替代条件 (126), 使用下面类型的边界条件

$$\partial_\nu u + \lambda(x)\partial_t u = 0, \tag{127}$$

其中 $\lambda \in C^\infty$, 并在 Γ 的子集 Γ_0 上非零. 这其实就是 Neumann 问题的镇定. 那么, 由于常数是 $\Box u = 0$ 以及条件 (111) 的解, 为了方便, 我们要有 Γ 的一个不相交的子集, 在那里我们有 Dirichlet 条件. 在这种情况下, 像在第 6 节中那样处理, 我们能够建立镇定的充分条件.

(ii) 将命题 3 的证明应用到这样的情形, 其中, 在 γ_0 的边界 (在 $\partial\Omega$ 内) 由 KOMORNIK 和 ZUAZUA [18] 得到的 $\lambda(x)$. 更加一般地, 必须 (进行中的工作) 使用微局部版本的 Hardy 不等式. 我们同样能够指出, 在一个特别的情形 (GRISVARD [11]), 与边界条件改变类型相关的困难将被克服.

注 11 设 $Z(t) = e^{tB}$ 是一个强连续的半群, 设 $\sigma(B)$ 和 $\sigma(Z(t))$ 是这些算子的谱. 我们知道, 我们必有: $e^{t\sigma(B)} \subset \sigma(Z(t))$, 且 $Z(t)$ 的所有非零的特征值都是 B 的特征值的像 (参见 PAZY [28]). 因而, 不可几何镇定化的情形, 就像在 LAX 和 PHILLIPS 的半群情形一样, 相当于在单位圆内出现半群 $Z(t)$ 的连续谱.

参考文献

[1] C. BARDOS, G. LEBEAU et J. RAUCH. Contrôle et stabilisation pour l'équation des ondes. Exposé de G. Lebeau au colloque de Saint Jean de Monts, Juin 1987. Publication de l'Ecole Polytechnique Palaiseau, 1987.

[2] C. BARDOS, G. LEBEAU et J. RAUCH. Un exemple d'utilisation des notions de propagation pour le contrôle et la stabilisation des problèmes hyperboliques. Proceedings of the Workshop on non linear hyperbolic equations in applied sciences, Turin, Juin 1987. Ed. N. Bellomo.

[3] T. CAZENAVE. (A paraitre.)

[4] J. CHAZARAIN. CIME Lectures notes, 1973.

[5] J. CHAZARAIN et A. PIRIOU. lntroduction à la théorie des équations aux dérivées partielles linéaires. Gauthiers Villars, Paris, 1981.

[6] G. CHEN. Control and stabilization for the wave equation in a bounded domain. Part I. SIAM J. Control and Optimisation 17 (1) (1979), 66–81.

[7] G. CHEN. Control and stabilization for the wave equation in a bounded domain. Part II. SlAM J. Control and Optimisation 19 (1) (1981), 114–122.

[8] C. DAFERMOS. Asymptotic behavior of solutions of evolution equations, in "Non linear evolution equations"(M.G. Crandall, Ed.), 103–123. Academic Press, New York, 1978.

[9] G. ESKIN. Communication personnelle et Initial boundary value problem for second order hyperbolic equation with general boundary conditions. Israel Journal Anal. Math. 40 (1981), 43–49.

[10] P. GRISVARD. Contrôlabilité exacte dans les polygones et les polyèdres. Comptes Rendus de l' Académie des Sciences de Paris, 304 (1987), 367–370.

[11] P. GRISVARD. Contrôlabilité exacte avec conditions aux limites mêlées. Comptes Rendus de l'Académie des Sciences de Paris, 305 (1987), 363–366.

[12] A. HARAUX. Stabilization of trajectories for some weakly damped hyperbolic equations Jour. of Diff. Equations 59 (2) (1985), 145–154.

[13] A. HARAUX. Contrôlabilité exacte d'une membrane rectangulaire au moyen d'une fonctionnelle analytique localisée. A paraitre aux Comptes Rendus de l' Académie des Sciences de Paris, 1988.

[14] L. F. HO. Observabilité frontière de l' équation des ondes. Comptes Rendus de l' Académie des Sciences de Paris 302 (1986), 443–446.

[15] L. HÖRMANDER. *Linear partial differential operators.* Springer-Verlag, Band 116, 1969.

[16] L. HÖRMANDER. *The Analysis of linear partial differential operators.* Springer-Verlag. Band 257, 1983, 256, 1983 et 274, 1984.

[17] N. IWASAKI. Local decay of solutions for symmetric hyper bolic systems with dissipative and coercive boundary condition in exterior domains. Publ. RIMS Kyoto U. 5 (1969), 193–218.

[18] V. KOMORNIK et E. ZUAZUA. Stabilisation frontière de l'équation des ondes: Une méthode directe. Comptes rendus de l'Académie des Sciences de Paris, 305 (1987), 605–608.

[19] I. LASIECKA and R. TRIGGANI. Uniform exponential energy decay in a bounded region with $L_2(0,T;L_2(\Sigma))$–feedback control in the Dirichlet boundary conditions. J. Diff. Equation. A paraitre.

[20] P. LAX et R. PHILLIPS. *Scattering Theory.* Academic Press, New York, 1967.

[21] J.-L. LIONS. Exact Controllability, stabilization and perturbation for distributed systems. John Von Neumann Lecture, Boston, July 1986. SIAM Jour. cont. Opt. 1988.

[22] J.-L. LIONS et E. MAGENES. *Problèmes aux limites non homogènes et applications,* I–III. Dunod, Paris, 1968–1970.

[23] B. MALGRANGE. Ideal of differentiable functions. Oxford University Press, Oxford, 1966.

[24] R. MELROSE. Microlocal parametrices for diffractive boundary value problems. Duke Math. J. 42 (1975), 605–635.

[25] R. B. MELROSE et J. SJOSTRAND. Singularities of boundary value problems. Comm. Pure and Appl. Math. 31 (1978), 593–617.

[26] C. MORAWETZ, J. RALSTON et W. STRAUSS. Decay of the soultion of the wave equation outside a non trapping obstacle. Comm. Pure and Appl. Math. 30 (1977), 447–508.

[27] L. NIRENBERG. Lecture on linear partial differential equations. Reg. Conf. Serie in Math. n° 17, A.M.S., Providence, 1967.

[28] A. PAZY. *Semi-groups of linear operators and application to partial differential equations.* Springer-Verlag, Berlin, 1983.

[29] J. RALSTON. Solution of the wave equation with localised energy. Comm. Pure and Appl. Math. 22 (1969), 807–823.

[30] J. RAUCH et M. TAYLOR. Exponential Decay of solutions to hyperbolic equations in bounded Domains. Indiana University Math Journal 24 (1) (1974), 79–83.

[31] J. SJOSTRAND. *Singularités Analytiques Microlocaless.* Astérisque n° 95, Société Mathématique de France, Paris, 1982.

[32] J. SJOSTRAND. Propagation of analytic singularities for second order Dirichlet problems. Comm. P.D.E.5 (1) 1980, 41–94.

[33] M. TAYLOR. Grazing rays and reflection of singularities to solutions to wave equations. Comm. Pure Appl. Math. 29 (1976), 1–38.

法汉对照术语索引

法兰西数学精品译丛

注：书号前缀为 978-7-04-0xxxxx-x

书号	书名	著译者
★24308-6	解析函数论初步	H. 嘉当
★25156-2	微分学	H. 嘉当
★28417-1	广义函数论	L. 施瓦兹
★25801-1	微分几何	M. 贝尔热、B. 戈斯丢
★26362-6	拓扑学教程	G. 肖盖
★25155-5	谱理论讲义	J. 迪斯米埃
★24619-3	拟微分算子和 Nash-Moser 定理	S. 阿里纳克、P. 热拉尔
★29467-5	解析与概率数论导引	G. 特伦鲍姆
★33238-4	概率与位势（第 I 卷）	C. 德拉歇利、P.-A. 梅耶
★31960-6	无穷小计算	J. 迪厄多内
★33238-4	分布系统的精确能控性、摄动和镇定（第一卷）精确能控性	J.-L. 利翁斯
28757-8	代数学教程	R. 戈德曼
	概率与位势（第 II 卷）	C. 德拉歇利、P. -A. 梅耶
	金融数学导引	El Karoui, E. Gobet
35176-7	完全集与三角级数	Jean-Pierre Kahane
	分析与代数原理 (及数论) (第 2 版)	Pierre Colmez

说明：加★者已出版.

郑重声明